한국산업인력공단 새출제기준에 따른

최단기
합격노트

한국산업인력공단 새출제기준에 따른

최단기
합격
노트

정윤용 외 지음

BnCworld

이 책을 내며

현대는 '자격증의 시대'란 말이 생길 정도로 자격증은 필수적이며 개인의 경쟁력 확보에 없어서는 안 될 수단이 되었습니다.

한편 국민 소득의 향상이 삶의 질 추구로 이어지면서 식문화 또한 놀라울 만큼 다양하게 발전하고 있습니다. 제과제빵분야도 예외는 아니어서 식문화의 고급화와 서구화 그리고 국경이 없어지는 세계적 추세에 발맞추어 나가고 있습니다.

이러한 시기에 무한한 가능성이 있고 세계 공통의 자격증이라 할 수 있는 제과제빵기능사 자격증을 가지는 것은 전문 고급 인력으로 다가가는 첫걸음이라고 할 수 있습니다.

그러나 최근 들어 제과제빵기능사 자격증 응시자의 증가에도 불구하고 잘 정리된 이론교재는 물론이고 제대로 된 문제집조차 없어 응시생들이 어려움을 겪어왔습니다.

이러한 점을 항상 안타깝게 여기고 있던 저자는 대학에서 식품공학을 전공한 후 다년간 선진외국 교육기관에서의 공부를 통해 얻은 지식과 20여 년간 제과제빵 교육기관에서 기술 인력을 양성하면서 얻은 경험을 토대로 만든 '비법노트'를 공개하게 되었습니다.

실제로 이 노트를 통해 수업을 실시한 결과 평균 70% 정도였던 합격률이 98%로 급성장하는 놀라운 성과를 보고 출판을 결심하게 되었습니다.

이 책은 그동안의 제과기능사와 제빵기능사 시험출제경향을 철저히 분석하고 새롭게 바뀐 출제기준 및 비율에 의거한 편집방식을 도입하여 누구라도 빠른 시간 내에 이론습득이 가능하도록 꾸몄습니다.

특히, 2022년부터 새롭게 바뀐 출제기준과 과목별 출제문항 수를 적극 반영하여 더욱 적중률을 높였습니다. 또한 2022년부터 시행되고 있는 제과제빵산업기사 필기시험에 대한 내용도 함께 다루고 있습니다.

이 책은 크게 요점정리와 출제문제 및 해설 등 세 부분으로 나뉘어져 있으며, 중요 숫자로 보는 합격요약노트를 별책으로 삽입했습니다.

요점정리에서는 그동안 출제되었던 내용은 물론 앞으로 출제가 가능한 내용을 공부하기 쉽게 간단히 정리하였고, 출제문제 및 해설부문은 적중률 높은 문제들과 이해도 중심의 설명으로 알차게 꾸며져 있습니다.

즉, 이 책 한 권으로 독자 여러분은 짧은 시간 안에 제과기능사와 제빵기능사 기능검정 필기시험을 완벽하게 준비할 수 있을 것으로 확신하는 바입니다.

끝으로 이 책을 내기까지 여러 도움주신 분들께 감사드리며 아울러 제과제빵업계에 본격적으로 입문하려는 여러분들의 앞날에 밝은 미래가 펼쳐지기를 기원합니다.

저자 정 윤 용

CONTENTS

제2장 | 재료의 영양학적 특성

제1장 | 기초 재료 과학

제3장 | 빵류 제조 이론

제4장 | 과자류 제조 이론

제5장 | 식품위생 · 환경관리

제6장 | 공정점검 및 관리

제7장 | 제과제빵산업기사 대비 제과점 관리

최단기 합격을 위한 기출문제

제과제빵기능사 필기시험 출제기준

제과 · 제빵기능사 공통사항

필기 과목명	출제문제수	주요항목	세부항목	세세항목
빵(과자)류 재료, 제조 및 위생관리	60	1 빵(과자)류 재료관리	1 기초재료과학	1 밀가루 및 가루제품 2 감미제 3 유지 및 유지제품 4 우유 및 유제품 5 계란 및 계란제품 6 이스트 및 기타 팽창제 7 물 8 초콜릿 9 과실 및 주류 10 기타재료
			2 재료의 영양학적 특성	1 수분 2 탄수화물 3 지질 4 단백질 5 무기질 6 비타민 7 식품의 색 8 식품의 갈변 9 식품의 맛과 냄새 10 식품의 물성 11 식품의 유독성분 12 식품과 효소 13 영양소의 기능과 영양 섭취기준

*1. 재료관리 항목만 분리 신설, 이하 변동 없음

제과기능사

주요항목	세부항목	세세항목
2 재료 준비	1 재료 준비 및 계량	1 배합표 작성 및 점검 2 재료 준비 및 계량 3 재료의 성분 및 특징 4 기초재료과학 항목분리 5 재료의 영양학적 특성 항목분리
3 과자류제품 제조	1 반죽 및 반죽 관리	1 반죽법의 종류 및 특징 2 반죽의 결과 온도 3 반죽의 비중
	2 충전물 · 토핑물 제조	1 재료의 특성 및 전처리 2 충전물 · 토핑물 제조 방법 및 특징
	3 팬닝	1 분할 팬닝 방법
	4 성형	1 제품별 성형 방법 및 특징
	5 반죽 익히기	1 반죽 익히기 방법의 종류 및 특징 2 익히기 중 성분 변화의 특징
4 제품저장관리	1 제품의 냉각 및 포장	1 제품의 냉각방법 및 특징 2 포장재별 특성 3 불량제품 관리
	2 제품의 저장 및 유통	1 저장방법의 종류 및 특징 2 제품의 유통 · 보관방법 3 제품의 저장 · 유통 중의 변질 및 오염원 관리 방법
5 위생안전관리	1 식품위생 관련 법규 및 규정	1 식품위생법 관련 법규 2 HACCP 등의 개념 및 의의 3 공정별 위해요소 파악 및 예방 4 식품첨가물
	2 개인위생관리	1 개인위생 관리 2 식중독의 종류, 특성 및 예방 방법 3 감염병의 종류, 특징 및 예방 방법
	3 환경위생관리	1 작업환경 위생관리 2 소독제 3 미생물의 종류와 특징 및 예방방법 4 방충 · 방서 관리
	4 공정 점검 및 관리	1 공정의 이해 및 관리 2 설비 및 기기

한국산업인력공단

직무 분야	식품가공	중직무분야	제과 · 제빵	자격 종목	제과 · 제빵기능사	적용 기간	2023.1.1.~2025.12.31.

※ 직무내용 : 과자류 · 빵류 제품을 제공하기 위한 체계적인 기술과 생산계획을 수립하여 생산, 판매, 위생 및 관련 업무를 실행하는 직무이다.

필기검정방법	객관식	문제수	60	시험시간	1시간

제빵기능사		
주요항목	**세부항목**	**세세항목**
2 재료 준비	1 재료 준비 및 계량	1 배합표 작성 및 점검　　2 재료 준비 및 계량 3 재료의 성분 및 특징　　4 기초재료과학 `항목분리` 5 재료의 영양학적 특성 `항목분리`
3 빵류 제품 제조	1 반죽 및 반죽 관리	1 반죽법의 종류 및 특징　　2 반죽의 결과 온도　　3 반죽의 비용적
	2 충전물 · 토핑물 제조	1 재료의 특성 및 전처리　　2 충전물 · 토핑물 제조 방법 및 특징
	3 반죽 발효 관리	1 발효 조건 및 상태 관리
	4 분할하기	1 반죽 분할
	5 둥글리기	1 반죽 둥글리기
	6 중간발효	1 발효 조건 및 상태 관리
	7 성형	1 성형하기
	8 팬닝	1 팬닝 방법
	9 반죽 익히기	1 반죽 익히기 방법의 종류 및 특징 2 익히기 중 성분 변화의 특징
4 제품저장관리	1 제품의 냉각 및 포장	1 제품의 냉각 방법 및 특징 2 포장재별 특성　　3 불량제품 관리
	2 제품의 저장 및 유통	1 저장 방법의 종류 및 특징 2 제품의 유통 · 보관 방법 3 제품의 저장 · 유통 중의 변질 및 오염원 관리 방법
5 위생안전관리	1 식품위생 관련 법규 및 규정	1 식품위생법 관련 법규　　　　2 HACCP 등의 개념 및 의의 3 공정별 위해요소 파악 및 예방　　4 식품첨가물
	2 개인위생 관리	1 개인위생 관리 2 식중독의 종류, 특성 및 예방 방법 3 감염병의 종류, 특징 및 예방 방법
	3 환경위생 관리	1 작업환경 위생관리 2 소독제 3 미생물의 종류와 특징 및 예방 방법 4 방충 · 방서 관리
	4 공정 점검 및 관리	1 공정의 이해 및 관리　　2 설비 및 기기

※ 본서에서는 제과제빵 필수지식이자 출제빈도가 높은 기초 재료학과 영양학(갈색으로 표시)을 제과제빵기능사 · 제과제빵산업기사
　새출제기준 항목과 다르게 별도로 분리하여 심화 설명했습니다.

제과제빵산업기사 필기시험 출제기준

필기 과목명	출제문제수	주요항목	세부항목	세세항목
				제과산업기사
위생 안전 관리	20	1 과자류제품 생산작업준비	1 개인위생 점검	1 개인위생 점검
			2 작업환경 점검	1 생산 전 작업장 위생 점검
			3 기기 도구 점검	1 기기 도구 점검
			4 재료 계량	1 배합표 작성 및 점검
		2 과자류제품 위생안전관리	1 개인 위생안전관리	1 공정 중 개인위생관리 2 교차오염관리 3 식중독 예방관리 4 경구감염병
			2 환경 위생안전관리	1 작업환경위생관리 2 미생물관리 3 방충, 방서관리 4 이물관리
			3 기기 위생안전관리	1 기기위생안전관리
			4 식품위생안전관리	1 위해요소관리 2 공정안전관리 3 재료위생관리 4 식품위생법규
		3 과자류제품 품질관리	1 품질기획	1 품질관리
			2 품질검사	1 제품품질 평가
			3 품질개선	1 제품품질 개선관리
제과점 관리	20	1 과자류제품 재료구매관리	1 재료 구매관리	1 재료구매 · 검수 2 재료 재고관리 3 밀가루 특성 4 부재료 특성 5 영양학
			2 설비 구매관리	1 설비관리
		2 매장관리	1 인력관리	1 인력관리 2 직업윤리
			2 판매관리	1 진열관리 2 판매활동 3 원가관리
			3 고객관리	1 고객 응대관리
		3 베이커리경영	1 생산관리	1 수요 예측 2 생산계획 수립 3 생산일지 작성 4 제품 재고 관리
			2 마케팅관리	1 고객 분석 2 마케팅
			3 매출손익 관리	1 손익관리 2 매출관리
제과류 제품제조	20	1 과자류제품 재료혼합	1 반죽형 반죽	1 반죽형 반죽 제조
			2 거품형 반죽	1 거품형 반죽 제조
			3 퍼프 페이스트리 반죽	1 퍼프 페이스트리 반죽 제조
			4 부속물 제조	1 충전물, 토핑물, 장식물 제조
			5 다양한 반죽	1 슈, 타르트, 파이 등 제조
		2 과자류제품 반죽정형	1 케이크류 정형	1 케이크류 정형
			2 쿠키류 정형	1 쿠키류 정형
			3 퍼프페이스트리 정형	1 퍼프페이스트리 정형
			4 다양한 정형	1 슈, 타르트, 파이 등 정형
		3 과자류제품 반죽익힘	1 반죽 익힘	1 반죽익힘 관리(굽기, 튀기기, 찌기 등)
		4 초콜릿제품 만들기	1 초콜릿제품 제조	1 초콜릿 원료에 대한 지식 2 초콜릿제품 제조 및 보관
		5 장식케이크 만들기	1 장식케이크 제조	1 아이싱크림 만들기 2 완성하기
		6 무스케이크 만들기	1 무스케이크 제조	1 무스케이크 제조
		7 과자류제품 포장	1 과자류제품 냉각	1 냉각
			2 과자류제품 마무리	1 장식 및 마무리(충전물, 성형, 시럽)
			3 과자류제품 포장	1 포장재 및 포장 방법
		8 과자류제품 저장유통	1 과자류 제품 저장 및 유통	1 실온 · 냉장 · 냉동보관 온도 및 습도관리 2 유통 시 온도관리

한국산업인력공단

직무 분야	식품가공	중직무분야	제과 · 제빵	자격 종목	제과 · 제빵산업기사	적용 기간	2024.1.1.~2025.12.31.

※ 직무내용 : 과자류 · 빵류 제품 제조에 필요한 이론지식과 숙련기능을 활용하여 생산계획을 수립하고 재료구매, 생산, 품질관리, 판매, 위생 업무를 실행하는 직무이다.

필기검정방법	객관식	문제수	60	시험시간	1시간 30분

제빵산업기사

필기 과목명	출제문제수	주요항목	세부항목	세세항목
위생 안전 관리	20	1 빵류제품 생산작업준비	1 개인위생 점검	1 개인위생 점검
			2 작업환경 점검	2 생산 전 작업장 위생 점검
			3 기기 도구 점검	3 기기 도구 점검
			4 재료 계량	4 배합표 작성 및 점검
		2 빵류제품 위생안전관리	1 개인 위생안전관리	1 공정 중 개인위생관리 2 교차오염관리 3 식중독 예방관리 4 경구감염병
			2 환경 위생안전관리	1 작업환경위생관리 2 미생물관리 3 방충, 방서관리 4 이물관리
			3 기기 위생안전관리	1 기기위생안전관리
			4 식품위생안전관리	1 위해요소관리 2 공정안전관리 3 재료위생관리 4 식품위생법규
		3 빵류제품 품질관리	1 품질기획	1 품질관리
			2 품질검사	1 제품품질 평가
			3 품질개선	1 제품품질 개선관리
제과점 관리	20	1 빵류제품 재료구매관리	1 재료 구매관리	1 재료구매 · 검수 2 재료 재고관리 3 밀가루 특성 4 부재료 특성 5 영양학
			2 설비 구매관리	1 설비관리
		2 매장관리	1 인력관리	1 인력관리 2 직업윤리
			2 판매관리	1 진열관리 2 판매활동 3 원가관리
			3 고객관리	1 고객 응대관리
		3 베이커리경영	1 생산관리	1 수요 예측 2 생산계획 수립 3 생산일지 작성 4 제품 재고 관리
			2 마케팅관리	1 고객 분석 2 마케팅
			3 매출손익 관리	1 손익관리 2 매출관리
제조빵류 제품제조	20	1 빵류제품 스트레이트 반죽	1 스트레이트법 반죽	1 스트레이트법 반죽 2 비상스트레이트법 반죽
		2 빵류제품 스펀지 도우 반죽	1 스펀지반죽	1 스펀지법 반죽
		3 빵류제품 특수 반죽	1 특수 반죽	1 사우어도우법 반죽 2 액종법 반죽 3 다양한 반죽(탕종 등)
		4 빵류제품 반죽발효	1 반죽발효	1 1차 발효관리 2 2차 발효관리 3 다양한 발효관리(유산균, 저온발효 등)
		5 빵류제품 반죽정형	1 반죽정형	1 반죽 분할, 둥글리기, 중간 발효, 성형, 패닝
		6 빵류제품 반죽익힘	1 반죽 익힘	1 반죽 굽기 2 반죽 튀기기
		7 기타빵류 만들기	1 기타빵류 제조	1 페이스트리 제조 2 조리빵 제조 3 고율배합빵 제조 4 저율배합빵 제조 5 냉동빵 제조
		8 빵류제품 마무리	1 빵류제품 충전 및 토핑	1 충전물 제조 2 토핑 제조
		9 빵류제품 냉각포장	1 냉각 및 포장관리	

국가기술자격 상시검정
시험 안내

가. 응시자격

자격제한 없음

나. 원서접수

① 접수방법
- 큐넷 홈페이지 http://q-net.or.kr 인터넷 접수
- 접수시 6개월 이내 촬영한 3.5×4.5㎝ 사진 업로드
- 시험응시료 : 필기(14,500원), 실기(제과 29,500원, 제빵 33,000원)
- 시험장소 : 지역별 선택 가능

② 접수시간 : 회별 원서접수 첫날 10:00부터 마지막 날 18:00까지. 접수기간은 큐넷 공지사항 참고
　　　　　　　(원서접수 기간이 분할되어 있는 경우 각 일자별 10:00부터 18:00까지)

다. 필 · 실기 시험 시행

① 공통
- 연중 상시 시행(정기검정 시행 기간, 시험장 상황에 따라 상시검정 시행 일정이 조정될 수 있음)
- 월별 · 회차별 시행지역 및 시행종목은 지역별 시험장 여건 및 응시. 예상인원을 고려하여 소속기관별로 조정하여 시행

② 필기시험(CBT) 시행
- 월요일부터 금요일까지 주중 시행을 원칙
- 시험시간(부) : 60분

구분	입실시간	수험자교육	시험시간	구분	입실시간	수험자교육	시험시간
1부	09:30	09:30~09:50	09:50~10:50	6부	13:30	13:30~13:50	13:50~14:50
2부	10:00	10:00~10:20	10:20~11:20	7부	14:30	14:30~14:50	14:50~15:50
3부	11:00	11:00~11:20	11:20~12:20	8부	15:00	15:00~15:20	15:20~16:20
4부	11:30	11:30~11:50	11:50~12:50	9부	16:00	16:00~16:20	16:20~17:20
5부	13:00	13:00~13:20	13:20~14:20	10부	16:30	16:30~16:50	16:50~17:50

* 상시검정 필기 시험시간(부)은 소속기관별 · 시험장별로 별도 지정함

③ 실기시험 시행
- 실기시험 : 월요일부터 금요일까지 주중 시행을 원칙
　　　　　　　단, 시행 기간 내 홀수 회차는 토요일, 짝수 회차는 일요일에 추가 시행 가능
- 실기 시험시간(부)은 수험인원 및 시험장 상황을 고려하여 소속기관 · 시험장별 별도 지정
- 소속기관별 상시검정 실기시행종목은 홈페이지(http://q-net.or.kr) 별도 공고

※ 산업기사 시험 안내

① 정기검정으로 년 4회 실시

② 응시자격 : 관련학과 전문대 이상 졸업자 및 졸업예정자,

　　　　　기능사 자격 취득 후 1년 이상 현장 근무자, 해당 교육기관에서 소정의 과정을 이수한 자 등

③ 시험 응시자격 서류 필요 ※ 필요 서류는 큐넷 홈페이지 공고 참조

③ 시험 응시료 : 필기(19,400원), 실기(제과 55,200원 제빵 47,000원)

라. 채점

① 필기시험(CBT) : 전산을 통한 자동 채점

② 실기시험 : 채점기준(비공개)에 의거하여 현장에서 채점

마. 합격자 발표

① 발표일자

- 필기시험(CBT) : 필기시험 응시일
- 실기시험 : 회별 발표일 별도 지정, 큐넷 공지사항 참고

② 발표방법

- 인터넷 : 큐넷 홈페이지(http://q-net.or.kr)
- 전화 : ARS 자동응답전화(Tel.1666-0100), 실기시험만 해당
- 필기시험(CBT)은 시험종료 즉시 합격 여부가 확인이 가능(별도의 ARS 자동응답 전화를 통한 합격자 발표 미운영)

바. 자격증 발급

① 상장형 자격증 : 수험자가 직접 인터넷을 통해 발급 및 출력

② 수첩형 자격증 : 인터넷 신청 후 우편배송만 가능

　- 방문 발급 및 인터넷 신청 후 방문 수령 불가

사. 수험자 유의사항

① 수수료 환불 및 접수취소 관련 사항은 큐넷 홈페이지 참고

② 수험원서 및 답안지 등의 허위, 착오기재, 이중기재 또는 누락 등으로 인한 불이익은 일체 수험자 책임임

③ 천재지변, 코로나19 확산 및 응시인원 증가 등 부득이한 사유 발생 시 시행 일정을 공단이 별도로 지정할 수 있음

④ 필기시험 면제기간은 당회 필기시험 합격자 발표일(상시검정은 필기시험 당일 발표)로부터 2년간 임

⑤ 공단 인정 신분증 미지참자는 당해시험 정지(퇴실) 및 무효처리

⑥ 소지품 정리시간 이후 불허물품 소지ㆍ착용 시는 당해시험 정지(퇴실) 및 무효처리

⑦ 시험장 입장은 시험장별 첫 입실시간 30분전부터 가능하나 시험장 방역관리 등 여건에 따라 대기 후 입장 할 수 있

　으며, 시험실 입장은 시험 부별 입실시간에 따름

⑧ 공학용계산기는 허용된 기종의 계산기만 사용가능

　※ 허용된 공학용계산기 기종은 큐넷 홈페이지 공고 참조

⑨ 코로나19 감염 확산 방지 관련 검정 대응 지침에 따라 시험 진행

⑩ 시험관련 변경사항 SMS(알림톡) 안내 등을 위하여 '큐넷-마이페이지- 개인정보관리'에서 휴대전화번호 최신화 필요

　※ SMS(알림톡)은 수신 동의자에 한해 발송됨

⑪ 실기시험에 접수한 수험자는 해당 회차 실기시험의 합격자 발표일 전까지 동일한 종목 실기시험에 중복 접수 불가

⑫ 특성화고 등 필기시험 면제자 검정은 별도 시행하지 않으며, 타 실기시험 회차와 통합 시행

이 책의 표준 용어 표기

일반표기	이 책에서의 통일표기
아밀라제	아밀라아제
도너츠, 도우넛	도넛
카스테라	카스텔라
카라멜화	캐러멜화
만노스	만노오스
갈락토스	갈락토오스
글리세라이드	글리세리드
라아드	라드
말타제	말타아제
찌마아제, 찌마제, 치마제, 지마아제, 지마제	치마아제
리파제	리파아제
인버타아제	인베르타아제
메치오닌	메티오닌
리이신	리신
글로부린	글로불린
렌닌	레닌
알콜	알코올
소맥분	밀가루
알카리	알칼리
스폰지	스펀지
케익	케이크
크랙커	크래커
프랑스빵, 바게트	프랑스빵
이스트 후드	이스트 푸드
생지	반죽
슈가	슈거

일반표기	이 책에서의 통일표기
셀루로오스	셀룰로오스
시퐁	시폰
다쿠와즈	다쿠아즈
크루와상	크루아상
만쥬	만주
카스타드, 커스타드	커스터드
엣센스	에센스
데니쉬 페이스트리, 데니시 페스츄리	데니시 페이스트리
도우	도
카제인	카세인
풀만	풀먼
혼당, 폰당	퐁당
나이아신	니아신
디아스타제	디아스타아제
미코톡신	마이코톡신
식염	소금
아우라민	오라민
아몬드파우더	아몬드분말
싸이클라메이트, 씨클라메이트	사이클라메이트
롱가릿	롱가리트
펩타이드, 펩티다이드	펩티드
솔빈산, 소루빈산, 소루부산	소르빈산
메쉬	메시
그람 음성	그램 음성
잉글리쉬 머핀	잉글리시 머핀
쉬터	시터
더취 코코아	더치 코코아

제 **1** 장

기초 재료 과학

제1절 │ 밀가루 및 가루제품

1 밀알의 구조

① 내배유(배유) : 밀알의 83% 정도 차지하며 밀가루가 되는 부분

② 껍질 : 14~15% 차지

③ 배아 : 2~3%로 싹이 트는 부분

2 밀의 분류 (밀알의 단면 상태에 따른 분류)

밀알 절단면	경 도	밀가루 종류	용 도	단백질 함량(%)
초자질	경 질	강력분	제빵용	12.0~15.0
		세몰리나	마카로니, 스파게티용	11.0~12.5
반초자질	반경질	준강력분	제빵용	10.5~12.0
분상질	연 질	중력분	제면용	9.0~10.0
		박력분	제과용	7.0~9.0

3 제분

(1) 밀과 밀가루 성분변화

① 증가하는 성분 : 수분, 탄수화물

② 회분 변화 : 밀 1.8% → 밀가루 0.4~0.45% (1/4~1/5로 감소)

(2) 제분율

① 제분 시 투입한 밀에 대한 생산되는 밀가루양의 비율로 %로 나타낸다.

② 제분율이 낮은 밀가루일수록 껍질부위가 적게 들어가고 상대적으로 중앙부위비율이 높아져 입자가 가늘고 색깔은 희며 회분 함량은 감소한다.

③ 제분율이 높을수록 회분 함량이 많아지고 입자가 거칠고 색깔이 어둡고 탄수화물 함량은 감소한다.

4 밀가루 성분

(1) 단백질

(2) 탄수화물

① 전분 : 밀가루의 70%

② 손상전분 : 제분 중 전분이 기계적으로 절단, 파쇄된 것으로 발효와 밀접한 관계가 있으며
적정 권장량은 4.5~8%이다.

③ 펜토산 : 흡수율이 높으며 빵의 세포구조를 유지시킨다.

(3) 지방

밀가루의 지방 함량은 1~2%

(4) 회분 함량의 의미

밀알의 껍질부위는 배유부위에 비교해서 현저하게 회분 함량이 많다.

① 밀가루의 등급기준 : 정제도를 표시(껍질분리 정도를 알 수 있다.)

② 제빵적성을 대변하지 않는다.

③ 제분공장의 점검기준이 된다.

④ 제분율이 동일할 때 경질소맥(강력분)의 회분이 연질소맥(박력분)의 회분보다 많다.

(5) 밀가루의 색깔

밀가루의 색깔은 다음의 요소에 영향을 받는다.

① 카로틴 색소 : 배유에 존재하는 천연색소물질로 표백제에 의해 탈색된다.

② 밀기울(껍질) 혼입 : 밀기울 혼입이 많을수록 어두운 색이 된다.

③ 입자크기 : 입자가 클수록 어두운 색이 된다.

※ ②, ③번에 의한 밀가루 색깔은 표백제로 표백하기 어렵다.

5 표백제

① 밀가루의 색소를 제거하는 것

② 대표적 표백제 : 산소, 염소가스, 과산화벤조일, 이산화염소

6 숙성제

① 밀가루를 산화시켜 반죽의 탄력을 증가시킨다.

② 대표적 숙성제 : 브롬산칼륨, 산소, 비타민 C, 염소가스

7 밀가루의 저장과 프리믹스

(1) 밀가루 숙성(저장)

제분한 밀가루는 24~27℃의 밝고 통풍이 잘되는 저장실에서 약 3~4주간 숙성시키면 제빵 적성이 좋아진다.

(2) 프리믹스

프리믹스는 밀가루, 설탕, 분유, 달걀분말, 향료 등 건조재료를 제품에 알맞은 배합률로 균일하게 혼합한 원료로 균일한 품질제조, 공정 편리성, 위생문제해결 등의 장점이 있다.

8 기타 가루

(1) 호밀가루

① 성분 특성

- 글루텐 형성 단백질인 글리아딘과 글루테닌이 밀가루에 비해 상당히 낮게 함유되어 있어 탄력성과 신장성이 나쁘다.
- 검류 물질인 펜토산이 많아 글루텐 형성을 방해한다.

② 제빵법

- 사워(Sour) 반죽법을 이용
  → 사워 반죽의 발효에 의해 유기산이 생성, 검류의 글루텐 형성 방해를 완화시킨다.

(2) 대두분

① 탈지대두분

- 대두로부터 기름을 추출하고 분말화한 것(단백질 40~52%)

② 역할

- 제빵 첨가시 결합력이 강해진다.
- 필수 아미노산 리신의 함량이 높아 영양보강제로 사용

(3) 활성글루텐

반죽의 믹싱 내구성 개선, 발효·성형·최종발효에서 안정성 증가

(4) 옥수수 가루

제빵 첨가시 특유의 구수한 맛과 식감의 변화를 주고 영양적으로 트레오닌, 함황 아미노산이 많이 들어 있다. 또한 음식물 조리시 농후 화제로 역할을 한다.

(5) 보리 가루

영양학적으로 비타민 B1이 풍부하여 건강식으로 적합하고 제빵발효를 촉진하는 효소의 공급원으로도 쓰임

제2절 | 감미제

1 설탕(자당)

(1) 사탕수수 또는 사탕무의 즙액으로부터 만든다.

(2) 종류

① 입상형당 : 알갱이 형태로 된 일반적인 정제당
② 분당 : 설탕입자를 분말화한 것으로 고화방지를 위해 전분을 3% 정도 혼합한다.

2 전화당

① 설탕을 가수분해하여 과당과 포도당이 같은 비율로 혼합되어있는 당류이다.
② 감미도 : 전화된 상태에 따라 125~135 정도이다.

3 물엿

① 전분을 가수분해하여 만든다.
② 물엿에 함유되어 있는 당류 : 포도당, 맥아당, 덱스트린
③ 성질 : 수분보습성이 우수하고 당의 재결정 방지효과가 있다.

4 맥아시럽

(1) 보리를 발아시켜 제분한 맥아분으로부터 추출한 액체이다.

(2) 사용이유

   ① 껍질색 개선

   ② 가스생산 증가

   ③ 수분함유 증가

   ④ 향 발생

(3) 사용결과

   ① 이스트 작용 활발(발효촉진)

   ② 분유의 완충작용 보완

   ③ 경수나 알칼리성 물에 효과

5 유당

① 포도당과 갈락토오스가 결합된 이당류

② 우유에 함유되어 있는 동물성 당류

③ 감미도가 낮고(16) 용해도가 낮다.

④ 결정화하기 쉽다.

⑤ 락타아제에 의해 분해되며 제빵용 이스트에 의해서는 분해되지 않는다.

⑥ 탈지분유에 50% 정도 함유되어 있다.

⑦ 유산균에 의해 유산이 생성된다. (요구르트)

⑧ 껍질색 개선에 효과

6 감미제의 제과제빵에서의 기능

제빵에서의 기능	제과에서의 기능
(1) 이스트의 먹이 제공(발효성 탄수화물 공급)	(1) 단맛 제공
(2) 알코올 생성(향 부여)	(2) 갈변 반응(제빵에서의 기능과 동일)
(3) 이산화탄소 생성(열팽창을 통한 부피형성)	(3) 보습효과(노화지연)
(4) 갈변 반응	(4) 단백질 연화작용

① 캐러멜화 : 당류가 160~180℃ 이상에서 갈색으로
               변하는 반응
   ② 마이야르 반응 : 환원당과 단백질의 아미노산이
                   가열조건에서 갈변하는 반응
	(5) 감미제 종류에 따라 독특한 향 제공

(5) 보습효과(노화지연)	
(6) 단백질 연화작용	

제3절 │ 유지와 유지제품

1 유지제품의 종류

종류	수분 함량(%)	지방 함량(%)	지방의 종류	비 고
버터	18% 이하 (보통 14~17%)	80% 이상	유(乳)지방 100%	–
마가린	18% 이하 (보통 14~17%)	80% 이상	동 · 식물성 유지	–
쇼트닝	–	100%	동 · 식물성 유지	–
유화쇼트닝	–	100%	동 · 식물성 유지	유화제로 모노-글리세리드 6~8% 함유
액체유	–	100%	식물성 유지	–

2 튀김기름

① 튀김온도 : 180~195℃

② 튀김기름의 요건

- 발연점이 높을 것
- 산화(산패)에 대한 안정성이 높을 것
- 이미, 이취가 없을 것

③ 튀김기름의 4대 적(敵) : 열, 수분, 산소(공기), 이물질

④ 튀김유로 적합한 기름 : 면실유

3 계면활성제 (유화제)

(1) 정의

표면장력을 저하시켜 물과 기름이 혼합되게 하며 제과 · 제빵에서 응용하면 부피와 조직을 개선하고 노화를 지연시키는 물질

(2) 대표적인 유화제

① 레시틴 : 대두 또는 노른자에 함유된 유화제

② 모노-글리세리드 : 가장 널리 사용되는 유화제로 노화방지에 효과가 크다.

(3) 친수성–친유성 균형(HLB) 수치는 유화제의 친수성과 친유성 균형상태를 나타내는 수치로
1에서 20까지 있으며 수치가 10 이하면 친유성 성질이 강하며 그 이상은 친수성 성질이 강하게 된다.

4 제과제빵에서의 기능

① 공기혼입기능 : 물리적 충격(휘핑)에 의해 공기를 끌어당겨 미세한 기포형태로 포립시키는 기능
② 크림화기능 : 믹싱에 의하여 공기를 흡입하여 크림상으로 되는 기능으로 버터크림에서 요구되어짐
③ 쇼트닝기능 : 부드러움과 무름을 주는 기능
④ 안정화기능 : 파운드 케이크의 반죽 등에서 수용성부분과 유지성분과의 유화안정성을 주는 기능

제4절 | 우유와 유제품

1 우유의 제원

① 비중 : 1.030~1.032
② 산도 : pH6.6
③ 우유의 성분

성 분		특 징	함량(%)
수 분		88~90%(젖소의 사육환경에 따라 다르다)	87.5
지 방		지방입자 형태로 분산되어 있으며 유지방의 비중 : 0.92~0.94	3.65
단백질	카세인	① 우유의 3% 정도(우유 단백질의 75~80%) ② 산에 응고(요구르트) ③ 레닌효소에 응고(치즈) ④ 열에 강함	3.4
	락토알부민 락토글로불린	각각 0.5%씩 함유, 열에 약함(열에 응고)	
유 당		제빵용 이스트에 발효되지 않고 유산균에 의해 발효되어 유산을 생성	4.75

2 우유제품

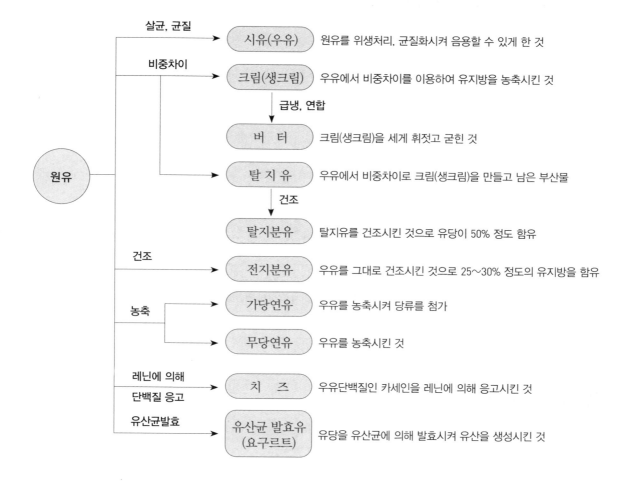

- 원유 →(살균, 균질)→ **시유(우유)**: 원유를 위생처리, 균질화시켜 음용할 수 있게 한 것
- 원유 →(비중차이)→ **크림(생크림)**: 우유에서 비중차이를 이용하여 유지방을 농축시킨 것
- 크림(생크림) →(급냉, 연합)→ **버터**: 크림(생크림)을 세게 휘젓고 굳힌 것
- **탈지유**: 우유에서 비중차이로 크림(생크림)을 만들고 남은 부산물
- 탈지유 →(건조)→ **탈지분유**: 탈지유를 건조시킨 것으로 유당이 50% 정도 함유
- 원유 →(건조)→ **전지분유**: 우유를 그대로 건조시킨 것으로 25~30% 정도의 유지방을 함유
- 원유 →(농축)→ **가당연유**: 우유를 농축시켜 당류를 첨가
- 원유 →(농축)→ **무당연유**: 우유를 농축시킨 것
- 원유 →(레닌에 의해 단백질 응고)→ **치즈**: 우유단백질인 카세인을 레닌에 의해 응고시킨 것
- 원유 →(유산균발효)→ **유산균 발효유(요구르트)**: 유당을 유산균에 의해 발효시켜 유산을 생성시킨 것

3 기타제품

(1) 유장분말

우유에서 유지방, 카세인을 분리하고 남은 제품을 분말화한 것으로 유당이 주성분(73% 정도)이다.

(2) 대용분유

유장에 탈지분유, 밀가루, 대두분을 혼합하여 탈지분유기능과 유사하게 한 제품

1 부위별 구성비율(%)

껍질 : 노른자 : 흰자 = 10 : 30 : 60

2 부위별 성분특징

성 분	수 분(%)	고 형 물(%)	특 징
전 란	75	25	−
노 른 자	50	50	성분 중 1/3 정도가 지방으로 되어 있으며 지방의 대부분이 레시틴으로 마요네즈 제조 시 유화제 역할을 한다.
흰 자	88	12	단백질로 오브알부민, 콘알부민, 라이소자임을 함유

3 신선한 달걀 판별법

① 껍질이 거칠 것

② 등불검사 시 속이 밝으며 노른자가 구형일 것

③ 6~10%의 소금물에서 가라앉을 것(달걀이 가로로 누워 가라앉을 때 가장 신선)

④ 난황계수가 클수록

　※ 난황계수 : 달걀을 깼을 때 노른자 높이를 노른자의 폭으로 나눈 값

4 달걀의 역할

① 결합제역할 : 달걀 단백질은 가열하면 응고되기 때문에 농후화제의 역할을 하는데
　　　　　　　그 대표적인 예가 커스터드 크림이다.

② 팽창역할 : 물리적인 휘핑에 의해 공기를 포집하고 이 기포는 열에 의해서 팽창한다.

③ 유화역할 : 노른자의 레시틴은 유화제의 역할을 한다.

④ 기타 : 완전식품으로 영양가가 높다.

1 이스트

학명	Saccharomyces Cerevisiae
생식법	출아법
이스트발육의 최적 온도	28~32℃
이스트발육의 최적pH	pH4.5~4.9
이스트활동이 가장 활발한 온도	38℃
이스트활동 정지온도	10℃ 이하
이스트 사멸온도	60℃

(1) 이스트의 종류

종 류	특 징
생이스트	① 압착효모라고도 한다 ② 수분 70% 정도, 고형분 30~35% 정도 ③ 현실적인 저장온도 : 냉장온도
건조이스트	① 드라이 이스트 또는 활성건조효모라고도 한다 ② 사용량 : 생이스트 양의 50% ③ 사용법 : 이스트 양의 4배가 되는 물을 40~45℃로 하여 5~10분간 예비 발효를 시킨 후사용한다(발효력 증가를 위해 1~3%의 설탕을 넣는 경우도 있다) ④ 장점 : 편리성, 정확성, 균일성, 경제성
인스턴트 건조이스트	건조이스트의 사용상 단점을 보완한 제품으로 물에 풀지 않고 밀가루에 섞어 사용한다

(2) 취급 시 주의사항

① 소금, 설탕과 이스트는 직접 닿지 않도록 한다.
② 이스트는 고온의 물과 직접 닿지 않도록 한다.
③ 소량의 반죽 또는 믹서의 기능이 좋지 않을 경우는 반죽할 물에 골고루 풀어서 반죽한다.

(3) 이스트를 증가 사용하여야 할 경우

① 소금 사용량이 많은 경우 (삼투압이 높은 경우)
② 설탕 사용량이 많은 경우 (삼투압이 높은 경우)

③ 반죽온도가 낮을 경우

④ 물이 경수이거나 알칼리성일 경우

⑤ 분유사용량이 많은 경우

2 팽창제

(1) 베이킹 파우더 (Baking powder : B.P)

① 구성

탄산수소나트륨	① 중조 또는 소다라고도 한다 ② 이산화탄소가스(탄산가스)를 생성시키는 주체
산작용제	① 산염이라고도 한다 ② 탄산수소나트륨의 가스발생속도를 조절한다 ③ 속효성(가스발생속도가 빠른 성질) : 주석산 ④ 지효성(가스발생속도가 느린 성질) : 황산알루미늄소다
전분(또는 밀가루)	① 계량을 용이하게 한다 ② 중조와 산염을 격리한다 ③ 흡수제

② 규격 : 무게에 대하여 12% 이상의 유효가스를 발생

③ 중화가 $= \dfrac{중조}{산염} \times 100$

(2) 기타 팽창제

① 암모늄염 : 단독으로 사용가능하고 제품에 잔류물이 남지 않는다.

② 탄산수소나트륨 : 사용량이 많으면 소다맛, 비누맛, 쓴맛이 나며 제품을 노랗게 변화시킨다.

③ 이스파타 : 이스트와 베이킹 파우더의 복합어로 염화암모늄에 중조를 혼합한 것이다.
   탄산수소나트륨의 결점을 보완하여 찜류 팽창제로 많이 사용한다.

제7절 | 물과 소금, 이스트 푸드

1 물

① 기능 : 반죽온도조절, 글루텐형성, 효소활성화, 재료의 분산, 반죽농도조절

② 물의 경도 : 물에 녹아 있는 무기염류의 량을 탄산칼슘으로 환산하여 ppm단위로 표시한 것

③ 경도에 따른 물의 분류

분 류	연 수	아 연 수	아 경 수	경 수
경도(ppm)	60 미만	60 이상~120 미만	120 이상~180 미만	180 이상

④ 영구적 경수 : 가열해도 침전하지 않고 경도에 변화가 없는 물

⑤ 일시적 경수 : 가열에 의해 탄산염이 침전되어 연수가 되는 물

⑥ 제빵에서 물의 영향과 조치

사용물의 종류	영 향	조 치
경 수	① 글루텐을 단단하게 한다(반죽이 경직됨) ② 발효속도가 느리다	① 흡수율 증가 ② 이스트 푸드, 소금 사용량 감소 ③ 맥아시럽 첨가 ④ 이스트 사용량 증가
연 수	① 글루텐을 연화시킨다 ② 반죽이 끈적거리고 가스 보유력이 떨어진다	① 흡수율 감소(2% 정도) ② 이스트 푸드, 소금 사용량 증가
알카리성 물	발효속도 지연	산성 이스트 푸드 사용량 증가
중성의 아경수	제빵용 물로 가장 적합	

2 소금

① 구성원소 : NaCl로 나트륨과 염소로 이루어짐

② 역할 : 글루텐강화, 맛조절, 발효조절, 감미조절, 방부효과

3 이스트 푸드

① 구성성분 : 칼슘염, 암모늄염, 인산염 등

② 기능

기 능	작 용	성 분	종 류
제1기능	물조절작용	칼슘염	인산칼슘, 황산칼슘
	반죽조절작용(산화제작용)	–	브롬산칼륨, 아조디카본아마이드
제2기능	이스트의 영양공급	암모늄염	황산암모늄, 인산암모늄

1 초콜릿의 원료

카카오 매스(비터 초콜릿), 코코아, 카카오 버터(코코아 버터), 설탕, 분유, 유화제, 향

2 초콜릿의 종류

(1) 다크 초콜릿

카카오 매스, 카카오 버터, 설탕, 유화제, 향을 함유하고 있으며 제과에서 가장 많이 사용하는 초콜릿으로 카카오성분(카카오 매스, 카카오 버터) 함량에 따라 종류가 많다.

(2) 밀크 초콜릿

다크 초콜릿에 분유를 넣은 초콜릿

(3) 화이트 초콜릿

카카오 버터, 설탕, 분유가 주성분으로 카카오 매스와 코코아가 함유되어 있지 않은 초콜릿

3 초콜릿의 제조방법

① 믹싱
② 정제 : 초콜릿 입자를 미세하게 가는 공정
③ 콘칭 : 이취를 제거하고 유화 및 균질화시킴
④ 템퍼링(추후 설명)
⑤ 주입과 당의 : 주입은 틀에 넣는 공정, 당의는 씌우는 공정
⑥ 냉각 및 포장
⑦ 숙성 : 18℃ 온도와 상대습도 50% 이하의 저장실에서 7~10일간

4 템퍼링

(1) 필요성 및 정의

카카오 버터(코코아 버터)가 안정된 결정상태로 되어 초콜릿 전체가 안정한 상태로 굳을 수 있도록 사전에 하는 온도조절을 말함.

(2) 템퍼링 작업방법

　① 제1단계(용해) : 중탕에서 나무주걱으로 천천히 저으면서 45~47℃ 정도의 온도에서
　　　　　　　　　 완전히 용해한다.

　　※ 주의사항 - 직접 불에 녹이지 말고 반드시 중탕에서 녹일 것
　　　　　　　　공기 혼입방지, 물, 수증기 혼입방지

　② 제2단계(냉각) : 완전 용해한 후 27~29℃까지 냉각시킨다.

　③ 제3단계(재가온) : 27~29℃까지 냉각되어 적당한 점도가 되면 전체를 잘 혼합하면서 중탕에서
　　　　　　　　　　 30~32℃까지 온도를 상승시킨다. 이것으로 템퍼링은 완료된 것이다.

5 블룸(Bloom)현상

블룸(Bloom)이란「꽃(花)」이라는 의미로 초콜릿의 표면에 하얀 무늬 또는 하얀 반점이 생긴 것이 꽃과 닮았다고 하여 이름이 붙여졌는데 이러한 현상은 카카오 버터(지방)가 원인인 지방 블룸(Fat bloom)과 설탕이 원인인 설탕 블룸(Sugar bloom)이 있다.

지방 블룸 (Fat bloom)	설탕 블룸 (Sugar bloom)
① 높은 온도에 보관 또는 직사광선에 노출된 경우 ② 템퍼링이 불량한 경우 ③ 초콜릿이 한번 용해되어 지방이 분리되었다가 　다시 굳은 경우	① 습도가 높은 실내에서 작업 및 보존할 경우 ② 냉각시킨 초콜릿을 더운 실내에 보존할 경우 ③ 습기가 초콜릿 표면에 붙어 녹아 다시 증발한 경우

6 코코아

　① 카카오 원두의 배유 부분을 마쇄한 후 압착하여 카카오버터와 카카오박으로 분리한 다음
　　카카오박을 분말화한 것

　② 카카오박을 200메시로 곱게 부순 후 알카리로 처리하여 우유나 음료에 잘 녹도록 한다.

제9절 │ 과실류, 주류 및 너트류

1 제과용 과실 가공품

① 잼 · 젤리류

- 잼 : 으깬 과실에 설탕을 넣어 조린 것
- 프리저브 : 과육을 충분히 으깨지 않아 과일조각이 그대로 남아 있는 잼
- 프루츠 젤리 : 과즙을 젤리화한 것
- 마멀레이드 : 과즙에 과실껍질을 함께 조린 것

② 통조림제품 : 과실의 껍질과 씨앗을 제외하고 과육을 시럽과 함께 통조림화한 것

③ 건조과일류

④ 냉동과일류 : 생과일을 그대로 급속냉동시킨 것

⑤ 과실음료

2 주류

① 종류

종 류	제 조	대표적인 술
발효주(양조주)	과실, 곡류 등을 알코올 발효시켜 만든 술로 알코올 도수가 낮다	포도주(와인), 맥주, 청주
증류주	과실, 곡류 등을 알코올 발효시켜 만든 술을 증류시켜 얻은 술, 알코올 도수가 높다.(35~70°)	위스키, 브랜디, 럼주
혼성주(리큐르)	양조주, 증류주에 과일, 견과, 스파이스 등을 담가 그 맛과 향을 들인 술	오렌지 리큐르, 커피 리큐르 아마레토

② 포도주(와인) : 포도나 포도즙을 발효시켜 만든 과실주로 적포도주, 백포도주가 있다.

③ 맥주 : 보리, 호프를 원료로 하여 만든 양조주

④ 위스키 : 밀, 호밀, 옥수수 등의 곡류를 맥아 발효시켜 증류한 원액을 숙성시킨 증류주

⑤ 브랜디 : 포도를 원료로 해서 만든 증류주이나 넓게는 과실을 주정원료로 하여 만든 증류주의 총칭

⑥ 럼주 : 사탕수수 원액에서 설탕을 만들고 남은 당밀을 발효시켜 증류한 것을 나무통에 숙성시킨 증류주

3 너트류

(1) 정의

단단하고 굳은 껍질과 깍정이에 1개의 종자만이 싸여 있는 나무열매의 총칭으로 견과류라고 한다.

(2) 종류

아몬드, 헤이즐넛, 호두, 코코넛, 피스타치오, 마카다미아, 땅콩, 캐슈넛

제 10절 | 기타(향료, 향신료, 안정제)

1 향료의 종류

(1) 성분에 따른 종류

① 합성향료 : 방향성 유기물질로부터 합성하여 만든 것으로 그 성분과 규격을 규정하고 있다.

② 천연향료 : 자연에서 채취한 후 추출, 정제, 농축, 분리과정을 거쳐 만든다.

③ 조합향료 : 천연향료와 합성향료를 조합하여 양자간의 문제점을 보완한 것

(2) 가공방법에 따른 종류

① 비알코올성 향료 (지용성 향료) : 유지성분에 향을 용해시켜 향이 날아가지 않는다.
　　　　　　　　　　　　　　　향료명 뒤에 오일이 붙는다. (예 : 바닐라 오일)

② 알코올성 향료 (수용성 향료) : 알코올에 향 물질을 용해시킨 것으로 휘발성이 크므로
　　　　　　　　　　　　　　　굽기 용도보다 아이싱과 충전물제조에 적합하다.
　　　　　　　　　　　　　　　향료명 뒤에 에센스가 붙는다.(예 : 바닐라 에센스)

③ 유화향료 : 유화제를 사용 수지액에 분산시킨 것

④ 분말향료 : 유화원료를 건조시켜 분말화한 것

2 향신료

식물의 종자, 줄기, 껍질, 잎 등을 이용하여 식품의 냄새를 막고 향미를 돋우며 보존성을 높이는 목적으로 사용되는 것으로 계피(시나몬), 넛메그, 메이스, 박하 등이 대표적이다.

3 안정제

종　류	원　료	사용량 (용액량 대비)	용　도
한　천	우뭇가사리	1~1.5%	젤리, 광택제
젤 라 틴	동물의 가죽, 연골	1~2%	무스, 바바루아, 젤리
펙　틴	과일	–	젤리, 잼
전　분	옥수수, 밀가루	–	농후화제

제1절 밀가루 및 가루제품

· 보충설명 ·

01. 밀에 1.8%의 회분이 있을 때 이를 제분하여 1급 밀가루를 만들면 밀가루의 회분은 몇 %되는가?

㉮ 0.1~0.2%　　㉯ 0.4~0.45%　　㉰ 0.6~0.65%　　㉱ 0.8~0.9%

1. 밀을 1급 밀가루로 제분하면 회분 함량은 1/4~1/5로 감소한다.

02. 밀이 밀가루로 변할 때 증가하는 것은?

㉮ 수분　　㉯ 지방　　㉰ 단백질　　㉱ 회분

2. 밀을 제분할 때 증가하는 성분은 수분과 탄수화물이며 나머지 성분은 감소한다.

03. 글루텐 중에 있으며 70%알코올에 용해되는 것은?

㉮ 글로불린　　㉯ 알부민　　㉰ 글루테닌　　㉱ 글리아딘

04. 회분이 많으면 일어나는 것 중 해당되지 않는 것은?

㉮ 회분이 많을수록 단백질이 많다.
㉯ 회분이 많을수록 글루텐이 많다.
㉰ 회분이 많을수록 속색이 희다.
㉱ 회분이 많을수록 속색이 검다.

4. 회분이 많은 밀가루일수록 밀의 껍질부위가 많이 포함된 것이다. 즉, 껍질부위가 많이 포함될수록 밀가루의 글루텐(단백질)함량이 많아지고 입자크기가 커지며 색깔이 어두워진다.

05. 밀가루에 전분 다음으로 많이 들어 있는 것은?

㉮ 단백질　　㉯ 광물질　　㉰ 수분　　㉱ 섬유질

06. 밀에서 2~3%를 차지하며 발아하는 부위는?

㉮ 배아　　㉯ 껍질　　㉰ 내배유　　㉱ 속껍질

6. 밀은 배유(내배유), 껍질, 배아의 3부분으로 나누는데 배유가 83%, 배아가 2~3%, 껍질이 14~15%를 차지하고 있다.

07. 밀가루의 지방 함량은?

㉮ 0.3%　　㉯ 1.3%　　㉰ 2.3%　　㉱ 3.3%

08. 밀가루 중의 수분 함량은?

㉮ 14%　　㉯ 16%　　㉰ 18%　　㉱ 20%

09. 활성 글루텐을 사용하므로 나타나는 결과가 아닌 것은?

㉮ 발효내구력 증가　　㉯ 흡수력 증가
㉰ 부피 증가　　㉱ 향 증가

10. 글루텐(밀가루단백질)과 무관한 것은?

㉮ 미오신　　㉯ 글루테닌　　㉰ 글리아딘　　㉱ 글로불린

10. 밀가루단백질 중 글루텐을 형성하는 단백질에는 글리아딘, 글루테닌이 있고 글루텐을 형성하지 않는 단백질로는 알부민, 글로불린 등이 있다.

해답 1.㉯ 2.㉮ 3.㉱ 4.㉰ 5.㉰ 6.㉮ 7.㉯ 8.㉮ 9.㉱ 10.㉮

11. 밀가루의 무게당 전분의 함유량은 몇 %인가?

㉮ 40% ㉯ 50% ㉰ 60% ㉱ 70%

12. 어떤 재료를 태우고 나면 재가 되는 것은 무엇이라 하나?

㉮ 유기질 ㉯ 회분 ㉰ 단백질 ㉱ 지방

13. 글루텐의 주된 구성성분은?

㉮ 알부민, 글루테닌 ㉯ 글루테닌, 글리아딘
㉰ 글루테닌, 글로불린 ㉱ 글리아딘, 글로불린

14. 밀에 함유된 무기물(회분) 중 가장 많은 것은?

㉮ 인산 ㉯ 칼륨 ㉰ 마그네슘 ㉱ 칼슘

15. 대두가루는 밀가루에 부족한 어떤 영양소가 많아 빵의 영양을 강화할 목적으로 사용한다. 다음 중 그 영양소로 옳은 것은 ?

㉮ 지방 ㉯ 필수 아미노산
㉰ 섬유질 ㉱ 비타민

16. 밀가루 배합 시 글루텐은 무엇과 결합하여 형성되나?

㉮ 수분 ㉯ 지방 ㉰ 설탕 ㉱ 소금

17. 다음의 문항 중 밀알의 구조를 크게 3부분으로 나누었을 때 여기에 해당되지 않는 것은?

㉮ 배아 ㉯ 세포
㉰ 내배유 ㉱ 껍질부위

18. 단백질 함량이 제일 많은 밀가루는?

㉮ 강력 ㉯ 준강력 ㉰ 중력 ㉱ 박력

19. 강력분과 박력분의 성상에서 가장 중요한 차이점은?

㉮ 단백질 함량의 차이 ㉯ 비타민 함량의 차이
㉰ 지방 함량의 차이 ㉱ 전분 함량의 차이

20. 다음 중 밀의 내배유 비율은?

㉮ 2~3% ㉯ 14% ㉰ 70% ㉱ 83%

21. 제빵 적성에 맞지 않는 밀가루는?

㉮ 글루텐의 질이 좋고 함량이 많은 것
㉯ 프로테아제의 함량이 많은 것
㉰ 제분 직후 30~40일 정도의 숙성기간이 지난 것
㉱ 물을 흡수할 수 있는 능력이 큰 것

18. 각종 밀가루의 글루텐 함량은 강력분 12-15%(최소 10.5%이상), 중력분 9~10%, 박력분 7~9%, 준강력분 10% 내외이다.

21. 프로테아제는 단백질(글루텐) 분해효소이므로 이 효소가 많으면 글루텐이 분해되어 빵의 구조형성에 문제가 있다.

해답 11.㉱ 12.㉯ 13.㉯ 14.㉮ 15.㉯ 16.㉮ 17.㉯ 18.㉮ 19.㉮ 20.㉱ 21.㉯

22. 제빵용 밀가루에서 빵 발효에 많은 영향을 주는 손상전분의 적정한 함량은?

㉮ 0% ㉯ 1~3.5% ㉰ 4.5~8% ㉱ 9~12.5%

23. 밀과 밀가루의 성분에 대해 맞는 것은?

㉮ 밀의 회분은 0.6이고 밀가루는 0.4이다.
㉯ 밀의 회분은 1.8이고 밀가루는 0.4이다.
㉰ 밀의 회분은 0.5이고 밀가루는 0.8이다.
㉱ 밀과 밀가루 모두 0.4이다.

24. 제과용 밀가루의 단백질 함량은?

㉮ 7~9% ㉯ 9~10% ㉰ 11~12% ㉱ 13% 이상

25. 밀가루 중 가장 입자가 고운 것은?

㉮ 40메시 ㉯ 60메시 ㉰ 100메시 ㉱ 200메시

26. 탄수화물이 비교적 많은 것은?

㉮ 버터 ㉯ 밀가루 ㉰ 달걀 ㉱ 우유

27. 밀가루 25g에서 젖은 글루텐 6g을 얻었다면 이 밀가루는 다음 어디에 속하는가?

㉮ 박력분 ㉯ 중력분 ㉰ 강력분 ㉱ 제빵용 밀가루

28. 강력분의 특징으로 틀린 것은?

㉮ 박력, 중력보다 단백질함유량이 많다.
㉯ 경질소맥으로 만든다.
㉰ 연질소맥으로 만든다.
㉱ 박력보다 황함유아미노산이 약간 많다.

29. 제과용 밀가루 제조에 사용되는 밀로 가장 좋은 것은?

㉮ 경질동맥 ㉯ 경질춘맥
㉰ 연질동맥 ㉱ 연질춘맥

30. 호밀빵 제조 시 호밀을 사용하는 이유가 아닌 것은?

㉮ 독특한 맛 ㉯ 색상
㉰ 조직의 특성 ㉱ 구조력 향상

31. 밀가루에 함유된 회분이 의미하는 것과 가장 거리가 먼 것은?

㉮ 광물질은 껍질에 많다.
㉯ 정제 정도를 알 수 있다.
㉰ 경질소맥이 연질소맥보다 회분량이 높은 것이 일반적이다.
㉱ 제빵 적성을 대변한다.

· 보충설명 ·

25. 메시(Mesh)란 체를 통과한 분말제품의 입자크기 단위로 가로 1인치, 세로 1인치의 정사각형안에 있는 체의 눈금 수(구멍의 개수)를 말한다. 따라서 그 수치가 높을수록 고운 입자의 분말제품이 된다.

27. 이 밀가루의 글루텐 함량을 구하면 젖은 글루텐 함량은

$\frac{6g}{25g} \times 100 = 24\%$이다.

따라서 건조글루텐 함량
$=24 \div 3 = 8\%$가 된다.
그러므로 이 밀가루는
박력분(글루텐 함량 7~9%)이다.

해답 22.㉰ 23.㉯ 24.㉮ 25.㉱ 26.㉯ 27.㉮ 28.㉰ 29.㉰ 30.㉱ 31.㉱

32. 고율배합 제과용 밀가루의 가장 적당한 pH는?

㉮ 4.5 ㉯ 5.2 ㉰ 6.5 ㉱ 7.2

33. 소맥분에 관한 관계 중 가장 바른 것은?

㉮ 식빵–초박력분 ㉯ 단과자빵–박력분
㉰ 제과–강력분 ㉱ 제면–중력분

34. 밀 제분 시 조질 공정(템퍼링)의 설명이 잘못된 것은?

㉮ 가수와 보온 공정
㉯ 외피를 제거하기 위해
㉰ 내배유 파쇄를 용이하게 하기위해
㉱ 순수한 밀가루를 만들기 위해

35. 밀가루 중 밀기울의 혼합율을 측정하는 기준성분은?

㉮ 섬유질 ㉯ 회분 ㉰ 지방 ㉱ 비타민 B_1

36. 밀가루 수분 함량이 1% 감소할 때마다 흡수율은 얼마나 증가되는가?

㉮ 0.3~0.5% ㉯ 0.75~1% ㉰ 1.3~1.6% ㉱ 2.5~2.8%

37. 다음 중 전형적으로 특급 박력분을 사용하는 것은?

㉮ 스펀지 케이크 ㉯ 파이 ㉰ 식빵 ㉱ 우동

38. 밀가루의 등급은 무엇을 기준으로 하는가?

㉮ 회분 ㉯ 단백질 ㉰ 지방 ㉱ 탄수화물

39. 밀가루의 숙성기간으로 알맞은 것은?

㉮ 1~2주 ㉯ 3~4주 ㉰ 5~7주 ㉱ 7~8주

40. 제빵용 밀가루 선택 시 고려할 사항과 가장 거리가 먼 것은?

㉮ 단백질 양 ㉯ 흡수율 ㉰ 전분량 ㉱ 회분량

41. 제과제빵용 건조재료 등과 팽창제 및 유지재료를 알맞은 배합률로 균일하게 혼합한 원료는?

㉮ 프리믹스 ㉯ 팽창제
㉰ 향신료 ㉱ 밀가루 개선제

42. 박력분의 설명으로 옳은 것은?

㉮ 경질소맥을 제분한다.
㉯ 연질소맥을 제분한다.
㉰ 글루텐의 함량은 12~14%이다.
㉱ 빵이나 국수를 만들 때 사용한다.

· 보충설명 ·

35. 밀가루의 회분 함량은 밀의 껍질부위(밀기울)가 많이 포함될수록 증가하므로 회분 함량을 보면 밀기울의 혼합 정도를 알 수 있어 밀가루의 등급기준이 된다.

해답 32.㉯ 33.㉱ 34.㉰ 35.㉯ 36.㉰ 37.㉮ 38.㉮ 39.㉯ 40.㉰ 41.㉮ 42.㉯

43. 제과용 밀가루의 주요한 기능은?

㉮ 구조 형성   ㉯ 유화 작용

㉰ 감미도 조절   ㉱ 껍질색 개선

44. 밀의 제분율이 낮을수록 커지는 성분은?

㉮ 탄수화물   ㉯ 단백질

㉰ 지질   ㉱ 비타민 및 회분

45. 밀가루를 용도별로 나눌 때 일반적으로 회분 함량이 가장 낮은 것은?

㉮ 제빵용   ㉯ 제과용

㉰ 페이스트리용   ㉱ 크래커용

46. 회분에 대하여 맞게 설명한 것은?

㉮ 회분이 많을수록 발효가 빠르다.

㉯ 회분이 많을수록 글루텐 함량이 많다.

㉰ 회분이 많을수록 밀가루질이 좋아진다.

㉱ 회분이 많을수록 밀가루색이 희어진다.

47. 밀가루 선택 시 회분 함량이 가장 낮아야 하는 제품은?

㉮ 식빵   ㉯ 프랑스빵

㉰ 퍼프 페이스트리   ㉱ 스펀지 케이크

48. 밀가루의 제분수율(%)에 따른 설명 중 잘못된 것은?

㉮ 제분수율이 증가하면 일반적으로 소화율(%)은 감소한다.

㉯ 제분수율이 증가하면 일반적으로 비타민 B_1, B_2 함량이 증가한다.

㉰ 목적에 따라 제분수율이 조정되기도 한다.

㉱ 제분수율이 증가하면 일반적으로 무기질 함량이 감소한다.

49. 식빵용 밀가루의 습부량(젖은 글루텐 함량)으로 가장 적당한 것은?

㉮ 15%   ㉯ 25%   ㉰ 35%   ㉱ 45%

50. 다음 어느 소맥분을 사용하는 것이 경제적인가?

㉮ 수분 13% 함유한 소맥분 가격kg당 220원

㉯ 수분 13.5% 함유한 소맥분 가격kg당 210원

㉰ 수분 12% 함유한 소맥분 가격kg당 235원

㉱ 수분 12.5% 함유한 소맥분 가격kg당 230원

51. 밀가루를 만들 때 산화제로 처리하는 이유는?

㉮ 수분 함량을 줄이기 위하여

㉯ 장기간 저장해도 상하지 않게 하기 위하여

㉰ 밀가루 포장 시 무거운 입자가 가라앉는 것을 방지하기 위하여

㉱ 반죽의 탄력성과 신장성을 높여 가스 보유력을 높이기 위하여

해답   **43.**㉮   **44.**㉮   **45.**㉯   **46.**㉱   **47.**㉱   **48.**㉱   **49.**㉰   **50.**㉯   **51.**㉱

52. 파이용 밀가루에 대한 설명 중 틀리는 것은?

㉮ 파이 껍질의 구성 재료를 형성한다.
㉯ 표백이 양호해야만 한다.
㉰ 유지와 층을 만들어 결을 만든다.
㉱ 글루텐 함량이 너무 높거나 낮지 않아야 한다.

53. 다음 밀가루 중 스파게티나 마카로니를 만드는데 주로 사용되는 것은?

㉮ 강력분   ㉯ 중력분   ㉰ 박력분   ㉱ 듀럼밀분

54. 밀알을 껍질 부위, 배아 부위, 배유 부위로 분류할 때 배유에 대한 설명으로 틀리는 것은?

㉮ 밀알의 대부분으로 무게비로 약 83%를 차지한다.
㉯ 전체 단백질의 약 90%를 구성하며 무게비에 대한 단백질 함량이 높다.
㉰ 회분 함량은 0.3% 정도로 낮은 편이다.
㉱ 무질소물은 다른 부위에 비하여 많은 편이다.

55. 식빵 제조용 밀가루의 원료로서 가장 좋은 것은?

㉮ 분상질   ㉯ 중간질
㉰ 초자질   ㉱ 분상 중간질

56. 밀가루의 탄수화물 중 그 함유량이 가장 많은 것은?

㉮ 아밀로오스   ㉯ 아밀로펙틴
㉰ 셀룰로오스   ㉱ 펜토산

57. 각 회사마다 제분율이 다르다. 어느 회사의 밀가루 생산량이 가장 적은가? 각각의 제분율은 A사 70%, B사 72%, C사 74%, D사 76%이다.

㉮ A사는 밀 2,850kg을 제분한다.
㉯ B사는 밀 2,800kg을 제분한다.
㉰ C사는 밀 2,750kg을 제분한다.
㉱ D사는 밀 2,700kg을 제분한다.

58. 경질밀과 연질밀의 상대적인 차이점에 대한 설명 중 틀린 것은?

㉮ 경질밀은 배유조직이 치밀하다.
㉯ 연질밀은 전분 함량이 경질밀에 비해 높다.
㉰ 연질밀은 수분 함량이 경질밀에 비해 많다.
㉱ 경질밀은 연질밀보다 단백질 함량이 적다.

59. 다음 중 제분율을 구하는 식으로 적합한 것은?

㉮ (제분중량÷원료소맥중량) × 100
㉯ {제분중량÷(원료소맥중량−외피중량)} × 100
㉰ {제분중량÷(원료소맥중량−회분량)} × 100
㉱ {(제분중량−회분량)÷원료소맥중량} × 100

해답   52.㉯   53.㉱   54.㉯   55.㉰   56.㉯   57.㉮   58.㉱   59.㉮

01. 전화당에 대한 설명으로 틀린 것은?

⑦ 포도당과 과당이 50%씩 함유되어 있다.
⑭ 설탕을 분해해서 만든다.
⑮ 포도당과 과당이 혼합된 이당류이다.
⑯ 수분이 함유된 것이 전화당 시럽이다.

02. 물엿에 들어있지 않은 성분은?

⑦ 포도당   ⑭ 설탕   ⑮ 맥아당   ⑯ 덱스트린

03. 식빵에서 설탕의 기능과 가장 거리가 먼 것은?

⑦ 반죽시간 단축   ⑭ 이스트의 영양 공급
⑮ 껍질색 개선   ⑯ 수분 보유

04. 수분 보습성을 좋게 하기 위해 첨가하는 것은?

⑦ 물엿   ⑭ 맥아당   ⑮ 포도당   ⑯ 전화당

05. 다음 제품 중 고형질 함량이 가장 높은 것은?

⑦ 밀가루   ⑭ 식빵   ⑮ 설탕(자당)   ⑯ 물엿

06. 다음에서 설탕의 기능이 아닌 것은?

⑦ 이스트 먹이   ⑭ 껍질색 개선
⑮ 흡수율 증가   ⑯ 저장성 증가

07. 전화당이란?

⑦ 과당과 포도당이 같은 비율로 녹아 있는 것으로 감미도는 약 125이다.
⑭ 과당과 포도당이 같은 비율로 녹아 있는 것으로 감미도는 약 140이다.
⑮ 과당과 포도당이 같은 비율로 녹아 있는 것으로 감미도는 약 150이다.
⑯ 과당과 포도당이 2:1비율로 섞여 있는 것으로 감미도는 약 120이다.

08. 물엿의 수분 함량은?

⑦ 25% 이하   ⑭ 38% 이하   ⑮ 45% 이하   ⑯ 18% 이하

09. 설탕의 기능이 아닌 것은?

⑦ 껍질색 개선   ⑭ 흡수율 감소
⑮ 열변성   ⑯ 수분 보유능력

10. 이스트에 의해서 분해되지 않는 당 중 감미도가 낮은 것은?

⑦ 포도당   ⑭ 유당   ⑮ 전화당   ⑯ 자당

---

1. 설탕을 효소나 산으로 분해하면 포도당과 과당이 생성되는데 이 포도당과 과당이 반씩 혼합되어 있는 당을 전화당이라 하며 수분이 함유되면 전화당 시럽이 된다.

2. 물엿은 전분을 가수분해하여 만든 것으로 포도당, 맥아당, 덱스트린 등이 함유되어 있다.

5. 고형질이란 식품에서 수분을 제외한 나머지물질을 말하는데 밀가루 86% 이하, 식빵 62% 내외, 물엿 80% 정도이고 설탕은 거의 고형질로 되어있다.

7. 전화당은 전화된 상태에 따라 감미도의 차이가 있으며 대략 125~135이다.

해답　1.⑮　2.⑭　3.⑦　4.⑦　5.⑮　6.⑮　7.⑦　8.⑦　9.⑮　10.⑭

11. 거친 설탕 입자를 마쇄하여 고운 눈금을 가진 체를 통과시킨 후 덩어리 방지제를 첨가한 제품은?

    ㉮ 액당   ㉯ 분당   ㉰ 전화당   ㉱ 포도당

12. 다음 중 사탕수수에 의해 얻어지는 당은?

    ㉮ 포도당   ㉯ 과당

    ㉰ 갈락토오스   ㉱ 설탕

13. 식물계에 존재하지 않은 당은?

    ㉮ 과당   ㉯ 유당   ㉰ 맥아당   ㉱ 자당

14. 맥아에는 아밀라아제가 풍부하게 들어 있어 식혜나 맥아엿 또는 맥주를 만드는데 사용된다. 맥아를 만드는데 주로 사용되는 곡류는?

    ㉮ 보리   ㉯ 쌀   ㉰ 밀   ㉱ 콩

15. 설탕의 사용 목적이 아닌 것은?

    ㉮ 이스트 먹이   ㉯ 발효숙성을 빨리시킴

    ㉰ 수분 보유력   ㉱ 빵의 껍질색 개선

16. 제빵에서 당의 중요한 기능은?

    ㉮ 껍질색을 낸다.   ㉯ 글루텐을 질기게 한다.

    ㉰ 완충 작용을 한다.   ㉱ 유화 작용을 한다.

17. 분당은 저장 중 응고되기 쉬우므로 이를 방지하기 위하여 어느 재료를 첨가하는가?

    ㉮ 소금   ㉯ 설탕   ㉰ 글리세린   ㉱ 전분

18. 다음 중 과당이 함유되어 있지 않은 것은?

    ㉮ 과즙   ㉯ 분당   ㉰ 벌꿀   ㉱ 전화당

19. 제과에서 설탕의 기능이 아닌 것은?

    ㉮ 감미제   ㉯ 수분 보유력으로 노화지연

    ㉰ 알코올 발효의 탄수화물 급원   ㉱ 밀가루 단백질의 연화

20. 포도당, 물엿의 고형질 함량은?

    ㉮ 포도당 90%, 물엿 80%   ㉯ 포도당 50%, 물엿 50%

    ㉰ 포도당 80%, 물엿 75%   ㉱ 포도당 50%, 물엿 60%

21. 제과에서 설탕의 역할이 아닌 것은?

    ㉮ 껍질색 개선   ㉯ 수분 보유

    ㉰ 밀가루 단백질의 강화   ㉱ 연화 작용

· 보충설명 ·

13. 과당은 과일이나 꿀에 많이 들어있고 맥아당은 발아곡물이나 식혜에, 자당은 사탕수수나 사탕무에 함유되어 있으며 유당은 우유에 들어있다.

17. 분당(슈거 파우더)에는 고화방지제로 3% 정도의 전분을 첨가한다.

해답   11.㉯ 12.㉱ 13.㉯ 14.㉮ 15.㉯ 16.㉮ 17.㉱ 18.㉯ 19.㉰ 20.㉮ 21.㉰

22. 상대적 감미도가 순서대로 나열된 것은?

㉮ 과당〉전화당〉설탕〉포도당〉맥아당〉유당
㉯ 설탕〉과당〉전화당〉포도당〉유당〉맥아당
㉰ 유당〉설탕〉포도당〉맥아당〉과당〉전화당
㉱ 전화당〉설탕〉포도당〉과당〉맥아당〉유당

23. 제빵 시 설탕 기능이 아닌 것은?

㉮ 표피색 개선 　　　　　　 ㉯ 수분 보유력 증가
㉰ 단백질 변성 지연 　　　　 ㉱ 흡수율 증가

24. 환원당과 아미노화합물의 축합이 이루어질 때 생기는 갈색 반응은?

㉮ 마이야르 반응 　　　　　 ㉯ 캐러멜화 반응
㉰ 효소적 갈변 　　　　　　 ㉱ 아스코르빈산의 산화에 의한 갈변

25. 전분의 가수분해에 의해 얻어진 감미료가 아닌 것은?

㉮ 맥아물엿 　　 ㉯ 과당 　　 ㉰ 포도당 　　 ㉱ 산당화물엿

26. 일반적으로 설탕의 캐러멜화에 필요한 온도는?

㉮ 100℃~120℃ 　　　　　 ㉯ 130℃~150℃
㉰ 160℃~180℃ 　　　　　 ㉱ 190℃ 이상

27. 맥아에 함유되어 있는 아밀라아제를 이용하여 전분을 당화시켜 엿을 만든다. 이때 엿에 주로 함유되어 있는 당류는?

㉮ 포도당 　　 ㉯ 유당 　　 ㉰ 과당 　　 ㉱ 맥아당

28. 유당에 대한 설명으로 틀리는 것은?

㉮ 우유에 함유된 당으로 입상형, 분말형, 미분말형 등이 있다.
㉯ 감미도는 설탕 100에 대하여 16 정도이다.
㉰ 환원당으로 아미노산의 존재 시 갈변 반응을 일으킨다.
㉱ 포도당이나 자당에 비하여 용해도가 높고 결정화가 느리다.

29. 설탕류가 갖는 제과에서의 주요 기능이 아닌 것은?

㉮ 감미제 　　 ㉯ 수분 보유 　　 ㉰ 물의 경도 조절 　　 ㉱ 껍질색 개선

30. 다음은 갈색 반응에 대한 설명이다. 빈칸에 맞은 것은?

| 환원당 + (　　　) $\xrightarrow{\text{열}}$ 멜라노이드 색소(황갈색) |

㉮ 지방 　　 ㉯ 탄수화물 　　 ㉰ 단백질 　　 ㉱ 비타민

31. 포도당의 감미도는?

㉮ 결정일 때 감미가 세다. 　　　 ㉯ 수용액일 때 감미가 세다.
㉰ β형일 때 감미가 세다. 　　　 ㉱ 좌선성일 때 감미가 세다.

24. 제빵에서 밀가루단백질의 아미노산과 환원당이 반응하여 갈변하는 현상을 마이야르 반응이라 한다.

28. 유당은 포도당이나 자당에 비하여 용해도가 낮고 결정이 이루어지기 쉽다.

해답 　22.㉮　23.㉱　24.㉮　25.㉯　26.㉰　27.㉱　28.㉱　29.㉰　30.㉰　31.㉮

32. 당의 캐러멜화는 어느 조건에서 더 진하게 되는가?

㉮ 산성   ㉯ 중성   ㉰ 알칼리성   ㉱ pH와 무관

33. 전화당에 대한 설명 중 부적당한 것은?

㉮ 수분 보유력이 강하다.

㉯ 착색을 지연시킨다.

㉰ 포도당 50%와 과당 50%로 되어 있다.

㉱ 설탕의 결정화 방지효과로 저장성을 연장시킨다.

34. 설탕류가 제빵에 미치는 공통적인 기능 중 잘못 기술된 것은?

㉮ 수분 보유력이 강해 제품에 수분을 많이 남게 한다.

㉯ 반죽에 탄성을 주어 오븐 팽창이 커진다.

㉰ 저장 시간을 연장시키고 수율을 높인다.

㉱ 휘발성산, 알데히드 등의 화합물을 생성한다.

35. 설탕에 대한 설명으로 틀린 것은?

㉮ 설탕은 과당보다 용해성이 크다.

㉯ 퐁당이란 설탕의 결정성을 이용한 것이다.

㉰ 설탕이 이스트에 의해 발효된 후 남은 잔류당은 굽기 공정에서 전화된다.

㉱ 빵의 굽기 공정에서 일어나는 껍질의 착색은 주로 마이야르 반응에 의한 것이다.

36. 빵 발효 시 밀가루에 대하여 2% 정도의 설탕이 이스트(Yeast)에 의하여 소모될 경우 밀가루가 132kg이라면 발효에 의하여 소모되는 설탕의 양은?

㉮ 1.32kg   ㉯ 1.68kg   ㉰ 2.04kg   ㉱ 2.64kg

37. 제과의 제조에 이용되는 캐러멜화 현상을 설명한 것 중 잘못된 것은?

㉮ 당류를 계속 가열할 때 점조한 갈색 물질이 생기는 것이다.

㉯ 당을 함유한 식품을 가열할 때 일어난다.

㉰ 아미노산과 같은 질소화합물과 환원당간의 반응이다.

㉱ 이 반응의 생성물들은 향기와 맛에 영향을 준다.

38. 다음 중 전분당이 아닌 것은?

㉮ 물엿   ㉯ 설탕   ㉰ 포도당   ㉱ 이성화당

39. 감미도 100인 설탕 20kg과 감미도 70인 포도당 24kg을 섞었다면 이 혼합당의 감미도는? (단, 계산결과는 소수점 둘째 자리에서 반올림한다.)

㉮ 50.1   ㉯ 83.6   ㉰ 105.8   ㉱ 188.2

40. 자당을 인버타아제로 가수분해하여 10.52%의 전화당을 얻었다면 포도당과 과당의 비율은?

㉮ 포도당 5.26%, 과당 5.26%

㉯ 포도당 7.0%, 과당 3.52%

㉰ 포도당 3.52%, 과당 7.0%

㉱ 포도당 2.63%, 과당 7.89%

34. 설탕은 빵 반죽의 단백질을 연화시켜 그만큼 오븐 팽창(오븐 스프링)이 작아진다.

35. 과당은 당류 중에서 감미도가 175로 가장 높으며 용해성 또한 가장 크다.

36. 소모 설탕양

$$132kg \times \frac{2}{100} = 2.64kg$$

37. 아미노산과 환원당간의 반응에 의해서 일어나는 갈변반응을 마이야르 반응이라고 한다.

38. 전분당은 전분을 가수분해하여 얻은 당으로 물엿, 포도당, 이성화당이 있으며 설탕은 사탕수수, 사탕무로 만든 당류이다.

39. {(20kg×100)+(24kg×70)}÷(20kg+24kg) = 83.6

40. 자당은 포도당과 과당이 동량 결합된 것으로 10.52%의 전화당에는 포도당과 과당이 동량 들어있다. 고로 10.52÷2=5.26%씩 함유되어 있다.

해답 32.㉰ 33.㉯ 34.㉯ 35.㉮ 36.㉱ 37.㉰ 38.㉯ 39.㉯ 40.㉮

· 보충설명 ·

01. 유지에 있어 어느 한도 내에서 파괴되지 않고 외부 힘에 따라 변형될 수 있는 성질은?

㉮ 가소성   ㉯ 연화성   ㉰ 발연성   ㉱ 연소성

02. 쇼트닝의 기능인 것은?

㉮ 부피 감소   ㉯ 노화 지연
㉰ 흡수율 증가   ㉱ 믹싱시간 단축

03. 버터와 마가린의 차이는?

㉮ 지방 함량이 다르다.   ㉯ 버터에는 소금이 없다.
㉰ 지방의 종류가 다르다.   ㉱ 수분 함량이 다르다.

04. 파이용 마가린에서 가장 중요한 기능은?

㉮ 유화성   ㉯ 가소성   ㉰ 안정성   ㉱ 쇼트닝성

05. 제빵에서 쇼트닝의 기능이 아닌 것은?

㉮ 썰기를 좋게 한다.   ㉯ 부피와 조직 개선
㉰ 껍질의 연화   ㉱ 공기포집의 극대화

06. 제빵에서 유지의 기능이 아닌 것은?

㉮ 흡수력 개선   ㉯ 내구력 개선
㉰ 노화 지연   ㉱ 연화 작용

07. 버터의 지방 함량은 얼마인가?

㉮ 60%   ㉯ 70%   ㉰ 80%   ㉱ 90%

08. 모노 · 디–글리세리드는 유화 쇼트닝에 몇 % 정도 들어 있는가?

㉮ 1~2%   ㉯ 2~4%   ㉰ 6~8%   ㉱ 10~12%

09. 버터의 수분 함량은?

㉮ 10~14%   ㉯ 14~17%   ㉰ 18~20%   ㉱ 22~25%

10. 제빵에서 유지는 몇 %일 때 부피가 가장 커지는가?

㉮ 2%   ㉯ 4%   ㉰ 8%   ㉱ 12%

11. 다음 100g 중 수분 함량이 가장 적은 것은?

㉮ 마가린   ㉯ 밀가루   ㉰ 버터   ㉱ 쇼트닝

3. 버터와 마가린은 지방과 수분의 함량에 차이는 없으나 버터는 우유로 만들어 100%유지방이고 마가린은 동물성 지방 또는 식물성 유지로 되어있다.

5. 쇼트닝의 기능 중 공기를 포집하는 기능은 제과에서 반죽형케이크 등에서 이용되어진다.

11. 마가린과 버터의 수분 함량은 18% 이하(보통14~17%)이고 밀가루는 13~14%, 쇼트닝은 100%지방으로 되어있다.

해답 1.㉮ 2.㉯ 3.㉰ 4.㉯ 5.㉱ 6.㉮ 7.㉰ 8.㉰ 9.㉯ 10.㉯ 11.㉱

12. 발연점이 가장 높은 기름은?

㉮ 쇼트닝　　㉯ 옥수수기름　　㉰ 라드　　㉱ 면실유

13. 버터의 향과 관계없는 것은?

㉮ 디아세틸　　　　　　㉯ 유산
㉰ 뷰티린산　　　　　　㉱ 아세트산

14. 버터를 쇼트닝으로 대치할 때 신경써야 할 점은?

㉮ 유지고형질　　㉯ 수분　　㉰ 소금　　㉱ 유당

15. 지방의 고형질을 나타내는 지수는?

㉮ SFI　　　　　　　　㉯ 가소성
㉰ 용해성　　　　　　　㉱ 크리스탈 결정구조

16. 표면장력을 변화시켜 빵과 과자의 부피와 조직을 개선하고 노화를 지연시키기 위해 사용하는 것은?

㉮ 계면활성제　　　　　㉯ 팽창제
㉰ 산화방지제　　　　　㉱ 감미료

17. 다음 제과제빵 재료 중 지방을 공급하는 것은?

㉮ 밀가루　　㉯ 버터　　㉰ 우유　　㉱ 소금

18. 계면활성제는 극성기와 비극성기를 함께 가지고 있는데, 친수성-친유성 균형(HLB)의 수치가 다음과 같을 때 친수성이 50% 이상으로 물에 녹는 것은?

㉮ 3　　㉯ 5　　㉰ 9　　㉱ 12

19. 건과자용 쇼트닝에서 가장 중요한 제품 특성은?

㉮ 가소성　　㉯ 안정성　　㉰ 신장성　　㉱ 크림가

20. 제과에서 유지의 기능이 아닌 것은?

㉮ 연화 기능　　　　　㉯ 공기포집 기능
㉰ 안정 기능　　　　　㉱ 노화촉진 기능

21. 제빵에서의 유지의 기능이 아닌 것은?

㉮ 연화 작용　　　　　㉯ 저장성 증대
㉰ 부피와 조직 개선　　㉱ 껍질색 개선

22. 데니시 페이스트리와 퍼프 페이스트리에서 쇼트닝의 가장 중요한 특성은?

㉮ 크림가　　㉯ 안정성　　㉰ 신장성　　㉱ 유화성

· 보충설명 ·

13. 아세트산은 초산으로 식초의 주성분이다. 따라서 버터향과는 관계가 없다.

15. SFI는 Solid Fat Index의 약자로 지방의 고형질계수를 말하며 온도에 따른 지방의 고체지방 함량을 나타낸다.

18. HLB수치는 계면활성제(유화제)에서 친수성과 친유성의 균형상태를 나타내는 수치다. 1에서 20까지 수치가 나타나는데 수치가 10 이하면 친유성이 강하며 10 이상이면 친수성이 강하다.

해답 12.㉱　13.㉱　14.㉯　15.㉮　16.㉮　17.㉯　18.㉱　19.㉯　20.㉱　21.㉱　22.㉰

23. 버터크림을 만들 때 흡수율이 가장 높은 유지는?

㉮ 라드   ㉯ 경화 라드

㉰ 경화 식물성 쇼트닝   ㉱ 유화 쇼트닝

24. 빵의 노화 방지를 위해 사용하는 첨가물은?

㉮ 모노-글리세리드   ㉯ 탄산암모늄

㉰ 이스트 푸드   ㉱ 산성탄산나트륨

25. 버터크림을 만드는데 사용하는 유지의 가장 중요한 기능은?

㉮ 쇼트닝기능   ㉯ 크림화기능

㉰ 호화기능   ㉱ 안정성기능

26. 파운드 케이크 제조용 쇼트닝에서 가장 중요한 제품 특성은?

㉮ 신장성   ㉯ 가소성   ㉰ 유화성   ㉱ 안전성

27. 수중유적형(O/W) 식품이 아닌 것은?

㉮ 우유   ㉯ 마가린   ㉰ 마요네즈   ㉱ 아이스크림

28. 유지에 가소성을 주는 지방 결정체는 자연계에서 여러 가지 형태를 이루고 있는데 다음 중 융점이 가장 높은 형태는?

㉮ 알파(α)형   ㉯ 베타(β)형

㉰ 베타프라임(β')형   ㉱ 감마(γ)형

29. 유지의 크림가가 가장 중요한 제품은?

㉮ 케이크   ㉯ 쿠키   ㉰ 식빵   ㉱ 단과자빵

30. 빵, 과자류 제품 제조에 사용하는 유지의 특성을 설명한 것 중 틀리는 항목은?

㉮ 파운드 케이크와 같이 많은 유지와 액체를 사용하는 제품에는 유화성이 중요하다.

㉯ 페이스트리와 파이같이 결을 만드는 제품에는 가소성이 중요하다.

㉰ 저장기간이 긴 쿠키나 고온에서 작업하는 튀김류에는 기능성이 중요하다.

㉱ 부드러움을 주기 위하여 빵류에 사용하는 유지는 쇼트닝성이 중요하다.

31. 케이크 제조에서 쇼트닝의 기본적인 3가지 기능과 가장 거리가 먼 것은?

㉮ 팽창기능   ㉯ 윤활기능

㉰ 유화기능   ㉱ 안정기능

32. 모노-글리세리드와 디-글리세리드는 제과에 있어 주로 어떤 역할을 하는가?

㉮ 유화제   ㉯ 항산화제

㉰ 감미제   ㉱ 필수영양제

33. 마가린에 풍미를 강화하고 방부의 역할도 하기 위하여 첨가하는 물질은?

㉮ 지방　　　　　㉯ 소금　　　　　㉰ 우유　　　　　㉱ 유화제

34. 10℃, 26.6℃, 37.7℃에서의 지방고형질계수가 다음과 같을 때 파이용 마가린으로 가장 적합한 것은?

㉮ 25-13-3　　　　　　　　㉯ 32-28-20
㉰ 32-20-10　　　　　　　　㉱ 32-15-0

35. 쇼트닝에 함유된 지방 함량은?

㉮ 20%　　　　　㉯ 40%　　　　　㉰ 80%　　　　　㉱ 100%

36. 수중의 기름을 분산시키고 또 분산된 입자가 응집하지 않도록 안정화시키는 작용을 갖고 있는 것은?

㉮ 팽창제　　　　　㉯ 유화제　　　　　㉰ 강화제　　　　　㉱ 개량제

37. 동물성 유지에 해당되는 것은?

㉮ 버터　　　　　㉯ 대두유　　　　　㉰ 면실유　　　　　㉱ 코코아 버터

38. 퍼프 페이스트리에 사용하는 유지의 성질 중 중요하지 않은 것은?

㉮ 수분을 적량 함유해야 한다.　　　　　㉯ 융점이 높아야 한다.
㉰ 가소성이 좋아야 한다.　　　　　㉱ 유화 능력이 커야 한다.

39. 쇼트닝에 대한 설명으로 틀린 것은?

㉮ 쇼트닝의 가소성이 크다는 것은 고온과 저온에서의 지방 고형질계수 차이가 매우 큰 것을 말한다.
㉯ 지방 고형질계수(SFI)는 쇼트닝의 물리성, 기능성을 나타내 준다.
㉰ 컴파운드 쇼트닝은 식물성 유지와 동물성 지방을 혼합하여 만든다.
㉱ 전수소화 쇼트닝은 특정한 굳기가 될 때까지 제품 전체를 부분적으로 수소 첨가시키는 것이 특징이다.

40. 유산발효크림을 원료로 하여 제조하는 버터는?

㉮ 유염버터　　　　　　　　㉯ 무염버터
㉰ 발효버터　　　　　　　　㉱ 저수분버터

41. 빵에 부드러움을 주기 위하여 사용하는 유지 제품의 특성을 무엇이라고 하는가?

㉮ 유화성　　　　　㉯ 가소성　　　　　㉰ 안정성　　　　　㉱ 기능성

42. 라드는 돼지 지방조직으로부터 분리, 정제한 지방이다. 이 라드의 제과 · 제빵 재료로 가장 중요한 기능은?

㉮ 유화성　　　　　㉯ 쇼트닝성　　　　　㉰ 크림성　　　　　㉱ 무색, 무취

해답　33.㉯　34.㉯　35.㉱　36.㉯　37.㉮　38.㉱　39.㉮　40.㉰　41.㉱　42.㉯

43. 유지의 가소성은 그 구성성분 중 주로 어떤 물질의 종류와 양에 의해 결정되는가?

    ㉮ 스테롤   ㉯ 트리글리세라이드

    ㉰ 유리지방산   ㉱ 토코페롤

제4절   우유와 유제품

01. 우유의 단백질 중에서 열에 응고되기 쉬운 단백질은?

    ㉮ 카세인   ㉯ 락토알부민   ㉰ 리포프로테인   ㉱ 글리아딘

02. 우유의 유통과정 시 온도는?

    ㉮ 0℃   ㉯ 5℃   ㉰ 8℃   ㉱ 10℃

03. 우유의 지방 함량은?

    ㉮ 1.4%   ㉯ 2.4%   ㉰ 3.4%   ㉱ 4.4%

04. 유당이 가장 많이 들어 있는 것은?

    ㉮ 탈지분유   ㉯ 전지분유   ㉰ 연유   ㉱ 우유

05. 우유의 수분함유량은?

    ㉮ 10%   ㉯ 90%   ㉰ 99%   ㉱ 100%

06. 우유의 고형분함유량은?

    ㉮ 10~12%   ㉯ 13~14%   ㉰ 15~16%   ㉱ 14~15%

07. 빵에서 탈지분유의 역할 중 틀린 것은?

    ㉮ 흡수율 감소   ㉯ 조직 개선   ㉰ 완충제 역할   ㉱ 진한 껍질색

08. 제빵에서 탈지분유를 밀가루 대비 4~6%를 사용할 때의 영향이 아닌 것은?

    ㉮ 믹싱 내구성을 높인다.   ㉯ 발효 내구성을 높인다.

    ㉰ 흡수율을 증가시킨다.   ㉱ 껍질색을 옅게 한다.

09. 다음 중 탈지분유 안에 50% 이상 들어 있는 것은?

    ㉮ 유당   ㉯ 물   ㉰ 단백질   ㉱ 지방

10. 시유의 비중은 얼마인가?

    ㉮ 0.830   ㉯ 0.930   ㉰ 1.030   ㉱ 1.130

해답   **43.**㉯   **1.**㉯ **2.**㉯ **3.**㉰ **4.**㉮ **5.**㉯ **6.**㉮ **7.**㉮ **8.**㉱ **9.**㉮ **10.**㉰

11. 우유에 들어있는 카세인의 설명으로 틀린 것은?

㉮ 우유 단백질의 75~80%이다.   ㉯ 산에 응유하는 성질이 있다.

㉰ 열에 응유하는 성질이 적다.   ㉱ 버터 향을 내는 성분이다.

12. 우유에 가장 많이 들어있는 단백질은?

㉮ 락토알부민   ㉯ 락토글로불린

㉰ 글루텐   ㉱ 카세인

13. 우유의 비중은 1.03이고 우유 중에는 중량비로 약 3.2% 정도의 지방이 있다. 140ℓ의 우유 중 지방의 중량은?

㉮ 4.3kg   ㉯ 4.4kg   ㉰ 4.5kg   ㉱ 4.6kg

14. 유장에 탈지분유, 밀가루, 대두분을 혼합하여 만든 것으로 탈지분유의 대용품은?

㉮ 탈지분유   ㉯ 농축우유   ㉰ 대용분유   ㉱ 전지분유

15. 우유에 함유되어 있는 단백질이 아닌 것은?

㉮ 카세인   ㉯ 락토알부민

㉰ 락토글로불린   ㉱ 유당

16. 우유 100g 대신 물과 분유를 사용하려할 때 분유의 양은?

㉮ 10g   ㉯ 20g   ㉰ 30g   ㉱ 40g

17. 우유비중이 1.03일 때 우유 5ℓ의 무게는?

㉮ 0.65kg   ㉯ 4.95kg   ㉰ 5.15kg   ㉱ 5.60kg

18. 다음 우유제품의 기능을 설명한 항목 중 연결이 잘못된 것은?

㉮ 단백질–구성재료로 구조 형성   ㉯ 유당–껍질색을 좋게 함

㉰ 유당–수분 보유력을 높임   ㉱ 유당–감미도를 높임

19. 우유 1,000cc의 실제 무게는?

㉮ 930g   ㉯ 830g   ㉰ 1,030g   ㉱ 1,130g

20. 다음 중 우유를 바로 건조시킨 것은?

㉮ 전지분유   ㉯ 탈지분유   ㉰ 연유   ㉱ 분유

21. 우유와 관련된 다음의 설명 중 옳은 것은?

㉮ 유방염유는 알코올 테스트 시 음성반응을 보인다.

㉯ 신선하지 못한 우유는 85℃로 가열 시 응고물을 형성한다.

㉰ 신선한 우유의 pH는 3.0 정도이다.

㉱ 신선하지 못한 우유의 비중은 평균 1.032 정도이다.

• 보충설명 •

13. 우유 140ℓ의 중량은 140ℓ×1.03=144.2kg이다. 이중 지방의 중량은 $144.2kg \times \frac{3.2}{100} ≒ 4.6kg$ 이 된다.

15. 유당은 우유에 함유되어 있는 탄수화물이다.

16. 우유 100g은 10%의 분유와 90%의 물로 만든 혼합물로 대치할 수 있다. 따라서, $100g \times \frac{10}{100} = 10g$

17. 5ℓ×1.03 = 5.15kg

18. 유당은 감미도가 16 정도로 거의 감미상승효과가 없다.

19. 1,000cc×1.03(우유비중) =1,030g

21. 유방염유는 알코올 테스트 시 양성반응을 보인다. 신선한 우유의 pH는 평균 6.6이며 신선한 우유의 비중이 1.032정도이다.

해답   **11.**㉱   **12.**㉱   **13.**㉱   **14.**㉰   **15.**㉱   **16.**㉮   **17.**㉰   **18.**㉱   **19.**㉰   **20.**㉮   **21.**㉯

22. 분유의 용해도에 영향을 주는 요소로 볼 수 없는 것은?

    ㉮ 건조 방법   ㉯ 저장 기간
    ㉰ 원유의 신선도   ㉱ 단백질 함량

23. 다음 중 우유의 단백질과 지방질 함량은?

    ㉮ 10% 이하   ㉯ 20% 이하
    ㉰ 30% 이하   ㉱ 40% 이하

24. 우유의 성분 중 제품의 껍질색을 개선시켜 주는 것은?

    ㉮ 수분   ㉯ 유지방   ㉰ 유당   ㉱ 칼슘

25. 우유의 특성에 대한 설명 중 틀린 것은?

    ㉮ 유지방 함량은 보통 3~4% 정도이다.
    ㉯ 당으로는 글루코오스가 가장 많이 존재한다.
    ㉰ 주요 단백질은 카세인이다.
    ㉱ 우유의 비중은 평균 1.032이다.

26. 우유의 응고에 관여하고 있는 금속이온은?

    ㉮ Mg^{2+}(마그네슘)   ㉯ Mn^{2+}(망간)
    ㉰ Ca^{2+}(칼슘)   ㉱ Cu^{2+}(구리)

27. 우유의 주요 단백질 중 75~80%를 차지하는 것은?

    ㉮ 시스테인   ㉯ 글리아딘
    ㉰ 카세인   ㉱ 락토알부민

28. 시유의 일반적인 단백질과 지방 함량은?

    ㉮ 약 20% 이상씩   ㉯ 약 15% 이상씩
    ㉰ 약 10% 정도씩   ㉱ 약 3% 정도씩

29. 우유 단백질의 응고에 관여하지 않는 것은?

    ㉮ 산   ㉯ 레닌   ㉰ 가열   ㉱ 리파아제

30. 분유의 종류에 대한 설명으로 틀린 것은?

    ㉮ 혼합분유 : 연유에 유청을 가하여 분말화 한 것
    ㉯ 전지분유 : 원유에서 수분을 제거하여 분말화 한 것
    ㉰ 탈지분유 : 탈지유에서 수분을 제거하여 분말화 한 것
    ㉱ 가당분유 : 원유에 당류를 가하여 분말화 한 것

31. 다음 중 연질 치즈로 곰팡이와 세균으로 숙성시킨 치즈는?

    ㉮ 크림(Cream) 치즈   ㉯ 로마노(Romano) 치즈
    ㉰ 파머산(Parmesan) 치즈   ㉱ 카망베르(Camembert) 치즈

• 보충설명 •

23. 우유에 함유된 단백질과 지방질의 함량은 7% 내외이다.

25. 우유에 함유된 당류는 글루코오스(포도당)가 아니고 유당이다.

26. 우유단백질인 카세인은 칼슘과 결합하여 레닌(단백질응고효소)의 존재 하에 응고하여 침전한다.

29. 우유 단백질인 카세인은 산, 레닌(효소), 가열에 응고하는 성질이 있으며 리파아제는 지방 분해효소이다.

31. 크림치즈는 비숙성치즈이고, 로마노치즈는 이탈리아의 양 젖으로 만든 치즈, 파르산치즈는 이탈리아 파르마시가 원산인 경질 분말치즈이다.

해답   **22.**㉱ **23.**㉮ **24.**㉰ **25.**㉯ **26.**㉰ **27.**㉰ **28.**㉱ **29.**㉱ **30.**㉮ **31.**㉱

제5절 달걀과 달걀제품

01. 달걀의 설명 중 맞는 것은?

㉮ 흰자는 거의 물로 되어 있고 단백질이 많다.
㉯ 흰자는 고형질이 많다.
㉰ 노른자는 지방과 글리세린으로 되어있다.
㉱ 노른자의 수분이 흰자보다 많다.

02. 냉동달걀을 사용할 때 정지된 물에 몇 시간 정도 담가 해동시키는가?

㉮ 1~2시간　　　　　　　　㉯ 5~6시간
㉰ 8~10시간　　　　　　　 ㉱ 18~24시간

03. 달걀의 구성 비율로 알맞은 것은?

㉮ 껍질 10.3%, 흰자 59.4%, 노른자 30.3%
㉯ 껍질 10.3%, 흰자 30.3%, 노른자 59.4%
㉰ 껍질 30.3%, 흰자 59.4%, 노른자 10.3%
㉱ 껍질 59.4%, 흰자 30.3%, 노른자 10.3%

04. 흰자 속에 가장 많이 들어있는 성분은?

㉮ 수분　　　　 ㉯ 단백질　　　　 ㉰ 지방　　　　 ㉱ 칼슘

05. 마요네즈 제조 시 요구되는 성분 중 달걀에 들어있는 것은?

㉮ 레시틴　　　　　　　　　㉯ 알부민
㉰ 오레가노　　　　　　　　㉱ 캐러웨이

06. 난황(노른자)을 냉동 보관할 때 설탕을 보통 몇 % 정도를 첨가하는가?

㉮ 1~2%　　　 ㉯ 5~15%　　　 ㉰ 20~25%　　　 ㉱ 40~55%

07. 다음 중 신선한 달걀은?

㉮ 표면이 매끈하다.　　　　　　 ㉯ 깼을 때 노른자가 풀린다.
㉰ 광택이 없고 거칠거칠하다.　　㉱ 냄새가 난다.

08. 흰자의 수분 함량은?

㉮ 30%　　　 ㉯ 50%　　　 ㉰ 67%　　　 ㉱ 88%

09. 다음은 분말달걀과 생달걀을 사용할 때의 장단점이다. 옳은 것은?

㉮ 생달걀은 취급이 용이하고 영양가 파괴가 적다.
㉯ 생달걀이 영양은 우수하나 분말달걀보다 공기 포집력이 떨어진다.
㉰ 분말달걀이 생달걀보다 저장면적이 커진다.
㉱ 분말달걀은 취급이 용이하나 생달걀에 비해 공기 포집력이 떨어진다.

· 보충설명 ·

5. 달걀의 노른자에는 유화제로 널리 사용되는 레시틴이 다량 함유되어 있어서 마요네즈 제조 시 유화작용을 한다.

8. 흰자의 수분 함량은 88%이다.

9. 생란은 취급이 불편하나 영양소 파괴가 적어 영양이 우수하고 공기포집력이 분말달걀보다 우수하다.

해답 　1. ㉮　2. ㉱　3. ㉮　4. ㉮　5. ㉮　6. ㉯　7. ㉰　8. ㉱　9. ㉱

10. 마요네즈 제조 시 유화제 역할을 하는 것은?

⑦ 노른자 　　⑭ 식초산 　　⑮ 식용유 　　⑯ 소금

11. 흰자 300g을 얻으려면 껍질포함 60g인 달걀 몇 개가 필요한가?

⑦ 4개 　　⑭ 9개 　　⑮ 10개 　　⑯ 15개

12. 전란 1kg이 필요할 때 껍질포함 60g인 달걀이 몇 개 필요한가?

⑦ 10개 　　⑭ 15개 　　⑮ 19개 　　⑯ 22개

13. 흰자에 들어있는 단백질이 아닌 것은?

⑦ 오브알부민 　　　　⑭ 콘알부민
⑮ 카로틴 　　　　⑯ 라이소자임

14. 제빵에서 달걀의 사용목적은?

⑦ 맛, 향, 풍미, 속색 개선 　　⑭ 껍질색 개선
⑮ 글루텐 연화 　　　　⑯ 흡수율 증가

15. 달걀이 오래되면 어떠한 현상이 나타나는가?

⑦ 비중이 무거워진다. 　　⑭ 점도가 감소한다.
⑮ pH가 떨어져 산패된다. 　　⑯ 껍질이 두꺼워진다.

16. 노른자 안에 있으면서 유화제 역할을 하는 물질은?

⑦ 덱스트린 　　⑭ 레시틴 　　⑮ 칼슘 　　⑯ 펙틴

17. 달걀에 들어있는 성분 중 빵의 노화를 지연시키는 천연 유화제는?

⑦ 레시틴 　　⑭ 알부민 　　⑮ 글리아딘 　　⑯ 티아민

18. 케이크 제조에 사용되는 달걀의 역할이 아닌 것은?

⑦ 결합제 역할 　　⑭ 잼형성 작용 　　⑮ 유화력 보유 　　⑯ 팽창 작용

19. 달걀 중에서 껍질을 제외한 고형질은 몇 %인가?

⑦ 15% 　　⑭ 25% 　　⑮ 35% 　　⑯ 45%

20. 커스터드크림에서 달걀은 주로 어떤 역할을 하는가?

⑦ 쇼트닝 작용 　　⑭ 결합제 　　⑮ 팽창제 　　⑯ 저장성

21. 달걀의 특성에 대한 설명 중 틀린 것은?

⑦ 노른자의 색은 플라보노이드색이다.
⑭ 노른자의 고형분 함량은 50% 정도이다.
⑮ 신선한 흰자의 pH는 보통 6.0~7.7 정도이다.
⑯ 흰자의 수분은 85~88% 정도이다.

해답 10.⑦ 11.⑭ 12.⑮ 13.⑮ 14.⑦ 15.⑭ 16.⑭ 17.⑦ 18.⑭ 19.⑭ 20.⑭ 21.⑦

22. 케이크 제조에 있어 달걀의 기능으로 부적당한 것은?

㉮ 결합 작용 　　　　　　　　 ㉯ 팽창 작용

㉰ 유화 작용 　　　　　　　　 ㉱ 수분보유 작용

23. 빵에서 달걀의 역할 중 가장 적당한 것으로 묶인 것은?

㉮ 영양가치 증가, 유화 역할, pH 강화 　 ㉯ 영양가치 증가, 유화 역할, 조직 강화

㉰ 영양가치 증가, 조직 강화, 방부 효과 　 ㉱ 유화 역할, 조직 강화, 발효시간 단축

24. 흰자의 고형분 함량은?

㉮ 12% 　　　　 ㉯ 24% 　　　　 ㉰ 30% 　　　　 ㉱ 40%

25. 달걀의 특징적 성분으로 지방의 유화력이 강한 성분은?

㉮ 레시틴 　　　　 ㉯ 스테롤 　　　　 ㉰ 세팔린 　　　　 ㉱ 아비딘

26. 달걀이 기포성(起泡性)과 포집성이 가장 좋은 것은 몇 도에서 인가?

㉮ 0℃ 　　　　 ㉯ 5℃ 　　　　 ㉰ 30℃ 　　　　 ㉱ 50℃

27. 달걀 흰자 단백질의 약 13%를 차지하며 철과의 결합 능력이 강해서 미생물이 이용하지 못하게 하는 항세균 물질은?

㉮ 오브알부민(Ovalbumin) 　　　　 ㉯ 콘알부민(Conalbumin)

㉰ 오보뮤코이드(Ovomucoid) 　　　　 ㉱ 아비딘(Avidin)

28. 생란의 수분 함량이 72%이고, 분말달걀의 수분 함량이 4%라면, 생란 200kg으로 만들어지는 분말달걀 중량은?

㉮ 52.8kg 　　　　 ㉯ 54.3kg 　　　　 ㉰ 56.8kg 　　　　 ㉱ 58.3kg

29. 다음 그림과 같이 달걀의 신선도를 검사하기 위하여 소금물(8% 정도)에 달걀을 넣었을 때 가장 신선한 것은?

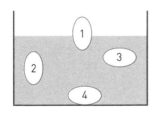

㉮ 1 　　　　 ㉯ 2 　　　　 ㉰ 3 　　　　 ㉱ 4

30. 달걀 흰자에 소금을 넣었을 때 기포성에 미치는 영향은?

㉮ 거품 표면의 변성을 방지한다.

㉯ 거품 표면의 변성을 촉진시킨다.

㉰ 거품이 모두 제거된다.

㉱ 거품의 부피 및 양이 많이 증가한다.

· 보충설명 ·

28. 생란 200kg의 고형질 중량은 200×(1-0.72) = 56kg, 그런데 분말달걀의 수분이 4%라고 하니 분말달걀에서 96%에 해당하는 고형질의 중량이 56kg이니까 전체 분말달걀의 중량은 56÷(1-0.04) = 58.3이다.

29. 완전히 가라앉는 것일수록 가장 신선한 달걀이다.

해답 　22.㉱ 　23.㉯ 　24.㉮ 　25.㉮ 　26.㉰ 　27.㉯ 　28.㉱ 　29.㉱ 　30.㉯

· 보충설명 ·

01. 이스트에 들어있지 않은 효소는?
㉮ 락타아제   ㉯ 인베르타아제
㉰ 치마아제   ㉱ 리파아제

02. 효모 활동이 가장 활발한 온도는?
㉮ 12~17℃   ㉯ 18~23℃   ㉰ 27~32℃   ㉱ 35~40℃

03. 이스트의 기능이 아닌 것은?
㉮ 팽창   ㉯ 향   ㉰ 가스 발생   ㉱ 윤활 작용

04. 이스트의 증식방법은?
㉮ 포자법   ㉯ 출아법   ㉰ 이분법   ㉱ 분열법

05. 이스트의 보관온도는?
㉮ 0~5℃   ㉯ 7~10℃   ㉰ 12~15℃   ㉱ 20~22℃

06. 생이스트의 수분 함량은?
㉮ 30%   ㉯ 50%   ㉰ 70%   ㉱ 90%

07. 베이킹 파우더를 구성하는 중요한 재료가 아닌 것은?
㉮ 탄산수소나트륨   ㉯ 인산칼슘
㉰ 밀가루   ㉱ 분유

08. 압착효모의 일반적인 저장온도는?
㉮ 3℃   ㉯ 24℃   ㉰ 18℃   ㉱ -1℃

09. 베이킹 파우더의 성분 중 이산화탄소를 발생시키는 것은?
㉮ 전분   ㉯ 탄산수소나트륨
㉰ 주석산   ㉱ 인산칼슘

10. 이스트의 사멸시작 온도는?
㉮ 40℃   ㉯ 60℃   ㉰ 80℃   ㉱ 100℃

11. 이스트의 생성물이 아닌 것은?
㉮ 탄산가스   ㉯ 알코올   ㉰ 열   ㉱ 수소

12. 활성 건조 이스트를 수화시킬 때 적당한 물의 온도는?
㉮ 10~13℃   ㉯ 20~23℃   ㉰ 30~33℃   ㉱ 40~43℃

해답   1.㉮   2.㉱   3.㉱   4.㉯   5.㉮   6.㉰   7.㉱   8.㉱   9.㉯   10.㉯   11.㉱   12.㉱

2. 일반적인 화학 반응과 마찬가지로 제빵용 이스트도 온도가 올라감에 따라 활성이 활발하여져 약 38℃에서 최고의 활성을 나타낸다.

8. 압착효모[생이스트]는 수분이 70% 정도이고 영양분도 풍부하기 때문에 실온에 방치하면 이스트의 호흡작용으로 발효하여 이스트 체내성분을 분해하고 발효력을 상실하게 된다.
이러한 현상을 방지하기 위해 냉장고에 보관할 필요가 있는데 이상적이고 일반적인 온도는 0~3℃이나 -1℃에서도 이스트가 얼지 않고 정상적으로 이스트 성질을 유지한다는 실험결과가 있어서 정답을 -1℃로 해도 좋을 것이다.

11. 제빵용 이스트에 의한발효에서 최종생성물은 이산화탄소(탄산가스)와 알코올(에틸알코올)이다. 또한 발효는 발열 반응이므로 열도 발생된다.

12. 활성 건조 이스트의 사용방법은 이스트의 4배가 되는 물을 40~45℃로 데운 다음 이스트를 풀어 5~10분간 예비발효를 시킨 후 빵 반죽에 사용한다.

13. 제빵 시 사용하는 이스트의 주요 기능과 거리가 먼 것은?

㉮ 산소 발생   ㉯ 팽창 작용

㉰ 향미 부여   ㉱ 발효 조절

14. 제빵효모는 어디에 속하는가? (이스트의 학명)

㉮ Saccharomyces Cerevisiae

㉯ Saccharomyces Sake

㉰ Saccharomyces Formosensis

㉱ Candida Utilis

15. 베이킹 파우더에 들어 있는 다음 산성물질 중 가장 작용이 **빠른** 것은?

㉮ 주석산   ㉯ 제1인산칼슘

㉰ 소명반   ㉱ 산성피로인산나트륨

16. 다음 중 베이킹 파우더로 부적합한 것은?

㉮ 주석산수소칼륨과 중조   ㉯ 주석산과 중조

㉰ 피로인산칼슘과 중조   ㉱ 질산은과 중조

17. 베이킹 파우더의 구성 재료는?

㉮ 탄산수소나트륨   ㉯ 아스파탐

㉰ 산성제+염화암모늄   ㉱ 탄산수소나트륨+산작용제+전분

18. 베이킹 파우더가 반응을 일으키면 주로 발생되는 가스는?

㉮ 질소가스   ㉯ 암모니아가스

㉰ 탄산가스   ㉱ 산소가스

19. 10g의 베이킹 파우더의 전분이 10%이고 중화가 80일 때 중조의 양은?

㉮ 3g   ㉯ 4g   ㉰ 5g   ㉱ 6g

20. 베이킹 파우더에 전분을 사용하는 목적과 가장 거리가 먼 것은?

㉮ 격리 효과   ㉯ 흡수제 역할

㉰ 중화 작용   ㉱ 취급과 계량이 용이

21. 제과에서는 B.P가 팽창제 역할을 한다. 제빵에서의 팽창제는?

㉮ 설탕   ㉯ 소금   ㉰ 이스트   ㉱ 분유

22. 드라이 이스트를 생이스트로 대체할 때?

㉮ 1배   ㉯ 2배   ㉰ 3배   ㉱ 4배

23. 생이스트 2%를 드라이 이스트로 대체할 경우 대략 몇 %가 적당한가?

㉮ 1%   ㉯ 2%   ㉰ 3%   ㉱ 4%

· 보충설명 ·

15. 베이킹 파우더는 탄산수소나트륨(중조), 산작용제, 전분이 혼합된 합성팽창제이다. 산작용제는 중조의 가스발생속도를 조절하는 역할을 하는데, 속효성(가스발생속도를 빠르게 하는 성질) 산작용제로는 주석산이 있고 지효성(가스발생속도를 느리게 하는 성질) 산작용제로는 황산알루미늄소다가 있다.

19. B.P

=중조+산염(산작용제)+전분

=10g

전분이 B.P의 10%이므로

전분량은 $10g \times \dfrac{10}{100} = 1g$

그러므로 중조+산염=9g

(식①)이 된다.

중화가란 중조/산염×100

이므로 중조/산염×100=80

(식②)일 때, 식①과 식②로

중조의양을 계산한다.

식②를 정리하면

중조/산염=0.8 →

중조=0.8×산염(식②')

식②'를 식①에 대입하면

0.8×산염+산염=9g →

1.8×산염=9g →

산염=9/1.8=5g

그러므로 중조의양은 4g이다.

해답   **13.**㉮   **14.**㉮   **15.**㉮   **16.**㉱   **17.**㉱   **18.**㉰   **19.**㉯   **20.**㉰   **21.**㉰   **22.**㉯   **23.**㉮

24. 쿠키에 팽창제를 사용하는 목적은?

㉮ 제품의 부피를 감소시키기 위해

㉯ 딱딱한 제품을 만들기 위해

㉰ 퍼짐과 크기조절을 위해

㉱ 설탕입자의 조절을 위해

25. 이스트의 3대 기능과 가장 거리가 먼 것은?

㉮ 팽창 작용 ㉯ 향 개발

㉰ 반죽 발전 ㉱ 저장성 증가

26. 다음 중 계량한 건조 이스트를 용해시키기에 적합한 물의 온도는?

㉮ 0℃ ㉯ 15℃ ㉰ 27℃ ㉱ 40℃

27. 압착 이스트의 고형분의 함량은?

㉮ 10~20% ㉯ 30~35% ㉰ 40~50% ㉱ 60~80%

28. 이스트 발육의 최적온도는?

㉮ 20~25℃ ㉯ 28~32℃ ㉰ 35~40℃ ㉱ 45~50℃

29. 활성 건조 이스트를 수화시킬 때 발효력을 증가시키기 위하여 밀가루에 기준하여 1~3%를 물에 풀어 넣을 수 있는 재료는?

㉮ 설탕 ㉯ 소금 ㉰ 분유 ㉱ 밀가루

30. 이스트에 거의 들어있지 않는 효소로 일명 디아스타아제라고도 불리는 것은?

㉮ 인베르타아제 ㉯ 아밀라아제

㉰ 프로테아제 ㉱ 말타아제

31. 베이킹 파우더의 사용방법으로 틀린 것은?

㉮ 굽는 시간이 긴 제품에는 지효성 제품을 사용한다.

㉯ 굽는 시간이 짧은 제품에는 속효성 제품을 사용한다.

㉰ 색깔을 진하게 해야 할 제품에는 산성 팽창제를 사용한다.

㉱ 낮은 온도에서 오래 구워야 하는 제품에는 속효성과 지효성 산성염을 잘 배합한 제품을 사용한다.

32. 건조 이스트는 같은 중량을 사용할 때 생이스트보다 활성이 약 몇 배더 강한가?

㉮ 2배 ㉯ 5배 ㉰ 7배 ㉱ 10배

33. 제빵시 생이스트(효모) 첨가에 가장 적당한 물의 온도는?

㉮ 10℃ ㉯ 20℃ ㉰ 30℃ ㉱ 50℃

· 보충설명 ·

28. 이스트의 발육(증식)최적온도는 28~32℃이고 이스트의 활동이 가장 활발한 온도는 38℃이다.

31. 색깔을 진하게 해야 할 경우는 알칼리성 팽창제를 사용한다.

해답 24.㉰ 25.㉱ 26.㉱ 27.㉯ 28.㉯ 29.㉮ 30.㉯ 31.㉰ 32.㉮ 33.㉰

01. 다음에서 물 조절제는?

㉮ 황산암모늄   ㉯ 황산칼슘
㉰ 브롬산칼륨   ㉱ 탄산수소나트륨

02. 연수를 사용했을 때 나타나는 현상이 아닌 것은?

㉮ 반죽의 점착성이 증가한다.   ㉯ 가수량이 감소한다.
㉰ 오븐 스프링이 나쁘다.   ㉱ 반죽의 탄력성이 강하다.

03. 산화제인 것은?

㉮ 브롬산칼륨   ㉯ 헤모글로빈
㉰ 시스테인   ㉱ 헤모시아닌

04. 이스트 푸드에 함유되어 있지 않은 것은?

㉮ 암모늄염   ㉯ 질산염   ㉰ 전분   ㉱ 칼륨염

05. 이스트 푸드에서 이스트와 관계있는 것?

㉮ 브롬산칼륨   ㉯ 칼슘염
㉰ 암모늄염   ㉱ L-시스테인

06. 이스트 푸드를 사용하는 이유는?

㉮ 반죽온도를 상승시키기 위해서   ㉯ 성형을 쉽게 하려고
㉰ 빵 색깔을 내기 위해서   ㉱ 반죽의 성질을 조절하기 위해서

07. 물의 경도를 높이는 작용을 하는 재료는?

㉮ 이스트 푸드   ㉯ 이스트   ㉰ 설탕   ㉱ 밀가루

08. 제빵용 배합수로 가장 적합한 물은?

㉮ 연수   ㉯ 아경수
㉰ 일시적 경수   ㉱ 영구적 경수

09. 연수의 범위는?

㉮ 60~120ppm   ㉯ 0~60ppm
㉰ 120~180ppm   ㉱ 180ppm 이상

10. 이스트 푸드의 기능과 거리가 먼 것은?

㉮ 물 조절제   ㉯ 색상 조절제
㉰ 발효 조절제   ㉱ 반죽 조절제

4. 이스트 푸드는 칼슘염(물조절제), 암모늄염(영양공급제), 칼륨염(반죽조절제 또는 산화제)인 브롬산칼륨을 함유하고 있으며 부형제로 전분을 함유하고 있다. (참고 : 식품법규 상 1996년부터 브롬산칼륨의 사용이 금지되고 있다.)

9. 물의 성질은 연수와 경수로 구별되는 물의 경도로 나타내는데 물에 녹아있는 무기염의 양에 따라 표시되어진다. 물의 경도는 용해되어있는 무기염류를 탄산칼슘으로 환산하여 ppm(백만분율)단위로 표시하는데 0~60ppm을 연수, 60~120ppm을 아연수, 120~180ppm을 아경수, 180PPM 이상을 경수로 분류한다.

해답   1.㉯   2.㉱   3.㉮   4.㉯   5.㉱   6.㉱   7.㉮   8.㉯   9.㉯   10.㉯

11. 일시적 경수에 대한 설명 중 옳은 것은?

㉮ 가열에 의해 탄산염이 침전되는 물

㉯ 가열에 의해도 탄산염이 침전되지 않는 물

㉰ 가열에 의해 황산염이 침전되는 물

㉱ 끓여도 경도가 변하지 않는 물

12. 물이 반죽에 미치는 영향에 대한 다음의 설명 중 맞는 것은?

㉮ 경수로 배합할 경우 발효속도가 빠르다.

㉯ 연수로 배합할 경우 글루텐을 더욱 단단하게 한다.

㉰ 연수로 배합 시 이스트 푸드를 약간 늘리는 것이 바람직하다.

㉱ 경수로 배합을 하면 글루텐이 부드럽게 되고 믹서 볼에 잘 붙는 반죽이 된다.

13. 반죽 조절제와 이스트의 영양소가 함께 들어 있는 것은?

㉮ 이스트

㉯ 제빵용 이스트 푸드

㉰ 영양 강화제

㉱ 펜토산

14. 칼슘염의 설명으로 부적당한 것은?

㉮ 글루텐을 강하게 하여 반죽을 되고 건조하게 한다.

㉯ 인산칼슘염은 반응 후 산성이 된다.

㉰ 곰팡이와 로프(rope)박테리아의 억제효과가 있다.

㉱ 이스트 성장을 위한 질소공급을 한다.

15. 영구적 경수(센물)를 사용 시 취해야 할 조치로 틀린 것은?

㉮ 소금 증가

㉯ 효소 강화

㉰ 이스트 증가

㉱ 광물질 이스트 푸드의 감소

16. 이스트 푸드의 기능과 거리가 먼 것은?

㉮ Water conditioner(물 조절제)

㉯ Yeast conditioner(이스트 조절제)

㉰ Crust conditioner(껍질 조절제)

㉱ Dough conditioner(반죽 조절제)

17. 영구적 경수는 주로 어떤 물질에서 기인하는가?

㉮ $CaSO_4$, $MgSO_4$

㉯ $CaCO_3$, Na_2CO_3

㉰ Na_2CO_3, Na_2SO_4

㉱ $CaCO_3$, $MgCO_3$

18. 이스트 푸드의 성분 중 산화제로 작용하는 것은?

㉮ 아조디카본아마이드

㉯ 염화암모늄

㉰ 황산칼슘

㉱ 전분

· 보충설명 ·

12. 경수로 배합하면 글루텐이 강화되어 단단한 반죽이 되고 발효가 느리다. 반면 연수로 배합하면 글루텐이 연화되어 끈적거리는 반죽이 되므로 이스트 푸드를 증가하여 사용하는 것이 바람직하다.

14. 이스트 푸드의 성분 중 이스트의 영양(질소)을 공급하여 이스트의 성장에 관여하는 것은 칼슘염이 아니라 암모늄염이다.

18. 이스트 푸드의 성분 중 과산화칼슘, 아조디카본아마이드, 브롬산칼륨 등은 산화제로 작용한다.

해답 **11.**㉮ **12.**㉰ **13.**㉯ **14.**㉱ **15.**㉮ **16.**㉰ **17.**㉮ **18.**㉮

19. 연수 사용 시 해당되지 않는 것은?

    ㉮ 손작업이 쉽다.   ㉯ 반죽이 질다.

    ㉰ 이스트의 감소   ㉱ 소금의 증가 사용

20. 이스트 푸드에 관한 사항 중 틀린 것은?

    ㉮ 물 조절제 – 칼슘염   ㉯ 이스트 조절제 – 암모늄염

    ㉰ 반죽 조절제 – 산화제   ㉱ 이스트 조절제 – 글루텐

21. 다음 중 일반 식염의 구성 원소는?

    ㉮ 나트륨, 염소   ㉯ 칼슘, 탄소   ㉰ 마그네슘, 염소   ㉱ 칼륨, 탄소

22. 제빵에서 소금의 역할 중 틀린 것은?

    ㉮ 글루텐을 강화시킨다.   ㉯ 방부효과가 있다.

    ㉰ 빵의 내상을 희게 한다.   ㉱ 맛을 조절한다.

23. 제빵에서의 수분 분포에 관한 설명 중 틀린 것은?

    ㉮ 물이 반죽에 균일하게 분산되는 시간은 보통 10분 정도이다.

    ㉯ 1차 발효와 2차 발효를 거치는 동안 반죽은 다소 건조하게 된다.

    ㉰ 반죽내 수분은 굽는 동안 증발되어 최종 제품에서 35% 정도 남게 된다.

    ㉱ 소금은 글루텐을 단단하게 하여 글루텐 흡수량의 약 8%를 감소시킨다.

24. 자유수를 올바르게 설명한 것은?

    ㉮ 당류와 같은 용질에 작용하지 않는다.

    ㉯ 0℃ 이하에서도 얼지 않는다.

    ㉰ 정상적인 물보다 그 밀도가 크다.

    ㉱ 염류, 당류 등을 녹이고 용매로 작용한다.

25. 빵 반죽에 사용할 물이 경수이다. 아경수로 만들 때와 같은 결과를 얻고자 하는 방법으로 틀린 것은?

    ㉮ 이스트의 사용량을 늘린다.

    ㉯ 흡수율을 1~2% 줄인다.

    ㉰ 이스트 푸드의 사용량을 줄인다.

    ㉱ 맥아를 첨가한다.

26. 일시적인 경수의 처리방법으로 맞는 것은?

    ㉮ 끓여서 사용한다.   ㉯ 소금을 증가한다.

    ㉰ 이스트 푸드를 증가한다.   ㉱ 흡수율을 증가한다.

27. 제빵 시 가장 적합한 물의 ppm은?

    ㉮ 1~60ppm   ㉯ 60~120ppm

    ㉰ 120~180ppm   ㉱ 180ppm 이상

· 보충설명 ·

24. 자유수는 식품 속에 자유로운 상태로 존재하는 수분으로 식품을 건조시키며 쉽게 제거되고 0℃ 이하에서 동결한다. 또한 염류, 당류와 같은 용질을 용해시키는 용매로 작용하며 정상적인 물과 밀도가 같다.

해답   **19.**㉮ **20.**㉱ **21.**㉮ **22.**㉰ **23.**㉯ **24.**㉱ **25.**㉯ **26.**㉮ **27.**㉰

28. 이스트 푸드의 역할이 아닌 것은?

㉮ 빵의 부피를 크게 한다.　　㉯ 빵의 향기를 좋게 한다.

㉰ 반죽 개량제의 역할을 한다.　　㉱ 빵의 촉감을 좋게 한다.

29. 빵을 만드는 필수 재료는 밀가루, 물, 소금, 이스트이다. 다음에서 물의 역할로 틀린 것은?

㉮ 반죽온도 조절　　㉯ 노화 촉진

㉰ 글루텐 형성　　㉱ 효소 활성화

30. 빵 제조 시 연수를 사용할 때의 적절한 처방은?

㉮ 끓여서 여과　　㉯ 이스트 양 증가

㉰ 미네랄 이스트 푸드의 사용 증가　　㉱ 소금 양 감소

31. 이스트 푸드의 구성 성분이 아닌 것은?

㉮ 칼슘염　　㉯ 벤젠　　㉰ 암모늄염　　㉱ 인산염

32. 물의 기능이 아닌 것은?

㉮ 유화 작용을 한다.　　㉯ 반죽 농도를 조절한다.

㉰ 소금 등의 재료를 분산시킨다.　　㉱ 효소의 활성을 제공한다.

33. 이스트 푸드에 대한 설명 중 틀린 것은?

㉮ 반죽의 물리적 성질을 조절한다.

㉯ 물의 경도를 조절한다.

㉰ 산화제의 작용을 한다.

㉱ 반죽의 pH를 높인다.

34. 일시적 경수에 대하여 바르게 설명한 것은?

㉮ 끓임으로 물의 경도가 제거되는 물

㉯ 황산염에 기인하는 물

㉰ 끓여도 제거되지 않는 물

㉱ 보일러에 쓰면 좋은 물

35. 이스트 푸드의 구성성분 중 칼슘염의 주 기능은?

㉮ 이스트 성장에 필요하다.

㉯ 반죽에 탄성을 준다.

㉰ 오븐 팽창이 커진다.

㉱ 물 조절제의 역할을 한다.

36. 정상적인 빵 발효를 위하여 맥아와 유산을 첨가하는 것이 좋은 물은?

㉮ 산성인 연수　　㉯ 중성인 아경수

㉰ 중성인 경수　　㉱ 알칼리성인 경수

해답　**28.**㉯　**29.**㉯　**30.**㉰　**31.**㉯　**32.**㉮　**33.**㉱　**34.**㉮　**35.**㉱　**36.**㉱

37. 반죽 개량제에 대한 설명 중 틀린 것은?

㉮ 반죽 개량제는 빵의 품질과 기계성을 증가시킬 목적으로 첨가한다.
㉯ 산화제, 환원제, 반죽 강화제, 노화 지연제, 효소 등이 있다.
㉰ 산화제는 반죽의 구조를 강화시켜 제품의 부피를 증가시킨다.
㉱ 환원제도 반죽의 구조를 강화시켜 반죽시간을 증가시킨다.

38. 밀가루 반죽과 소금에 관한 내용 중 맞는 것은?

㉮ 밀가루에 소금을 첨가하면 흡수율이 감소하고 반죽시간은 길어진다.
㉯ 밀가루에 소금을 첨가하면 흡수율이 감소하고 반죽시간은 짧아진다.
㉰ 밀가루에 소금을 첨가하면 흡수율이 증가하고 반죽시간은 길어진다.
㉱ 밀가루에 소금을 첨가하면 흡수율이 증가하고 반죽시간은 짧아진다.

39. 이스트푸드나 충전제로 사용되는 것은?

㉮ 분유   ㉯ 전분   ㉰ 설탕   ㉱ 산화제

40. 다음 중 반죽에 산화제를 사용하였을 때의 결과에 대한 설명으로 잘못된 것은?

㉮ 반죽강도가 증가된다.   ㉯ 가스 포집력이 증가한다.
㉰ 기계성이 개선된다.   ㉱ 믹싱시간이 짧아진다.

제8절 초콜릿

01. 초콜릿을 템퍼링할 때 처음 높이는 공정의 온도 범위에 적합한 것은?

㉮ 30~32℃ ㉯ 38~40℃ ㉰ 45~47℃ ㉱ 52~54℃

02. 초콜릿 제조 공정 중 템퍼링할 때 다음 4가지 응고 형태 중 가장 안정된 형태는?

㉮ 알파형 ㉯ 베타형 ㉰ 감마형 ㉱ 델타형

03. 초콜릿의 슈거 블룸이 생기는 원인 중 틀리는 것은?

㉮ 습도가 높은 실내에서 작업 및 보존할 경우
㉯ 냉각시킨 초콜릿을 더운 실내에서 보존할 경우
㉰ 습기가 초콜릿표면에 붙어 녹아 다시 증발한 경우
㉱ 냉각시킨 초콜릿을 추운 실내에서 보존할 경우

04. 초콜릿을 녹여 쓰는 방법으로 맞지 않는 것은?

㉮ 잘게 썰어 녹인다.   ㉯ 기름을 부어 녹일 수 있다.
㉰ 불 위에 중탕으로 녹인다.   ㉱ 물을 부어 녹인다.

• 보충설명 •

37. 환원제는 글루텐구조를 부드럽게 하여 반죽시간을 단축시킨다.

40. 믹싱시간이 길어진다.

2. 초콜릿에 들어있는 코코아 버터(카카오 버터)를 가장 안정된 결정형으로 굳히는 온도조절공정을 템퍼링(Tem pering)이라 하는데 유지의 결정형태는 유지의 종류, 냉각방법 등에 따라 영향을 받는다.
이러한 유지의 결정형 중 안정된 형태의 순서로 나열하면 감마형 〈 알파형 〈 베타프라임형 〈 베타형이다.

4. 초콜릿을 용해하거나 코팅을 하는 작업 중 제일 주의해야 할 것은 수분혼입이다.
초콜릿에 수분이 들어가면 함유되어 있는 섬유질이 수분을 흡수하기 때문에 점성이 높아지고 굳어져 끊어지게 된다. 따라서 코팅작업을 나쁘게 하고 블룸발생과 광택이 나빠지는 원인이 된다.

해답 37.㉱ 38.㉮ 39.㉯ 40.㉱ 1.㉰ 2.㉯ 3.㉱ 4.㉱

05. 초콜릿의 맛을 크게 좌우하는 가장 중요한 요인은?

㉮ 카카오 버터　　㉯ 카카오 단백질　　㉰ 코팅기술　　㉱ 코코아 껍질

06. 초콜릿 템퍼링 시 초콜릿에 물이 들어갔을 경우의 현상이 아닌 것은?

㉮ 쉽게 굳어버린다.　　　　㉯ 광택이 나빠진다.
㉰ 블룸이 발생하기 쉽다.　　㉱ 보존성이 짧아진다.

07. 카카오 버터는 초콜릿에 함유된 유지이다. 카카오 버터는 그 안정성이 떨어져 초콜릿의 블룸현상의 원인이 되고 있다. 이를 방지하기 위한 공정을 무엇이라 하는가?

㉮ 콘칭　　　　㉯ 템퍼링　　　　㉰ 발효　　　　㉱ 선별

08. 초콜릿을 템퍼링한 효과에 대한 설명 중 틀린 것은?

㉮ 입안에서의 용해성은 나쁘다.
㉯ 광택이 좋고 내부 조직이 조밀하다.
㉰ 팻 블룸(Fat bloom)이 일어나지 않는다.
㉱ 안정한 결정이 많고 결정형이 일정하다.

09. 다음 원료 중 초콜릿에 일반적으로 사용되는 원료가 아닌 것은?

㉮ 카카오 버터　　㉯ 전지분유　　㉰ 이스트　　㉱ 레시틴

10. 가공하지 않은 초콜릿(비터 초콜릿:Bitter chocolate) 40%에 포함되어 있는 가장 적합한 코코아의 양은?

㉮ 20%　　　　㉯ 25%　　　　㉰ 30%　　　　㉱ 35%

11. 초콜릿의 보관온도 및 습도로 가장 알맞은 것은?

㉮ 온도 18℃, 습도 45%　　　㉯ 온도 24℃, 습도 60%
㉰ 온도 30℃, 습도 70%　　　㉱ 온도 36℃, 습도 80%

12. 다음과 같은 조건에서 나타나는 현상과 밑줄 친 물질을 바르게 연결한 것은?

> 초콜릿의 보관방법이 적절치 않아 공기 중의 수분이 표면에 부착한 뒤 그 수분이 증발해 버려 어떤 물질이 결정형태로 남아 흰색이 나타났다.

㉮ 펫브룸(Fat bloom) – 카카오메스
㉯ 펫브룸(Fat bloom) – 글리세린
㉰ 슈거브룸(Sugar bloom) – 카카오버터
㉱ 슈거브룸(Sugar bloom) – 설탕

13. 작업을 하고 남은 초콜릿의 가장 알맞은 보관법은?

㉮ 15~21℃의 직사광선이 없는 곳에 보관
㉯ 냉장고에 넣어 보관
㉰ 공기가 통하지 않는 습한 곳에 보관
㉱ 따뜻한 오븐 위에 보관

· 보충설명 ·

10. 비터초콜릿에서 코코아의 함량은 초콜릿량의 5/8이므로 40×5/8 = 25%이다.

해답　5.㉮　6.㉮　7.㉯　8.㉮　9.㉰　10.㉯　11.㉮　12.㉱　13.㉮

14. 코코아(Cocoa)에 대한 설명 중 옳은 것은?

㉮ 초콜릿 리큐어(Chocolate liquor)를 압착, 건조한 것이다.
㉯ 코코아 버터(Cocoa butter)를 만들고 남은 박(Press cake)을 분쇄한 것이다.
㉰ 카카오 니브스(Cacao nibs)를 건조한 것이다.
㉱ 비터 초콜릿(Bitter chocolate)을 건조, 분쇄한 것이다.

15. 다음 중 코팅용 초콜릿이 갖추어야 하는 성질은?

㉮ 융점이 항상 낮은 것
㉯ 융점이 항상 높은 것
㉰ 융점이 겨울에는 높고, 여름에는 낮은 것
㉱ 융점이 겨울에는 낮고, 여름에는 높은 것

16. 화이트초콜릿에 들어 있는 카카오버터의 함량은?

㉮ 70% 이상 ㉯ 20% 이상 ㉰ 10% 이하 ㉱ 5% 이하

제9절 | 과실류, 주류 및 너트류

01. 건포도 전처리의 목적이 아닌 것은?

㉮ 씹는 촉감 개선 ㉯ 저장성 증가
㉰ 풍미 개선 ㉱ 수율 증가

02. 제과에 많이 쓰이는 럼주는 무엇을 원료로 하여 만드는 술인가?

㉮ 옥수수 전분 ㉯ 포도당 ㉰ 당밀 ㉱ 타피오카

03. 다음 중 견과류가 아닌 것은?

㉮ 마카다미아 ㉯ 피스타치오 ㉰ 캐슈넛 ㉱ 커피 빈

04. 제과재료의 땅콩에 들어있는 성분 중 가장 많은 것은?

㉮ 지방 ㉯ 수분 ㉰ 섬유질 ㉱ 단백질

05. 술에 관한 설명 중 틀린 것은?

㉮ 제과제빵에서 술을 사용하는 이유 중의 하나는 바람직하지 못한 냄새를 없애 주는 것이다.
㉯ 양조주란 곡물이나 과실을 원료로 하여 효모로 발효시킨 것으로 알코올 농도 가 낮다.
㉰ 증류주란 발효시킨 양조주를 증류한 것으로 알코올 농도가 높다.
㉱ 혼성주란 증류주를 기본으로 하여 정제당을 넣고 과실 등의 추출물로 향미를 내게 한 것으로 알코올 농도가 낮다.

해답 14.㉯ 15.㉱ 16.㉯ 1.㉱ 2.㉰ 3.㉱ 4.㉮ 5.㉱

06. 장과류에 속하지 않는 것은?

㉮ 체리(Cherry) ㉯ 라스베리(Raspberry)

㉰ 블루베리(Blueberry) ㉱ 레드 커런트(Red currant)

07. 과일 잼 형성의 3가지 필수요건이 아닌 것은?

㉮ 설탕 ㉯ 펙틴 ㉰ 산(酸) ㉱ 젤라틴

08. 혼성주 중 오렌지 성분을 원료로 하여 만들지 않는 것은?

㉮ 그랑 마르니에(Grand Marnier)

㉯ 마라스키노(Maraschino)

㉰ 쿠앵트로(Cointreau)

㉱ 큐라소(Curacao)

09. 과실이 익어감에 따라 어떤 효소의 작용에 의해 수용성펙틴이 생성되는가?

㉮ 펙틴리가아제 ㉯ 아밀라아제

㉰ 프로토펙틴가수분해효소 ㉱ 브로멜린

10. 로−마지팬(Raw mazipan)에서 '아몬드 : 설탕'의 적합한 혼합비율은?

㉮ 1 : 0.5 ㉯ 1 : 1.5 ㉰ 1 : 2.5 ㉱ 1 : 3.5

· 보충설명 ·

6. 체리는 핵과류 과실이다.

8. 마라스키노는 마라스카 체리로 만든 혼성주이다.

제10절 기타(향료, 향신료, 안정제)

01. 다음 중 액체(우유, 물)의 응고재료가 아닌 것은?

㉮ 한천 ㉯ 탄산수소나트륨

㉰ 젤라틴 ㉱ 전분

02. 매시맬로를 제조할 때 젤라틴은 몇 ℃ 정도의 물에서 용해하는 것이 좋은가?

㉮ 30℃ ㉯ 60℃ ㉰ 90℃ ㉱ 100℃

03. 다음 안정제 중 무스나 바바로아의 사용에 알맞은 것은?

㉮ 젤라틴 ㉯ 한천 ㉰ 펙틴 ㉱ C.M.C

04. 과즙, 향료를 사용하여 만드는 젤리의 응고를 위한 원료 중 맞지 않는 것은?

㉮ 젤라틴 ㉯ 펙틴 ㉰ 레시틴 ㉱ 한천

1. 탄산수소나트륨은 가스를 발생하는 팽창제이다.

3. C.M.C는 식물성 합성안정제로 아이스크림에 널리 사용되며, 한천은 젤리나 케이크의 광택제로, 펙틴은 잼의 제조에 사용된다.

4. 레시틴은 유화제이다.

해답 6.㉮ 7.㉱ 8.㉯ 9.㉰ 10.㉮ 1.㉯ 2.㉯ 3.㉮ 4.㉰

05. 한천에 이용되는 것은?

㉮ 우뭇가사리 ㉯ 펙틴
㉰ 콜라겐 ㉱ 전분

06. 메이스와 같은 나무에서 생산되는 향신료로 이스트 도넛에 많이 사용하는 것은?

㉮ 넛메그 ㉯ 시나몬(계피)
㉰ 클로브(정향) ㉱ 오레가노

07. 동물의 가죽이나 **뼈** 등에서 추출하며 안정제나 제과 원료로 사용되는 것은?

㉮ 젤라틴 ㉯ 한천
㉰ 펙틴 ㉱ 카라기난

08. 다음 향신료 중 대부분의 피자소스에 필수적으로 들어가는 향신료는?

㉮ 오레가노 ㉯ 계피
㉰ 정향 ㉱ 넛메그

09. 파이용 크림 제조 시 농후화제로 쓰이지 않는 것은?

㉮ 전분 ㉯ 달걀 ㉰ 밀가루 ㉱ 중조

10. 향신료를 사용하는 목적 중 틀린 것은?

㉮ 향기를 부여하여 식욕을 증진시킨다.
㉯ 육류나 생선의 냄새를 완화시킨다.
㉰ 매운맛과 향기로 혀, 코, 위장을 자극하여 식욕을 억제시킨다.
㉱ 제품에 식욕을 불러일으키는 맛있는 색을 부여한다.

11. 식품향료에 대한 설명 중 틀린 것은?

㉮ 천연향료는 자연에서 채취한 후 추출, 정제, 농축, 분리과정을 거쳐 얻는다.
㉯ 합성향료는 석유 및 석탄류에 포함되어 있는 방향성 유기물질로부터 합성하여 만든다.
㉰ 조합향료는 천연향료와 합성향료를 조합하여 양자 간의 문제점을 보완한 것이다.
㉱ 식품에 사용하는 향료는 첨가물이지만 품질 규격 및 사용법을 준수하지 않아도 된다.

12. 잎을 건조시켜 만든 향신료는?

㉮ 계피 ㉯ 넛메그
㉰ 메이스 ㉱ 오레가노

13. 무스 케이크 제조 시 수분에 대한 젤라틴의 사용 비율로 알맞은 것은?

㉮ 2% ㉯ 5% ㉰ 8% ㉱ 12%

해답 5.㉮ 6.㉮ 7.㉮ 8.㉮ 9.㉱ 10.㉰ 11.㉱ 12.㉱ 13.㉮

14. 제과제빵, 아이스크림 등에 널리 사용되는 바닐라에 대한 설명 중 맞지 않은 것은?

㉮ 바닐라 향은 조화된 향미를 가지므로 식품의 기본향으로 널리 이용된다.

㉯ 바닐라는 열대지방 원산지로 바닐라 빈을 발효 건조시킨 것이다.

㉰ 바닐라 에센스는 수용성 제품에 사용한다.

㉱ 바닐라는 안정제의 역할을 한다.

15. 동물의 결체조직에 존재하는 단백질로 콜라겐을 부분적으로 가수분해하여 얻어지는 유도 단백질은?

㉮ 알부민   ㉯ 한천

㉰ 젤라틴   ㉱ 트레오닌

16. 다음 중 무스 제조 시 젤라틴을 팽윤시키려 할 때 물 사용량으로 알맞은 것은?

㉮ 젤라틴과 동량   ㉯ 젤라틴의 2~3배

㉰ 젤라틴의 4~5배   ㉱ 젤라틴의 8~10배

17. 젤라틴에 대한 설명이 아닌 것은?

㉮ 순수한 젤라틴은 무취, 무미, 무색이다.

㉯ 해조류인 우뭇가사리에서 추출된다.

㉰ 끓은 물에만 용해되며 냉각되면 단단한 젤(gel) 상태가 된다.

㉱ 설탕양이 많을 때면 젤의 상태가 단단하나 산 용액 중에서 가열하면 젤 능력이 줄거나 없어진다.

18. 수용성 향료(Essence)에 관한 설명 중 틀린 것은?

㉮ 수용성 향료(Essence)에는 천연물질을 에탄올로 추출한 것이 있다.

㉯ 수용성 향료(Essence)에는 조합향료를 에탄올로 추출한 것이 있다.

㉰ 수용성 향료(Essence)는 고농도 제품을 만들기 어렵다.

㉱ 수용성 향료(Essence)는 내열성이 강하다.

19. 다음 향료 중 굽는 케이크 제품에 사용하면 휘발하여 향의 보존이 가장 약한 것은?

㉮ 분말 향료   ㉯ 유제로 된 향료

㉰ 알코올성 향료   ㉱ 비알코올성 향료

20. 다음 혼성주 중 오렌지 껍질이나 향이 들어있지 않은 것은?

㉮ 그랑 마르니에(Grand Marnier)   ㉯ 마라스키노(Maraschino)

㉰ 쿠앵트로(Cointreau)   ㉱ 큐라소(Curacao)

21. 젤리를 제조하는데 당분 60~65%, 펙틴 1.0~1.5%일 때 젤리화시킬 수 있는 가장 적당한 pH는 어느 것인가?

㉮ pH 1.0   ㉯ pH 3.5   ㉰ pH 7.8   ㉱ pH 10.0

· 보충설명 ·

17. 젤라틴은 동물의 연골, 껍질로부터 추출되며 우뭇가사리로부터는 한천이 만들어 진다.

18. 수용성 향료는 휘발성이 강하며 내열성이 약하다.

20. 그랑마르니에, 쿠앵트로, 큐라소는 오렌지 술이며 마라스키노는 체리로 만든 술이다.

해답   14.㉱   15.㉰   16.㉰   17.㉯   18.㉱   19.㉰   20.㉯   21.㉯

22. 바닐라에센스가 우유에 미치는 영향은?

㉮ 생취를 감소시킨다.

㉯ 마일드한 감을 감소시킨다.

㉰ 단백질의 영양가를 증가시키는 강화제 역할을 한다.

㉱ 색감을 좋게 하는 착색료 역할을 한다.

23. 다음 중 찬물에 잘 녹는 것은?

㉮ 한천(agar)　　　　　㉯ 씨엠시(CMC)

㉰ 젤라틴(gelatin)　　　㉱ 일반 펙틴(pectin)

24. 안정제를 사용하는 목적으로 적합하지 않은 것은?

㉮ 아이싱의 끈적거림 방지

㉯ 크림 토핑의 거품 안정

㉰ 머랭의 수분 배출 촉진

㉱ 포장성 개선

25. 젤리 형성의 3요소가 아닌 것은?

㉮ 당분　　　　　㉯ 유기산

㉰ 펙틴　　　　　㉱ 염

26. 다음 중 향신료가 아닌 것은?

㉮ 카다몬　　　　　㉯ 올스파이스

㉰ 카라야검　　　　㉱ 시너몬

· 보충설명 ·

26. 카라야검은 증점제로 사용되는 검류 물질이다.

해답　22.㉮　23.㉯　24.㉰　25.㉱　26.㉰

제 **2** 장

재료의
영양학적 특성

● 탄수화물의 기초과학

1 탄수화물의 정의

탄수화물은 탄소, 수소, 산소의 3원소로 이루어 있으며 수소와 산소의 비율이 2:1 즉, 물과 같은 비율로 존재하기 때문에 탄수화물이라 한다.

2 탄수화물의 분류

분 류	명 칭	구성성분	특 징	상대적 감미도
단당류	포도당 (Glucose)	–	과즙, 혈액 등에 많이 함유되어 있고 전분, 설탕, 섬유질 등의 구성성분으로 존재	75
	과당 (Fructose)	–	과일, 꿀에 들어 있고 용해성이 좋고 감미도가 가장 높다	175
	갈락토오스 (Galactose)	–	유당의 구성성분	–
이당류	설탕(자당) (Sucrose)	포도당+과당	사탕수수, 사탕무를 원료로 만든 당으로 상대적 감미도 측정기준 당류이며 비환원당	100
	맥아당 (Maltose)	포도당+포도당	감주(식혜)의 주성분	32
	유당(젖당) (Lactose)	포도당+갈락토오스	우유에 들어 있는 당류로 용해도가 가장 낮고 감미도도 가장 낮다	16
다당류	전분 (Starch)	포도당 다분자	포도당으로 구성된 다당류로 결합형태에 따라 아밀로오스와 아밀로펙틴으로 나눔	–

3 전분

(1) 전분의 호화, 노화

전분에 물을 넣고 가열하면 점성이 생기고 부풀어 오르는 현상을 호화, 젤라틴화, α화(알파화)라 한다. 반면, 일단 호화된 전분이 딱딱하게 굳어서 결정화, 퇴화하여 베타전분으로 변하는 것을 노화라고 한다.

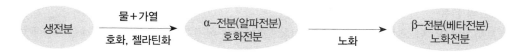

① 밀가루의 호화온도 : 60℃

② 노화가 가장 빠른 온도 : 2~5℃ (-7~10℃)

③ 노화지연방법 : 유화제사용, 포장철저, 냉동보관, 양질의 재료사용, 적정한 공정관리

(2) 전분의 분자구조

항 목	아밀로오스	아밀로펙틴
결합구조	포도당이 직쇄구조를 이룬다	포도당이 측쇄구조를 이룬다
분자량	80,000~320,000	1,000,000 이상
요오드용액반응	청색	적자색
노화속도	빠르다	느리다
곡물조성비	일반 곡물에 20~30%함유	찹쌀, 찰옥수수에 100%함유, 일반 곡물에는 70~80%함유

● 지방질의 기초과학

1 지방의 정의

생물체에 함유되어있고 물에 녹지 않으며 지용성 용매(에테르, 아세톤 등)에 녹는 물질을 통틀어 지방이라 하는데 그 명칭은 지질, 지방질, 유지, 기름 등 다양하게 불려진다.

2 지방의 분자구조

지방은 글리세린(또는 글리세롤이라고도 함) 1개 분자와 지방산 3개 분자의 에스테르 결합이다.

(1) 글리세린의 특징

① 수분을 끌어들여 보유하는 보습성

② 물-기름 유탁액의 안정기능

③ 용매기능

④ 물에 잘 혼합되며 비중이 물보다 무겁다.

(2) 지방산의 종류

① 포화지방산 : 탄소와 탄소사이가 단일결합으로만 이루어진 지방산으로 탄소수가 증가함에 따라
　　　　　　　융점(녹는점)이 높아진다.

② 불포화지방산 : 이중결합을 1개 이상 가지고 있는 지방산으로 이중 결합의 수가 많을수록
　　　　　　　　(불포화도가 높을수록) 융점이 낮아진다.

3 지방의 가수분해

① 지방의 글리세린과 지방산의 결합이 분해되는 것으로 유리지방산과 모노-글리세리드,
　　디-글리세리드가 생성된다.

② 가수분해 생성물인 유리지방산의 함량이 높아지면 튀김기름은 거품이 많아지고
　　유리지방산가가 높아지고 발연점이 낮아진다.

4 지방의 자가산화

① 불포화 지방산의 이중결합 부위와 산소가 결합하여 과산화물을 형성,
　　산화하는 것으로 지방의 산패라 한다.

② 산화속도가 빠르게 되는 요인
- 불포화도가 높을수록
- 이중결합의 수가 많을수록
- 금속물질(특히 철, 구리)
- 자외선(햇빛)
- 온도가 높을수록
- 생물학적 촉매

5 수소첨가

① 불포화지방산의 이중결합에 수소를 첨가하여 포화지방산으로 만드는 방법으로
　　유지의 경화라고도 한다.

② 촉매제 : 니켈

③ 수소첨가 후 유지의 변화 : 불포화도 감소(포화도 증가), 융점이 높아진다. (액체→고체)
　　　　　　　　　　　　이중결합의 수가 감소, 기름이 단단해진다.

6 항산화제

① 불포화지방산의 이중결합에서 일어나는 산화반응을 억제하는 물질로 산화방지제라고도 한다.

② 비타민 E(토코페롤), BHA, BHT, PG

③ 항산화 보완제 : 항산화 능력은 없으나 항산화제와 병용하면 항산화효과를 높여주는 물질이다.
　　　　　　　　비타민 C(아스코르빈산), 구연산, 주석산, 인산 등이 있다.

7 제과 · 제빵용 유지의 요구특성

① 가소성 : 파이, 페이스트리

② 산화안정성 : 쿠키

③ 크림가 : 버터크림, 반죽형 케이크

④ 유화가 : 고율배합케이크, 반죽형 케이크

⑤ 기능성(쇼트닝가) : 비스킷, 크래커

● 단백질 및 효소의 기초과학

1 단백질의 정의

아미노산으로 구성되는 한 무리의 고분자량 질소 화합물의 총칭이다.

2 단백질의 조성

단백질은 지방, 탄수화물과 달리 탄소, 수소, 산소 이외에 반드시 질소를 함유하고 있으며 평균적으로 질소를 16% 정도 함유하고 있기 때문에 식품의 질소 함량을 측정하고 여기에 100/16=6.25(단백계수)를 곱하여 단백질 함량으로 한다.

3 아미노산의 종류

① 중성아미노산 : 아미노그룹(1개)+카복실그룹(1개)

② 산성아미노산 : 아미노그룹(1개)+카복실그룹(2개)

③ 염기성아미노산 : 아미노그룹(2개)+카복실그룹(1개)

④ 함유황아미노산 : 유황(S)을 함유하는 아미노산으로 시스테인, 시스틴, 메티오닌

4 단백질의 구조

① 1차 구조 : 아미노산과 아미노산의 펩타이드 결합

② 2차 구조 : 아미노산 사슬이 코일구조를 이룸

③ 3차 구조 : 코일구조 단백질(2차 구조)이 구부러진 구상구조를 이룸

④ 4차 구조 : 3차 구조의 단백질이 화합하여 고분자를 이룸

5 단백질의 분류

(1) 단순단백질

아미노산으로만 되어 있는 단백질

알부민, 글로불린, 글루테린, 프롤라민, 알부미노이드, 히스톤, 프로타민

(2) 복합단백질

다른 물질과 결합되어 있는 단백질

핵단백질, 인단백질, 지단백질, 당단백질, 색소단백질, 금속단백질

(3) 유도단백질

부분적인 분해로 생성된 단백질

6 밀가루단백질

(1) 글루텐

밀가루에 물을 넣고 반죽을 하면 밀가루 단백질이 상호 결합하여 점성과 탄력이 있는 글루텐을 형성한다.

이 글루텐을 젖은 글루텐이라 하며 67%의 수분을 함유하고 있기 때문에 미지의 밀가루에서 단백질 (글루텐) 함량을 구하고자 할 때는 젖은 글루텐을 구한 다음 그 양의 1/3로 생각하면 된다.

$$젖은\ 글루텐\ 함량(\%) = \frac{젖은\ 글루텐\ 무게}{밀가루\ 무게} \times 100$$

$$건조\ 글루텐\ 함량(\%) = 젖은\ 글루텐\ 함량 \div 3$$

(2) 글루텐 구성 및 성질

① 구성 : 글루테닌(탄력성), 글리아딘(점성, 신장성)

② 성질 : 응집성, 탄력성, 신장성

(3) 함유황아미노산의 산화

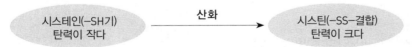

7 효소

(1) 효소의 구성

효소는 단백질로 이루어져 있는데 영양소는 아니나 생체촉매로 생체의 분해와 합성에 중요한 역할을 한다.

(2) 효소의 특성

① 효소의 선택성 : 효소는 작용하는 기질이 정해져 있고 그 기질 이외의 물질과는 작용하지 않는다.

② 효소작용과 온도 : 효소 활성에는 최적온도가 있고 또 활성을 잃는 한계온도가 있는데 이 한계온도보다 높거나 낮을 때 효소작용은 저해되거나 파괴된다.

③ 효소작용과 pH : 효소작용은 pH가 변하는데 따라 크게 영향을 받으며 각 효소는 특유의 적정pH가 있다.

(3) 효소의 종류

① 탄수화물 분해 효소

효 소 명	기 질	분해생성물	함유재료	비 고
아밀라아제	전분	덱스트린, 맥아당	밀가루	α-아밀라아제와 β-아밀라아제가 있다
인베르타아제 (수크라아제)	설탕(자당)	포도당, 과당	이스트	
말타아제	맥아당	포도당	이스트	
락타아제	유당(젖당)	포도당, 갈락토오스	−	제빵용 이스트에 없다
치마아제	포도당, 과당, 갈락토오스	알코올, 이산화탄소	이스트	
α-아밀라아제(알파)	전분	덱스트린	−	내부효소, 액화효소
β-아밀라아제(베타)	전분, 덱스트린	맥아당	−	외부효소, 당화효소

② 단백질 분해 효소

단백질을 가수분해하는 효소를 총칭 프로테아제라 하며 다음은 대표적인 프로테아제의 종류이다.

펩 신	위액에 존재
레 닌	단백질을 응고시키는 효소로 치즈제조에 이용
트 립 신	췌액에 존재
에 렙 신	장액에 존재

③ 지방 분해 효소

리파아제	유지의 에스테르 결합 분해
스테압신	췌액에 존재

1 원자와 분자

원자는 물질의 기본적인 최소입자이며 현재 100종 남짓한 원소에 대하여 각각 대응하는 원자가
존재한다. 분자는 다른 종 또는 같은 종의 원자가 결합하여 이것이 하나의 단위가 되어
물질을 구성한 단위를 말한다.

2 pH

pH는 수소이온농도로 1~14까지 있으며 pH7을 중성으로 하여 그 이하는 산성이고 그 이상
(~pH14까지)은 알칼리성을 의미한다.

3 당도(%) $= \dfrac{\text{용질(설탕)의 양}}{\text{용액(용매+설탕)의 양}} \times 100$

4 도량형 단위

(1) 길이 단위

$1m = 100cm = 1,000mm = 1,000,000\mu m$

$1cm = 10mm = 10,000\mu m$

$1mm = 1,000\mu m$

(2) 부피(용량) 단위

$1\ell = 10d\ell = 1,000m\ell = 1,000cc$

$1m\ell = 1cc$

(3) 무게 단위

$1kg = 1,000g = 1,000,000mg = 1,000,000,000\mu g$

$1g = 1,000mg = 1,000,000\mu g$

$1mg = 1,000\mu g$

5 비율 단위

① 퍼센트(percent) : 백분율(%)

② ppm : part per million의 약칭으로 백만분율

③ Baker's percent(베이커스 퍼센트) : 밀가루를 기준으로 하는 밀가루 대비 퍼센트

1 탄수화물의 분류(재료과학 참조)

① 단당류 : 포도당, 과당, 갈락토오스

② 이당류 : 자당, 맥아당, 유당

③ 다당류 : 전분, 글리코겐, 섬유소

2 다당류의 종류

종 류	특 징	비 고
전분(녹말)	① 포도당으로 형성된 식물 저장성 다당류 ② 아밀로오스와 아밀로펙틴으로 구성(재료과학 참조)	소화성 다당류
글리코겐	① 포도당으로 형성된 동물 저장성 다당류 ② 간이나 근육조직에 저장 ③ 형태는 아밀로펙틴과 유사하나 가지가 훨씬 많다	소화성 다당류
섬유소 (셀루로오스)	① 포도당으로 이루어졌으나 전분과 글리코겐의 결합형태와 　달라서 사람의 체내효소로 분해되지 않는다 ② 배변량과 배변속도를 증가시켜 변비에 효과	난소화성 다당류

3 체내기능(영양적 기능)

① 에너지원 : 1g당 4kcal의 에너지를 제공하며 흡수된 당은 혈당을 유지하면서 여분의 당은 간과 근육에 글리코겐으로 저장되고 나머지는 지방으로 전환된다.

② 단백질의 절약작용

③ 단맛과 향미 제공

④ 케톤증 예방

4 탄수화물 섭취

탄수화물 섭취 권장량은 총 섭취열량의 55~65%가 권장된다.

5 당뇨병

혈당조절 호르몬인 인슐린의 분비가 감소되었거나 작용에 문제가 생겼을 때 나타난다.
인슐린이 부족하면 혈액내의 영양소가 조직 속으로 들어갈 수 없어 여러 대사성 질환이 발생한다.

6 급원식품

설탕이나 꿀, 엿 등에 고농도로 농축되어 있으나 대부분의 곡류로서 보통 70~80%에 달하는 많은 양의
탄수화물이 함유되어 있으며 감자류, 과실류도 중요한 급원식품임

제3절 │ 지방질(지질)

1 지질의 분류

(1) 단순지질

① 유지(油脂) : 상온에서 액체인 것은 유(油), 고체인 것은 지(脂)라 하고 글리세롤과
지방산의 에스테르결합을 하고 있으며 중성지질이라고도 부른다.

② 왁스 : 알코올과 지방산의 결합체

(2) 복합지질

① 인지질 : 레시틴, 세팔린 등

② 당지질

(3) 유도지질

스테롤 (콜레스테롤), 카로티노이드, 토코페롤 등

2 체내기능(영양적 기능)

① 에너지원 : 1g당 9kcal의 에너지를 제공하며 탄수화물과 단백질보다 열량이 높다.

② 지용성 비타민(비타민 A, D, E, K)의 운반과 흡수를 돕는다.

③ 체온유지 및 장기보호 기능

④ 효율적 에너지의 저장

⑤ 콜레스테롤

- 뇌와 간, 신경조직에 많이 존재한다.
- 담즙의 성분이다.
- 비타민 D3의 전구체가 된다.
- 다량 섭취 시 동맥경화의 원인물질이다.

⑥ 필수 지방산

- 체내에서 합성되지 않아 식사로부터 섭취해야 하는 지방산으로 리놀레산, 리놀렌산, 아라키돈산이 있다.
- 식물성 기름에 많이 존재한다.
- 결핍 시 피부염이 발생한다.

3 지방질의 섭취

지방질 섭취권장량은 총 섭취열량의 15~30%가 권장된다.

4 급원식품

① 가시지방(육안으로 확인가능한 지방) : 버터, 마가린, 쇼트닝, 식용유 등
② 비가시지방(육안으로 식별하기 어려운 지방) : 너트류, 과자류, 우유, 육류 등

제4절 | 단백질

1 단백질의 분류(재료과학 참조)

① 단순단백질
② 복합단백질
③ 유도단백질

2 체내기능(영양적 기능)

① 에너지원 : 1g당 4kcal의 에너지 제공

② 체구성 성분 : 근육, 결체조직 등

③ 면역기능 : 항체형성으로 질병에 대한 저항력을 지닌다.

④ 호르몬과 효소의 생성

⑤ 체성분의 중성 유지

⑥ 필수 아미노산 : 리신, 이소류신, 류신, 메티오닌, 페닐알라닌, 트레오닌, 트립토판, 발린으로 모두 8종이며 아동의 경우 히스티딘을 추가한다.

3 단백질의 영양

(1) 생물가

흡수된 단백질량에 대하여 체내에 보유된 질소량의 비율을 말하며 영양적 가치를 나타낸다.

$$생물가 = \frac{체내에\ 보유된\ 질소량}{흡수된\ 질소량} \times 100$$

(2) 단백질 효율

일정한 기간동안 섭취한 단백질 총량에 대한 그 동안의 체중증가량을 비율로 표시한 것이다.

(3) 완전단백질

필수 아미노산이 균형 있게 함유되어있는 단백질로 우유의 카세인, 달걀의 알부민, 대두(콩)의 글리시닌이 대표적인 완전단백질이다.

(4) 보족효과

단백질의 상호보완작용이라고도 하는데 이것은 어떤 단백질에 아미노산 혹은 다른 단백질을 넣어 줌으로써 그 단백질의 영양가가 높아지는 것을 말한다.

4 단백질의 섭취 및 결핍증

(1) 단백질 섭취량

1일 단백질 섭취량은 에너지 총 권장량의 7~20%가 적당하며 체중1kg당 1g이 요구된다.

(2) 결핍증

① 면역기능 저하   ② 부종(조직 내 수분이 축적)   ③ 성장저해   ④ 허약

5 급원식품

동식물 조직에 있는 모든 세포의 주성분으로 생명을 유지하는데 필수적 영양소로서 육류, 어류, 대두, 치즈 등이 중요한 급원식품임

1 무기질의 기능

① pH와 삼투압의 조절　　② 대사 생리
③ 체내 경조직 성분　　④ 효소의 기능촉진

2 무기질의 체내 비율

체중의 4~5%

3 무기질의 기능과 결핍증

무 기 질	기　　　능	결 핍 증	비　　고
칼슘(Ca)	· 골격을 구성한다 · 근육의 수축이완작용 · 혈액응고	구루병, 골다공증, 골연화증	· 옥살산(수산)은 　칼슘의 흡수 방해 · 체중의 2% 함유
인(P)	· 골격형성 · 효소기능에 필요	－	· 비타민 D에 의해 흡수촉진 · 체중의 1% 함유
칼륨(K)	· 체액 평행유지 · 신경자극 전달	식욕상실, 근육경련	－
나트륨(Na)	· 체액 평형유지, 신경자극 전달 · 과다 섭취 시 고혈압, 임산부 부종	－	－
철분(Fe)	· 헤모글로빈의 성분 · 적혈구를 생성하는 조혈작용	빈혈	－
아연(Zn)	· 인슐린 합성	성장부진, 당뇨	－
구리(Cu)	· 철분흡수와 이용을 돕는다	빈혈	－
요오드(I)	· 갑상선 호르몬의 성분	갑상선종	－

4 비타민의 기능

① 보조효소(조절소)　　② 대사촉진
③ 영양소의 완전연소　　④ 호르몬의 분비조절

5 지용성 비타민과 수용성 비타민의 비교

지용성 비타민	수용성 비타민
① 유기용매에 용해된다 ② 체내에 축적된다 ③ 결핍증이 서서히 나타난다 ④ 열에 강하다 ⑤ 전구체가 존재한다 ⑥ 비타민 A, D, E, K	① 물에 용해된다 ② 소변으로 쉽게 배설된다 ③ 필요량을 수시로 섭취하여야 한다 ④ 열에 약하다 ⑤ 전구체가 없다 ⑥ 비타민 B군, C군 등

6 비타민의 기능과 결핍증

비 타 민		기　　능	결 핍 증	함 유 식 품
지용성비타민	비타민 A	시력에 관여 시홍생성 전구체 : 베타-카로틴(β-Carotene)	야맹증 안구건조증 성장부진	동물의 간, 생선간유 달걀, 녹황색채소
	비타민 D	칼슘, 인의 흡수촉진 뼈의 성장에 관여 전구체 : 에르고스테롤→D_2 비타민 D_3는 자외선을 받아 피부에서 합성	구루병 골연화증 골다공증	어유, 비타민 D 우유
	비타민 E	항산화제, 항불임성, 토코페롤	–	식물성 기름
	비타민 K	혈액응고	내출혈	녹황색채소, 간
수용성비타민	비타민 B_1	티아민 당질대사에 중요 쌀을 주식으로 하는 사람에서 필요	각기병 신경조직 기능장애	돼지고기, 두류, 쌀겨
	비타민 B_2	리보플라빈 열량대사에 필수	구각염, 구내염 설염	유제품, 강화곡류
	니아신	열량대사의 필수적 조효소	펠라그라증	단백질 풍부식품
	비타민 B_{12}	코발라민 적혈구형성	빈혈	동물성 식품
	비타민 C	아스코르빈산 세포의 산화 환원작용 조절 철분흡수율 증진	괴혈병	신선한 과일과 채소 (감귤류, 딸기, 양배추, 파슬리)

7 물의 영양적 기능

체내 성분의 2/3를 차지하며 생명 유지에 절대적인 물질

① 영양소와 노폐물의 운반

② 분비액의 주성분

③ 체온 조절

④ 외부 충격으로부터 보호 작용

⑤ 대사과정 촉매

⑥ 세포 내 물리 · 화학적 반응 조절

제6절 | 영양과 건강(소화, 흡수, 대사, 영양)

1 소화관과 주요 소화효소

소 화 관	분 비 액	효 소	기 질	생성물, 주요 작용
구 강	타 액	프티알린(아밀라아제)	탄수화물, 글리코겐	맥아당, 덱스트린
위	위 액	펩신	단백질	펩티드
췌 장	췌장액	트립신, 키모트립신	단백질, 펩티드	펩티드
		아밀롭신(아밀라아제)	탄수화물, 글리코겐	맥아당
		스테압신(지방분해효소)	지방	지방산
십이지장	담 즙	–	① 담즙은 간에서 만들어지고 담낭에서 저장, 농축되었다가 십이지장에서 분비된다 ② 지방분해효소인 리피아제 작용을 돕는다	
소 장	소장액	말타아제	맥아당	포도당
		인베르타아제	자당	포도당, 과당
		락타아제	유당	포도당, 갈락토오스
		에렙신	펩티드	아미노산
		리파아제	지방	지방산
대 장	–	–	소화효소가 없고 연동운동으로 대변 배설을 돕는다	

2 각 영양소의 소화율

① 탄수화물 : 98%

② 지방 : 95%

③ 단백질 : 91%

3 흡수

(1) 흡수기관

① 구강 : 영양소 흡수는 일어나지 않음

② 위 : 물과 소량의 알코올

③ 소장 : 섭취에너지의 95%를 흡수

④ 대장 : 주로 수분을 흡수

(2) 흡수경로

① 문맥 순환

: 수용성 성분(단백질, 탄수화물 분해물)은 소장의 융모에 있는 모세혈 관→ 문맥 → 간을 통해
전신으로 순환된다.

② 림프관 순환

: 지용성 성분(긴 사슬지방산, 지용성 비타민)은 소장의 융모에 있는 유미관, 림프관 →정맥 →
심장을 통해 전신으로 순환된다.

(3) 각 영양소의 흡수

① 탄수화물의 흡수

: 단당류의 형태로 소장에서 흡수되며 흡수속도는 갈락토오스(110) 〉 포도당(100) 〉 과당(43) 〉 만노오스
(19)의 순이다.

② 지질의 흡수

: 지방산이 완전 분해되거나 담즙산과 결합한 형태로 흡수되기도 하며 일부 분해된 형태 또는
분해되지 않고 그대로 흡수되기도 한다.

③ 단백질의 흡수

: 단백질은 아미노산으로 분해되어 흡수되나 일부는 펩티드의 형태로 소장에서 흡수된다.

④ 비타민의 흡수

: 수용성 비타민은 물과 같이 흡수되고 지용성 비타민은 지방질과 같이 담즙의 도움을 받아
소장에서 흡수된다.

⑤ 무기질의 흡수

: 무기질의 대부분은 소장에서 흡수되나 일부는 대장에서 흡수된다.

4 에너지대사

(1) 기초신진대사

활동할 때에는 말할 것도 없고 조용한 상태로 있을 때나 잠자고 있을 동안 생명을 유지하는데 필요한 최소한의 에너지로 체온조절, 호흡, 순환 등을 위한 에너지를 말하며 기초신진대사량은 체표면적, 근육량 등에 비례한다.

(2) 활동대사

의식적인 근육활동에 필요한 에너지대사를 말한다.

5 에너지권장량

(1) 성인 남녀 1일 에너지권장량

① 남자 : 2,500kcal
② 여자 : 2,000kcal

(2) 16~19세(영양섭취가 가장 요구되는 시기)의 남녀 1일 에너지권장량

① 남자 : 2,600kcal
② 여자 : 2,100kcal

6 질병과 영양

섭취량 \ 영양소	탄수화물	지방	단백질
섭취부족	① 단백질 분해 심화 　→ 단백질 낭비 ② 지방의 산화 불충분 　→ 케톤체 다량생산 　→ 대사 이상	① 필수지방산 결핍 ② 당질비율 증가 　→ 위에 부담	① 마라스무스 : 단백질과 에너지 영양소가 동시 결핍되어 기아 상태의 쇠약이 되는 것 ② 카시오코르 : 에너지 영양소는 섭취되지만 양질의 단백질이 부족되는 것
과잉섭취	① 체지방 축적 → 비만 ② 대사의 원활성 상실 　→ 비타민 B 과잉 필요	① 고지혈증 　→ 관상동맥경화 　→ 심장병 유발 ② 에너지 대비 40%이상 고지방식 　→ 내당성 저하 　→ 당뇨병	① 요독증 → 신장에 부담 ② 체온, 혈압 상승, 체중 증가 　→ 생존기간 단축

제1절 기초과학

● **탄수화물의 기초과학**

01. 요오드용액에 의해 청색 반응을 일으키는 것은?
   ㉮ 아밀로펙틴　　㉯ 덱스트린　　㉰ 맥아당　　㉱ 아밀로오스

02. 전분의 호화에 영향을 주는 요인이 아닌 것은?
   ㉮ 전분의 종류　　　　　　㉯ 단백질의 함량
   ㉰ 수분의 함량　　　　　　㉱ pH

03. 빵 제품의 노화에 관한 설명 중 틀린 것은?
   ㉮ 노화는 제품이 오븐에서 나온 후부터 서서히 진행된다.
   ㉯ 노화가 일어나면 소화흡수에 영향을 준다.
   ㉰ 노화로 인하여 내부 조직이 단단해진다.
   ㉱ 노화를 지연하기 위하여 냉장고에 보관하는 것이 좋다.

04. 전분에 대한 사항 중 맞는 것은?
   ㉮ 전분은 40℃에서 호화한다.
   ㉯ 디아스타제의 작용을 받지 않는다.
   ㉰ 전분은 아밀로오스와 아밀로펙틴으로 이루어져 있다.
   ㉱ 전분은 이당류다.

05. 빵의 노화와 관계가 없는 것은?
   ㉮ 전분의 결정화　㉯ 양의 변화　㉰ 수분 손실　㉱ 미생물 번식

06. 설탕을 100으로 할 때 포도당의 감미도는?
   ㉮ 16　　　　㉯ 32　　　　㉰ 75　　　　㉱ 130

07. 밀, 쌀, 고구마전분 중 아밀로펙틴의 함량은 어느 정도인가?
   ㉮ 20~30%　㉯ 50~60%　㉰ 70~80%　㉱ 100%

08. 아밀로오스에 대한 설명으로 틀리는 것은?
   ㉮ 요오드 용액에 의하여 적자색 반응
   ㉯ 베타 아밀라아제에 의해 거의 맥아당으로 분해
   ㉰ 직쇄구조로 포도당 단위가 알파1.4 결합으로 되어있다.
   ㉱ 퇴화의 경향이 아밀로펙틴에 비하여 빠르다.

해답 1.㉱ 2.㉯ 3.㉱ 4.㉰ 5.㉱ 6.㉰ 7.㉰ 8.㉮

09. 아밀로펙틴에 대한 설명으로 틀리는 것은?

㉮ 측쇄의 포도당 단위는 알파1,6 결합으로 연결되어있다.

㉯ 알파 아밀라아제에 의해 덱스트린으로 바뀐다.

㉰ 보통 1,000,000 이상의 분자량을 가졌다.

㉱ 보통 곡물에는 17~28%의 아밀로펙틴이 들어있다.

10. 과당 시럽의 다음 설명 중 틀리는 것은?

㉮ 감미도가 크다.　　　　㉯ 용해도가 크다.

㉰ 점도가 크다.　　　　㉱ 흡습성이 크다.

11. 다음 탄수화물 중 이당류가 아닌 것은?

㉮ 자당　　　㉯ 유당　　　㉰ 맥아당　　　㉱ 포도당

12. 다음 밀가루의 성분 중 단위무게당 흡수율이 가장 큰 것은?

㉮ 전분　　　　㉯ 손상된 전분

㉰ 단백질　　　　㉱ 펜토산

13. 다음 제품 중 노화가 가장 빠른 것은?

㉮ 도넛　　　㉯ 카스텔라　　　㉰ 식빵　　　㉱ 단과자빵

14. 전분의 호화 시작온도는?

㉮ 10℃　　　㉯ 60℃　　　㉰ 70℃　　　㉱ 80℃

15. 과당의 설명으로 잘못된 것은?

㉮ 과당은 감미도가 포도당보다 높다.

㉯ 과당의 감미도는 136이다.

㉰ 과일이나 꿀 중에 많고 다당류 구성성분으로 존재한다.

㉱ 과당은 단당류이다.

16. 호화된 전분을 실온에 방치하였을 경우에 침전되어 규칙성 있는 입자로 변화하는 것은?

㉮ 전분의 α화　　　　㉯ 전분의 β화

㉰ 전분의 젤라틴화　　　　㉱ 전분의 교질화

17. 전분이 호화됨에 따라 다음과 같은 성질에 변화가 생긴다. 그 이유로 타당치 않는 것은?

㉮ 팽윤에 의한 부피팽창　　　　㉯ 방향 부동성의 손실

㉰ 용해현상의 감소　　　　㉱ 점도의 증가

18. 빵의 노화가 가장 빠르게 일어나는 온도는?

㉮ -18℃　　　㉯ 3℃　　　㉰ 20℃　　　㉱ 30℃

· 보충설명 ·

13. 배합에서 설탕과 유지 함량이 적으면 노화가 빨라진다.

17. 전분이 호화되면 전분 분자사이에 물이 침투하여 부피가 증가하며 전분 분자들이 끊임없이 운동하여 물에 분산되고 점성을 나타낸다.

해답　9.㉱　10.㉰　11.㉱　12.㉱　13.㉰　14.㉯　15.㉰　16.㉯　17.㉰　18.㉯

19. 당의 가수분해 생성물 중 연결이 잘못된 것은?

㉮ 자당→포도당+과당 ㉯ 유당→포도당+갈락토오스

㉰ 맥아당→포도당+포도당 ㉱ 과당→포도당+자당

20. 다음 중 캐러멜화가 잘 되는 것은?

㉮ 포도당(Glucose) ㉯ 과당(Fructose)

㉰ 만노오스(Mannose) ㉱ 갈락토오스(Galactose)

21. 빵의 노화 억제 방법에 틀린 것은?

㉮ 적절한 공정 ㉯ 냉동

㉰ 냉장 ㉱ 유화제

22. 다음의 탄수화물 중에서 분자량이 가장 큰 것은?

㉮ 포도당 ㉯ 과당

㉰ 맥아당 ㉱ 전분

23. 다음에서 맥아당이 많이 함유되어 있는 식품은?

㉮ 우유 ㉯ 꿀 ㉰ 설탕 ㉱ 감주

24. 설탕의 화학식은?

㉮ $C_{12}H_{22}O_{11}$ ㉯ $C_{12}H_{22}O_{12}$

㉰ $C_{22}H_{12}O_{12}$ ㉱ $C_{12}H_{21}O_{12}$

25. 다음 중 단당류가 아닌 것은?

㉮ 포도당 ㉯ 만노오스

㉰ 갈락토오스 ㉱ 자당

26. 당류 중에서 감미가 가장 강한 것은?

㉮ 맥아당 ㉯ 설탕 ㉰ 과당 ㉱ 포도당

27. 탄수화물의 구성요소는?

㉮ 탄소, 수소, 산소 ㉯ 탄소, 산소, 질소

㉰ 탄소, 산소 ㉱ 질소, 수소, 산소

28. α 전분이 β 전분으로 되돌아가는 현상은?

㉮ 호화 ㉯ 호정화 ㉰ 노화 ㉱ 산화

29. 아밀로펙틴은 요오드와 반응하여 포접 화합물을 형성하지 않는다. 이 때의 정색 반응은?

㉮ 적자색 반응 ㉯ 청색 반응

㉰ 황색 반응 ㉱ 흑색 반응

· 보충설명 ·

해답 19.㉱ 20.㉯ 21.㉰ 22.㉱ 23.㉱ 24.㉮ 25.㉱ 26.㉰ 27.㉮ 28.㉰ 29.㉮

30. 다음 설명 중 맞는 것은?

㉮ 전분은 상온에서 물에 완전히 녹는다.

㉯ 전분의 호화는 100℃ 이상에서만 시작된다.

㉰ 일반적으로 60℃ 이상의 온도에서 노화는 거의 일어나지 않는다.

㉱ 밀가루 중에서 가장 많은 성분은 단백질이다.

31. 빵의 노화를 억제하는 방법으로 볼 수 없는 것은?

㉮ 수분 함량의 조절 ㉯ 냉동법

㉰ 설탕의 감소 ㉱ 유화제의 사용

32. 당류의 용해도는 단맛의 크기와 일치된다.
다음 중 단맛의 강도 순서가 바른 것은?

㉮ 과당〉설탕〉포도당〉맥아당 ㉯ 맥아당〉과당〉설탕〉포도당

㉰ 설탕〉과당〉포도당〉맥아당 ㉱ 포도당〉설탕〉과당〉맥아당

33. 아밀로펙틴으로만 구성된 것은?

㉮ 옥수수전분 ㉯ 찹쌀전분 ㉰ 멥쌀전분 ㉱ 감자전분

34. 다음 중 전분의 α화를 이용한 것이 아닌 것은?

㉮ 쌀 ㉯ 밥 ㉰ 빵 ㉱쿠키

35. 냉수에 푼 전분을 가열할 때 어떠한 변화가 일어나는가?

㉮ 진용액에서 교질용액으로 변화

㉯ 교질용액인 상태로 유지

㉰ 부유상태에서 교질용액으로 변화

㉱ 교질용액에서 부유상태로 변화

36. α 전분과 β 전분의 차이에 관해서 옳은 것은?

㉮ 찹쌀과 멥쌀의 차이 ㉯ 죽과 밥의 차이

㉰ 호화전분과 생전분의 차이 ㉱ 아밀로오스와 아밀로펙틴의 차이

37. 다음 중 곡물의 전분입자 크기가 가장 작은 것은?

㉮ 감자전분 ㉯ 고구마전분

㉰ 소맥전분 ㉱ 쌀전분

38. 다음 중 이당류로 환원당이 아닌 당은?

㉮ 포도당 ㉯ 과당 ㉰ 설탕 ㉱ 맥아당

39. 전분의 노화에 영향을 주는 요인과 가장 거리가 먼 것은?

㉮ 전분의 종류 ㉯ 전분의 농도

㉰ 당의 종류 ㉱ 염류 또는 각종 이온의 함량

해답 **30.**㉰ **31.**㉰ **32.**㉮ **33.**㉯ **34.**㉮ **35.**㉰ **36.**㉰ **37.**㉱ **38.**㉰ **39.**㉰

40. 아밀로펙틴에 대하여 잘못 설명한 것은?

    ㉮ 아밀로오스보다 분자구조가 크고 복잡하다.

    ㉯ 결합형태가 알파-1,4결합과 알파-1,6결합으로 되어 있다.

    ㉰ 포도당 6개 단위의 나선형 구조로 되어 있다.

    ㉱ 노화가 쉽게 일어나지 않는다.

41. 전분의 노화에 대한 설명 중 틀린 것은?

    ㉮ 노화는 -18℃에서 잘 일어나지 않는다.

    ㉯ 노화된 전분은 소화가 잘된다.

    ㉰ 노화란 α전분이 β전분으로 되는 것을 말한다.

    ㉱ 노화는 전분분자끼리의 결합이 전분과 물분자의 결합보다 크기 때문에 일어난다.

42. 다음 당류 중 물에 잘 녹지 않는 것은?

    ㉮ 과당   ㉯ 유당   ㉰ 포도당   ㉱ 맥아당

43. 다음 설명 중 맞는 것은?

    ㉮ 식물전분의 현미경으로 본 구조는 모두 동일하다.

    ㉯ 전분은 호화된 상태의 소화 흡수나 호화가 안 된 상태의 소화 흡수나 차이가 없다.

    ㉰ 전분은 아밀라아제(Amylase)에 의해서 분해되기 시작한다.

    ㉱ 전분은 물이 없는 상태에서도 호화가 일어난다.

44. 포도당의 감미도가 높은 상태인 것은?

    ㉮ 결정형   ㉯ 수용액   ㉰ β-형   ㉱ 좌선성

45. 메성 옥수수(Non-waxy corn)전분의 호화 온도는?

    ㉮ 45℃   ㉯ 70℃   ㉰ 80℃   ㉱ 95℃

● 지방질의 기초과학

01. 모노 · 디-글리세리드는 어느 반응의 산물인가?

    ㉮ 지방의 산화   ㉯ 지방의 가수분해

    ㉰ 단백질 변성   ㉱ 다당류의 분해

02. 유지의 저장성을 가장 나쁘게 하는 금속은?

    ㉮ 구리   ㉯ 스테인리스

    ㉰ 망간   ㉱ 아연

03. 유지의 발연점에 관여하지 않는 것은?

    ㉮ 수소   ㉯ 산가   ㉰ 이물질   ㉱ 수분

· 보충설명 ·

1. 모노·디-글리세리드는 지방의 가수분해산물로 유화제로 많이 사용되어진다.

2. 산화를 촉진시켜 유지의 저장성을 나쁘게 하는 대표적인 금속물질은 구리(Cu), 철(Fe), 주석 등이다.

3. 유지는 수분존재하에 가열되면 가수분해되어 유리지방산의 함량이 증가하고 유리지방산가가 높아져 발연점이 낮아진다. 이때 이물질이 많으면 가수분해속도도 증가한다.

해답   40.㉰   41.㉯   42.㉯   43.㉰   44.㉮   45.㉰   1.㉯   2.㉮   3.㉮

04. 쇼트닝을 경화쇼트닝으로 바꿀 때의 첨가물은?

㉮ 산소 　　　㉯ 수소 　　　㉰ 질소 　　　㉱ 탄소

05. 포화지방산의 탄소수가 다음과 같을 때 융점이 가장 낮은 지방산은?

㉮ 4 　　　㉯ 12 　　　㉰ 18 　　　㉱ 22

06. 지방의 산화안정성을 높이는 물질은?

㉮ 수소를 첨가 　　　　　　　㉯ 모노 · 디−글리세리드를 첨가
㉰ 산소를 첨가 　　　　　　　㉱ 물을 첨가

07. 유지의 산화를 촉진하는 것은?

㉮ 니켈 　　　㉯ 인산 　　　㉰ 소금 　　　㉱ 주석

08. 쇼트닝의 경화에 사용되는 촉매제는?

㉮ 구리 　　　㉯ 니켈 　　　㉰ 망간 　　　㉱ 백금

09. 유지의 산화방지에 주로 사용되는 방법은?

㉮ 수분첨가 　　㉯ 비타민 E 첨가 　　㉰ 단백질제거 　　㉱ 가열 후 냉각

10. 다음의 지방산 중 융점이 가장 높은 것은?

㉮ 리놀레산 　　㉯ 올레산 　　㉰ 스테아르산 　　㉱ 리놀렌산

11. 지방질의 산화를 촉진시키는 것은?

㉮ 철, 구리(Fe, Cu) 　　　　　㉯ 은, 구리
㉰ 칼슘, 구리 　　　　　　　　㉱ 칼륨, 철

12. 유지에 대한 설명으로 옳은 것은?

㉮ 알코올과 글리세린의 결합체 　　㉯ 글리세린과 지방산의 에스테르
㉰ 글리세린과 포도당의 이중결합체 　㉱ 글리세린과 수소의 에스테르

13. 유지의 경화란 무엇인가?

㉮ 경유를 정제하는 것
㉯ 지방산가를 계산하는 것
㉰ 우유를 분해하는 것
㉱ 불포화지방산에 수소를 첨가하여 고체화시키는 것

14. 유지의 산화를 방지하는 천연항산화제는?

㉮ 토코페롤 　　㉯ 비타민 C 　　㉰ 리보플라빈 　　㉱ 니아신

15. 글리세롤은 지방산 몇 개와 합쳐 지방을 이루는가?

㉮ 1개 　　　㉯ 2개 　　　㉰ 3개 　　　㉱ 4개

· 보충설명 ·

5. 지방산의 탄소수가 적을수록 융점은 낮아진다.

9. 비타민 E(토코페롤)는 가장 대표적인 천연항산화제(산화방지제)이다.

10. 리놀레산, 올레산, 리놀렌산은 불포화지방산이며 스테아르산은 포화지방산이다.

해답　4.㉯　5.㉮　6.㉮　7.㉱　8.㉯　9.㉯　10.㉰　11.㉮　12.㉯　13.㉱　14.㉮　15.㉰

16. 유지를 가열하였을 때 점차 낮아지는 것은?

㉮ 산가   ㉯ 점도   ㉰ 과산화물가   ㉱ 요오드가

17. 튀김 기름의 발연현상과 관계가 깊은 것은?

㉮ 유리지방산가   ㉯ 크림가   ㉰ 유화가   ㉱ 검화가

18. 다음의 포화지방산 중 융점이 가장 높은 것은?

㉮ 탄소수 4   ㉯ 탄소수 8   ㉰ 탄소수 12   ㉱ 탄소수 18

19. 다음 설명 중 옳은 것은?

㉮ 모노–글리세리드는 글리세롤의 –OH기 3개 중 하나에만 지방산이 결합된 것이다.
㉯ 기름의 가수분해는 온도와 별 상관이 없다.
㉰ 기름의 비누화는 가성소다에 의해 낮은 온도에서 진행 속도가 빠르다.
㉱ 기름의 산패는 기름 자체의 이중결합과 무관하다.

20. 유지는 지방산과 (　　)의 에스테르 결합이다. (　　)안에 맞는 말은?

㉮ 메틸알코올   ㉯ 에틸알코올
㉰ 글리세린   ㉱ 글루텐

21. 지방의 나쁜 냄새 원인은?

㉮ 저급지방산   ㉯ 글리세린
㉰ 고급지방산   ㉱ 모노 · 다–글리세리드

22. 유지의 산화를 가속화하는 요소인 것은?

㉮ 자외선에 노출되었다.   ㉯ 보관온도가 낮다.
㉰ 이중결합수가 적다.   ㉱ 산소와의 접촉을 방지했다.

23. 산패와 관계가 가장 깊은 것은?

㉮ 지방질의 환원   ㉯ 단백질의 산화
㉰ 단백질의 환원   ㉱ 지방질의 산화

24. 유지에 가성소다를 가할 때 일어나는 반응은?

㉮ 가수분해   ㉯ 비누화   ㉰ 에스테르화   ㉱ 산화

25. 유지의 산화속도를 억제하는 것과 거리가 먼 것은?

㉮ 토코페롤   ㉯ 몰식자산 프로필
㉰ 리파아제   ㉱ 아스코르빈산

26. 유지의 산패 원인이 아닌 것은?

㉮ 고온으로 가열한다.   ㉯ 햇빛이 잘 드는 곳에 보관한다.
㉰ 토코페롤을 첨가한다.   ㉱ 수분이 많은 식품을 넣고 튀긴다.

· 보충설명 ·

16. 유지를 가열하면 유리지방산과 과산화물이 증가하며 점도가 상승한다. 반면 요오드가는 감소한다.

20. 유지는 글리세린(글리세롤) 1개의 분자와 지방산 3개의 분자가 결합된 것이다.

21. 저급지방산이란 탄소수가 짧은 지방산을 말하며 우유, 버터, 치즈 등에서 나쁜 냄새가 나게 한다.

25. 리파아제는 지방분해효소이다.

해답   16.㉱   17.㉮   18.㉱   19.㉮   20.㉰   21.㉮   22.㉮   23.㉱   24.㉯   25.㉰   26.㉰

27. 항산화제 자체는 아니지만 항산화제와 병용하면 항산화효과가 증대되는 보완제가 아닌 것은?

㉮ 비타민 C ㉯ 비타민 E

㉰ 구연산 ㉱ 주석산

28. 유지의 항산화 보완제로 가장 적당하지 못한 것은?

㉮ 염산 ㉯ 구연산

㉰ 주석산 ㉱ 아스코르빈산

29. 유지의 분해 산물인 글리세린에 대한 설명으로 틀린 것은?

㉮ 물에 잘 녹는 감미의 액체로 비중은 물보다 낮다.

㉯ 향미제의 용매로 식품의 색택을 좋게 하는 독성이 없는 극소수 용매 중의 하나이다.

㉰ 보습성이 뛰어나 빵류, 케이크류, 소프트쿠키류의 저장성을 연장시킨다.

㉱ 물-기름의 유탁액에 대한 안정 기능이 있다.

30. 주로 빵, 과자 제품에서 기름에 함유되어 있는 글리세린의 작용특성과 거리가 먼 것은?

㉮ 흡수성 ㉯ 안정성 ㉰ 용매 ㉱ 항산화성

31. 다음 글리세린에 대한 설명 중 틀린 것은?

㉮ 시럽과 같은 액체로 물보다 가볍다.

㉯ 물과 잘 혼합한다.

㉰ 수분의 보유제로 응용된다.

㉱ 케이크 제품의 색과 향을 보존해 준다.

32. 수소첨가를 하여 얻은 제품은?

㉮ 쇼트닝 ㉯ 버터 ㉰ 라드 ㉱ 양기름

33. 지방의 산패를 촉진하는 인자와 거리가 먼 것은?

㉮ 질소의 존재 ㉯ 산소의 존재

㉰ 동의 존재 ㉱ 자외선의 존재

34. 유지의 산패 정도를 나타내는 값이 아닌 것은?

㉮ 산가 ㉯ 유화가

㉰ 아세틸가 ㉱ 과산화물가

35. 유지 1g을 검화하는데 소요되는 수산화칼륨(KOH)의 밀리그램(mg) 수를 무엇이라고 하는가?

㉮ 검화가 ㉯ 요오드가

㉰ 산가 ㉱ 과산화물가

· 보충설명 ·

27. 가장 대표적인 보완제는 비타민 C(아스코르빈산), 구연산, 인산, 주석산이다.

33. 지방의 산패는 산소의 존재하에 일어나며 금속물질, 자외선 등에 의해 산화속도가 증가된다.

34. 유화가는 유지가 물을 흡수하여 보유하는 능력을 나타내는 수치이다.

해답 27.㉯ 28.㉮ 29.㉮ 30.㉱ 31.㉮ 32.㉮ 33.㉮ 34.㉯ 35.㉮

● 단백질 및 효소의 기초과학

· 보충설명 ·

01. 단백질 분해효소는?

㉮ 치마아제 　　　　　　㉯ 말타아제
㉰ 프로테아제 　　　　　　㉱ 인베르타아제

02. 단백질 함량이 제일 적은 것은?

㉮ 글루텐 　　㉯ 소맥분 　　㉰ 버터 　　㉱ 흰자

03. 100g의 밀가루에서 얻은 젖은 글루텐이 39g일 때 이 밀가루의 단백질 함량은?

㉮ 2% 　　　㉯ 8% 　　　㉰ 13% 　　　㉱ 19%

3. 젖은 글루텐 함량은 $\frac{39}{100} \times 100$ = 39% 이다.
이중 건조 글루텐 함량(밀가루 단백질 함량)은 39%÷3=13%가 된다.

04. 전분을 덱스트린으로 변화시키는 효소는?

㉮ β-아밀라아제 　　　　㉯ α-아밀라아제
㉰ 말타아제 　　　　　　㉱ 치마아제

05. α-아밀라아제와 관계없는 것은?

㉮ 당화효소 　　　　　　㉯ 액화효소
㉰ 내부효소 　　　　　　㉱ 덱스트린

06. -SS- 결합과 관계있는 것은?

㉮ 단백질 　　㉯ 지방 　　㉰ 탄수화물 　　㉱ 비타민

6. 밀가루 단백질의 황함유 아미노산인 시스테인은 산화하여 -SS- 결합의 시스틴으로 된다.

07. 다음 중 액화 효소는?

㉮ α-아밀라아제 　　　　㉯ β-아밀라아제
㉰ 말타아제 　　　　　　㉱ 프로테아제

08. 다음 중에서 밀가루 글루텐을 분해하는 효소는?

㉮ 치마아제 　　　　　　㉯ 아밀라아제
㉰ 프로테아제 　　　　　　㉱ 리파아제

09. 글루텐 구성 요소 중 탄력성을 나타내는 것은?

㉮ 글루테닌 　　㉯ 글리아딘 　　㉰ 알부민 　　㉱ 글로불린

9. 글루텐 구성요소 중 글루테닌은 탄력성, 글리아딘은 신장성을 나타낸다.

10. -SS-결합과 관계가 깊은 것은?

㉮ 리신 　　㉯ 시스테인 　　㉰ 트립토판 　　㉱ 페닐알라닌

11. 글루텐이 발달할 때 먼저 자신이 부풀고 나서 다른 단백질을 흡수하는 것은?

㉮ 글리아딘 　　㉯ 글루테닌 　　㉰ 글로불린 　　㉱ 알부민

해답 1.㉰ 2.㉰ 3.㉰ 4.㉯ 5.㉮ 6.㉮ 7.㉮ 8.㉰ 9.㉮ 10.㉯ 11.㉯

12. 일반적으로 제빵용 이스트에 의한 기질과 작용 효소와 분해 생성물의 관계가 틀리는 것은?

   ㉮ 설탕 – 인베르타아제 → 포도당 + 과당

   ㉯ 맥아당 – 말타아제 → 포도당 + 포도당

   ㉰ 유당 – 락타아제 → 과당 + 갈락토오스

   ㉱ 과당 – 치마아제 → 이산화탄소 + 알코올

13. 일반적으로 분유 100g의 질소 함량이 4g이라면 몇 g의 단백질을 함유하고 있는가?

   ㉮ 5g   ㉯ 15g   ㉰ 25g   ㉱ 35g

14. α-아밀라아제에 대한 β-아밀라아제의 설명으로 틀리는 항목은?

   ㉮ 전분이나 덱스트린을 맥아당으로 만든다.

   ㉯ 아밀로오스의 말단에서 시작하여 포도당 2분자씩을 끊어가면서 분해한다.

   ㉰ 전분의 구조가 아밀로펙틴인 경우 약 52%까지만 가수분해한다.

   ㉱ 액화효소 또는 내부 아밀라아제라고도 한다.

15. 다음 중 효소를 구성하고 있는 주성분은?

   ㉮ 탄수화물   ㉯ 지방   ㉰ 단백질   ㉱ 박테리아

16. 복합단백질이 아닌 것은?

   ㉮ 핵단백질   ㉯ 색소단백질

   ㉰ 요소단백질   ㉱ 지단백질

17. 다음 중 글루텐의 일반적 성질이 아닌 것은?

   ㉮ 수용성   ㉯ 탄력성   ㉰ 신장성   ㉱ 응집성

18. 젖은 글루텐의 단백질이 26.4%라면 건조 글루텐에서는 몇 %가 되는가? (건물기준)

   ㉮ 26.4%   ㉯ 39.6%   ㉰ 52.8%   ㉱ 80%

19. 다음 중 밀가루에 함유된 분해효소는?

   ㉮ 말타아제   ㉯ 아밀라아제

   ㉰ 리파아제   ㉱ 프로테아제

20. 지방을 분해하는 효소는?

   ㉮ 인베르타아제(Invertase)   ㉯ 리파아제(Lipase)

   ㉰ 펩티다아제(Peptidase)   ㉱ 아밀라아제(Amylase)

21. 유황(S)을 함유한 아미노산에 속하지 않는 것은?

   ㉮ 시스틴   ㉯ 시스테인   ㉰ 메티오닌   ㉱ 트립토판

해답   12.㉰   13.㉰   14.㉱   15.㉰   16.㉰   17.㉮   18.㉱   19.㉯   20.㉯   21.㉱

22. 다음 단백질에 대한 설명 중 틀린 것은?

　㉮ 1차 구조 – 아미노산과 아미노산이 펩티드 결합으로 연결되어 있다.
　㉯ 2차 구조 – 아미노산 사슬이 코일 구조를 가지고 있다.
　㉰ 3차 구조 – 2차 구조의 코일이 입체 구조를 이루며 굽혀져 있다.
　㉱ 4차 구조 – 2차 구조의 코일이 평면 구조를 이루며 굽혀져 있다.

23. 다음 중 다당류인 전분을 분해하는 효소가 아닌 것은?

　㉮ α–아밀라아제　　　　　　　　㉯ β–아밀라아제
　㉰ 디아스타아제　　　　　　　　　㉱ 말타아제

24. 레닌에 의해 응고되는 것은 ?

　㉮ Albumin　　㉯ Casein　　㉰ Globulin　　㉱ Gliadin

25. 칼슘 존재하에 우유를 응고시키는 물질은?

　㉮ 레닌　　　　　　　　　　　　　㉯ 트립신
　㉰ 펩티다아제　　　　　　　　　　㉱ 펩신

26. 제빵용 이스트에 있는 효소로 포도당이나 과당을 분해하여 알코올과 이산화탄소가스를 발생시키는 것?

　㉮ 인베르타아제　　　　　　　　　㉯ 말타아제
　㉰ 리파아제　　　　　　　　　　　㉱ 치마아제

27. 단백질 구조와 관계없는 것은?

　㉮ 펩티드결합　　　　　　　　　　㉯ –SS–결합
　㉰ 수소결합　　　　　　　　　　　㉱ 이중결합

28. 효소의 특성이 아닌 것은?

　㉮ 30~40℃에서 최대 활성을 갖는다.
　㉯ pH4.5~8.0 범위 내에서 반응하며 효소의 종류에 따라 최적pH는 달라질 수 있다.
　㉰ 효소는 그 구성물질이 전분과 지방으로 되어 있다.
　㉱ 효소농도와 기질농도가 효소작용에 영향을 준다.

29. 탄수화물, 지방과 비교할 때 단백질만이 갖는 특징적인 구성 성분은?

　㉮ 탄소　　　　　㉯ 수소　　　　　㉰ 산소　　　　　㉱ 질소

30. 맥아당을 분해하는 효소는?

　㉮ 말타아제　　　　　　　　　　　㉯ 락타아제
　㉰ 리파아제　　　　　　　　　　　㉱ 프로테아제

31. 다음 발효과정에서 탄산가스의 보호막 역할을 하는 것은?

　㉮ 설탕　　　　　㉯ 이스트　　　　㉰ 글루텐　　　　㉱ 탈지분유

· 보충설명 ·

22. 단백질의 4차 구조는 3차 구조가 서로 화합하여 고분자를 이루고 있는 것이다.

27. 이중결합은 유지의 불포화지방산 결합형태이다.

28. 효소는 단백질로 구성되어 있다.

해답　22.㉱　23.㉱　24.㉯　25.㉮　26.㉱　27.㉱　28.㉰　29.㉱　30.㉮　31.㉰

32. 설탕을 포도당과 과당으로 분해하는 효소는?

㉮ 인베르타아제   ㉯ 치마아제
㉰ 말타아제   ㉱ α-아밀라아제

33. 다음 설명 중 옳은 것은?

㉮ 젖은 글루텐양은 대체로 소맥분 단백질의 3배이다.
㉯ 소맥분 글루텐의 신전성은 모든 소맥분에서 동일하다.
㉰ 글루텐을 형성하는 단백질은 글로불린이 주로 많다.
㉱ 소맥분에서 부족한 아미노산은 글루타민산이다.

34. 단순단백질이 아닌 것은?

㉮ 알부민   ㉯ 글로불린
㉰ 글리코프로테인   ㉱ 글루테린

35. 다음 설명 중 옳은 것은?

㉮ 이스트는 전분을 분해할 수 있다.
㉯ 소맥분이 숙성하는 동안 β-아밀라아제 활성은 증가하나 α-아밀라아제 활성은 낮다.
㉰ 리파아제는 손상되지 않은 전분에도 작용한다.
㉱ 말타아제에 의해 분해된 당은 이스트를 이용하기 어렵다.

36. 다음 아미노산 중 −SS−결합을 형성하고 있는 것은?

㉮ 발린   ㉯ 티로신   ㉰ 리신   ㉱ 시스틴

37. 일반적인 제빵용 이스트에는 없기 때문에 발효되지 않고 잔류당으로 빵 제품에 남게 하는 것은?

㉮ 말타아제   ㉯ 인베르타아제
㉰ 락타아제   ㉱ 치마아제

38. 다음 중 동물성 단백질은?

㉮ 덱스트린   ㉯ 아밀로오스   ㉰ 글루텐   ㉱ 젤라틴

39. 다음 단백질 중 수용성인 것은?

㉮ 글리아딘   ㉯ 글루테닌   ㉰ 메소닌   ㉱ 알부민

40. 효소의 활성에 영향을 주는 요인과 거리가 먼 것은?

㉮ 기질   ㉯ pH   ㉰ 작용온도   ㉱ 탄소

41. 제빵에 사용되는 효모와 가장 거리가 먼 효소는?

㉮ 프로테아제   ㉯ 셀룰라아제
㉰ 인베르타아제   ㉱ 말타아제

· 보충설명 ·

34. 글리코프로테인은 당단백질로 복합단백질의 일종이다.

35. 이스트에는 전분을 분해할 수 있는 아밀라아제가 없다. 리파아제는 지방을 분해하는 효소이고 말타아제는 맥아당을 분해하여 포도당을 생성한다. 이때 이스트는 비로소 포도당을 이용할 수 있게 된다.

37. 제빵용 이스트는 락타아제를 함유하고 있지 않기 때문에 유당을 분해하지 못하여 빵에 잔류당을 남긴다.

38. 젤라틴은 동물의 껍질이나 연골 속의 콜라겐을 정제하여 만든 안정제이다.

40. 효소는 어느 특정한 기질에만 작용하며 pH, 작용온도에 영향을 받는다.

41. 셀룰라아제는 섬유소(섬유질)를 분해하는 효소로 제빵용 효모에는 함유되어 있지 않다.

해답   **32.**㉮   **33.**㉮   **34.**㉰   **35.**㉯   **36.**㉱   **37.**㉰   **38.**㉱   **39.**㉱   **40.**㉱   **41.**㉯

42. 펩티드(Peptide) 사슬이 이중 나선 구조를 이루고 있는 것은?

㉮ 비타민 A의 구조

㉯ 글리세롤과 지방산의 에스테르(Ester) 결합 구조

㉰ 아밀로펙틴의 가지 구조

㉱ 단백질의 2차 구조

43. 효소의 성질에 대한 설명 중 틀린 것은?

㉮ 효소는 어느 특정한 기질에만 반응하는 선택성이 있다.

㉯ 효소의 온도에 따라 영향을 받는다.

㉰ 효소는 반응 혼합물의 pH에 따라 영향을 받는다.

㉱ 효소는 10℃ 상승에 따라 활성은 4배가 된다.

44. 글루텐을 약화하는 것이 아닌 것은?

㉮ 환원제   ㉯ 소금

㉰ 단백질 분해효소   ㉱ 지나친 발효

· 보충설명 ·

44. 소금은 글루텐 단백질을 강화 시킨다.

● 기타 기초과학

01. 분자에 대한 용어가 잘못된 것은?

㉮ 한 분자의 소금

㉯ 한 분자의 포도당

㉰ 한 분자의 베이킹 파우더

㉱ 한 분자의 과당

02. 화학반응이 아닌 것은?

㉮ 물의 증발   ㉯ 이스트의 발효

㉰ 전분의 덱스트린화   ㉱ 이당류의 분해

03. pH9는 어떤 성질인가?

㉮ 산성   ㉯ 알칼리성

㉰ 중성   ㉱ 약산성

04. 용매 100g에 설탕 25g을 넣었을 때의 당도는?

㉮ 15%   ㉯ 20%

㉰ 25%   ㉱ 30%

05. pH가 3인 물을 증류수로 100배 희석했다. pH는 얼마가 되는가?

㉮ 1   ㉯ 3

㉰ 5   ㉱ 4

2. 물의 증발은 물리적인 현상이다.

3. pH는 수소이온농도로 pH7을 중성으로 하여 그 이하는 산성 이고 그 이상 pH14까지는 알칼 리성을 의미한다.

4. 당도(%)

$= \dfrac{\text{용질(설탕)의 양}}{\text{용액(용매+설탕)의 양}} \times 100$

$= \dfrac{25g}{100g+25g} \times 100$

$= 20\%$

5. pH1의 차이로 10배의 차이가 나므로 100배 희석했다는 것은 pH2가 상승됨을 의미한다. 그러 므로 pH3→pH5로 변한다.

해답   42.㉱ 43.㉱ 44.㉯   1.㉰ 2.㉮ 3.㉯ 4.㉯ 5.㉰

06. pH9인 물 1ℓ와 pH4인 물 1ℓ를 섞었을 때 이 물의 액성은?

㉮ 약산성   ㉯ 강알칼리성

㉰ 중성   ㉱ 약알칼리성

07. 수분 14%인 밀가루 44kg에 물 24kg을 첨가했다. 이 반죽의 수분은 몇 %인가?

㉮ 68%   ㉯ 54%

㉰ 44%   ㉱ 64%

08. 이스트의 크기는 보통 $10\mu m$ 정도라고 한다. μ(미크론)의 단위는?

㉮ 1mm의 1/1000000을 의미한다.

㉯ 1mm의 1/10000을 의미한다.

㉰ 1mm의 1/1000을 의미한다.

㉱ 1mm의 1/100을 의미한다.

09. 설탕 200g을 물 100g에 녹여 액당을 만들었다면 이 액당의 당도는?

㉮ 50%   ㉯ 66.7%

㉰ 75%   ㉱ 200%

10. ppm이란?

㉮ g당 중량 백분율   ㉯ g당 중량 만분율

㉰ g당 중량 십만분율   ㉱ g당 중량 백만분율

11. 소금의 함량이 1.3%인 반죽 20Kg과 1.5%인 반죽 40Kg을 혼합할 때 혼합한 반죽의 소금 함량은?

㉮ 1.30%   ㉯ 1.38%

㉰ 1.43%   ㉱ 1.56%

12. 비중이 1.035인 우유에 비중이 1인 물을 1:1부피로 혼합하였을 때 물을 섞은 우유의 비중은?

㉮ 2.035   ㉯ 1.0175

㉰ 1.035   ㉱ 0.035

13. [H3O+]의 농도가 다음과 같을 때 가장 강산인 것은?

㉮ $10^{-2}mol/l$ ㉯ $10^{-3}mol/l$

㉰ $10^{-4}mol/l$ ㉱ $10^{-5}mol/l$

· **보충설명** ·

6. (pH9+pH4)/2= pH13/2
= pH6.5(약산성)

7. 수분 함량(%)

$$= \frac{물량+밀가루의 수분량}{총 반죽량} \times 100$$

$$= \frac{24kg+(44kg \times \frac{14}{100})}{44kg+24kg} \times 100$$

$$= \frac{24kg+6.16kg}{68kg} \times 100$$

≒ 44.4%

9. 당도(%)
= 200/(200+100) ×100
≒ 66.7%

11. 20kg과 40kg반죽의 소금 함량은 20×0.013=0.26kg, 40×0.015=0.6kg 즉 합이 0.86kg. 전체 반죽량 60kg에서 소금 0.86kg을 함량 비율로 나타내면 (0.86÷60)×100= 1.43%

12. (1.035+1)÷2 = 1.0175

13. 예문을 각각 pH로 표시하면
$10^{-2}mol/\ell$ = pH2,
$10^{-3}mol/\ell$ = pH3,
$10^{-4}mol/\ell$ = pH4,
$10^{-5}mol/\ell$ = pH5이므로
가장 강산인 것은 $10^{-2}mol/\ell$

해답   6.㉮   7.㉰   8.㉰   9.㉯   10.㉱   11.㉰   12.㉯   13.㉮

01. 다음 중 이당류인 것은?

　㉮ 과당　　　　㉯ 설탕　　　　㉰ 덱스트린　　　㉱ 포도당

02. 혈액 중에 혈당으로 들어있는 것은?

　㉮ 포도당　　　㉯ 과당　　　　㉰ 자당　　　　㉱ 유당

03. 가수분해 시 포도당과 과당으로 되는 것은?

　㉮ 환원당　　　㉯ 이눌린　　　㉰ 맥아당　　　㉱ 자당

04. 다음 중 다당류는?

　㉮ 전분　　　　㉯ 포도당　　　㉰ 맥아당　　　㉱ 유당

05. 당도가 가장 높은 것은?

　㉮ 설탕　　　　㉯ 포도당　　　㉰ 맥아당　　　㉱ 유당

06. 다음 중 이당류가 아닌 것은?

　㉮ 포도당　　　㉯ 맥아당　　　㉰ 설탕　　　　㉱ 유당

07. 포도당은 간에서 어떤 형태로 저장되는가?

　㉮ 글리세롤　　㉯ 글리코겐　　㉰ 글리아딘　　㉱ 글루테닌

08. 인체 내의 소화효소로 가수분해되는 중요한 다당류는?

　㉮ 셀룰로오스　㉯ 전분　　　　㉰ 펙틴　　　　㉱ 유당

09. 탄수화물은 체내에서 무엇으로 이용되나?

　㉮ 열량소　　　　　　　　㉯ 체내 구성성분
　㉰ 혈액구성　　　　　　　㉱ 항체

10. 다당류가 아닌 것은?

　㉮ 셀룰로오스　㉯ 전분　　　　㉰ 펙틴　　　　㉱ 설탕

11. 유당이 가수분해되면 무엇이 생성되는가?

　㉮ 과당+포도당　　　　　㉯ 포도당+맥아당
　㉰ 과당+갈락토오스　　　㉱ 갈락토오스+포도당

12. 탄수화물을 과다 섭취 시 잔량분을 체내에서 어떤 모양으로 축적되는가?

　㉮ 글리코겐　　㉯ 지방　　　　㉰ 탄수화물　　㉱ 글리세린

해답　1.㉯　2.㉮　3.㉱　4.㉮　5.㉮　6.㉮　7.㉯　8.㉯　9.㉮　10.㉱　11.㉱　12.㉯

13. 유당의 구성으로 맞는 것은?

   ㉮ 포도당 + 갈락토오스   ㉯ 포도당 + 포도당

   ㉰ 포도당 + 과당   ㉱ 과당 + 갈락토오스

14. 유당을 잘못 설명한 것은?

   ㉮ 이스트가 분해 못하는 당이다.   ㉯ 락타아제에 의해 분해된다.

   ㉰ 포도당과 과당으로 분해된다.   ㉱ 이당류이다.

15. 다당류에 속하지 않는 것은?

   ㉮ 섬유소   ㉯ 전분

   ㉰ 글리코겐   ㉱ 맥아당

16. 다음의 가수분해 산물이 잘못된 것은?

   ㉮ 설탕 = 포도당 + 과당   ㉯ 전분 = 포도당 + 과당

   ㉰ 맥아당 = 포도당 + 포도당   ㉱ 유당 = 포도당 + 갈락토오스

17. 단당류가 아닌 것은?

   ㉮ 과당   ㉯ 맥아당

   ㉰ 포도당   ㉱ 갈락토오스

18. 인체에 미치는 영양적 가치는 적으나 변비를 막는 생리작용을 하는 것은?

   ㉮ 전분   ㉯ 글리코겐

   ㉰ 섬유소   ㉱ 펙틴

19. 당뇨병 환자가 삼가 해야할 음식은?

   ㉮ 당질   ㉯ 무기질   ㉰ 단백질   ㉱ 비타민

20. 전분은 체내에서 주로 어떠한 기능을 하는가?

   ㉮ 열량을 공급한다.   ㉯ 피와 살을 합성한다.

   ㉰ 대사작용을 조절한다.   ㉱ 뼈를 튼튼하게 한다.

21. 최종산물이 포도당만으로 이루어진 것은?

   ㉮ 전분, 유당   ㉯ 전분, 글리코겐, 맥아당

   ㉰ 자당, 글리코겐   ㉱ 전분, 유당, 자당

22. 맥아당이 가장 많이 함유되어 있는 식품은 다음 중 어느 것인가?

   ㉮ 우유   ㉯ 꿀   ㉰ 설탕   ㉱ 식혜

23. 섬유소를 완전하게 가수분해하면 무엇이 생기는가?

   ㉮ 포도당   ㉯ 설탕

   ㉰ 아밀로오스   ㉱ 맥아당

해답 13.㉮ 14.㉰ 15.㉱ 16.㉯ 17.㉯ 18.㉰ 19.㉮ 20.㉮ 21.㉯ 22.㉱ 23.㉮

24. 유용한 장내 세균의 발육을 왕성하게 하여 장에 좋은 영향을 미치는 이 당류는?

㉮ 설탕　　　　　㉯ 젖당　　　　　㉰ 맥아당　　　　　㉱ 포도당

25. 포도당과 결합하여 젖당을 이루며 한천과 뇌신경 등에 존재하는 당류는?

㉮ 과당(Fructose)　　　　　㉯ 만노오스(Mannose)
㉰ 리보오스(Ribose)　　　　　㉱ 갈락토오스(Galactose)

26. 유용한 장내세균의 발육을 도와 정장작용을 하는 이당류는?

㉮ 자당　　　　　㉯ 유당　　　　　㉰ 맥아당　　　　　㉱ 셀로비오스

27. 탄수화물은 체내에서 주로 어떤 작용을 하는가?

㉮ 골격을 형성한다.　　　　　㉯ 혈액을 구성한다.
㉰ 체작용을 조절한다.　　　　　㉱ 열량을 공급한다.

28. 다음 중 단당류가 아닌 것은?

㉮ 갈락토오스　　　　　㉯ 포도당　　　　　㉰ 과당　　　　　㉱ 맥아당

29. 당질과 가장 관계가 깊은 것은?

㉮ 인슐린　　　　　㉯ 리파아제
㉰ 프로 테아제　　　　　㉱ 펩신

30. 글리코겐을 설명하는 말이 아닌 것은?

㉮ 일명 동물성 전분이라고도 말한다.
㉯ 주로 간이나 근육조직에 저장된다.
㉰ 분자량은 전분보다 적지만 가지 수는 훨씬 많다.
㉱ 글리코겐은 쓴맛을 갖는다.

31. 당뇨병과 직접적인 관계가 있는 것은?

㉮ 필수 아미노산　　　　　㉯ 필수 지방산
㉰ 비타민　　　　　㉱ 포도당

32. 같은 양의 칼로리를 섭취했을 때 단백질의 절약 작용을 하는 영양소는?

㉮ 탄수화물　　　　　㉯ 칼슘　　　　　㉰ 지방　　　　　㉱ 인

33. D-glucose와 D-mannose의 관계는?

㉮ Anomer　　　　　㉯ Epimer　　　　　㉰ 동소체　　　　　㉱ 라세믹체

34. 올리고당류의 특징으로 가장 거리가 먼 것은?

㉮ 청량감이 있다.　　　　　㉯ 감미도가 설탕의 20~30% 낮다.
㉰ 설탕에 비해 항충치성이 있다.　　　　　㉱ 장내 비피더스균의 증식을 억제한다.

보충설명

24. 젖당(유당)은 장에서 젖산균의 발육을 도와 다른 유해균의 발육을 억제하여 정장작용을 한다.

29. 혈당조절호르몬인 인슐린이 부족하면 혈액 내의 당류가 조직 속으로 들어갈 수 없어 고혈당이 되고 당뇨병의 원인이 된다.

33. epimer는 이성질체라고 하는데 분자식은 같으나 물리적, 화학적 성질이 다른 화합물을 말한다.
34. 올리고당은 비피더스균의 증식을 활성화한다.

해답 　24.㉯　25.㉱　26.㉯　27.㉱　28.㉱　29.㉮　30.㉱　31.㉱　32.㉮　33.㉯　34.㉱

제3절 지방질(지질)

01. 필수 지방산이 아닌 것은?

㉮ 스테아르산 ㉯ 리놀렌산
㉰ 리놀레산 ㉱ 아라키돈산

02. 지방의 구성성분은?

㉮ 지방산, 글리세롤 ㉯ 지방산, 올레산
㉰ 지방산, 리놀레산 ㉱ 지방산, 스테아르산

03. 단순지질에 속하지 않는 것은?

㉮ Oil ㉯ Fat
㉰ 글리세롤 ㉱ 왁스

04. 1g당 지방의 kcal는?

㉮ 4kcal ㉯ 9kcal ㉰ 6kcal ㉱ 5kcal

05. 체내에서 가장 많은 열량을 내는 것은?

㉮ 지방 ㉯ 단백질
㉰ 탄수화물 ㉱ 비타민

06. 체온을 유지하는 것은?

㉮ 탄수화물 ㉯ 무기질 ㉰ 단백질 ㉱ 지방

07. 지방질의 영양학적 중요성과 관계없는 것은?

㉮ 에너지원으로 중요하다.
㉯ 지용성 비타민의 흡수를 돕는다.
㉰ 피하 지방질은 체온의 손실을 방지한다.
㉱ 수용성 비타민의 공급원이다.

08. 지방질 기능에 대해 잘못 설명한 것은?

㉮ 지용성 비타민의 공급원 ㉯ 지방산과 글리세롤로 분해
㉰ 열량이 9kcal ㉱ 수용성 비타민의 공급원

09. 콜레스테롤은 어디에 속하는가?

㉮ 단백질 ㉯ 지방 ㉰ 탄수화물 ㉱ 무기질

10. 콜레스테롤은 무엇과 관계있는가?

㉮ 빈혈 ㉯ 충치 ㉰ 동맥경화증 ㉱ 부종

3. oil은 油(유)에 해당하며 상온에서 액체인 지방을 말하고 fat는 脂(지)에 해당하며 상온에서 고체인 지방을 말한다. 따라서 지방을 한자로는 油脂(유지), 영어로는 oil & fat로 말한다.
왁스(wax)는 알코올과 지방산의 결합체로 단순지질의 일종이다.

9. 콜레스테롤은 동물성 스테롤로 동맥경화증과 관계가 있는 지방의 한 종류이다.

해답 1.㉮ 2.㉮ 3.㉰ 4.㉯ 5.㉮ 6.㉱ 7.㉱ 8.㉱ 9.㉯ 10.㉰

11. 다음 식품 중 콜레스테롤 함량이 가장 높은 것은?

㉮ 식빵　　　　㉯ 국수　　　　㉰ 밥　　　　㉱ 버터

12. 정상적인 건강유지를 위해 반드시 필요한 지방산으로 조직 속에서 합성되지 않고 식사로만 공급 가능한 것은?

㉮ 포화 지방산　　　　　㉯ 불포화 지방산
㉰ 필수 지방산　　　　　㉱ 고급 지방산

13. 다음 중 필수 지방산을 가장 많이 함유하고 있는 식품은?

㉮ 달걀　　　　　　　　㉯ 식물성 유지
㉰ 마가린　　　　　　　㉱ 버터

14. 지방질 대사를 위한 간의 중요한 역할 중 잘못 설명한 것은?

㉮ 지방질 섭취의 부족에 의해 케톤체를 만든다.
㉯ 콜레스테롤을 합성한다.
㉰ 담즙산의 생산원천이다.
㉱ 지방산을 합성하거나 분해한다.

15. 다음 결핍 증세 중 필수 지방산의 결핍으로 인해 발생하는 것은?

㉮ 신경통　　　　　　　㉯ 결막염
㉰ 안질　　　　　　　　㉱ 피부염

16. 콜레스테롤의 특징 중 잘못된 것은?

㉮ 뇌와 신경조직에 많이 들어 있다.　㉯ 비타민의 전구체이기도 하다.
㉰ 여러 호르몬의 시작 물질이다.　㉱ 식물성 스테롤이다.

17. 체내에서 지질의 주된 기능은?

㉮ 조혈작용　　　　　　㉯ 골격형성
㉰ 대사작용조절　　　　㉱ 에너지발생

18. 콜레스테롤에 관한 설명 중 잘못된 것은?

㉮ 담즙의 성분이다.
㉯ 비타민 D_3의 전구체가 된다.
㉰ 탄수화물 중 다당류에 속한다.
㉱ 다량 섭취 시 동맥경화의 원인물질이 된다.

19. 지방의 기능이 아닌 것은?

㉮ 비타민 A, D, E, K의 운반 및 흡수작용
㉯ 체온의 손실방지
㉰ 티아민의 절약작용
㉱ 정상적인 삼투압 조절에 관여

· 보충설명 ·

13. 필수 지방산인 리놀레산, 리놀렌산, 아라키돈산은 불포화지방산으로 주로 식물성 유지에 많이 함유되어 있다.

14. 지방의 섭취량이 많을 경우에는 간에서 아세톤체를 만든다.

19. 인체의 삼투압조절은 무기질의 역할이다.

해답　11.㉱　12.㉰　13.㉯　14.㉮　15.㉱　16.㉱　17.㉱　18.㉰　19.㉱

20. 다음 중 단순지질에 속하지 않는 것은?

㉮ 면실유   ㉯ 스테롤

㉰ 인지질   ㉱ 왁스

21. 불건성유에 속하는 것은?

㉮ 피마자유   ㉯ 대두유

㉰ 참기름   ㉱ 어유

22. 동물성 지방을 많이 섭취하였을 때 발생할 수 있는 질병은?

㉮ 신장병   ㉯ 골다공증

㉰ 부종   ㉱ 동맥경화증

23. 노인의 경우 필수 지방산의 흡수를 위하여 다음 중 어떤 종류의 기름을 섭취하는 것이 좋은가?

㉮ 콩기름   ㉯ 닭기름

㉰ 돼지고기   ㉱ 쇠기름

24. 다음 1g 중 칼로리가 가장 높은 것은?

㉮ 녹말가루 ㉯ 설탕 ㉰ 식용유 ㉱ 우유

25. 리놀레산(Linoleic acid)이 결핍 시 발생할 수 있는 장애가 아닌 것은?

㉮ 성장 지연   ㉯ 시각기능 장애

㉰ 생식 장애   ㉱ 호흡 장애

26. 단순지질에 속하지 않는 것은?

㉮ 소기름   ㉯ 콩기름

㉰ 레시틴   ㉱ 왁스

27. 지방의 과잉 섭취가 원인이 아닌 질병은?

㉮ 관상동맥질환   ㉯ 유방암

㉰ 비만   ㉱ 골다공증

28. 콜레스테롤에 대한 설명으로 틀린 것은?

㉮ 식사를 통한 평균흡수율은 100%이다.

㉯ 유도지질이다.

㉰ 고리형 구조를 이루고 있다.

㉱ 간과 장벽, 부신 등 체내에서도 합성된다.

29. 신경조직의 주요물질인 당지질은?

㉮ 세레브로시드(Cerebroside) ㉯ 스핑고미엘린(Sphingomyelin)

㉰ 레시틴(Lecithin)   ㉱ 이노시톨(Inositol)

• 보충설명 •

20. 인지질은 복합지질이다.

21. 유지는 건조하는 성질에 따라 건성유, 반건성유, 불건성유로 나뉜다.
불건성유는 공기 중 산소와 화합하기 어려워 공기 중에 방치하여도 고화, 건조하지 않는 기름으로 불포화도가 낮고 요오드값이 100 이하이며 동백기름, 올리브유, 피마자유가 있다.
건성유는 산소와 결합하여 건조하는 것으로 불포화도가 높아 요오드값이 130 이상으로 아마인유, 들깨기름 등이 있다.
한편 반건성유에는 채종유, 면실유, 참기름, 대두유 등이 있다.

26. 레시틴은 인지질로 복합지질에 속한다.

29. 스핑고미엘린과 레시틴은 인지질이고, 이노시톨은 6가 알코올이다.

해답 **20.**㉰ **21.**㉮ **22.**㉱ **23.**㉮ **24.**㉰ **25.**㉱ **26.**㉰ **27.**㉱ **28.**㉮ **29.**㉮

30. 리놀레산 결핍시 발생할 수 있는 장애가 아닌 것은?

   ㉮ 성장지연   ㉯ 시각 기능 장애

   ㉰ 생식장애   ㉱ 호흡장애

31. 다음 중 심혈관계 질환의 위험인자로 가장 거리가 먼 것은?

   ㉮ 고혈압과 중성지질 증가   ㉯ 골다공증과 빈혈

   ㉰ 운동부족과 고지혈증   ㉱ 당뇨병과 지단백 증가

32. 세계보건기구(WHO)는 성인의 경우 하루 섭취열량 중 트랜스 지방의 섭취를 몇 % 이하로 권고하고 있는가?

   ㉮ 0.5%   ㉯ 1%   ㉰ 2%   ㉱ 3%

33. 글리세롤 1분자에 지방산, 인산, 콜린이 결합한 지질은?

   ㉮ 레시틴   ㉯ 에르고스테롤

   ㉰ 콜레스테롤   ㉱ 세파린

34. 노인의 경우 필수지방산의 흡수를 위하여 다음 중 어떤 종류의 기름을 섭취하는 것이 좋은가?

   ㉮ 콩기름   ㉯ 닭기름   ㉰ 돼지기름   ㉱ 쇠기름

제4절   단백질

01. 밀가루 단백질에 부족되기 쉽고 우유에 많은 필수 아미노산은?

   ㉮ 리신   ㉯ 카세인   ㉰ 트립토판   ㉱ 알부민

2. 내장, 혈액, 피부를 만드는 것과 관계있는 것은?

   ㉮ 지방   ㉯ 무기질   ㉰ 단백질   ㉱ 탄수화물

3. 다음 중 단백질이 가장 많은 것은?

   ㉮ 버터   ㉯ 우유   ㉰ 치즈   ㉱ 달걀

4. 단백질 필요량이 가장 큰 연대는?

   ㉮ 13~15세   ㉯ 16~19세

   ㉰ 20~29세   ㉱ 30~39세

5. 성인 60Kg의 하루 단백질량은?

   ㉮ 60g   ㉯ 120g   ㉰ 600g   ㉱ 1,200g

1. 필수 아미노산
: 이소류신, 류신, 발린, 트레오닌, 페닐알라닌, 트립토판, 메티오닌, 리신

4. 단백질 필요량은 16~19세 남자가 80g, 16~19세 여자가 65g로 가장 많이 요구되는 연대이다.

5. 1일 단백질권장량은 학자에 따라 상이하나 평균적으로 체중 1kg당 1g이 적정하다.

6. 단백질만이 갖고 있는 원소는?

㉮ 탄소   ㉯ 수소   ㉰ 산소   ㉱ 질소

7. 일반적으로 체중 1kg당 단백질의 생리적 필요량은?

㉮ 1g   ㉯ 5g   ㉰ 10g   ㉱ 15g

8. 달걀의 단백질은?

㉮ 알부민   ㉯ 글리아딘   ㉰ 글루테닌   ㉱ 글리시닌

9. 단백질의 기능이 아닌 것은?

㉮ 성장 및 체구성 성분이다.   ㉯ 항체구성의 성분이다.
㉰ 지용성 비타민의 흡수를 돕는다.   ㉱ 열량을 생성한다.

10. 우유의 단백질이 아닌 것은?

㉮ 카세인   ㉯ 락토알부민
㉰ 락토글로불린   ㉱ 락토오스

11. 달걀의 노른자에 들어있는 단백질은?

㉮ 알부민   ㉯ 글로불린   ㉰ 비테린   ㉱ 락토알부민

12. 단백질의 열량은?

㉮ 2kcal   ㉯ 4kcal   ㉰ 6kcal   ㉱ 9kcal

13. 탄수화물 과다, 단백질 부족 시 일어나는 현상은?

㉮ 빈혈   ㉯ 부종   ㉰ 신경과민   ㉱ 식중독

14. 필수 아미노산이 아닌 것은?

㉮ 트립토판   ㉯ 리신   ㉰ 페닐알라닌   ㉱ 알라닌

15. 생물가의 기준인 것은?

㉮ 필수 아미노산   ㉯ 섭취된 질소량
㉰ 보유된 질소량   ㉱ 제한된 아미노산

16. 음식물 섭취할 때 필요로 하는 필수 아미노산은?

㉮ 리신   ㉯ 알라닌   ㉰ 시스테인   ㉱ 펩신

17. 필수 아미노산이 아닌 것은?

㉮ 트레오닌   ㉯ 이소류신   ㉰ 발린   ㉱ 알라닌

18. 단순 단백질이 아닌 것은?

㉮ 알부민   ㉯ 글루테닌   ㉰ 알부미노이드   ㉱ 카세인

· 보충설명 ·

8. 글리아딘, 글루테닌은 밀가루 단백질이고 글리시닌은 대두 단백질이다.

9. 지용성 비타민의 흡수를 촉진하는 것은 지방의 체내기능이다.

10. 락토오스는 유당으로 우유의 탄수화물이다.

13. 부종은 단백질 섭취부족 시 조직 내 수분이 축적되어 붓는 질병이다.

15. 흡수된 단백질량에 대하여 체내에 보유된 질소량의 비율을 생물가라 하는데 이 수치는 영양적 가치를 나타낸다.

$$생물가[\%] = \frac{체내에 보유된 질소량}{흡수된 질소량} \times 100$$

18. 카세인은 복합 단백질로 인단백질이다.

해답   6.㉱   7.㉮   8.㉮   9.㉰   10.㉱   11.㉰   12.㉯   13.㉯   14.㉱   15.㉰   16.㉮   17.㉱   18.㉱

19. 단백질이 가장 많은 식품은 ?
  ㉮ 대두   ㉯ 식빵   ㉰ 달걀   ㉱ 마가린

20. 다음 중 단백질에 대한 설명으로 틀린 것은?
  ㉮ 우유의 카세인, 노른자의 비테린은 복합단백질 중 인단백질에 속한다.
  ㉯ 단백질의 주된 구성성분은 탄소, 산소, 질소이고 이 중 가장 큰 비율을 차지하는 것이 질소이다.
  ㉰ 밀단백질 중의 하나인 글루테닌은 단순단백질 중 글루테린에 속한다.
  ㉱ 핵단백질은 동ㆍ식물의 세포에 모두 존재한다.

21. 콩에 다른 식물성 식품에 비해 많은 것?
  ㉮ 단백질   ㉯ 지방   ㉰ 탄수화물   ㉱ 무기질

22. 영양소의 기능이 맞게 연결된 것?
  ㉮ 단백질, 무기질–구성영양소   ㉯ 지방, 비타민–체온조절
  ㉰ 탄수화물, 무기질–열량조절물질   ㉱ 지방, 무기질–열량조절물질

23. 음식물을 통해서만 얻어야만 하는 아미노산과 거리가 먼 것은?
  ㉮ 메티오닌   ㉯ 리신   ㉰ 트립토판   ㉱ 글루타민

24. 다음 중 완전 단백질은?
  ㉮ 제인(옥수수)   ㉯ 글리아딘(밀)
  ㉰ 알부민(달걀)   ㉱ 젤라틴(연골)

25. 다음 중 연결이 잘못 된 것은?
  ㉮ 난백–알부민   ㉯ 밀–글리아딘
  ㉰ 옥수수–제인   ㉱ 혈액–카로틴

26. 필수 아미노산이 가장 많이 포함되어 있는 제품은?
  ㉮ 버터   ㉯ 마가린   ㉰ 달걀   ㉱ 면실유

27. 다음 아미노산 중 필수 아미노산이며 분자구조에 황을 함유하고 있는 것은?
  ㉮ 리신(Lysine)   ㉯ 발린(Valine)
  ㉰ 티로신(Tyrosine)   ㉱ 메티오닌(Methionine)

28. 다음 중 단순 단백질이 아닌 것은?
  ㉮ 프롤라민   ㉯ 헤모글로빈   ㉰ 글로불린   ㉱ 알부민

29. 단백질 효율(PER)은 다음 중 무엇을 측정하는가?
  ㉮ 단백질의 질   ㉯ 단백질의 열량
  ㉰ 단백질의 양   ㉱ 아미노산의 구성

해답 19.㉮ 20.㉯ 21.㉮ 22.㉮ 23.㉱ 24.㉰ 25.㉱ 26.㉰ 27.㉱ 28.㉯ 29.㉮

30. 두 가지 식품을 섞어 음식을 만들 때 단백질의 상호보완작용이 가장 큰 것은?

   ㉮ 우유로 반죽한 빵

   ㉯ 쌀과 보리를 섞은 잡곡밥

   ㉰ 쌀과 밀을 섞은 잡곡밥

   ㉱ 밀가루와 옥수수 가루를 섞어서 만든 빵

31. 아미노산 중 트립토판의 결핍에 의해서 일어나기 쉬운 질병은?

   ㉮ 야맹증   ㉯ 신장병   ㉰ 펠라그라   ㉱ 괴혈병

32. 다음 중에서 필수 아미노산이 아닌 것은?

   ㉮ 리신   ㉯ 로이신   ㉰ 메티오닌   ㉱ 세린

33. 체내에서 단백질의 역할과 가장 거리가 먼 것은?

   ㉮ 항체형성   ㉯ 체조직의 구성

   ㉰ 대사작용의 조절   ㉱ 체성분의 중성 유지

34. 옥수수 단백질인 제인에 특히 부족한 아미노산은?

   ㉮ 트레오닌, 로이신   ㉯ 트레오닌, 페닐알라닌

   ㉰ 트립토판, 메티오닌   ㉱ 트립토판, 발린

35. 단백가가 가장 높은 식품은?

   ㉮ 찹쌀   ㉯ 쇠고기   ㉰ 달걀   ㉱ 우유

36. 단백질 식품을 섭취한 결과, 음식물 중의 질소량이 13g, 대변 중의 질소량이 0.7g, 소변 중의 질소량이 4g으로 나타났을 때 이 식품의 생물가 (B.V)는 약 얼마인가?

   ㉮ 25%   ㉯ 36%   ㉰ 67%   ㉱ 92%

37. 아래의 쌀과 콩에 대한 설명 중 (   )에 알맞은 것은?

> 쌀에는 리신(Lysine)이 부족하고 콩에는 메티오닌(Methionine)이 부족하다.
> 이것을 쌀과 콩단백질의 (   )이라 한다.

   ㉮ 제한아미노산   ㉯ 필수 아미노산

   ㉰ 불필수아미노산   ㉱ 아미노산 불균형

38. 다음 중 2가지 식품을 섞어서 음식을 만들 때 단백질의 상호보조 효력이 가장 큰 것은?

   ㉮ 밀가루와 현미가루   ㉯ 쌀과 보리

   ㉰ 시리얼과 우유   ㉱ 밀가루와 건포도

39. 각 식품별 부족한 영양소의 연결이 틀린 것은?

   ㉮ 콩류–트레오닌   ㉯ 곡류–리신

   ㉰ 채소류–메티오닌   ㉱ 옥수수–트립토판

해답   **30.**㉮ **31.**㉰ **32.**㉱ **33.**㉰ **34.**㉰ **35.**㉰ **36.**㉰ **37.**㉮ **38.**㉰ **39.**㉮

· 보충설명 ·

30. 단백질의 상호보완작용을 보족효과라 하는데 이것은 어떤 단백질에 아미노산 혹은 다른 단백질을 첨가시킴으로 그 단백질의 영양가가 높아지는 것을 말한다.

대표적인 예가 빵과 우유를 함께 먹었을 때 빵(밀가루)에 부족한 아미노산인 리신을 우유의 카세인에 있는 리신이 보족시켜 그 영양가가 높아진다.

35. 달걀의 단백가는 100으로서 식품 중 가장 높다

36. 생물가 = [보류된 질소량÷흡수된 질소량] × 100,

흡수된 질소량 = 섭취된 질소량-대변중 질소량= 13g-0.7g = 12.3g,

보류된 질소량 = 흡수된 질소량-소변중 질소량= 12.3g-4g = 8.3g,

※ 생물가 = [8.3÷12.3]×100 =67.4%

39. 콩류에는 메티오닌이 부족하다.

01. 리보플라빈이라고 하며 부족 시 구각염, 설염을 일으키는 비타민은?

㉮ 비타민 B$_2$　　㉯ 비타민 B$_1$　　㉰ 비타민 C　　㉱ 비타민 E

02. 알칼리성 식품이 아닌 것은?

㉮ 야채　　　　㉯ 과일　　　　㉰ 달걀　　　　㉱ 우유

03. 당질대사에 관여하는 비타민으로 곡물에 의존하여 식사하는 사람에게 가장 문제가 되는 영양소는?

㉮ 비타민 A　　㉯ 비타민 B$_1$　　㉰ 비타민 C　　㉱ 비타민 D

04. 뼈를 이루는 주성분은?

㉮ Ca　　　　　㉯ Na　　　　　㉰ K　　　　　㉱ P

05. 지용성 비타민과 관계있는 물질은?

㉮ L-ascorbic acid　　　　㉯ β-carotene
㉰ Niacin　　　　　　　　　㉱ Thiamine

06. 임산부에 있어서 많이 섭취했을 때 부종이 일어나는 무기질은?

㉮ Ca　　　　　㉯ Fe　　　　　㉰ Na　　　　　㉱ P

07. 비타민 D의 기능이 아닌 것은?

㉮ 칼슘, 인의 흡수를 도와준다.
㉯ 혈액 내 인의 양을 일정하게 유지시킨다.
㉰ 부족 시 어린이는 구루병, 어른은 골연화증에 걸리기 쉽다.
㉱ 시홍의 생성에 관여한다.

08. 비타민 A가 많이 함유되어 있는 식품이 아닌 것은?

㉮ 면실유　　　　㉯ 간유　　　　㉰ 버터　　　　㉱ 채소

09. 다음 중 수용성 비타민인 것은?

㉮ 비타민 A　　㉯ 비타민 C　　㉰ 비타민 D　　㉱ 비타민 E

10. 비타민 A 결핍 시 나타나는 현상이 아닌 것은?

㉮ 야맹증　　　　㉯ 구각염　　　　㉰ 눈의 건조　　㉱ 시력저하

11. 다음 중 괴혈병은 어떤 비타민 부족 시 생기는가?

㉮ 비타민 A　　㉯ 비타민 B　　㉰ 비타민 C　　㉱ 비타민 D

해답　1. ㉮　2. ㉰　3. ㉯　4. ㉮　5. ㉯　6. ㉰　7. ㉱　8. ㉮　9. ㉯　10. ㉯　11. ㉰

12. 다음 중 지용성 비타민은?

㉮ L−시스텐　　　㉯ 비타민 A　　　㉰ 티아민　　　㉱ 리보플라빈

13. 뼈를 삶았을 때 국물에 많이 남아있는 것은?

㉮ 칼슘　　　㉯ 칼륨　　　㉰ 무기질　　　㉱ 비타민

14. 산성 식품에 구분이 되어주는 것은?

㉮ 인　　　㉯ 칼슘　　　㉰ 나트륨　　　㉱ 유기산

15. 출혈 시 혈액 응고체는?

㉮ 비타민 A　　　㉯ 비타민 D　　　㉰ 비타민 E　　　㉱ 비타민 K

16. 화학적으로 스테로이드 유도체이며 태양광선을 쐬면 합성되는 영양소는?

㉮ 비타민 A　　　㉯ 비타민 B　　　㉰ 비타민 C　　　㉱ 비타민 D

17. 무기질의 기능이 아닌 것은?

㉮ 삼투압조절　　　㉯ 피하지방구성
㉰ 대사생리　　　㉱ 체중의 4~5%

18. 지용성 비타민은?

㉮ 비타민 A　　　㉯ 비타민 B_2　　　㉰ 비타민 C　　　㉱ 비타민 B_{12}

19. 지용성 비타민은?

㉮ 비타민 K　　　㉯ 비타민 C　　　㉰ 비타민 B_1　　　㉱ 엽산

20. 비타민 B_1의 다른 명칭이며 각기병의 원인인 것은?

㉮ 카로틴　　　㉯ 티아민
㉰ 리보플라빈　　　㉱ 니아신

21. 칼슘의 기능이 아닌 것은?

㉮ 갑상선 비대증의 원인　　　㉯ 골격형성
㉰ 근육의 수축이완　　　㉱ 혈액응고

22. 다음 중 토코페롤은?

㉮ 비타민 E　　　㉯ 무기질　　　㉰ 단백질　　　㉱ 탄수화물

23. 땀을 흘릴 때 가장 많이 손실되어 동맥경화의 원인이 될 수 있는 것은?

㉮ Na　　　㉯ S　　　㉰ Fe　　　㉱ Cl

24. 다음 중 칼슘의 흡수를 방해하는 것은?

㉮ 인산　　　㉯ 수산　　　㉰ 젖산　　　㉱ 탄산

· 보충설명 ·

14. 식품은 함유되어 있는 무기질 가운데 알칼리생성원소와 산생성원소의 비율에 의하여 산성 식품과 알칼리성 식품으로 나뉜다.
알칼리생성원소
: 칼슘, 나트륨, 마그네슘, 칼륨, 철, 구리, 망간, 코발트, 아연 등
산생성원소
: 인, 황, 염소, 브롬, 요오드 등

16. 비타민 D는 프로비타민 D가 자외선을 받아 생긴다.

24. 시금치 등에 많은 수산(또는 옥살산, oxalic acid)은 칼슘의 흡수를 방해한다.

해답　12.㉯　13.㉮　14.㉮　15.㉱　16.㉱　17.㉯　18.㉮　19.㉮　20.㉯　21.㉮　22.㉮　23.㉮　24.㉯

25. 알칼리성 식품이 아닌 것은?

㉮ 야채 ㉯ 과실류
㉰ 노른자 ㉱ 미역

26. 간유 속에 있는 비타민은?

㉮ 비타민 A ㉯ 비타민 B
㉰ 비타민 B$_2$ ㉱ 비타민 C

27. 다음 각 비타민과 관련된 결핍증 공급원에 대한 연결이 틀린 것은?

㉮ 비타민 A – 야맹증, 녹황색 채소
㉯ 비타민 B$_1$ – 각기병, 쌀겨, 돼지고기
㉰ 비타민 C – 괴혈병, 과일, 채소
㉱ 비타민 K – 발육부진, 간유

28. 유지의 산패를 억제시키는 비타민, 즉 항산화효과를 나타내고 있는 것은?

㉮ 비타민 A ㉯ 비타민 B
㉰ 비타민 D ㉱ 비타민 E

29. 비타민의 결핍증세가 바르게 연결된 것은?

㉮ 비타민 A – 각기병 ㉯ 비타민 B$_2$ – 야맹증
㉰ 비타민 C – 악성빈혈 ㉱ 비타민 D – 구루병

30. 비타민의 기능이 아닌 것은?

㉮ 대사촉진 ㉯ 체온조절
㉰ 영양소의 완전연소 ㉱ 호르몬의 분비촉진 및 억제

31. 우리 몸을 구성하는 무기질이 차지하는 비율은?

㉮ 체중의 5% 정도 ㉯ 체중의 20% 정도
㉰ 체중의 35% 정도 ㉱ 체중의 50% 정도

32. 비타민의 기능에 해당하는 것은?

㉮ 호르몬의 주 구성요소 ㉯ 보조효소
㉰ 열량원 ㉱ 신체의 구성요소

33. 혈액응고를 돕는 무기질과 비타민은?

㉮ 칼슘 – 비타민 C ㉯ 칼슘 – 비타민 K
㉰ 칼륨 – 비타민 K ㉱ 칼슘 – 비타민 E

34. 산과 알칼리 및 열에서 비교적 안정하고 칼슘의 흡수를 도우며 골격의 발육과 관계 깊은 비타민은?

㉮ 비타민 A ㉯ 비타민 B$_1$
㉰ 비타민 D ㉱ 비타민 E

• 보충설명 •

27. 비타민 K의 결핍증은 혈액이 응고되지 않는 출혈증세이다.

32. 비타민 중 효소와 밀접한 관계가 있는 것은 B$_1$, B$_2$, niacin, B$_6$ 등인데 이들은 효소의 보조효소기능을 하고 있다.

해답 **25.**㉰ **26.**㉮ **27.**㉱ **28.**㉱ **29.**㉱ **30.**㉯ **31.**㉮ **32.**㉯ **33.**㉯ **34.**㉰

35. 다음 중 비타민 D의 전구물질은?

    ㉮ 에르고스테롤   ㉯ 이노시톨

    ㉰ 콜린   ㉱ 에탄올

36. 다음 중 비타민 A가 가장 많이 함유된 것은?

    ㉮ 오렌지   ㉯ 완두콩

    ㉰ 치즈   ㉱ 붉은 양배추

37. 다음 중 비타민 A의 결핍증이 아닌 것은?

    ㉮ 야맹증   ㉯ 각막연화증

    ㉰ 결막건조증   ㉱ 구각염

38. 잘 도정된 쌀을 주식으로 하는 국민들에게 보다 많이 필요한 비타민은?

    ㉮ 비타민 A   ㉯ 비타민 C

    ㉰ 비타민 B_1 ㉱ 비타민 D

39. 괴혈병을 예방하기 위하여 어떤 영양소가 많은 식품을 섭취해야 하는가?

    ㉮ 비타민 A   ㉯ 비타민 C

    ㉰ 비타민 D   ㉱ 무기질

40. 칼슘의 흡수를 방해하는 인자는?

    ㉮ 위액의 분비증가   ㉯ 유당의 충분한 섭취

    ㉰ 비타민 C의 섭취증가   ㉱ 옥살산의 섭취증가

41. 신체를 구성하는 무기질은 체중의 몇 % 정도를 차지하는가?

    ㉮ 4%   ㉯ 24%   ㉰ 54%   ㉱ 84%

42. 중노동자는 다량의 에너지원과 특히 무엇을 함께 섭취하면 좋은가?

    ㉮ 비타민 A   ㉯ 비타민 B_1 ㉰ 비타민 C   ㉱ 비타민 D

43. 다음 각 무기질을 설명한 것 중 잘못된 것은?

    ㉮ S는 당질대사에 중요하며 혈액을 알칼리성으로 만들고 혈액의 응고작용을 촉진시킨다.

    ㉯ Ca은 인산염과 탄산염으로써 주로 골격과 치아에 들어 있다.

    ㉰ Na은 염소와 결합하면 소금이 되어 주로 체액 속에 들어 있고 삼투압 유지에 관여한다.

    ㉱ I는 갑상선 호르몬인 티록신의 주성분으로 갑상선 내에 I가 결핍되면 갑상선종을 일으킨다.

44. 성장촉진작용을 하며 피부나 점막을 보호하고 부족하면 구각염이나 설염을 유발시키는 비타민은?

    ㉮ 비타민 A   ㉯ 비타민 B_1 ㉰ 비타민 B_2 ㉱ 비타민 B_{12}

• **보충설명** •

35. 비타민은 체내에서 합성되지 않으나 음식물로 섭취되어 체내에서 비타민으로 변하는 물질을 프로비타민 또는 전구물질이라 한다.

비타민 A의 전구물질로는 carotene, 비타민 D의 전구물질로는 ergosterol(에르고스테롤)이 있다.

43. 황(S)은 황함유아미노산의 구성물질 또는 일부 비타민의 구성원소로 체내에 존재하며 체내의 해독작용을 하면서 오줌 등으로 배설된다.

해답   35.㉮ 36.㉰ 37.㉱ 38.㉰ 39.㉯ 40.㉱ 41.㉮ 42.㉯ 43.㉮ 44.㉰

45. 무기질의 영양상 기능이 아닌 것은?
    ㉮ 우리 몸의 경조직 성분이다.
    ㉯ 열량을 내는 열량 급원이다.
    ㉰ 효소의 기능을 촉진시킨다.
    ㉱ 세포간의 삼투압 평형유지 작용을 한다.

46. 다음 비타민에 관한 설명 중 옳지 않은 것은?
    ㉮ 비타민 A는 결핍 시에 야맹증에 걸리고 주요 급원은 소간, 생선간유 등이다.
    ㉯ 비타민 C는 결핍 시에 괴혈병에 걸리고 주요 급원은 딸기, 감귤류, 토마토, 양배추 등이다.
    ㉰ 비타민 D는 결핍 시에 구루병에 걸리며 칼슘과 인의 대사와 관계가 깊다.
    ㉱ 니아신의 결핍 시에는 빈혈에 걸리며 적혈구 형성과 관계가 깊다.

47. 체내에서 물의 기능은?
    ㉮ 노폐물의 체외배설   ㉯ 신경계조절
    ㉰ 열량조절   ㉱ 영양소의 연소

48. 체내에서의 물의 기능은?
    ㉮ 연소작용   ㉯ 체온조절
    ㉰ 신경계조절   ㉱ 열량조절

49. 비타민 A가 결핍되면 나타나는 주 증상은?
    ㉮ 야맹증, 성장발육의 불량   ㉯ 각기병, 불임증
    ㉰ 괴혈병, 구순구각염   ㉱ 악성빈혈, 신경마비

50. 다음 무기질 중 결핍되면 갑상선 이상을 나타내는 것은?
    ㉮ 불소(F)   ㉯ 철(Fe)   ㉰ 구리(Cu)   ㉱ 요오드(I)

51. 어떤 비타민(Vitamin)이 결핍되면 펠라그라(Pellagra)가 발생하는가?
    ㉮ 비타민 B_1 ㉯ 비타민 B_{12}
    ㉰ 나이아신(Niacin)   ㉱ 엽산(Folic acid)

52. "태양광선 비타민"라고도 불리며 자외선에 의해 체내에서 합성되는 비타민은?
    ㉮ 비타민 A   ㉯ 비타민 B
    ㉰ 비타민 C   ㉱ 비타민 D

53. 성장기 어린이, 빈혈환자, 임산부 등 생리적 요구가 높을 때 흡수율이 높아지는 영양소는?
    ㉮ 철분   ㉯ 나트륨
    ㉰ 칼륨   ㉱ 아연

해답 45.㉯ 46.㉱ 47.㉮ 48.㉯ 49.㉮ 50.㉱ 51.㉰ 52.㉱ 53.㉮

제6절 영양과 건강(소화, 흡수, 대사, 영양)

01. 우유를 먹었을 때 유당이 소화되기 시작하는 곳은?

㉮ 구강 안　　　　㉯ 소장　　　　㉰ 대장　　　　㉱ 위

02. 설탕과 우유를 넣고 반죽하여 만든 빵을 섭취하였을 때 완전히 소화된 당질의 최종물질은?

㉮ 포도당

㉯ 포도당, 갈락토오스

㉰ 포도당, 과당

㉱ 포도당, 과당, 갈락토오스

03. 청소년기 중 영양소를 가장 많이 섭취해야 하는 시기는?

㉮ 남 13~15세, 여 13~15세

㉯ 남 13~15세, 여 16~19세

㉰ 남 16~19세, 여 13~15세

㉱ 남 16~19세, 여 16~19세

04. 담즙산과 관계없는 것은?

㉮ 주로 탄수화물을 소화하는데 쓰인다.

㉯ 황갈색의 쓴맛을 내는 액체이다.

㉰ Na, K와 함께 담즙산염을 만든다.

㉱ 간에서 만들어진다.

05. 지방을 소화시키는 효소는?

㉮ 펩티다아제

㉯ 아밀롭신

㉰ 에렙신

㉱ 스테압신

06. 입속의 침(타액)에서 분비되는 전분 당화 효소는?

㉮ 펩신

㉯ 프티알린

㉰ 리파아제

㉱ 트립신

07. 자당을 포도당과 과당으로 가수분해하는 효소는?

㉮ 인베르타아제

㉯ 치마아제

㉰ 말타아제

㉱ 리파아제

08. 전분의 분해 효소는?

㉮ 아밀라아제

㉯ 말타아제

㉰ 치마아제

㉱ 리파아제

09. 수분 12%, 단백질 12%, 탄수화물 72%, 지방 1.5%의 열량은? (100g당)

㉮ 320kcal

㉯ 350kcal

㉰ 360kcal

㉱ 380kcal

해답　1.㉯　2.㉱　3.㉱　4.㉮　5.㉱　6.㉯　7.㉮　8.㉮　9.㉯

· 보충설명 ·

1. 소장에서는 탄수화물의 단당류, 이당류 등이 분해된다.

2. 빵(전분)이 완전 소화되면 포도당이 생성되고 우유(유당)가 소화되면 포도당과 갈락토오스, 설탕이 소화되면 포도당과 과당이 생성된다.

3. 남자 16~19세의 하루영양권장량 2,600kcal, 단백질 80g, 여자 16~19세의 하루영양권장량 2,100kcal, 단백질 65g이다.

4. 담즙산은 리파아제의 작용을 쉽게 받도록 하여 지방의 소화에 관여한다.

5. 스테압신은 췌장에서 분비되는 지방분해효소이다.

9. 100g의 열량
= (12×4)+(72×4)+(1.5×9) = 349.5 ≒ 350

10. 탄수화물이 최종 분해되어 흡수되는 곳은?

㉮ 대장　　　　　㉯ 소장　　　　　㉰ 위　　　　　㉱ 췌장

11. 지방을 분해하는 효소는?

㉮ 인베르타아제　　　　　㉯ 리파아제
㉰ 펩티다아제　　　　　㉱ 아밀라아제

12. 다음 중 전분 분해효소가 아닌 것은?

㉮ 알파-아밀라아제　　　　　㉯ 베타-아밀라아제
㉰ 디아스타아제　　　　　㉱ 말타아제

13. 다음 중 효소와 기질명이 서로 맞지 않는 것은?

㉮ 리파아제-지방질　　　　　㉯ 아밀라아제-섬유소
㉰ 펩신-단백질　　　　　㉱ 말타아제-맥아당

14. 한국 성인 여자의 1일 칼로리 양은?

㉮ 2000kcal　　　　　㉯ 2300kcal
㉰ 2500kcal　　　　　㉱ 2800kcal

15. 다음 당질이 체내 흡수될 때 최종적으로 흡수되는 당은?

㉮ 단당류　　　　　㉯ 이당류　　　　　㉰ 다당류　　　　　㉱ 환원당

16. 지방의 소화흡수에 관여하는 것은?

㉮ 펩신　　　　　㉯ 트립신　　　　　㉰ 담즙산　　　　　㉱ 프티알린

17. 지방의 소화효소는?

㉮ 프티알린　　　　　㉯ 펩신　　　　　㉰ 에렙신　　　　　㉱ 스테압신

18. 기초 신진 대사량은 신체구성 성분 중 무엇과 관계있나?

㉮ 골격의 양　　　　　㉯ 혈액의 양
㉰ 근육의 양　　　　　㉱ 피하지방의 양

19. 식물체에 함유된 단백질 분해효소는?

㉮ 펩신　　　　　㉯ 트립신　　　　　㉰ 레닌　　　　　㉱ 브로멜린

20. 사람의 미각 중 가장 민감한 것은?

㉮ 쓴맛　　　　　㉯ 짠맛　　　　　㉰ 단맛　　　　　㉱ 신맛

21. 소화율이 가장 높은 것은?

㉮ 지방　　　　　㉯ 단백질
㉰ 무기질　　　　　㉱ 탄수화물

해답　10.㉯　11.㉯　12.㉱　13.㉯　14.㉮　15.㉮　16.㉰　17.㉱　18.㉰　19.㉱　20.㉮　21.㉱

・보충설명・

12. 알파-아밀라아제는 일명 아밀롭신(췌장), 프티알린(타액) 또는 디아스타아제라고 부른다.

13. 아밀라아제 - 전분

17. 프티알린 - 전분,
펩신 - 단백질,
에렙신 - 단백질(폴리펩티드)

18. 기초신진대사는 생명을 유지하는데 필요한 최소한의 에너지로 체온조절, 호흡, 순환 등을 위한 에너지를 말하는데 기초신진대사량은 체표면적, 근육량 등에 비례한다.

20. 미각의 민감도는 쓴맛 〉신맛 〉짠맛 〉단맛 순으로 민감하다.

21. 소화율은 탄수화물 〉지방 〉단백질 순으로 높다.

22. 다음의 총 열량은 얼마인가? (100g당)

〈보기〉 물 37.5%, 단백질 8.25%, 회분 3%, 지방 3%, 탄수화물 48.25%

㉮ 238kcal   ㉯ 253kcal   ㉰ 279.25kcal   ㉱ 479.25kcal

23. 열량 공급 영양소는?

㉮ 탄수화물, 무기질, 단백질   ㉯ 탄수화물, 단백질, 지방
㉰ 지방, 비타민, 무기질   ㉱ 비타민, 탄수화물, 지방

24. 기초 대사량과 정비례하는 것은?

㉮ 체표면적   ㉯ 체중   ㉰ 신장   ㉱ 흉위

25. 소장에서 탄수화물은 어디까지 분해되는가?

㉮ 단당류   ㉯ 이당류   ㉰ 맥아당   ㉱ 덱스트린

26. 단백질의 분해효소는?

㉮ 치마아제   ㉯ 글리세롤
㉰ 아미노산   ㉱ 프로테아제

27. 장내의 소화효소로 분해되는 다당류는?

㉮ 셀룰로오스   ㉯ 펙틴   ㉰ 젤라틴   ㉱ 전분

28. 지방소화에 대한 설명으로 맞는 것은?

㉮ 지방의 소화를 위해 담즙이 필요하다.
㉯ 소화는 대부분 위에서 일어난다.
㉰ 수용성 물질의 분해를 돕는다.
㉱ 유지가 소화분해되면 단당류가 된다.

29. 다음 중 열량계산으로 맞는 것은?

㉮ (탄수화물의 양 + 단백질의 양)×4 + 지방의 양×9
㉯ (탄수화물의 양 + 단백질의 양)×9 + 지방의 양×9
㉰ (지방의 양 + 단백질의 양)×4 + 탄수화물의 양×9
㉱ (탄수화물의 양 + 지방의 양)×4 + 단백질의 양×9

30. 다음의 달걀 중 소화가 가장 잘되는 것은?

㉮ 생달걀   ㉯ 반숙달걀   ㉰ 완숙달걀   ㉱ 구운달걀

31. 소화작용의 연결이 바르게 된 것은?

㉮ 침–아밀라아제–단백질
㉯ 위액–펩신–맥아당
㉰ 췌액–말타아제–지방
㉱ 소장–말타아제–맥아당

· 보충설명 ·

22. 100g의 열량
= (8.25×4) + (48.25×4)
+ (3×9) = 253

23. 열량소 - 탄수화물, 단백질, 지방
구성소 - 단백질, 무기질
조절소 - 무기질, 비타민

30. 달걀의 소화는 반숙달걀이 가장 잘 되고 생달걀, 완숙달걀 순이다.

해답   22.㉯   23.㉯   24.㉮   25.㉮   26.㉱   27.㉱   28.㉮   29.㉮   30.㉯   31.㉱

32. 영양소의 소화흡수에 대한 설명이 잘못된 것은?

㉮ 일부 소화효소는 불활성 전구체로 분비되어 소화관내에서 활성화된다.

㉯ 영양소의 분해하는 과정은 여러 종류의 효소가 단계적으로 작용하여 이루어진다.

㉰ 최종 흡수되는 영양소는 모두 문맥계를 통하여 유입된다.

㉱ 위액의 분비는 반사조건적인 영향도 많이 받는다.

33. 다음 중 알코올이 주로 흡수되는 곳은?

㉮ 구강　　　　㉯ 식도　　　　㉰ 위　　　　㉱ 대장

34. 식품 중에서 장내 세균에 의해서 튼튼해지는 것은?

㉮ 유당　　　　　　　㉯ 설탕

㉰ 맥아당　　　　　　㉱ 셀룰로오스

35. 수크라아제(sucrase)는 무엇을 가수분해시키는가?

㉮ 맥아당　　　㉯ 설탕　　　㉰ 전분　　　㉱ 과당

36. 다음 효소 중에서 단백질을 분해시키는 것은?

㉮ 프티알린　　　　　　㉯ 트립신

㉰ 스테압신　　　　　　㉱ 락타아제

37. 밀가루에 75%의 탄수화물, 10%의 단백질, 1%의 지방을 함유하고 있다면 100g의 밀가루는 얼마 정도의 열량을 가지고 있는가?

㉮ 386kcal　　　　　　㉯ 349kcal

㉰ 317kcal　　　　　　㉱ 307kcal

38. 탄수화물이 소장에서 흡수되어 문맥계로 들어갈 때의 형태는 무엇인가?

㉮ 단당류　　　　　　　㉯ 이당류

㉰ 다당류　　　　　　　㉱ 이상 모두의 혼합형태

39. 한 개의 무게가 50g인 과자가 있다. 이 과자 100g 중에 탄수화물 70g, 단백질 5g, 지방 15g, 무기질 4g, 물 6g이 들어 있다면 이 과자 10개를 먹었을 때 얼마의 열량을 낼 수 있는가?

㉮ 1,230kcal　　　　　　㉯ 2,175kcal

㉰ 2,750kcal　　　　　　㉱ 1,800kcal

40. 다음 중 담즙과 관련이 없는 것은?

㉮ 무색의 강력한 단백질 분해효소이다.

㉯ 약한 알칼리성을 나타낸다.

㉰ 지질을 유화시켜 소화 흡수되기 쉽게 한다.

㉱ 주성분은 담즙산염이다.

· 보충설명 ·

32. 영양소의 흡수에 있어서 수용성(단백질, 탄수화물 등) 영양소는 문맥계를 통하고 지용성(긴 사슬지방산, 지용성비타민 등) 영양소는 림프계를 통하여 흡수된다.

35. 수크라아제는 인베르타아제라고도 하며 설탕분해효소이다.

37. 100g의 열량
= (75×4) + (10×4) + (1×9)
= 349

38. 탄수화물은 단당류 형태로, 단백질은 아미노산 형태로, 지방은 지방산 형태로 분해되어 흡수된다.

39. 과자 10개의무게
= 50g×10개 = 500g이다.
과자 500g 중
탄수화물무게가
350g(70g×5),
단백질무게가 25g(5g×5),
지방무게가 75g(15g×5)이다.
따라서 과자의 총 열량은
(350×4) + (25×4) + (75×9)
=2,175kcal가 된다.

40. 담즙은 황갈색의 쓴맛을 내는 액체로 지방을 유화시켜 지방분해를 용이하게 한다.

---

41. 담즙산의 설명으로 틀리는 것은?

㉮ 콜레스테롤(Cholesterol)의 최종대사산물
㉯ 간장에서 합성
㉰ 지방의 유화작용
㉱ 수용성 비타민의 흡수에 관계

42. 단백질의 소화와 관계없는 것은?

㉮ 펩신   ㉯ 프티알린   ㉰ 트립신   ㉱ 키모트립신

43. 열량 섭취량을 2,500kcal 내외로 했을 때 이상적인 1일 지방 섭취량은?

㉮ 약 10~20g   ㉯ 약 40~50g   ㉰ 약 70~80g   ㉱ 약 90~100g

44. 탄수화물 식품은 어디에서부터 소화되기 시작하는가?

㉮ 입   ㉯ 위   ㉰ 소장   ㉱ 십이지장

45. 장점막을 통하여 흡수된 지방질에 관한 설명 중 틀린 것은?

㉮ 복합 지방질을 합성하는데 쓰인다.
㉯ 과잉의 지방질은 지방조직에 저장된다.
㉰ 발생하는 에너지는 탄수화물이나 단백질보다 적어 비효율적이다.
㉱ 콜레스테롤을 합성하는데 쓰인다.

46. 소화란 어떠한 과정인가?

㉮ 물을 흡수하여 팽윤하는 과정이다.
㉯ 열에 의하여 변성되는 과정이다.
㉰ 여러 영양소를 흡수하기 쉬운 형태로 변화시키는 과정이다.
㉱ 지방을 생합성하는 과정이다.

47. 소장에서 흡수되는 당류의 흡수속도가 바르게 된 것은?

㉮ 포도당 〉 과당 〉 갈락토오스 〉 자일로스
㉯ 포도당 〉 갈락토오스 〉 과당 〉 자일로스
㉰ 갈락토오스 〉 포도당 〉 과당 〉 자일로스
㉱ 갈락토오스 〉 과당 〉 포도당 〉 자일로스

48. 스펀지 케이크를 먹었을 때 가장 많이 섭취하게 되는 영양소는?

㉮ 당질   ㉯ 단백질   ㉰ 지방   ㉱ 무기질

49. 위액 중 염산의 작용으로 잘못된 것은?

㉮ 펩신의 최저 pH를 유지해 준다.
㉯ 단백질의 변성과 팽화를 돕는다.
㉰ 펩시노겐을 펩신으로 활성화시킨다.
㉱ 전분을 소화시켜 준다.

해답 41.㉱ 42.㉯ 43.㉯ 44.㉮ 45.㉰ 46.㉰ 47.㉯ 48.㉮ 49.㉱

50. 우유의 칼슘 흡수를 방해하는 인자는?

㉮ 비타민 C　　　　㉯ 인　　　　㉰ 유당　　　　㉱ 포도당

51. 단백질의 분해효소로 췌액에 존재하는 것은?

㉮ 프로테아제　　　　　　㉯ 펩신
㉰ 트립신　　　　　　　　㉱ 레닌

52. 야채샌드위치를 만드는 일부 야채류의 어느 물질이 칼슘의 흡수를 방해하는가?

㉮ 옥살산(Oxalic acid)　　　　㉯ 초산(Acetic acid)
㉰ 구연산(Citric acid)　　　　㉱ 말산(Malic acid)

53. 일반적으로 빵·과자로 식사를 대신할 때 가장 부족하기 쉬운 영양소는?

㉮ 탄수화물　　　　　　㉯ 단백질
㉰ 지방　　　　　　　　㉱ 비타민

54. 식품의 열량(kcal) 계산공식으로 맞는 것은? (단, 각 영양소 양의 기준은 g으로 한다.)

㉮ (탄수화물의 양+단백질의 양)×4+(지방의 양×9)
㉯ (탄수화물의 양+지방의 양)×4+(단백질의 양×9)
㉰ (지방의 양+단백질의 양)×4+(탄수화물의 양×9)
㉱ (탄수화물의 양+지방의 양)×9+(단백질의 양×4)

55. 유당불내증의 원인은?

㉮ 대사과정 중 비타민 B군의 부족
㉯ 변질된 유당의 섭취
㉰ 우유 섭취량의 절대적인 부족
㉱ 소화액 중 락타아제의 결여

56. 갑작스러운 체액의 손실로 인해 일어나는 증상이 아닌 것은?

㉮ 심한 경우 혼수에 이르게 된다.
㉯ 전해질의 균형이 깨어진다.
㉰ 혈압이 올라간다.
㉱ 허약, 무감각, 근육부종 등이 일어난다.

57. 하루에 섭취하는 총에너지 중 식품이용을 위한 에너지 소모량은 평균 얼마인가?

㉮ 10%　　　　㉯ 30%　　　　㉰ 60%　　　　㉱ 20%

58. 지방의 연소와 합성이 이루어지는 장기는?

㉮ 췌장　　　　㉯ 간　　　　㉰ 위장　　　　㉱ 소장

해답 50.㉯ 51.㉰ 52.㉮ 53.㉱ 54.㉮ 55.㉱ 56.㉰ 57.㉮ 58.㉯

59. 체내에서 사용한 단백질은 주로 어떤 경로를 통해 배설되는가?

    ㉮ 호흡   ㉯ 소변

    ㉰ 대변   ㉱ 피부

60. 단체급식 식단에서 고등어로부터 동물성 단백질을 25g 섭취하고자 한다. 고등어의 1인 배식량은 약 얼마인가? (단, 고등어의 단백질 함량은 18%로 계산)

    ㉮ 140g   ㉯ 100g   ㉰ 72g   ㉱ 65g

61. 인체의 수분 소요량에 영향을 주는 요인과 가장 거리가 먼 것은?

    ㉮ 기온   ㉯ 신장의 기능

    ㉰ 활동력   ㉱ 염분의 섭취량

62. 소화기관에 대한 설명으로 틀린 것은?

    ㉮ 위는 강알칼리의 위액을 분비한다.

    ㉯ 이자(췌장)는 당대사호르몬의 내분비선이다.

    ㉰ 소장은 영양분을 소화·흡수한다.

    ㉱ 대장은 수분을 흡수하는 역할을 한다.

63. 팔미트산(16:0)이 모두 아세틸 CoA로 분해되려면 ß−산화를 몇 번 반복하여야 하나?

    ㉮ 5번   ㉯ 6번   ㉰ 7번   ㉱ 8번

· 보충설명 ·

60. 25g÷0.18=138.9g ≒ 140g

62. 위액은 pH가 1.0~1.6으로 강산이다.

해답   **59.**㉯   **60.**㉮   **61.**㉯   **62.**㉮   **63.**㉰

제 **3** 장

빵류 제조 이론

〈 제빵법 〉

제 법	제 법 설 명	장 점
		단 점
스트레이트법	① 직접반죽법이라고도 한다 ② 소규모 제과점에 주로 사용하는 제법 ③ 전 재료를 한번에 믹싱하는 방법	① 발효 손실이 적다 ② 맛과 향이 신선하다 ③ 노동력과 시간이 절감된다 ④ 제조공정과 장비가 간단하다
		① 노화가 빠르다 ② 공정수정이 어렵다 ③ 발효내구성이 약하다
스펀지 · 도법	① 스펀지법 또는 중종법이라고도 한다 ② 대규모 제빵공장에서 사용하는 제법 ③ 믹싱을 2번하는 방법으로 처음 반죽을 스펀지(중종)라고 　하고 나중 반죽을 도(본반죽)라고 한다 ④ 스펀지의 사용재료 : 밀가루, 물, 이스트, 이스트 푸드 ⑤ 스펀지의 밀가루 사용범위 : 55~100%	① 공정수정의 기회 ② 풍부한 발효량 ③ 저장성이 좋다(노화가 느리다) ④ 부피개선
		① 발효 손실이 크다 ② 노동력, 시간이 많이 든다
액체 발효법	① 액종을 사용하는 제법으로 아드미(ADMI)법이라고도 한다. ② 액종에 사용되는 재료 : 물, 이스트, 설탕, 이스트 푸드, 분유 ③ 액종에 분유를 넣는 이유 : 완충제 역할 ④ 액종의 소포제 : 쇼트닝, 탄소수가 적은 지방산, 실리콘화합물	① 공간, 설비 감소 ② 균일한 제품생산 ③ 발효 손실 감소
		산화제, 환원제, 연화제를 필요로 한다
비상 반죽법	[사용하는 경우] ① 기계고장 등 비상의 경우 ② 작업계획에 차질이 생겼을 때 ③ 갑작스러운 주문의 경우 [필수적 조치] ① 비상 스트레이트법은 15분 이상, 비상 스펀지법은 30분 발효 ② 믹싱시간을 20~25% 증가 ③ 이스트를 25~50% 증가 ④ 반죽온도를 30~31℃로 조절 ⑤ 물 1% 증가, 설탕 1% 감소 [선택적 조치] ① 소금 감소 ② 분유 감소 ③ 이스트 푸드 증가 ④ 식초나 젖산 첨가	① 공정시간이 짧다 ② 임금과 노동력이 절감된다 ③ 갑작스런 주문에 대처가능하다
		① 부피가 불규칙하다 ② 이스트 냄새 ③ 노화가 빨라 저장성이 짧다

노타임 반죽법	① 무발효 반죽법이라고도 한다 ② 산화제와 환원제를 사용 ③ 물, 설탕사용량 감소 ④ 이스트사용량 증가	① 기계 내성이 좋다 ② 시간이 절약된다 ③ 반죽이 부드럽고 흡수율이 　양호하다
		① 광택이 없다 ② 식감과 풍미가 좋지 않다
연속식 제빵법	연속적이고 자동적으로 빵을 제조하는 방법	① 설비 감소 ② 공장면적, 인력의 감소 ③ 발효 손실 감소
		일시적인 설비투자가 많다

제2절 | 재료의 계량 및 전처리

1 제빵용 저울

부등비 저울, 전자 저울, 접시저울 → 중량단위(단, 일부 액체재료는 용량단위)

2 밀가루 등 분말제품

밀가루 등 분말제품은 서로 섞어 체질을 하고 탈지분유는 설탕
또는 밀가루 등과 함께 섞는다.

3 생이스트

생이스트는 사용물의 일부에 녹여서 사용하는데 높은 온도의 물
또는 설탕, 소금 등과 접촉시키지 않는다.

1 믹싱의 목적

(1) 전 재료의 균일한 혼합
(2) 글루텐 형성
(3) 수화작용

2 믹싱단계

단 계	설명 및 특징	믹싱 완료 제품
혼합단계	① 픽업단계 ② 믹싱 후 1~2분 정도의 단계로 재료가 섞이고 수분이 흡수된다	데니시 페이스트리
청결단계	① 클린업단계 ② 수화가 완료된 단계로 반죽이 한 덩어리가 되어 글루텐이 형성되기 시작하는 단계 ③ 유지첨가 ④ 후염법에서 소금첨가 (후염법의 목적 : 수화용이, 흡수율상승, 반죽발전을 빠르게 한다)	–
발전단계	① 글루텐이 가장 많이 형성되어 최대의 탄력성을 나타낸다 ② 믹서의 부하가 가장 많이 걸린다	프랑스빵
최종단계	① 탄력성과 신장성이 가장 좋으며 반죽이 부드럽게 된다 ② 빵 반죽의 최적상태로 특별한 종류의 빵을 제외하고 이 단계에서 믹싱 완료	식빵, 과자빵 등 대부분의 빵류
지친단계	① 렛다운단계 ② 최종단계를 지나 반죽의 탄력성이 감소하고 신장성이 커지는 상태 ③ 반죽이 질고 끈적거린다	햄버거빵, 잉글리시 머핀
파괴단계	글루텐이 완전히 파괴되는 단계	–

3 흡수에 영향을 주는 요인

(1) 밀가루단백질함량

단백질함량 1% 감소로 흡수율 1.5~2% 감소

(2) 탈지분유 사용량

탈지분유 1% 증가하면 흡수율 0.7~1% 증가

(3) 반죽온도

① 반죽온도 5℃ 상승으로 흡수율 3% 감소
② 반죽온도 5℃ 하락으로 흡수율 3% 증가

(4) 설탕사용량

설탕 5% 증가하면 흡수율 1% 감소

(5) 물의 종류

연수는 흡수율 감소, 경수는 흡수율 증가

(6) 손상전분량

밀가루의 손상전분함량이 높을수록 흡수율 증가

제4절 | 반죽온도의 조절

1 제빵법에 따른 적합한 반죽온도

제 법	반 죽 온 도
스트레이트법	27℃
스펀지 · 도법	• 스펀지반죽 : 23~24℃ • 도반죽 : 27℃
액체 발효법	액종 반죽온도 : 30℃
비상 반죽법	• 비상 스트레이트법 : 30~31℃ • 비상 스펀지 · 도법(스펀지) : 30℃
노타임 반죽법	30℃
데니시 페이스트리	18~22℃

2 물 온도 계산공식

(1) 스트레이트법

① 마찰계수 = 반죽결과온도×3−(실내온도＋밀가루온도＋수돗물온도)
② 사용할 물온도 = 희망반죽온도×3−(실내온도＋밀가루온도＋마찰계수)

$$③ \text{ 얼음사용량} = \frac{\text{총 사용량} \times (\text{수도물온도} - \text{사용할 물온도})}{80 + \text{수돗물온도}}$$

(2) 스펀지 · 도법

① 마찰계수 = 반죽결과온도×4-(실내온도+밀가루온도+수돗물온도+스펀지반죽온도)

② 사용할 물온도 = 희망반죽온도×4-(실내온도+밀가루온도+마찰계수+스펀지반죽온도)

③ 얼음사용량(스트레이트법과 동일)

제 5절 │ 1차 발효

1 목적

(1) 반죽의 팽창

(2) 향 생성

(3) 반죽의 숙성(글루텐 숙성)

2 발효실제

제 법	조 건	발효의 완료점
스트레이트법	온도 : 27℃ 습도 : 75~80%	손가락 테스트 시 반죽이 올라오지 않고 자국이 남는다 부피가 3~3.5배 증가 반죽내부에 섬유질 생성
스펀지 · 도법 (스펀지)	온도 : 27℃ 습도 : 75~80%	표준발효시간 : 3~4시간 부피가 4~5배 증가 드롭현상
액체 발효법 (액종)	온도 : 30℃	발효시간 : 2~3시간 pH미터기로 측정(pH4.2~5.0)

3 펀치

(1) 펀치시기

1차 발효 시 전체 발효시간의 2/3가 되는 시점

(2) 펀치방법

반죽을 가볍게 두드린 후 반죽의 가장자리 부분을 가운데로 뒤집어 모아 다시 발효시킨다.

(3) 펀치의 목적

① 반죽온도 균일
② 산소 공급
③ 이스트의 활성 및 산화와 숙성을 촉진
④ 발효 촉진

4 발효에 영향을 주는 요소

(1) 이스트 양

이스트 양이 많을수록 발효시간은 짧아진다.
변경할 이스트 양 = (정상이스트 양 × 정상발효시간) ÷ 변경할 발효시간

(2) 반죽온도

반죽온도 0.5℃ 상승하면 발효시간 15분 단축

(3) 반죽의 pH

최적pH는 4.5~4.9

(4) 이스트 푸드

① 암모늄염 – 이스트 활력
② 산화제 – 가스포집 개선

(5) 삼투압

삼투압이 높으면 발효가 지연된다.
설탕은 5% 이상, 소금은 1% 이상부터 증가하면 이스트에 저해작용을 한다.

1 분할

(1) 분할방법
① 수동분할 : 소규모공장에서 하는 방법으로 중량으로 분할
② 기계분할 : 대량생산공장에서 하는 방법으로 부피를 기준으로 분할

(2) 분할시간
① 식빵류 : 15~20분 이내
② 과자빵류 : 30분 이내

2 둥글리기의 목적

① 절단면의 점착성 감소   ② 표피를 형성하여 탄력 유지
③ 가스의 보유력 유지   ④ 글루텐의 구조 정돈

3 중간발효(벤치타임)

(1) 조건
온도 27~29℃, 습도 75%전후, 10~20분간

(2) 목적
① 글루텐의 조직 재정돈
② 반죽의 유연성 회복
③ 신장성을 증가시켜 밀어 펴기를 용이하게 함

4 정형공정

① 가스빼기(밀기)   ② 말기
③ 접기   ④ 봉하기

5 패닝(제7절 참조)

제7절 | 패닝(반죽 채우기)

1 패닝 요령

① 팬의 크기에 알맞은 반죽양을 넣는다.
　(반죽의 분할량 = 팬의 용적 ÷ 비용적)
② 팬의 온도 : 30~35℃
③ 빵 반죽의 이음매가 팬의 바닥에 닿도록 한다.

2 팬오일

① 종류 : 백색광유, 정제라드, 식물유, 혼합유
② 조건 : 발연점이 높은 기름 사용
③ 사용량 : 반죽무게의 0.1~0.2% 정도
④ 과다 사용 시 밑 껍질이 두껍고 어둡게 된다.

1 주요 요건

온도, 습도, 시간

2 목적

이산화탄소를 생성시켜 최대한의 부피를 얻고 글루텐을 신장시키기 위함

3 조건

항 목	온 도	습 도	비 고
일반적 조건	32~45℃	75~90%	발효시간은 부피가 완제품의 70~80%가 될 때까지
일반 빵류 (식빵, 과자빵)	38~40℃	85~90%	–
하스 브레드 (바게트, 하드롤)	32℃	75~80%	–
데니시 페이스트리, 크루아상, 브리오슈	30~35℃	75~85%	발효온도는 충전용 유지의 융점보다 낮아야 한다

4 발효습도가 높을 경우

① 껍질이 질기다.

② 껍질에 수포(기포, 물집)가 형성된다.

③ 껍질이 거칠어진다.

④ 반점이나 줄무늬가 생긴다.

5 발효습도가 낮을 경우

① 팽창이 작으며 굽기 중 터지기 쉽다.

② 윗면이 솟아오른다.

③ 불균일한 껍질색이 나타난다.

제9절 | 굽기

1 굽기의 조건

(1) 빵의 일반적인 굽기 온도 범위

190~230℃

(2) 식빵의 굽기 온도

190~200℃

2 굽기의 원칙

① 부피가 클수록 낮은 온도(부피가 작을수록 높은 온도)
② 고율배합일수록 낮은 온도(저율배합일수록 높은 온도)
③ 된 반죽은 낮은 온도
④ 높은 온도에서 단시간 구우면 수분이 많아지며 언더 베이킹 현상이 일어난다.
⑤ 낮은 온도에서 장시간 구우면 오버 베이킹 현상이 일어난다.

3 굽기 손실

(1) 굽기 손실에 영향을 주는 요인

① 배합률
② 굽는 온도
③ 굽는 시간
④ 제품크기와 모양

(2) 손실율

① 뚜껑이 없는 식빵 : 11~12%
② 풀먼 브레드 : 8~10%

(3) 굽기 손실이 가장 큰 빵

프랑스빵

4 오븐 라이스 (Oven rise)

빵 내부온도가 60℃에 도달하지 않은 상태에서 이스트의 활동과 효소의 활성으로 빵의 부피가
점진적으로 증가하는 현상

5 오븐 스프링 (Oven spring)

(1) 정의

빵 내부온도가 60℃에 도달되어 이스트 사멸, 효소의 불활성이 된 후 가스압, 증기압 등으로
처음 크기의 1/3 정도 급격히 팽창하는 현상

(2) 시간

최초 5~10분간

(3) 요인

① 가스압 증가
② 증기압 증가
③ 용해 탄산가스의 방출
④ 알코올 기화

6 굽기 중의 변화

① 용해 탄산가스의 방출 시작 온도 : 49℃
② 전분의 호화 시작 온도 : 60℃
③ 이스트의 사멸 온도 : 60~63℃
④ 글루텐의 열응고 온도 : 74℃
⑤ 알코올의 기화 온도 : 79℃

1 냉각

(1) **냉각온도** 35~40℃

(2) **냉각법**
  ① 자연냉각 − 실온에서 3~4시간
  ② 터널식 냉각 − 2~2.5시간
  ③ 에어콘디션식 냉각 − 1.5시간

(3) **수분 함량 변화**
  ① 굽기 직후 − 껍질 12~15%, 내부 42~45%
  ② 냉각 후 − 전체 38%로 평형

(4) **냉각온도가 높을 경우**
  ① 수분이 응축되어 곰팡이의 발생이 용이하다.
  ② 썰기를 할 때 형태가 찌그러지기 쉽다.

(5) **냉각온도가 낮을 경우**
  ① 제품이 건조해진다.   ② 노화가 빨라진다.

2 포장

(1) **목적**
  ① 상품가치 보존 및 향상
  ② 저장성 증대
  ③ 미생물오염 방지(위생 성 향상)

(2) **포장재의 조건**
  ① 상품가치를 증대시킬 수 있어야 한다.
  ② 방수성이 있고 통기성이 없어야 한다.
  ③ 위생적이어야 한다.
  ④ 단가가 낮아야 한다.
  ⑤ 작업성이 좋아야 한다.

1 제품평가

(1) 외부평가

외형균형, 굽기 균일성, 터짐성, 껍질상태, 부피

(2) 내부평가

조직, 맛, 향, 기공, 속 색상

2 어린반죽과 지친반죽 비교

항 목	어 린 반 죽	지 친 반 죽
부 피	작다	크다 (너무 지친반죽이면 작아진다)
껍 질 색	어두운 적갈색	엷다
껍질특성	두껍고 질기다	두껍고 부서지기 쉽다
외 형	예리한 모서리	둥근 모서리, 옆면이 움푹 들어감
세 포 벽	두꺼운 세포벽	열리고 얇은 세포벽
속 색깔	무겁고 어둡다	힘이 없고 어두운 색
발생상황	숙성(발효)이 덜된 반죽으로 발효시간이 짧거나 분유, 소금, 설탕 등을 과다 사용할 경우	숙성(발효)가 지나친 반죽으로 발효시간이 길거나 발효온도가 높고 분유, 소금, 설탕 등을 적게 사용할 경우

3 분유 과다 사용 시 현상

① 껍질색이 진하다.　　　　② 세포벽이 두껍다.
③ 껍질이 두껍다.　　　　　④ 모서리가 예리하다.
⑤ 터짐과 슈레드가 적다.

4 소금 과다 사용 시 현상

① 발효시간이 길어진다.　　② 저장성이 증대한다.
③ 부피가 작다.　　　　　　④ 기타 어린 반죽 현상이 나타난다.

1 냉동반죽의 목적(장점)

① 재고관리 : 재고를 줄일 수 있다.

② 작업편리성 : 작업의 난이도가 낮다.

③ 신속한 주문에 대처 가능하다.

④ 휴일에 미리 대처할 수 있다.

2 냉동반죽의 단점

① 이스트의 활력이 감소한다.

② 가스 발생력과 보유력이 떨어진다.

③ 반죽이 퍼지기 쉽다.

3 냉동반죽 제조공정

(1) 반죽(믹싱)

① 단백질 함량이 11.75%~13.5%로 비교적 높은 밀가루 사용

② 유화제 사용

③ 이스트와 산화제 사용량 증가

④ 수분 함량 1~2% 감소

⑤ 노타임반죽법 채택

⑥ 반죽온도 18~20℃

(2) 1차 발효

① 발효 시간 0~20분

② 1차 발효 시간이 길어지면 냉동저장성이 짧아짐.

(3) 분할

냉동반죽은 분할량을 적게 하는 것이 좋다.

(4) 정형

(5) 냉동저장

　　① −40℃ 급속냉동하여 −18℃~−25℃에서 저장

　　② 제품 건조방지를 위해 비닐이나 필름 등으로 포장하여 저장

(6) 해동

　　① 냉장고(5℃~10℃)에서 15~16시간 해동

　　② 해동 순서 : 냉동고 → 냉장고 → 2차 발효실

(7) 2차 발효

　　온도 30℃~33℃, 습도 80%

(8) 굽기

제13절 │ 제빵 기계

1 믹서

(1) 수직믹서

　　수직축을 중심으로 공전, 자전을 하는 믹서로 소규모공장의 일반적인 믹서

(2) 수평믹서

　　수평축으로 회전하는 믹서로 대량생산 빵 반죽에 적합

(3) 스파이럴믹서

　　프랑스빵 등 하드계 빵 반죽에 적합한 빵 전용 믹서

2 도 컨디셔너

자동프로그램으로 온도, 습도 조절이 가능한 기계로 냉동, 냉장, 해동, 발효 등을 자동적으로
조절가능하다.

3 자동분할기

4 라운더

기계적으로 둥글리기를 하는 기계

5 정형기

중간발효 후 밀기, 가스빼기, 말기를 자동적으로 하는 기계

6 발효기

1차 발효 및 2차 발효를 하는데 사용한다.

7 롤러

파이롤러 또는 시터라고도 하며 도넛이나 데니시 페이스트리 등을 일정한 두께로 밀어 펴기할 때 사용한다.

8 오븐의 종류

(1) 데크 오븐

소규모 제과점에서 일반적으로 사용하는 오븐으로 제품을 넣는 입구와 출구가 동일하다.

(2) 터널 오븐

대량생산용으로 제품의 입구와 출구가 다른 오븐으로 통과되는 속도와 온도가 중요하다.

(3) 래크 오븐

로터리 오븐 또는 로터리 래크 오븐이라고도 한다.
철판을 래크 선반의 각 층에 넣은 채로 오븐에 넣어 회전시키면서 굽는다.

(4) 컨벡션 오븐

열풍을 강제순환시키면서 굽는 오븐이다.

1 아밀로그래프(Amylograph)

① 밀가루의 호화 정도 등 밀가루 전분의 질을 측정
② 맥아의 액화효소인 알파아밀라아제의 활성을 측정
③ 제빵용 밀가루의 곡선높이는 400~600B.U가 적당

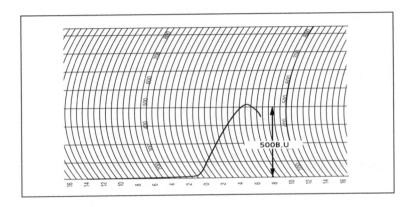

- 밀가루와 물의 현탁액을 저어주면서 1.5℃/분 상승시킬 때
  점도의 변화를 계속적으로 자동 기록하는 장치
- 알파-아밀라아제의 활성을 측정
- 제빵용 밀가루의 적정 그래프=400~600B.U
- 너무 높으면 속이 건조 → 노화 촉진 너무 낮으면 축축하고 끈적거리는 반죽 → 내상악화
- 계속적으로 확인할 수 있어 즉시 수정하게 하는 장치

2 패리노그래프(Farinograph)

① 밀가루의 흡수율(단백질흡수율) 측정(글루텐의 질 측정)

② 믹싱시간 측정

③ 믹싱내구성 측정

④ 곡선이 500B.U를 중심으로 그래프 작성

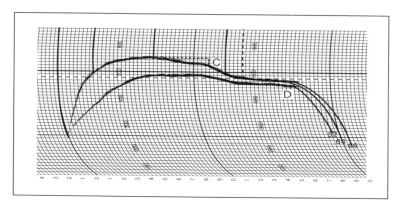

- 믹서와 연결된 '파동고속기록기'로 기록하여 측정
- 밀가루의 흡수율, 믹싱 시간, 믹싱 내구성을 판단
- 500B.U에 도달해서 이탈하는 시간 등으로 특성 판단

3 익스텐소그래프(Extensograph)

① 반죽의 신장성 측정

② 신장내구성으로 발효시간 추정

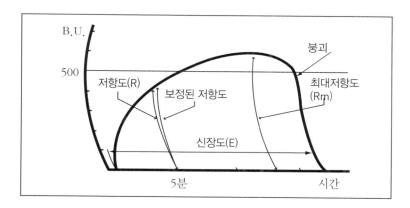

- 익스텐소그래프는 패리노그래프의 결과를 보완해 주는 것으로 일정한 경도에서 반죽의 신장도, 인장항력을 측정 기록
- 반죽 내부 에너지의 시간에 따른 변화를 측정하여 2차 가공 즉 발효에 의한 반죽의 성질을 판정하는 것으로 개량제의 효과를 측정 가능

1 식빵류

① 팬에 넣어 굽는 빵 : 식빵류, 풀먼브레드
② 직접 굽는 빵 : 바게트(프랑스빵) 등 유럽식 하드계열빵
③ 평철판에서 굽는 빵 : 롤, 번즈 등

2 과자빵류

① 표준제품 : 팥앙금빵, 소보로, 크림빵 등
② 스위트계열 : 스위트롤, 번즈
③ 고배합류: 브리오슈, 데니시 페이스트리, 크로와상

3 특수빵

① 찜류 : 찜빵, 찜케이크
② 튀김류 : 도넛, 크로켓
③ 2번 굽는 제품 : 러스크, 토스트, 브라운서브롤

4 조리빵류

샌드위치, 피자, 햄버거, 카레빵, 피로시키 등

반죽온도의 변화

공정에 따른 반죽온도의 변화를 스트레이트법의 식빵을 예로 들어 설명한다.

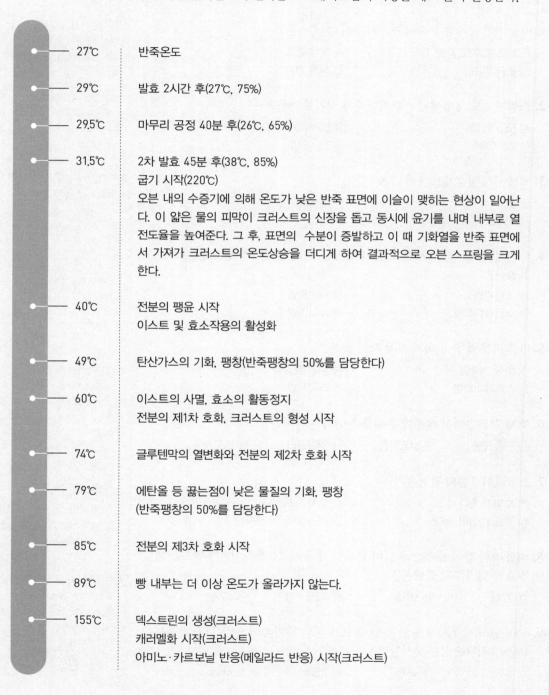

27℃ — 반죽온도

29℃ — 발효 2시간 후(27℃, 75%)

29.5℃ — 마무리 공정 40분 후(26℃, 65%)

31.5℃ — 2차 발효 45분 후(38℃, 85%)
굽기 시작(220℃)
오븐 내의 수증기에 의해 온도가 낮은 반죽 표면에 이슬이 맺히는 현상이 일어난다. 이 얇은 물의 피막이 크러스트의 신장을 돕고 동시에 윤기를 내며 내부로 열전도율을 높여준다. 그 후, 표면의 수분이 증발하고 이 때 기화열을 반죽 표면에서 가져가 크러스트의 온도상승을 더디게 하여 결과적으로 오븐 스프링을 크게 한다.

40℃ — 전분의 팽윤 시작
이스트 및 효소작용의 활성화

49℃ — 탄산가스의 기화, 팽창(반죽팽창의 50%를 담당한다)

60℃ — 이스트의 사멸, 효소의 활동정지
전분의 제1차 호화, 크러스트의 형성 시작

74℃ — 글루텐막의 열변화와 전분의 제2차 호화 시작

79℃ — 에탄올 등 끓는점이 낮은 물질의 기화, 팽창
(반죽팽창의 50%를 담당한다)

85℃ — 전분의 제3차 호화 시작

89℃ — 빵 내부는 더 이상 온도가 올라가지 않는다.

155℃ — 덱스트린의 생성(크러스트)
캐러멜화 시작(크러스트)
아미노·카르보닐 반응(메일라드 반응) 시작(크러스트)

제1절 배합표 작성과 배합률 조정, 제빵법

01. 비상 반죽법에서 선택적 조치사항이 아닌 것은?

㉮ 이스트 푸드 감소   ㉯ 분유 감소
㉰ 소금 감소   ㉱ 식초 첨가

02. 스펀지 · 도 제법에서 스펀지반죽의 밀가루사용량은?

㉮ 55~100%   ㉯ 55~65%
㉰ 70~80%   ㉱ 35~50%

03. 제빵에서 필수재료가 아닌 것은?

㉮ 물   ㉯ 이스트
㉰ 이스트 푸드   ㉱ 소금

04. 다음 방법 중에서 1차 발효없이 성형을 하고 난 뒤 2차 발효를 시키는 방법은?

㉮ 스펀지법   ㉯ 재반죽법
㉰ 스트레이트법   ㉱ 노타임법

05. 다음 제빵법 중 노화가 가장 빠른 것은?

㉮ 비상 반죽법   ㉯ 액체 발효법
㉰ 스트레이트법   ㉱ 스펀지법

06. 액체 발효법에서 액종에 분유를 투입하는 목적은?

㉮ 완충작용   ㉯ 발효작용   ㉰ 영양공급   ㉱ 소포작용

07. 스트레이트법의 장점은?

㉮ 부피가 좋다.   ㉯ 노화가 느리다.
㉰ 발효 손실이 적다.   ㉱ 이스트가 절약된다.

08. 배합비의 합이 180%, 손실이 15%일 때 600g의 빵을 100개 만드는데 필요한 밀가루의 중량은?

㉮ 32kg   ㉯ 40kg   ㉰ 52kg   ㉱ 62kg

09. 600g인 식빵 120개를 만들 때 필요로 하는 밀가루의 양은? (전체 %는 180%, 기타손실은 무시한다.)

㉮ 47kg   ㉯ 46kg   ㉰ 45kg   ㉱ 40kg

· 보충설명 ·

1. 비상 반죽법의 선택적 조치사항은 소금 감소, 분유 감소, 이스트 푸드 증가, 식초나 젖산 첨가 등이다.

3. 제빵용 필수재료는 밀가루, 물, 이스트, 소금이다.

8. 완제품의 총 무게
$= 600g \times 100개$
$= 60,000g = 60kg$
반죽의 총 무게(손실 이전의 총 무게)
$= 60kg \div (1-0.15) ≒ 70.6kg$
밀가루무게 $=$
$70.6kg \times \dfrac{100}{180} ≒ 39.2kg$
그러므로 필요한 밀가루중량은 40kg이다.(밀가루중량은 보통 소수점 첫째자리에서 올린다.)

9. 완제품의 총 무게 $= 600g \times 120개$
$= 72,000g = 72kg$
손실이 없으므로 반죽의 총 무게도 72kg이다.
밀가루무게
$= 72kg \times \dfrac{100}{180} = 40kg$

---

10. 단과자빵은 설탕 비율이 몇 % 이상인가?

㉮ 5% ㉯ 10%

㉰ 15% ㉱ 20%

11. 다음 중 직접 반죽법에 따라 반죽하기부터 2차 발효까지의 제빵 공정이 올바른 것은?

㉮ 반죽하기–1차 발효–분할하기–둥글리기–중간발효–성형–2차 발효

㉯ 반죽하기–1차 발효–둥글리기–분할하기–중간발효–성형–2차 발효

㉰ 반죽하기–1차 발효–분할하기–중간발효–둥글리기–성형–2차 발효

㉱ 반죽하기–중간발효–분할하기–둥글리기–1차 발효–성형–2차 발효

12. 표준 스트레이트법 식빵을 비상 스트레이트법 식빵으로 변경시킬 때 필수적인 조치가 아닌 것은?

㉮ 수분흡수율을 1% 감소시킨다.

㉯ 이스트 양을 2배로 증가시킨다.

㉰ 반죽온도를 30℃로 높인다.

㉱ 껍질색을 내기 위하여 설탕을 1% 증가시킨다.

13. 비상 반죽법의 장점 중 잘못 기술된 것은?

㉮ 임금 절약 ㉯ 짧은 공정시간

㉰ 주문에 신속 대처가능 ㉱ 저장성의 증가

14. 500g인 식빵 1000개를 만들고자 한다. 굽기 손실이 12%, 발효 손실이 1%라면 총 반죽무게는?

㉮ 545kg ㉯ 574kg

㉰ 595kg ㉱ 605kg

15. 스트레이트법으로 만드는 식빵을 비상 스트레이트법으로 바꾸어 만들 때 해야 하는 필수적인 조치사항이 아닌 것은?

㉮ 이스트 사용량을 2배로 증가시킨다.

㉯ 설탕을 1% 감소시킨다.

㉰ 반죽온도를 높인다.

㉱ 믹싱 시간을 감소시킨다.

16. 식빵을 스트레이트법으로 제조할 때 배합 비율 중 가장 잘못된 것은?

㉮ 이스트 2~3% ㉯ 이스트 푸드 0~0.5%

㉰ 유지 2~4% ㉱ 소금 3~4%

17. 환원제와 산화제를 동시에 사용하는 제빵법은?

㉮ 노타임법 ㉯ 스트레이트법

㉰ 스펀지법 ㉱ 연속식 제빵법

해답　**10.**㉰　**11.**㉮　**12.**㉱　**13.**㉱　**14.**㉯　**15.**㉱　**16.**㉱　**17.**㉮

18. 연속식 제빵법의 장점 중 틀린 것?

　㉮ 인력감소　　　　　　　㉯ 발효향의 증가
　㉰ 공장면적과 믹서 등 설비감소　㉱ 발효 손실의 감소

19. 비상법의 선택적 조치상항으로 분유를 약 1% 가량 줄이는 이유로 적당한 것은?

　㉮ 반죽의 pH를 낮추어 발효 속도를 증가시킨다.
　㉯ 완충제작용으로 인한 발효지연을 줄인다.
　㉰ 반죽을 기계적으로 더 발전시킨다.
　㉱ 반죽의 신장성을 향상시킨다.

20. 시간과 노동력 절약을 위해 한 개의 반죽을 만들어서 여러 개의 도(dough)로 나눠서 하는 반죽은?

　㉮ 오버나이트 스펀지　　　㉯ 마스터 스펀지
　㉰ 비상 스펀지　　　　　　㉱ 가당 스펀지

21. 스펀지 반죽에 사용하는 물의 양은 스펀지 반죽에 사용하는 밀가루의 양에 대해 어느 정도를 차지하는가?

　㉮ 35~40%　　　　　　　㉯ 45~50%
　㉰ 55~60%　　　　　　　㉱ 65~70%

22. 단과자빵 제조에서 일반적인 이스트의 사용량은?

　㉮ 0.1~1%　　㉯ 3~7%　　㉰ 13~17%　　㉱ 19%

23. 스트레이트법에 의한 식빵제조의 경우 이스트의 최적 사용범위는?

　㉮ 1~2%　　㉯ 2~3%　　㉰ 3~5%　　㉱ 5~8%

24. 일반 스트레이트법을 노타임 반죽법으로 전환할 때의 조치사항이 아닌 것은?

　㉮ 설탕 사용량 증가　　　㉯ 산화제 사용
　㉰ 환원제 사용　　　　　㉱ 발효시간 감소

25. 다음 중 오버나이트 스펀지법에 대한 설명으로 틀린 것은?

　㉮ 발효 손실이 적다.
　㉯ 12~24시간 발효시킨다.
　㉰ 적은 이스트로 매우 천천히 발효시킨다.
　㉱ 강한 신장성과 풍부한 발효향을 지니고 있다.

26. 다음 중 소프트 롤에 속하지 않는 것은?

　㉮ 크루아상　　　　　　　㉯ 프렌치 롤
　㉰ 브리오슈　　　　　　　㉱ 치즈 롤

· 보충설명 ·

20. 오버나이트 스펀지법은 스펀지발효를 하룻밤 정도(12시간 이상)하는 제법이고 비상 스펀지법은 30분 정도로 짧게 하는 제법이다. 한편 가당 스펀지법은 스펀지반죽에 설탕을 첨가하는 제법을 말한다.

24. 스트레이트법을 노타임 반죽법으로 전환할 때 설탕 사용량은 1% 감소시킨다.

25. 오버나이트 스펀지법은 발효를 장시간하는 제법으로 발효손실이 많아진다.

26. 프렌치 롤은 하드 롤에 속한다.

---

27. 스펀지·도법에 비하여 스트레이트법의 장점이 아닌 것은?

㉮ 기계와 발효 내구성이 좋고, 볼륨이 크다.

㉯ 향미나 특유의 식감이 좋다.

㉱ 제조 공정이 단순하고, 장비가 간단하다.

㉲ 발효 손실이 적다.

28. 일반 스펀지법을 비상 스펀지법으로 전환 시 필수적 조치사항 중 틀린 것은?

㉮ 스펀지 발효시간을 30분 이상으로 함

㉯ 반죽시간을 정상보다 20~25% 더 짧게 함

㉱ 플로어 타임을 10분으로 함

㉲ 2차 발효시간(Proofing time)을 약간 단축함

29. 연속식 제빵법(Continuous dough mixing system)에는 여러 가지 장점이 있어 대량생산방법으로 사용된다. 스트레이트법에 대비한 장점으로 볼 수 없는 사항은?

㉮ 공장 면적의 감소 ㉯ 인력의 감소

㉱ 발효 손실의 감소 ㉲ 산화제 사용의 감소

30. 스펀지에 밀가루의 사용량을 증가시킴으로 발생되는 현상이 아닌 것은?

㉮ 기공이 조밀함 ㉯ 완제품의 부피가 커짐

㉱ 반죽시간의 단축 ㉲ 플로어 타임이 짧음

31. 스펀지법에서 스펀지에 사용하는 일반적인 재료가 아닌 것은?

㉮ 이스트 ㉯ 밀가루

㉱ 이스트 푸드 ㉲ 소금

32. 우유 2,000g을 사용하는 식빵반죽에 전지분유를 사용하고자 할 때 분유와 물의 사용량으로 적정한 것은?

㉮ 분유 100g, 물 1,900g ㉯ 분유 200g, 물 1,800g

㉱ 분유 400g, 물 1,600g ㉲ 분유 600g, 물 1,400g

33. 장시간 발효과정을 거치지 않고 배합 후 정형하여 2차 발효를 하는 제빵법은?

㉮ 재반죽법 ㉯ 스트레이트법

㉱ 노타임법 ㉲ 스펀지법

34. 스펀지법에서 스펀지의 소맥분 변화를 시키는 경우에 설명이 부적당한 것은?

㉮ 부피, 향, 저장성 등 품질을 개선시키고자 할 때

㉯ 발효 시간을 변경할 필요가 있을 때

㉱ 기계 및 설비를 감소시킬 때

㉲ 소맥분의 품질이 변경되었을 때

해답 27.㉮ 28.㉯ 29.㉲ 30.㉮ 31.㉲ 32.㉯ 33.㉱ 34.㉱

35. 액체발효법에서 사용하는 소포제로 적당하지 않은 것은?

㉮ 분유 　　　　　　　　㉯ 쇼트닝
㉰ 탄소수가 적은 지방산 　㉱ 실리콘화합물

36. 스트레이트법에서 스펀지법으로 배합표를 전환할 때 다음 중 사용량이 감소하지 않는 재료는?

㉮ 소금 　　　　　　　㉯ 이스트
㉰ 물 　　　　　　　　㉱ 설탕

37. 액체 발효법에서 발효점을 찾는 가장 좋은 기준이 되는 것은?

㉮ 냄새 　　　㉯ pH 　　　㉰ 거품 　　　㉱ 시간

38. 베이커스 퍼센트(Baker's percent)에서 기준이 되는 재료는?

㉮ 이스트 　　　　　㉯ 물
㉰ 밀가루 　　　　　㉱ 달걀

39. 식빵의 기본배합 중 쇼트닝의 사용량은 소맥분에 대해 몇 % 정도인가?

㉮ 1% 　　　　　　　㉯ 4%
㉰ 8% 　　　　　　　㉱ 12%

40. 반죽을 스펀지법으로 만들었다. 도반죽에서 이스트를 소맥분 양의 0.5%를 추가하고자 한다. 이때 추가할 이스트의 양은? (반죽총량 160kg, 소맥분은 반죽총량의 60%)

㉮ 0.48kg 　　　　　㉯ 0.52kg
㉰ 0.60kg 　　　　　㉱ 0.66kg

41. 스펀지발효에 생기는 결함을 없애기 위하여 만들어진 제조법으로 ADMI법이라고 불리우는 제빵법은?

㉮ 액체 발효법(Brew method)
㉯ 비상 반죽법(Emergency dough method)
㉰ 노타임 반죽법(No time dough method)
㉱ 스펀지법(Sponge & dough method)

42. 플로어 타임을 길게 주어야 할 경우는?

㉮ 반죽 온도가 높을 때 　　㉯ 반죽 배합이 덜 되었을 때
㉰ 반죽 온도가 낮을 때 　　㉱ 중력분을 사용했을 때

43. 스펀지법에서 스펀지 밀가루 사용량을 증가할 때 나타나는 현상으로 틀린 것은?

㉮ 반죽의 신장성이 증가한다. 　㉯ 발효 향이 강해진다.
㉰ 도 발효시간이 단축된다. 　　㉱ 도 반죽시간이 길어진다.

해답 35.㉮ 36.㉮ 37.㉯ 38.㉰ 39.㉯ 40.㉮ 41.㉮ 42.㉰ 43.㉱

44. 밀가루 빵에 부재료로 사용되는 사워(Sour)의 정의로 맞는 것은?

㉮ 밀가루와 물을 혼합하여 장시간 발효시킨 혼합물

㉯ 기름에 물이 분산되어 있는 유탁액

㉰ 산과 향신료의 혼합물

㉱ 산화/환원제를 넣은 베이스 믹스

45. 같은 밀가루로 식빵 프랑스빵을 만들 경우, 식빵의 가수율이 63%였다면 프랑스빵의 가수율을 얼마나 하는 것이 가장 좋은가?

㉮ 61% ㉯ 63%

㉰ 65% ㉱ 67%

46. 미국식 데니시 페이스트리 제조시 반죽무게에 대한 충전용 유지(롤인유지)의 사용 범위로 가장 적합한 것은?

㉮ 10~15% ㉯ 20~40%

㉰ 45~60% ㉱ 60~80%

47. 바게트 배합률에서 비타민C 30ppm 사용하려고 할 때 이 용량을 %로 올바르게 나타낸 것은?

㉮ 0.3% ㉯ 0.03%

㉰ 0.003% ㉱ 0.0003%

48. 다음 중 일반적인 제빵 조합으로 틀린 것은?

㉮ 소맥분+중조 → 밤만두피

㉯ 소맥분+유지 → 파운드케이크

㉰ 소맥분+분유 → 건포도 식빵

㉱ 소맥분+달걀 → 카스테라

제2절 | 재료의 계량 및 전처리

01. 다음 중 재료 계량에 대한 설명으로 틀린 것은?

㉮ 저울을 사용하여 정확히 계량한다.

㉯ 이스트와 소금과 설탕은 함께 계량한다.

㉰ 가루재료는 서로 섞어 체질한다.

㉱ 사용할 물은 반죽온도에 맞도록 조절한다.

02. 빵 제조 시 밀가루를 체로 치는 이유가 아닌 것은?

㉮ 이물질 제거 ㉯ 고른 분산

㉰ 제품의 색 ㉱ 공기의 혼입

해답 44.㉮ 45.㉮ 46.㉯ 47.㉰ 48.㉰ 1.㉯ 2.㉰

03. 원료의 전처리방법으로 올바르지 않은 것은?

　㉮ 밀가루, 탈지분유 등은 계량한 후 체질하여 사용한다.
　㉯ 이스트는 계량한 물의 일부분에 용해시켜 사용한다.
　㉰ 이스트 푸드는 이스트와 함께 녹여 사용한다.
　㉱ 유지는 냉장고에서 꺼내어 약간의 유연성을 갖도록 실온에 놓아둔다.

04. 다음 중 가루재료(밀가루 등)를 체질하는 이유가 아닌 것은?

　㉮ 이물질 제거　　　　　　　　㉯ 공기 혼입
　㉰ 마찰열 발생　　　　　　　　㉱ 재료 분산

05. 제빵용 계량기구로 부적당한 것은?

　㉮ 부등비저울　　　　　　　　㉯ 선별저울
　㉰ 접시저울　　　　　　　　　㉱ 전자저울

06. 다음 중 함께 계량할 때 가장 문제가 되는 재료는?

　㉮ 소금, 설탕　　　　　　　　㉯ 밀가루, 반죽 개량제
　㉰ 이스트, 소금　　　　　　　㉱ 밀가루, 호밀가루

07. 프랑스 빵 제조에는 비타민 C를 10ppm 정도 넣어 배합하는 경우가 많다. 밀가루 1kg을 기준으로 비타민 C 10ppm을 첨가하는 방법으로 올바른 것은?

　㉮ 밀가루 1kg에 0.01g의 비타민 C를 계량된 물의 일부에 녹인 후 첨가한다.
　㉯ 밀가루 1kg에 0.1g의 비타민 C를 계량된 물의 일부에 녹인 후 첨가한다.
　㉰ 밀가루 1kg에 1g의 비타민 C를 계량된 물의 일부에 녹인 후 첨가한다.
　㉱ 밀가루 1kg에 10g의 비타민 C를 계량된 물의 일부에 녹인 후 첨가한다.

・**보충설명**・

3. 이스트 푸드는 밀가루에 골고루 섞어서 사용한다.

7. ppm이란 백만분율이므로

　밀가루 $1,000g \times \dfrac{10}{1,000,000}$
　$=0.01g$

제3절　반죽과 믹싱

01. 반죽 시 렛다운 단계를 바르게 설명한 것은?

　㉮ 최종상태를 지나 반죽의 탄력성이 감소하고 신장성이 커지는 상태
　㉯ 반죽이 처지며 글루텐이 완전히 파괴된 상태
　㉰ 글루텐이 발전하는 단계로 최고의 탄력성을 가지는 상태
　㉱ 수화는 완료되고 글루텐 일부가 결합된 상태

02. 다음 설명하는 것은 무엇인가?

　〈보기〉　픽업 단계-클린업 단계-발전 단계-최종 단계

　㉮ 배합　　　　㉯ 굽기　　　　㉰ 몰딩　　　　㉱ 발효

해답　3.㉰ 4.㉰ 5.㉯ 6.㉰ 7.㉮　　1.㉮ 2.㉮

03. 고속으로 믹싱했을 때 발효시간과의 관계는?

㉮ 길다. ㉯ 짧다.
㉱ 관계없다. ㉰ 길어질 수도 짧아질 수도 있다.

04. 후염법의 장점은?

㉮ 반죽시간 지연 ㉯ 발효시간 지연
㉱ 수화 촉진 ㉰ 발효시간 단축

05. 반죽시간에 영향을 주지 않는 것은?

㉮ 이스트 양 ㉯ 소금의 투입시기
㉱ 밀가루 종류 ㉰ 물의 양

06. 믹싱 시간과 관계가 적은 요인은?

㉮ 소금의 투입시기 ㉯ 이스트의 양
㉱ 반죽의 되기 ㉰ 분유의 사용량

07. 클린업 단계에 넣어 믹싱 시간을 단축할 수 있는 것은?

㉮ 소금 ㉯ 설탕 ㉱ 분유 ㉰ 이스트

08. 다음 반죽의 발전 단계 중 반죽의 상태로 보아 믹서에 가장 힘을 가하는 단계는?

㉮ 1단계(픽업 단계) ㉯ 2단계(클린업 단계)
㉱ 3단계(발전 단계) ㉰ 4단계(최종 단계)

09. 어린 스펀지의 도 반죽시간은?

㉮ 짧다. ㉯ 길다.
㉱ 같다. ㉰ 길어질 수도 짧아질 수도 있다.

10. 반죽시간이 가장 짧은 것은?

㉮ 액체 발효법 ㉯ 스펀지법
㉱ 스트레이트법 ㉰ 비상 스트레이트법

11. 반죽을 가장 오래하는 것은?

㉮ 이스트 도넛 ㉯ 잉글리시 머핀
㉱ 단과자빵 ㉰ 식빵

12. 다음 중 믹싱을 1단계에서 그치는 제품은?

㉮ 식빵 ㉯ 햄버거빵 ㉱ 데니시 페이스트리 ㉰ 과자빵

13. 물과 단백질이 혼합하여 충격을 가했을 때 형성되는 것은?

㉮ 글로불린 ㉯ 레시틴 ㉱ 글루텐 ㉰ 글리세린

보충설명

4. 후염법은 믹싱의 클린업 단계에서 소금을 넣는 제법으로 반죽의 수분흡수가 용이하고 흡수율도 증가한다.

5. 소금을 초기부터 넣으면 반죽시간이 길어지므로 후염법의 경우 반죽시간이 단축된다. 글루텐 함량이 많은 강력분은 중력분보다 반죽시간이 길어진다. 된 반죽은 반죽시간이 짧아지고 진반죽은 반죽시간이 길어진다.

6. 분유 사용량이 많으면 글루텐이 강화되기 때문에 반죽시간이 길어진다.

9. 어린 스펀지란 스펀지법에서 스펀지발효가 덜 된 것을 말하는데 이것은 다음 공정인 도 믹싱에서 믹싱 시간을 길게 함으로써 개선될 수 있다.

10. 스펀지법은 기계적글루텐발전인 믹싱보다 발효에 의존하는 제빵법이다.

11. 믹싱의 5단계인 지친(렛다운) 단계까지 믹싱하는 제품은 잉글리시 머핀과 햄버거빵이다.

해답 3.㉯ 4.㉰ 5.㉮ 6.㉰ 7.㉮ 8.㉱ 9.㉯ 10.㉯ 11.㉯ 12.㉱ 13.㉱

14. 식빵 반죽 시 최적 반죽상태는?

    ㉮ 픽업 단계   ㉯ 클린업 단계

    ㉰ 발전 단계   ㉱ 최종 단계

15. 반죽단계에서 수화가 완료되고 믹서 볼이 깨끗해지는 단계는?

    ㉮ 클린업 단계   ㉯ 픽업 단계

    ㉰ 발전 단계   ㉱ 렛다운 단계

16. 반죽속도에 따른 변화로 맞는 것은?

    ㉮ 고속이 저속보다 부피가 크다.   ㉯ 고속이 저속보다 단단하다.

    ㉰ 고속이 저속보다 향이 좋다.   ㉱ 고속이 저속보다 맛이 좋다.

17. 글루텐을 강화시키는 요인으로 바르게 짝지어진 것은?

    ㉮ 설탕, 환원제, 달걀   ㉯ 소금, 산화제, 탈지분유

    ㉰ 물, 환원제, 유지   ㉱ 소금, 산화제, 설탕

18. 제빵 시 이스트를 투입하는 방법 중 잘못된 것은?

    ㉮ 이스트는 물에 녹여 사용한다.

    ㉯ 녹이는 물은 너무 고온이나 저온을 피한다.

    ㉰ 이스트를 녹인 물에 직접 설탕을 넣지 않는다.

    ㉱ 속성법 등으로 이스트를 많이 사용할 경우 우유에 녹이면 이스트 향이 강해진다.

19. 다음 반죽의 상태 중 밀가루의 글루텐이 형성되어 최대의 탄력성을 갖는 단계는?

    ㉮ 픽업 단계   ㉯ 클린업 단계

    ㉰ 발전 단계   ㉱ 렛다운 단계

20. 25℃에서 반죽의 흡수율이 61%일 때 반죽의 온도를 30℃로 하면 흡수율은 얼마가 되겠는가?

    ㉮ 55%   ㉯ 58%   ㉰ 62%   ㉱ 65%

21. 식빵의 믹싱공정 중 반죽의 신장성이 최대가 되는 단계는?

    ㉮ 픽업 단계   ㉯ 클린업 단계

    ㉰ 최종 단계   ㉱ 파괴 단계

22. 프랑스빵 제조 시 반죽을 일반 빵에 비해서 적게 하는 이유는?

    ㉮ 질긴 껍질을 만들기 위해서

    ㉯ 팬에서의 흐름을 막고 모양을 좋게 하기 위해서

    ㉰ 자르기 할 때 용이하게 하기 위하여

    ㉱ 제품을 오래 보관하기 위하여

해답   14.㉱ 15.㉮ 16.㉮ 17.㉯ 18.㉱ 19.㉰ 20.㉯ 21.㉰ 22.㉯

23. 스트레이트법에 의한 제빵 반죽 시 유지는 보통 어느 단계에서 첨가하는가?

㉮ 픽업 단계   ㉯ 클린업 단계
㉰ 발전 단계   ㉱ 렛다운 단계

24. 건포도식빵, 옥수수식빵, 야채식빵을 만들 때 건포도, 옥수수, 야채는 믹싱의 어느 단계에 넣는 것이 좋은가?

㉮ 최종 단계 후   ㉯ 클린업 단계 후
㉰ 발전 단계 후   ㉱ 렛다운 단계 후

25. 다음 중 반죽의 목적이라 할 수 없는 것은?

㉮ 탄산가스 생성   ㉯ 각 재료를 균일하게 혼합
㉰ 밀가루의 글루텐 발전   ㉱ 밀가루의 수화

26. 반죽단계에서 수화는 완료되고 글루텐 일부가 결합된 상태는?

㉮ 클린업 단계(Clean-up)   ㉯ 픽업 단계(Pick-up)
㉰ 발전 단계(Development)   ㉱ 렛다운 단계(Let-down)

27. 다음 제품 중 반죽을 가장 많이 발전시키는 것은?

㉮ 프랑스빵   ㉯ 햄버거빵
㉰ 과자빵   ㉱ 식빵

28. 다음 제품 중 반죽이 가장 진 것은?

㉮ 식빵   ㉯ 프랑스빵
㉰ 잉글리시 머핀   ㉱ 과자빵

29. 믹서의 기능 중 잘못된 것은?

㉮ 균일하게 재료를 분산, 혼합하여야 한다.
㉯ 수화를 적당히 시켜야 한다.
㉰ 글루텐 결합을 잘 시켜야 한다.
㉱ 반죽 마찰열을 발생시켜야 한다.

30. 반죽 흡수량에 관한 설명 중 틀린 것은?

㉮ 반죽온도가 낮아지면 흡수량 증가
㉯ 후염법의 경우 흡수량 증가
㉰ 손상전분이 적으면 흡수량 증가
㉱ 직접법은 스펀지법보다 흡수량 증가

31. 반죽의 흡수율에 영향을 미치는 요인으로 적당하지 않은 것은?

㉮ 반죽의 온도   ㉯ 소금의 첨가시기
㉰ 물의 경도   ㉱ 이스트의 사용량

· 보충설명 ·

30. 밀가루성분 중 손상전분이 많을수록 흡수량은 증가한다.

해답   23.㉯   24.㉮   25.㉮   26.㉮   27.㉯   28.㉰   29.㉱   30.㉰   31.㉱

32. 제빵에서 탈지분유를 1% 증가하면 추가되는 물량으로 가장 적당한 것은?

㉮ 0.7%   ㉯ 5.2%   ㉰ 10%   ㉱ 15.5%

33. 설탕 5% 증가 시 흡수량은 어떻게 되는가?

㉮ 1% 감소   ㉯ 4% 증가
㉰ 3% 감소   ㉱ 2% 감소

34. 탈지분유 1% 증가 시 흡수율은 어떻게 되는가?

㉮ 1% 증가   ㉯ 5% 증가
㉰ 3% 증가   ㉱ 10% 증가

35. 다음 재료 중 증가할 때 흡수율이 감소하는 것은?

㉮ 소금   ㉯ 분유
㉰ 설탕   ㉱ 밀가루

36. 제빵 시 흡수에 영향을 주는 요인으로 맞는 것은?

㉮ 탈지분유 1% 증가, 흡수율 1% 증가
㉯ 설탕 5% 증가 시 흡수율 1% 증가
㉰ 반죽온도 +5℃에 흡수율 1%
㉱ 손상전분의 흡수율이 전분의 흡수율보다 적어야 한다.

37. 단백질 함량이 13%인 밀가루의 흡수율이 66%였다면 단백질 함량이 12%인 밀가루의 흡수율은?

㉮ 62%   ㉯ 64%
㉰ 66%   ㉱ 68%

38. 반죽의 혼합과정 중 유지를 첨가하는 방법으로 올바른 것은?

㉮ 밀가루 및 기타재료와 함께 계량하여 혼합하기 전에 첨가한다.
㉯ 반죽이 수화되어 덩어리를 형성하는 클린업 단계에서 첨가한다.
㉰ 반죽의 글루텐 형성 중간단계에서 첨가한다.
㉱ 반죽의 글루텐 형성 최종단계에서 첨가한다.

39. 빵 반죽의 흡수에 영향을 주는 요인들에 대한 설명이 잘못된 것은?

㉮ 반죽 온도가 높아지면 흡수율이 감소되는 경향
㉯ 연수는 경수보다 흡수가 증가하는 경향
㉰ 설탕 사용량이 많아지면 흡수율이 감소되는 경향
㉱ 손상전분이 적량 이상이면 흡수율이 증가하는 경향

40. 소금을 나중에 넣어 믹싱 시간을 단축하는 방법은?

㉮ 염장법   ㉯ 후염법
㉰ 염지법   ㉱ 훈제법

· 보충설명 ·

32. 탈지분유가 1% 증가하면 흡수율은 0.7~1% 정도 증가한다.

35. 설탕이 5% 증가시 흡수율은 1% 감소한다.

37. 밀가루의 단백질함량이 1% 감소하면 흡수율은 1.5~2%정도 감소한다.

39. 연수는 경수보다 흡수가 감소한다.

해답   32.㉮   33.㉮   34.㉮   35.㉰   36.㉮   37.㉯   38.㉯   39.㉯   40.㉯

41. 제빵에서 믹싱의 주된 기능은?

㉮ 거품 포집, 재료 분산, 혼합
㉯ 재료 분산, 온도 상승, 글루텐 완화
㉰ 혼합, 이김, 두드림
㉱ 혼합, 거품 포집, 온도 상승

42. 반죽의 오버 믹싱(Over mixing) 현상에 대한 설명으로 올바르지 못한 것은?

㉮ 글루텐의 3차원 구조상실로 미끄럼에 대한 저항성의 상실 현상
㉯ 과도한 절단으로 인한 글루텐 분자의 크기가 감소하여 글루텐 사이의 상호작용이 감소하는 현상
㉰ 단백질의 수분보유능력 감소로 인한 유리수 증가 현상
㉱ 글루텐의 3차원 구조강화로 인한 탄력성 증가 현상

·보충설명·

42. 반죽이 오버 믹싱이 되면 반죽의 탄력성이 현저하게 감소한다.

제4절 반죽온도의 조절

01. 수돗물온도 20℃, 사용할 물온도 10℃, 사용물량 4kg일 때 사용하는 얼음량은?

㉮ 100g　　　㉯ 200g　　　㉰ 300g　　　㉱ 400g

02. 데니시 페이스트리의 적당한 반죽온도는?

㉮ 14~18℃　　　　　　㉯ 18~22℃
㉰ 22~26℃　　　　　　㉱ 26~30℃

03. 비상 스트레이트법에서 반죽온도는?

㉮ 22℃　　　㉯ 27℃　　　㉰ 30℃　　　㉱ 40℃

04. 스펀지법으로 제빵 시 본반죽을 만들 때의 온도로 가장 적합한 것은?

㉮ 22℃　　　㉯ 27℃　　　㉰ 33℃　　　㉱ 40℃

05. 밀가루온도 19℃, 실내온도 22℃, 수돗물온도 18℃, 반죽온도 29℃일 때 마찰계수는 얼마인가?

㉮ 30　　　㉯ 29　　　㉰ 28　　　㉱ 24

06. 반죽온도에 영향을 끼치지 않는 요소는?

㉮ 물　　　　　　㉯ 마찰계수
㉰ 쇼트닝　　　　㉱ 실내온도

1. 얼음량
$$= \frac{[4{,}000g \times (20\text{-}10)]}{(80+20)} = 400g$$

5. 마찰계수
=29×3-(22+19+18)=28

6. 제빵에서 반죽온도에 영향을 끼치는 요소는 밀가루온도, 물온도, 실내온도, 마찰계수이다.

해답　41.㉰　42.㉱　　1.㉱　2.㉯　3.㉰　4.㉯　5.㉰　6.㉰

07. 스펀지 반죽온도를 24℃로 하는 것은?

    ㉮ 100% 스펀지   ㉯ 오버나이트 스펀지

    ㉰ 마스터 스펀지   ㉱ 액체 발효법

08. 데니시 페이스트리의 반죽을 휴지시키는 원인으로 맞지 않는 것은?

    ㉮ 이스트 발효를 억제한다.

    ㉯ 롤인 유지와 반죽의 되기를 조절한다.

    ㉰ 밀어 펴기를 쉽게 할 수 있다.

    ㉱ 제품의 노화를 막는다.

09. 수돗물온도 18℃, 사용할 물온도 9℃, 사용물량 10kg일 때 얼음 사용량은?

    ㉮ 0.8kg   ㉯ 0.92kg   ㉰ 1.11kg   ㉱ 1.21kg

10. 직접 반죽법으로 식빵을 제조하려고 한다. 실내온도 23℃, 밀가루온도 23℃, 수돗물온도 20℃, 마찰계수 20일 때 희망하는 반죽온도를 28℃로 만들려면 사용할 물의 온도는?

    ㉮ 16℃   ㉯ 18℃   ㉰ 20℃   ㉱ 23℃

11. 스트레이트법으로 일반 식빵을 만들 때 믹싱 후 반죽의 온도로 이상적인 것은?

    ㉮ 20℃   ㉯ 27℃   ㉰ 30℃   ㉱ 35℃

12. 스트레이트법에서 실내온도 27℃, 밀가루온도 25℃, 수돗물온도 18℃, 반죽결과온도 30℃, 희망온도 27℃, 사용물량 5kg일 때 사용해야 할 얼음량은 약 얼마인가?

    ㉮ 320g   ㉯ 460g   ㉰ 4kg   ㉱ 5kg

13. 식빵 배합을 할 때 반죽의 온도 조절에 가장 크게 영향을 미치는 원료는?

    ㉮ 밀가루   ㉯ 설탕   ㉰ 물   ㉱ 이스트

14. 사용할 물온도를 구할 때 필요한 온도가 아닌 것은?

    ㉮ 수돗물온도   ㉯ 실내온도

    ㉰ 마찰계수   ㉱ 밀가루온도

15. 스펀지 · 도법에서 스펀지의 표준온도는 얼마인가?

    ㉮ 20~21℃   ㉯ 23~24℃

    ㉰ 26~27℃   ㉱ 29~30℃

16. 수돗물온도 10℃, 실내온도 28℃, 밀가루온도 30℃, 마찰계수 23일 때 반죽온도 27℃로 하려면 몇 ℃의 물을 사용해야 하는가?

    ㉮ 0℃   ㉯ 5℃   ㉰ 12℃   ㉱ 17℃

· 보충설명 ·

9. 얼음량

$= [10kg \times (18-9)] \div (80+18)$

$≒ 0.92kg$

10. 사용할 물온도

$= 28 \times 3 - (23+23+20) = 18℃$

12. 마찰계수

$= 30 \times 3 - (27+25+18) = 20$

사용할 물온도

$= 27 \times 3 - (25+27+20) = 9℃$

얼음량

$= [5,000g \times (18-9)]$

$\div (80+18) ≒ 459.2g$

14. 사용할 물 온도를 구할 때는 희망반죽온도, 밀가루온도, 실내온도, 마찰계수가 필요하다.

16. 사용할 물 온도

$= 27 \times 3 - (30+28+23) = 0℃$

해답   7.㉮ 8.㉱ 9.㉯ 10.㉯ 11.㉯ 12.㉯ 13.㉰ 14.㉮ 15.㉯ 16.㉮

17. 식빵 제조 시 반죽온도에 가장 큰 영향을 주는 재료는?

㉮ 설탕   ㉯ 밀가루   ㉲ 소금   ㉴ 반죽 개량제

18. 반죽할 때 반죽의 온도가 높아지는 주된 이유는?

㉮ 마찰열 때문
㉯ 이스트 번식 때문
㉲ 원료가 용해되는 관계로
㉴ 글루텐의 발전 관계로

19. 아래와 같은 조건일 때 스펀지 법에서 도의 물 온도는 몇 ℃가 적당한가?

> 〈조건〉   실내온도 29℃, 스펀지온도 24℃, 마찰계수 22
> 밀가루온도 28℃, 희망온도 30℃, 수돗물온도 20℃

㉮ 13℃   ㉯ 17℃   ㉲ 25℃   ㉴ 0℃

20. 더운 여름에 얼음을 사용하여 반죽온도 조절시 계산 순서로 적합한 것은?

㉮ 마찰 계수 → 물 온도 계산 → 얼음 사용량
㉯ 물 온도 계산 → 얼음 사용량 → 마찰계수
㉲ 얼음 사용량 → 마찰계수 → 물 온도 계산
㉴ 물 온도 계산 → 마찰 계수 → 얼음 사용량

・보충설명・

19. 스펀지법에서 도(본반죽)에 사용할 물온도
=(희망반죽온도×4)-(밀가루온도+실내온도+마찰계수+스펀지 반죽온도)
=(30×4)-(28+29+22+24)
=17℃

제5절   1차 발효

01. 발효과정에서 탄산가스를 잡아 주는 보호막은?

㉮ 글루텐   ㉯ 이스트
㉲ 탈지분유   ㉴ 설탕

02. 스트레이트법으로 제빵 시 일반적으로 1차 발효실의 습도는 몇 %가 가장 적당한가?

㉮ 55~60%   ㉯ 65~70%
㉲ 75~80%   ㉴ 85~90%

03. 식빵제조에서 1차 발효 손실은 일반적으로 얼마인가?

㉮ 1~2%   ㉯ 7~9%
㉲ 10~13%   ㉴ 15~17%

04. 다음 중 발효와 상관없는 것은?

㉮ pH   ㉯ 온도   ㉲ 쇼트닝   ㉴ 습도

해답   17.㉯   18.㉮   19.㉯   20.㉮   1.㉮   2.㉲   3.㉮   4.㉲

05. 스트레이트법에서 1차 발효의 완성점을 찾는 방법이 아닌 것은?

㉮ 손가락으로 반죽을 눌러 본다.
㉯ 부피의 증가상태를 확인한다.
㉰ 반죽내부의 섬유질 조직을 확인한다.
㉱ 반죽의 일부를 펼쳐서 피막을 확인한다.

06. 스트레이트법에서 1차 발효실의 온도는?

㉮ 24℃　　　㉯ 27℃　　　㉰ 30℃　　　㉱ 34℃

07. 제빵용 효모에 의하여 발효되지 않는 당은?

㉮ 포도당　　　　　　㉯ 과당
㉰ 맥아당　　　　　　㉱ 유당

08. 스트레이트법에서 반죽온도 1℃가 올라가는데 걸리는 시간은?

㉮ 10분　　　㉯ 15분　　　㉰ 30분　　　㉱ 50분

09. 제빵에 있어서 이스트의 생성물은?

㉮ 탄산가스　　　　　㉯ 표피생성
㉰ 수증기　　　　　　㉱ 산소

10. 표준 스펀지법에서 1차 발효(스펀지 발효) 시간은?

㉮ 1~2시간　　　　　㉯ 3~4시간
㉰ 5~6시간　　　　　㉱ 7~8시간

11. 발효의 목적이 아닌 것은?

㉮ 이산화탄소를 발생시킨다.　　㉯ 글루텐을 숙성시킨다.
㉰ 향을 발달시킨다　　　　　　㉱ 글루텐을 강하게 한다.

12. 2%의 이스트로 4시간 발효했을 때 가장 좋은 결과를 얻는다고 한다. 발효시간을 3시간으로 감소시키려면 이스트의 양은 얼마로 결정하여야 하는가?

㉮ 2.16%　　　㉯ 2.66%　　　㉰ 3.16%　　　㉱ 3.66%

13. 스펀지법에서 1시간당 반죽온도는 몇 ℃ 상승하나?

㉮ 0.75℃　　　㉯ 1.75℃　　　㉰ 2.75℃　　　㉱ 3.75℃

14. 총 배합률 180%인 식빵을 제조하는데 밀가루 22kg을 사용하였더니 분할무게 600g인 식빵 65개가 생산되었다. 이 제품의 발효 손실은 얼마인가?

㉮ 0.52%　　　㉯ 1.52%　　　㉰ 2.02%　　　㉱ 2.52%

· 보충설명 ·

5. 반죽의 피막확인은 믹싱 중 글루텐의 발달 정도를 판단하기위한 것이다.

7. 제빵용 효모(이스트)에는 유당을 분해하는 효소인 락타아제가 함유되어있지 않다.

9. 이스트의 발효 생성물은 이산화탄소(탄산가스), 알코올, 열이다.

12. 변경할 이스트의양
=(정상이스트의 양×정상발효 시간)÷변경할 발효 시간이므로
(2×4)÷3≒2.66%

14. 반죽의 총 무게
$=22kg×\dfrac{180}{100}=39.6kg$
(발효 전의 반죽무게)
발효 후 반죽 총 무게
=600g×65개=39,000g
=39kg
발효 손실
$=\dfrac{(39.6-39)}{39.6}×100≒1.52\%$

해답　5.㉱　6.㉯　7.㉱　8.㉰　9.㉮　10.㉯　11.㉱　12.㉯　13.㉯　14.㉯

15. 1차 발효 시 완성점을 판단하는 방법이 아닌 것은?

㉠ 부피가 3~3.5배로 증가되었다.

㉡ 섬유질이 생성되었다.

㉢ 손가락으로 눌러서 올라오지 않는다.

㉣ 탄력성이 있다.

16. 설탕은 몇 %부터 제빵의 발효에 영향을 미치는가?

㉠ 3%　　　　　㉡ 5%　　　　　㉢ 8%　　　　　㉣ 10%

17. 발효빵의 제조공정 중 가장 중요한 3가지는?

㉠ 배합, 발효, 시간　　　　　㉡ 배합, 발효, 온도

㉢ 배합, 중간발효, 시간　　　　　㉣ 배합, 발효, 굽기

18. 2%의 이스트를 사용했을 때 최적 발효시간이 120분이라면 2.2%의 이스트를 사용했을 때 예상발효시간은?

㉠ 130분　　　　　㉡ 109분

㉢ 100분　　　　　㉣ 90분

19. 빵 제조 시 발효시키는 직접적인 목적이 아닌 것은?

㉠ 탄산가스의 발생으로 팽창작용을 한다.

㉡ 유기산, 알코올 등을 생성시켜 빵 고유의 향을 발달시킨다.

㉢ 글루텐을 발전, 숙성시켜 가스의 포집과 보유능력을 증대시킨다.

㉣ 발효성 탄수화물의 공급으로 이스트 세포수를 증가시킨다.

20. 식빵반죽의 점착성에 대하여 틀린 것은?

㉠ 발효 과다　　　　　㉡ 발효 부족

㉢ 믹싱 과다　　　　　㉣ 믹싱 부족

21. 식빵을 만들 때 1차 발효실의 온도는?

㉠ 24℃　　　　　㉡ 27℃　　　　　㉢ 34℃　　　　　㉣ 37℃

22. 다음 중 발효식품은 어느 것인가?

㉠ 빵　　　　　㉡ 초콜릿

㉢ 호두　　　　　㉣ 카스텔라

23. 삼투압에 대하여 맞는 것은?

㉠ 삼투압이 높을수록 발효시간이 빠르다.

㉡ 삼투압이 높을수록 발효시간은 길다.

㉢ 삼투압은 발효시간과 관계가 없다.

㉣ 삼투압이 낮으면 발효가 느리다.

· 보충설명 ·

18. 변경할 발효시간
= (정상이스트의 양×정상발효시간) ÷ 변경할 이스트의 양
= (2×120) ÷ 2.2 ≒ 109분

19. 빵 발효 중 이스트 세포수의 증가에 대해 스펀지법의 스펀지에서 약간의 증가가 보인다는 연구결과가 있기는 하지만 전반적으로 발효 중 이스트 세포수의 증가는 없는 것으로 보아도 무난하다.

20. 식빵반죽은 발효가 부족하면 건조한 상태가 된다.

23. 삼투압이 높다는 것은 용해되어진 무기염류 또는 가용성 물질(설탕, 소금 등)의 함량이 높다는 말이다. 제빵에서 설탕과 소금의 배합비율이 높으면 발효를 억제하므로 발효시간이 길어진다.

24. 이스트의 발효 생성 물질은?

㉮ 알코올+탄산가스 ㉯ 알코올+물

㉰ 물+유기산 ㉱ 무기질

25. 제과제빵에서 설탕이 어떤 원리로 미생물 번식을 억제하는가?

㉮ 온도 변화 ㉯ 삼투압 변화

㉰ pH 변화 ㉱ 산화와 환원

26. 발효 중 초산균은 어떤 물질을 초산으로 전환시키는가?

㉮ 알코올 ㉯ 탄산가스 ㉰ 유당 ㉱ 유산

27. 반죽을 발효하는 동안 생성되는 것이 아닌 것은?

㉮ 알코올 ㉯ 탄산가스

㉰ 유기산 ㉱ 질소

28. 전체 발효시간이 90분일 경우 펀치(Punch)는 언제 행하는가?

㉮ 믹싱 직후 ㉯ 발효시작 30분 후

㉰ 발효시작 60분 후 ㉱ 발효시작 90분 후

29. 빵 효모의 발효에 가장 정당한 pH의 범위는?

㉮ 2~4 ㉯ 4~6 ㉰ 6~8 ㉱ 8~10

30. 1차 발효 중에 펀치를 하는 이유는?

㉮ 반죽의 온도를 높인다.

㉯ 이스트를 활성화시킨다.

㉰ 효소를 불활성화시킨다.

㉱ 탄산가스의 축적을 증가시킨다.

31. 펀치의 효과와 가장 거리가 먼 것은?

㉮ 반죽의 온도를 균일하게 한다.

㉯ 이스트의 활성을 돕는다.

㉰ 반죽에 산소공급으로 산화, 숙성을 진전시킨다.

㉱ 성형을 용이하게 한다.

32. 스펀지 발효의 발효점은 일반적으로 처음 반죽부피의 몇 배까지 팽창되는 것이 가장 적당한가?

㉮ 1~2배 ㉯ 2~3배 ㉰ 4~5배 ㉱ 6~7배

33. 액체 발효법에서 가장 적당한 발효점의 측정법은?

㉮ 부피 증가 ㉯ 거품의 상태

㉰ 산도 측정 ㉱ 액의 색 변화

· 보충설명 ·

25. 식품에서 삼투압이 높으면 미생물의 번식을 억제한다.

28. 펀치는 1차 발효시간의 2/3가 되는 시점에서 실시한다.

해답 24.㉮ 25.㉯ 26.㉮ 27.㉱ 28.㉰ 29.㉯ 30.㉯ 31.㉱ 32.㉰ 33.㉰

34. 발효 손실의 원인이 아닌 것은?

㉮ 수분 증발

㉯ 탄수화물이 탄산가스로 전환

㉰ 탄수화물이 알코올로 전환

㉱ 재료 계량의 오차

35. 빵이 팽창하는 원인이 아닌 것은?

㉮ 이스트에 의한 발효 활동 생성물에 의한 팽창

㉯ 이스트나 설탕, 달걀 등의 거품에 의한 팽창

㉰ 탄산가스, 알콜, 수증기에 의한 팽창

㉱ 글루텐의 공기 포집에 의한 팽창

36. pH 측정으로 알 수 없는 사항은?

㉮ 재료의 품질 변화 ㉯ 반죽의 산도

㉰ 반죽에 존재하는 총 산의 함량 ㉱ 반죽의 발효 정도

37. 스펀지에서 드롭 또는 브레이크 현상이 일어나는 가장 적당한 시기는?

㉮ 반죽의 약 1.5배 정도 부푼 후

㉯ 반죽의 약 2~3배 정도 부푼 후

㉰ 반죽의 약 4~5배 정도 부푼 후

㉱ 반죽의 약 6~7배 정도 부푼 후

38. 빵 발효에서 다른 조건이 같을 때 발효 손실에 대한 설명으로 틀린 것은?

㉮ 반죽 온도가 낮을수록 발효손실이 크다.

㉯ 발효 시간이 길수록 발효손실이 크다.

㉰ 소금, 설탕 사용량이 많을수록 발효손실이 적다.

㉱ 발효실 온도가 높을수록 발효손실이 크다.

· 보충설명 ·

34. 발효 손실은 장시간 발효 중 수분이 증발하고 탄수화물이 탄산가스와 알코올로 전화되면서 생긴다.

35. 달걀의 거품에 의한 팽창은 제과에서 주된 팽창 원인이다.

38. 반죽온도가 높을수록 발효손실이 크다.

제6절 성형(분할, 둥글리기, 중간발효, 정형 등)

01. 번이나 롤의 분할중량 규격은?

㉮ 20g 이하 ㉯ 130g 이하

㉰ 225g 이하 ㉱ 450g 이하

02. 벤치 타임(Bench time)이란?

㉮ 1차 발효 ㉯ 2차 발효

㉰ 중간발효 ㉱ 플로어 타임

해답 **34.**㉱ **35.**㉯ **36.**㉰ **37.**㉰ **38.**㉮ 1.㉯ 2.㉰

03. 건포도식빵에 관한 설명 중 틀린 것은?

㉮ 반죽의 완전 발전 후 건포도를 투입한다.
㉯ 밀어 펴기(가스빼기)를 완전히 한다.
㉰ 2차 발효 시간이 길다.
㉱ 패닝 양은 일반 식빵에 비해 10~20% 증가시킨다.

04. 일반 제빵공정에서 중간발효는 어느 공정 다음에 실시하는가?

㉮ 반죽하기   ㉯ 둥글리기
㉰ 성형   ㉱ 패닝

05. 어떤 빵의 굽기 손실이 12%일 때 완제품의 중량을 600g으로 만들려면 분할무게는?

㉮ 612g   ㉯ 682g   ㉰ 702g   ㉱ 712g

06. 중간발효의 목적으로 틀리는 것은?

㉮ 글루텐 조직의 재정돈   ㉯ 반죽 유연성의 회복
㉰ 신장성의 증가   ㉱ 점착성의 감소

07. 둥글리기의 목적이 아닌 것은?

㉮ 글루텐의 구조를 정돈한다.
㉯ 정형을 쉽게 한다.
㉰ 이산화탄소 가스를 보유할 수 없게 한다.
㉱ 끈적거림을 제거한다.

08. 제빵 시 성형의 범위에 들어가지 않는 것은?

㉮ 둥글리기   ㉯ 분할   ㉰ 정형   ㉱ 2차 발효

09. 제빵 시 성형 직전에 행하는 중간발효의 목적이 아닌 항목은?

㉮ 긴장, 경화된 반죽의 상태를 완화시킨다.
㉯ 글루텐 조직의 구조를 재정돈시킨다.
㉰ 반죽을 팽창시켜 기계의 내성을 저하시킨다.
㉱ 성형과정에서 반죽이 잘 늘어나게 한다.

10. 다음은 어떤 공정의 목적인가?

〈보기〉 자른 면의 점착성을 감소시키고 표피를 형성하여 탄력을 유지시킨다.

㉮ 분할   ㉯ 둥글리기
㉰ 중간발효   ㉱ 정형

11. 다음 중 정형공정이 아닌 것은?

㉮ 밀기   ㉯ 말기
㉰ 팬에 넣기   ㉱ 봉하기

·보충설명·

3. 건포도식빵의 제조에서 반죽을 밀 때 건포도가 부서져서 모양이 상하지 않도록 느슨하게 성형한다.

5. 분할무게
= 600g ÷ (1-0.12) ≒ 682g

8. 성형공정(make-up)은 분할→둥글리기(환목)→중간발효(벤치 타임)→정형(또는 좁은 의미의 성형)→패닝 등 5가지 공정을 말한다.

11. 정형공정은 가스빼기(밀기), 말기, 접기, 봉하기등의 공정을 포함한다.

해답 3.㉯ 4.㉯ 5.㉯ 6.㉱ 7.㉰ 8.㉱ 9.㉰ 10.㉯ 11.㉰

12. 분할은 가급적 몇 분 이내에 완료하는 것이 좋은가?

㉮ 10분　　　　　　　　　　㉯ 20분

㉰ 30분　　　　　　　　　　㉱ 40분

13. 식빵제조 중 굽기 및 냉각 손실이 10%이고 완제품이 500g이라면 분할은 몇 g인가?

㉮ 556g　　　　　　　　　　㉯ 566g

㉰ 576g　　　　　　　　　　㉱ 586g

14. 분할기에 의한 기계식 분할 시 분할의 기준이 되는 것은?

㉮ 무게　　　　　　　　　　㉯ 모양

㉰ 배합률　　　　　　　　　㉱ 부피

15. 같은 크기의 틀에 넣어 같은 체적의 제품을 얻으려고 할 때 가장 반죽의 분할량이 적은 제품은?

㉮ 밀가루식빵　　　　　　　㉯ 호밀식빵

㉰ 옥수수식빵　　　　　　　㉱ 건포도식빵

16. 빵의 제조공정 중 반죽 내 기포수가 기하급수적으로 증가하는 단계는?

㉮ 혼합(Mixing)　　　　　　㉯ 1차 발효(Fermentation)

㉰ 성형(Moulding)　　　　　㉱ 2차 발효(Proofing)

17. 빵 제품의 제조공정에 속하는 다음 각 단계들의 설명으로 올바르지 않은 것은?

㉮ 반죽의 분할은 무게 또는 부피에 의하여 분할한다.

㉯ 둥글리기에서 과다한 덧가루를 사용하면 제품에 줄무늬가 생긴다.

㉰ 중간발효의 시간은 보통 10～20분이며 27～29℃에서 실시한다.

㉱ 성형은 반죽을 일정한 형태로 만드는 1단계 공정으로 이루어져 있다.

18. 일반 제품의 메이크업(Make-up)과정 중 작업실의 온도 및 습도가 맞는 것은?

㉮ 온도 25～28℃, 습도 65～70%

㉯ 온도 10～18℃, 습도 65～70%

㉰ 온도 25～28℃, 습도 80～85%

㉱ 온도 10～18℃, 습도 80～85%

19. 빵의 제조과정에서 빵 반죽을 분할기에서 분할할 때나 구울 때 달라붙지 않게 하고 모양을 그대로 유지하기 위하여 사용되는 첨가물은?

㉮ 카세인　　　　　　　　　㉯ 유동파라핀

㉰ 프로필렌글리콜　　　　　㉱ 대두인지질

· **보충설명** ·

12. 분할할 때 식빵류는 15~20분 이내, 과자빵류는 최대 30분 이내에 하는 것이 좋다.

13. 분할무게
=500g÷(1-0.1)≒556g

14. 수동분할(소규모공장에서 손으로 하는 분할)로 무게를 달아 분할하는 반면 기계분할(대규모공장에서 대량생산시 하는 분할)은 일정 부피를 기준으로 분할한다.

15. 같은 체적일 때 가장 많이 부풀고 가장 가벼운 제품일수록 반죽의 분할중량이 적어진다.

17. 성형공정은 5단계 공정으로 이루어져 있다.

19. 제과·제빵에서 잘 떨어지게 하는 첨가물인 이형제에는 유동파라핀의 사용이 허용되어 있다.

해답　12.㉯　13.㉮　14.㉱　15.㉮　16.㉰　17.㉱　18.㉮　19.㉯

20. 성형과정의 5가지 공정이 순서대로 된 것은?

㉠ 반죽 → 중간발효 → 분할 → 둥글리기 → 정형

㉡ 분할 → 둥글리기 → 중간발효 → 정형 → 패닝

㉢ 둥글리기 → 중간발효 → 정형 → 패닝 → 2차 발효

㉣ 중간발효 → 정형 → 패닝 → 2차 발효 → 굽기

21. 성형 시 둥글리기의 목적이 될 수 없는 것은?

㉠ 표피를 형성시킨다.　　　㉡ 가스포집을 돕는다.

㉢ 끈적거림을 제거한다.　　㉣ 껍질색을 좋게 한다.

22. 바게트(Baguette)의 통상적인 분할 무게는?

㉠ 50g　　　　　　　　　㉡ 200g

㉢ 350g　　　　　　　　㉣ 600g

23. 분할을 할 때 반죽의 손상을 줄일 수 있는 방법이 아닌 것은?

㉠ 스트레이트법보다는 스펀지법으로 반죽한다.

㉡ 반죽온도를 높인다.

㉢ 단백질 양이 많은 질 좋은 밀가루로 만든다.

㉣ 가수량이 최적인 상태의 반죽을 만든다.

24. 다음 중 팬 기름칠을 다른 제품보다 더 많이 하는 제품은?

㉠ 베이글　　　　　　　　㉡ 바게트

㉢ 단팥빵　　　　　　　　㉣ 건포도 식빵

25. 중간 발효가 필요한 이유로 가장 적당한 것은?

㉠ 탄력성을 갖기 위하여

㉡ 모양을 일정하게 하기 위하여

㉢ 반죽 온도를 낮게 하기 위하여

㉣ 반죽에 유연성을 부여하기 위하여

26. 오버헤드 프루퍼(Overhead proofer)는 어떤 공정을 행하기 위해 사용하는 것인가?

㉠ 분할　　　㉡ 둥글리기　　　㉢ 중간발효　　　㉣ 정형

27. 페이스트리 성형 자동밀대(파이롤러)에 대한 설명 중 맞는 것은?

㉠ 기계를 사용하므로 밀어 펴기의 반죽과 유지와의 경도는 가급적 다른 것이 좋다.

㉡ 기계에 반죽이 달라붙는 것을 막기 위해 덧가루를 많이 사용한다.

㉢ 기계를 사용하여 반죽과 유지는 따로 따로 밀어서 편 뒤 감싸서 밀어 펴기를 한다.

㉣ 냉동휴지 후 밀어 펴면 유지가 굳어 갈라지므로 냉장휴지를 하는 것이 좋다.

해답　**20.**㉡　**21.**㉣　**22.**㉢　**23.**㉡　**24.**㉣　**25.**㉣　**26.**㉢　**27.**㉣

01. 이형유에 관한 설명 중 올바르지 않은 것은?

㉮ 틀을 실리콘으로 코팅하면 이형유의 사용을 줄일 수 있다.
㉯ 이형유는 발연점이 높은 기름을 사용한다.
㉰ 이형유 사용량은 반죽무게에 대하여 0.1~0.2% 정도이다.
㉱ 이형유 사용량이 많으면 밑껍질이 얇아지고 색상이 밝아진다.

02. 새로운 팬의 처리방법 중 틀린 것은?

㉮ 깨끗한 물에 2시간 정도 담근 후 꺼내어 그늘에서 말린다.
㉯ 강판은 250~300℃의 고온으로 50분 정도 굽는다.
㉰ 굽기 후 기름칠을 하여 보관한다.
㉱ 실리콘이 코팅된 팬은 가볍게 태우는 정도로 처리한다.

03. 가로 10cm, 세로 5cm, 높이 3.6cm일 때 직사각형 팬에 넣는 분할량은? (비용적은 3.6㎤/g)

㉮ 42g　　　　㉯ 44g　　　　㉰ 46g　　　　㉱ 50g

04. 제빵용 팬오일에 대한 설명 중 틀린 것은?

㉮ 종류에 상관없이 발연점이 낮아야 한다.
㉯ 백색광유도 사용한다.
㉰ 정제라드, 식물유, 혼합유도 사용한다.
㉱ 과다하게 칠하면 밑껍질이 두껍고 어둡게 된다.

05. 빵의 패닝(팬 넣기)에 있어 팬의 온도로 가장 적합한 것은?

㉮ 냉장온도(0~5℃)　　　　㉯ 20~24℃
㉰ 30~35℃　　　　㉱ 60℃ 이상

06. 정형한 식빵 반죽을 팬에 넣을 때 이음매의 위치는?

㉮ 위　　　　㉯ 아래　　　　㉰ 좌측　　　　㉱ 우측

07. 안쪽 치수가 그림과 같은 식빵철판의 용적은?

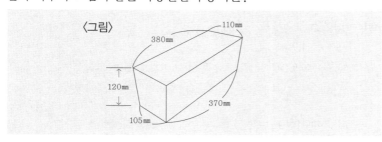

〈그림〉

㉮ 4,662cc　　　㉯ 4,837.5cc　　　㉰ 5,018.5cc　　　㉱ 5,218.5cc

해답 1.㉱ 2.㉮ 3.㉱ 4.㉮ 5.㉰ 6.㉯ 7.㉯

· 보충설명 ·

1. 이형유의 사용량이 많으면 밑껍질이 두꺼워지고 색상은 어두워진다.

2. 팬은 물이 아니라 기름칠하여 닦아낸다.

3. 반죽의분할량=팬용적÷비용적
직사각형의 팬용적
$=10cm×5cm×3.6cm=180cm^3$
반죽의 분할량=180÷3.6=50g

4. 제빵용 팬기름은 발연점이 높아야 한다.

7. 경사면 직육면체 팬용적
=평균가로×평균세로×높이
$$=\frac{(380mm+370mm)}{2}×$$
$$\frac{(110mm+105mm)}{2}×120mm$$
$=375mm×107.5mm×120mm$
$=4,837,500mm^3=4837.5cc$

08. 제빵 시 팬오일의 조건으로 나쁜 것은?

㉮ 낮은 발연점의 기름   ㉯ 무취의 기름

㉰ 무색의 기름   ㉱ 산패되기 쉽지 않은 기름

09. 정형과정의 마지막인 패닝과정은 반죽을 철판이나 틀에 담는 과정을 말한다. 패닝 시 틀의 온도로 가장 적합한 것은?

㉮ 20℃   ㉯ 32℃   ㉰ 55℃   ㉱ 70℃

10. 새로운 팬의 처리방법 중 옳은 것은?

㉮ 코팅되지 않은 팬은 218℃ 이하의 오븐에서 1시간 정도 굽는다.

㉯ 실리콘으로 코팅된 팬은 고온으로 굽는다.

㉰ 팬은 물로 씻고 그늘에서 보관한다.

㉱ 팬은 사용 후에는 수세미로 깨끗이 씻어 이물질을 제거한다.

11. 빵의 패닝(팬 넣기)에 있어 팬의 온도로 가장 적합한 것은?

㉮ 냉장온도(0~5℃)   ㉯ 20~24℃

㉰ 30~35℃   ㉱ 60℃ 이상

12. 팬에 칠하는 팬오일로 유지를 사용할 때 다음 중 어떠한 것을 높은 것으로 선택하는 것이 좋은가?

㉮ 가소성   ㉯ 크림성   ㉰ 발연점   ㉱ 비등점

13. 다음 중 올바른 패닝 요령이 아닌 것은?

㉮ 반죽의 이음매가 틀의 바닥으로 놓이게 한다.

㉯ 철판의 온도를 60℃로 맞춘다.

㉰ 반죽은 적정 분할량을 넣는다.

㉱ 비용적의 단위는 ㎤/g이다.

14. 팬 오일의 조건이 아닌 것은?

㉮ 발연점이 130℃ 정도 되는 기름을 사용한다.

㉯ 산패되기 쉬운 지방산이 적어야 한다.

㉰ 보통 반죽 무게의 0.1~0.2%를 사용한다.

㉱ 면실유, 대두유 등의 기름이 이용된다.

15. 일반적으로 산형 식빵의 비용적(cc/g)은?

㉮ 1.0~1.3   ㉯ 1.4~1.7

㉰ 2.3~2.7   ㉱ 3.2~3.4

16. 식빵의 일반적인 비용적은?

㉮ 0.36cm³/g   ㉯ 1.36cm³/g

㉰ 3.36cm³/g   ㉱ 5.36cm³/g

· 보충설명 ·

10. 새로운 팬 중 코팅이 안 된 팬은 고온에서 구운 후 사용하고 실리콘으로 코팅된 팬은 가볍게 태우는 정도로 전처리한다. 팬을 세척할 때는 물을 사용하지 않고 기름칠하여 닦아낸다

13. 패닝 시 철판의 적정 온도는 32℃이다.

해답   **8.**㉮   **9.**㉯   **10.**㉮   **11.**㉰   **12.**㉰   **13.**㉯   **14.**㉮   **15.**㉱   **16.**㉰

17. 패닝방법 중 풀먼 브레드와 같이 뚜껑을 덮어 굽는 제품에 반죽을 길게 늘려 U자, N자, M자형으로 넣는 방법은?

㉮ 직접 패닝 ㉯ 트위스트 패닝
㉰ 스파이럴 패닝 ㉱ 교차 패닝

제8절 | 2차 발효

01. 식빵의 2차 발효실의 온도로 알맞은 것은?

㉮ 25℃ ㉯ 30℃ ㉰ 38℃ ㉱ 45℃

02. 프랑스빵 제조 시 적당한 2차 발효실의 습도는?

㉮ 75~80% ㉯ 80~85%
㉰ 85~90% ㉱ 90~95%

03. 식빵을 만들 때 2차 발효실의 습도는?

㉮ 85~90% ㉯ 90~95%
㉰ 60~65% ㉱ 70~75%

04. 2차 발효의 습도가 가장 낮은 것은?

㉮ 프랑스빵 ㉯ 식빵 ㉰ 도넛 ㉱ 소보루

05. 2차 발효 시 습도가 많을 때 사항이 아닌 것은?

㉮ 껍질이 거칠다. ㉯ 질긴 껍질이 된다.
㉰ 물집이 있다. ㉱ 오븐에서 팽창이 안 된다.

> **5.** 2차 발효에서 습도가 높으면 오 븐에서 부피가 커진다.

06. 데니시 페이스트리를 만들 때 2차 발효의 온도는?

㉮ 일반 빵보다 높아야 한다.
㉯ 충전용 유지의 융점보다 높아야 한다.
㉰ 충전용 유지의 융점보다 낮아야 한다.
㉱ 발효시키지 않는다.

> **6.** 2차 발효에서 충전용 유지가 녹 으면 오븐에서 부피팽창이 생기 지 않는다. 따라서 충전용 유지 의 융점보다 낮은 온도로 2차 발 효를 시켜야 한다.

07. 2차 발효와 관계없는 것은?

㉮ 온도 ㉯ 습도 ㉰ 기압 ㉱ 시간

08. 2차 발효와 관계가 없는 것은?

㉮ 온도 ㉯ 습도
㉰ 시간 ㉱ 분할무게

해답 17.㉱ 1.㉰ 2.㉮ 3.㉮ 4.㉮ 5.㉱ 6.㉰ 7.㉰ 8.㉱

09. 데니시 페이스트리의 작업 시 틀린 것은?

㉮ 약간의 덧가루를 사용한다.

㉯ 발효실의 온도는 유지의 융점보다 낮게 한다.

㉰ 저온에서 구우면 유지가 흘러 나온다.

㉱ 2차 발효의 시간은 길게 하고 습도는 높게 한다.

10. 제빵에서 2차 발효실의 상대습도는 품목에 따라 75~90%까지 다양하게 조정된다. 표준습도보다 낮을 때 일어나는 현상이 아닌 것은?

㉮ 반죽에 껍질형성이 빠르게 일어난다.

㉯ 오븐에 넣었을 때 팽창이 저해된다.

㉰ 껍질색이 불균일하게 되기 쉽다.

㉱ 수포가 생기거나 질긴 껍질이 되기 쉽다.

11. 다음 중 2차 발효의 주요관리 대상이 아닌 것은?

㉮ 발효온도 ㉯ 발효색상 ㉰ 발효습도 ㉱ 발효시간

12. 2차 발효의 상대습도를 가장 낮게 설정하는 제품은?

㉮ 옥수수빵 ㉯ 데니시 페이스트리

㉰ 우유식빵 ㉱ 팥소빵

13. 2차 발효실의 습도가 가장 높아야 할 제품은?

㉮ 바게트 ㉯ 하드 롤 ㉰ 햄버거빵 ㉱ 도넛

14. 2차 발효실의 온도범위로 가장 적합한 것은?

㉮ 20~26℃ ㉯ 32~45℃ ㉰ 50~64℃ ㉱ 66~75℃

15. 2차 발효실의 온도와 습도로 적합한 것은?

㉮ 온도 27~29℃, 습도 90~100%

㉯ 온도 38~40℃, 습도 90~100%

㉰ 온도 38~40℃, 습도 80~90%

㉱ 온도 27~29℃, 습도 80~90%

16. 적당한 2차 발효점은 여러 여건에 따라 차이가 있다. 일반적으로 완제품의 몇 %까지 팽창시키는가?

㉮ 30~40% ㉯ 50~60%

㉰ 70~80% ㉱ 90~100%

17. 2차 발효에 대한 설명 중 올바르지 않은 것은?

㉮ 이산화탄소를 생성시켜 최대한의 부피를 얻고 글루텐을 신장시키는 과정이다.

㉯ 2차 발효실의 온도는 반죽의 온도보다 반드시 같거나 높아야 한다.

㉰ 2차 발효실의 습도는 평균 75~90% 정도이다.

㉱ 2차 발효실의 습도가 높을 경우 겉껍질이 형성되고 터짐현상이 발생한다.

· 보충설명 ·

9. 데니시 페이스트리는 2차 발효 시간을 짧게 하며 2차 발효습도는 낮게 설정한다.

10. 2차 발효습도가 너무 높으면 껍질에 수포가 생기고 질긴 껍질이 되기 쉽다.

17. 2차 발효습도가 낮을 경우 마른 껍질이 형성되고 굽기 중에 터짐현상이 발생한다.

18. 일반적으로 표준식빵 제조 시 가장 적당한 2차 발효실의 습도는?

㉮ 95%　　　　㉯ 85%　　　　㉰ 65%　　　　㉱ 55%

19. 2차발효에 대한 설명으로 틀린 것은?

㉮ 2차 발효실 온도는 33~45℃이다.
㉯ 2차 발효실의 상대습도는 70~90%이다.
㉰ 2차 발효시간이 경과함에 따라 pH는 5.13에서 5.49로 상승한다.
㉱ 2차 발효실 온도가 너무 낮으면 발효시간은 길어지고 빵속의 조직이 거칠게 된다.

20. 다음 제품 제조 시 2차 발효실의 습도를 가장 낮게 유지하는 것은?

㉮ 풀먼 브레드　　　　　　　㉯ 햄버거빵
㉰ 과자빵　　　　　　　　　㉱ 빵도넛

· 보충설명 ·

19. 제빵에서 발효가 진행되면서 pH는 떨어진다.

제9절　굽기

01. 굽기 중 오븐 스프링(Oven spring)의 시간으로 적당한 것은 ?

㉮ 10분　　　　㉯ 15분　　　　㉰ 20분　　　　㉱ 25분

02. 굽기 과정 중 마지막에 일어나는 것은?

㉮ 오븐 스프링　　　　　　　㉯ 오븐 라이스
㉰ 전분의 호화　　　　　　　㉱ 캐러멜 반응

03. 일반적으로 굽기 과정 중 밀가루의 글루텐단백질이 변성을 시작하는 온도는?

㉮ 54℃　　　　㉯ 64℃　　　　㉰ 74℃　　　　㉱ 84℃

04. 55kg의 반죽으로 500g인 식빵 100개를 만들었다. 이때 굽기 손실은?

㉮ 8~10%　　　　　　　　㉯ 10~12%
㉰ 12~14%　　　　　　　　㉱ 14~16%

05. 빵을 구울 때 오븐 스프링에 대해 바르게 나타내지 않은 것은?

㉮ 가스의 팽창　　　　　　　㉯ 탄산가스 방출
㉰ 이스트 작용　　　　　　　㉱ 단백질의 변성

06. 굽기의 원칙이 아닌 것은?

㉮ 고율 배합의 제품은 낮은 온도에서
㉯ 부피가 클수록 낮은 온도에서

4. 완제품 총 무게
=500g×100개=50,000g

=50kg
굽기 손실

$= \dfrac{(55kg-50kg)}{55kg} \times 100 ≒ 9.1\%$

6. 높은 온도에서 구우면 언더 베이킹(under-baking)이 일어날 확률이 높다.

해답　18.㉯　19.㉰　20.㉱　　　1.㉮　2.㉱　3.㉰　4.㉮　5.㉱　6.㉱

ⓒ 높은 온도로 구우면 수분이 많다.
ⓡ 높은 온도에서 구울 때 오버 베이킹(Over baking)이 일어난다.

07. 오븐에서 필요한 것이 아닌 것은?
- ㉮ 공기
- ㉯ 습도
- ㉰ 온도
- ㉱ 시간

08. 식빵을 구울 때 굽기 온도의 범위는?
- ㉮ 160~180℃
- ㉯ 210~220℃
- ㉰ 190~200℃
- ㉱ 230~240℃

09. 다음 중 빵을 굽는 표준온도는?
- ㉮ 130~150℃
- ㉯ 160~170℃
- ㉰ 220~230℃
- ㉱ 250℃ 이상

10. 일반적으로 제빵 시 굽기 손실은 팬 브레드(Pan bread)의 경우 얼마나 되는가?
- ㉮ 약 2~3%
- ㉯ 약 4~6%
- ㉰ 약 8~10%
- ㉱ 약 12~14%

11. 식빵의 굽기 과정에서 빵 내부의 최고온도는?
- ㉮ 100℃를 넘지 않는다.
- ㉯ 150℃를 약간 넘는다.
- ㉰ 200℃를 넘는다.
- ㉱ 210℃를 넘는다.

12. 다음 중 굽기 손실이 가장 큰 제품은?
- ㉮ 식빵
- ㉯ 바게트
- ㉰ 단팥빵
- ㉱ 버터롤

13. 다음 설명 중 오버 베이킹(Over baking)에 대한 것은?
- ㉮ 낮은 온도의 오븐에서 굽는다.
- ㉯ 윗면 가운데가 올라오기 쉽다.
- ㉰ 제품에 남는 수분이 많아진다.
- ㉱ 중심부분이 익지 않을 경우 주저앉기 쉽다.

14. 오븐 스프링이 일어나는 원인으로 맞지 않은 것은?
- ㉮ 가스압
- ㉯ 용해 탄산가스
- ㉰ 전분 호화
- ㉱ 알코올 기화

15. 굽기 손실에 영향을 주는 요인으로 관계가 적은 것은?
- ㉮ 믹싱 시간
- ㉯ 배합률
- ㉰ 제품의 크기와 모양
- ㉱ 굽기 온도

해답 7.㉯ 8.㉱ 9.㉰ 10.㉰ 11.㉮ 12.㉯ 13.㉮ 14.㉰ 15.㉮

16. 굽기 중 일어나는 변화로 가장 높은 온도에서 발생하는 것은?

㉮ 이스트 사멸   ㉯ 전분 호화
㉰ 탄산가스의 용해도 감소   ㉱ 단백질 변성

17. 이스트가 오븐 내에서 사멸되기 시작하는 온도는?

㉮ 40℃   ㉯ 60℃   ㉰ 80℃   ㉱ 100℃

18. 건포도식빵을 구울 때 주의할 점은?

㉮ 윗불을 약간 약하게 한다.
㉯ 윗불을 약간 강하게 한다.
㉰ 굽는 시간을 줄인다.
㉱ 오븐 온도를 높게 한다.

19. 빵의 굽기 과정에서 오븐 스프링(Oven spring)에 의한 반죽 부피의 팽창 정도는?

㉮ 본래 크기의 약 1/2까지   ㉯ 본래 크기의 약 1/3까지
㉰ 본래 크기의 약 1/5까지   ㉱ 본래 크기의 약 1/6까지

20. 반죽의 내부 온도가 60℃에 도달하지 않은 상태에서 온도상승에 따른 이스트의 활동으로 부피의 점진적인 증가가 진행되는 현상은?

㉮ 호화(Gelatinization)   ㉯ 오븐 스프링(Oven spring)
㉰ 오븐 라이즈(Oven rise)   ㉱ 캐러멜화(Caramelization)

21. 빵을 구울 때 오븐 스프링(오븐 팽창)이 일어나는 현상과 관계과 적은 것은?

㉮ 가스압이 증가한다.
㉯ 탄산가스의 용해도가 감소한다.
㉰ 알코올의 휘발로 증기압이 생긴다.
㉱ 캐러멜화가 일어나 껍질의 신장성을 증가시킨다.

22. 굽기 과정 중 일어나는 마이야르 반응은 첨가되는 당의 종류에 따라서 갈색화 속도가 달라진다. 같은 조건의 반죽에 각각 설탕, 포도당, 과당을 같은 농도로 첨가했다고 가정할 때 마이야르 반응의 속도를 촉진시키는 순서로 나열된 것은?

㉮ 설탕〉포도당〉과당   ㉯ 과당〉설탕〉포도당
㉰ 과당〉포도당〉설탕   ㉱ 포도당〉과당〉설탕

23. 어떤 제품을 다음과 같은 조건으로 구웠을 때 제품에 남는 수분이 가장 많은 것은?

㉮ 165℃에서 45분간   ㉯ 190℃에서 35분간
㉰ 205℃에서 30분간   ㉱ 220℃에서 25분간

23. 높은 온도에서 짧은 시간에 구운 제품일수록 언더베이킹이 되어 제품 속의 수분이 많게 된다.

해답   **16.** ㉱   **17.** ㉯   **18.** ㉮   **19.** ㉯   **20.** ㉰   **21.** ㉱   **22.** ㉰   **23.** ㉱

24. 동일한 분할량의 식빵 반죽을 25분 동안 주어진 온도에서 구웠을 때 수분함량이 가장 많은 것은?

   ㉮ 190℃   ㉯ 200℃
   ㉰ 210℃   ㉱ 220℃

25. 굽기 과정에서 껍질색 형성이 어려운 조건은?

   ㉮ 과숙성 반죽   ㉯ 분유가 많은 반죽
   ㉰ 스펀지법의 반죽   ㉱ 유화제가 들어있는 반죽

26. 프랑스빵에서 스팀을 사용하는 이유로 부적당한것은?

   ㉮ 거칠고 불규칙하게 터지는 것을 방지한다.
   ㉯ 겉껍질에 광택을 내 준다.
   ㉰ 얇고 바삭거리는 껍질이 형성되도록 한다.
   ㉱ 반죽의 흐름성을 크게 증가시킨다.

27. 굽기 반응 중 반죽의 물리적 반응인 것은?

   ㉮ 굽는 초기 이스트에 의한 맹렬한 CO_2, 알콜 생성
   ㉯ 당과 아미노산에 의한 마이야르 반응
   ㉰ 당의 캐러멜화
   ㉱ 오븐 스프링

28. 과자빵의 굽기 온도의 조건에 대한 설명 중 틀린 것은?

   ㉮ 고율배합일수록 온도를 낮게 한다.
   ㉯ 반죽량이 많은 것은 온도를 낮게 한다.
   ㉰ 발효가 많이 된 것은 낮은 온도로 굽는다.
   ㉱ 된 반죽은 낮은 온도로 굽는다.

29. 굽기 공정에 대한 설명 중 틀린 것은?

   ㉮ 전분의 호화가 일어난다.
   ㉯ 빵의 옆면에 슈레드가 형성되는 것을 억제한다.
   ㉰ 이스트는 사멸되기 전까지 부피팽창에 기여한다.
   ㉱ 굽기 과정 중 당류의 캐러멜화가 일어난다.

30. 2번 굽기를 하는 제품은?

   ㉮ 스위트 롤   ㉯ 브리오슈
   ㉰ 빵도넛   ㉱ 브라운 앤 서브 롤

31. 일반적으로 풀먼식빵의 굽기손실은 얼마나 되는가?

   ㉮ 약 2~3%   ㉯ 약 4~6%
   ㉰ 약 7~9%   ㉱ 약 11~13%

해답 24.㉮ 25.㉮ 26.㉱ 27.㉱ 28.㉰ 29.㉯ 30.㉱ 31.㉰

01. 포장하기 전 빵의 온도가 너무 낮을 때 어떤 현상이 일어나는가?

㉮ 노화가 빨라진다.

㉯ 슬라이스가 나쁘다.

㉰ 포장지에 수분이 응축된다.

㉱ 곰팡이, 박테리아의 번식이 용이하다.

02. 냉각시킨 식빵의 가장 일반적인 수분함량은?

㉮ 약 18% ㉯ 약 28% ㉰ 약 38% ㉱ 약 48%

03. 식빵의 냉각법 중 자연냉각 시 소요되는 시간으로 가장 적당한 것은?

㉮ 30분 ㉯ 1시간 ㉰ 3시간 ㉱ 6시간

04. 제과 · 제빵 공정에서 곰팡이에 의한 오염이 주로 발생하는 과정은?

㉮ 배합 ㉯ 발효 ㉰ 굽기 ㉱ 냉각

05. 오븐에서 나온 빵을 냉각하여 포장하는 온도로 가장 적합한 것은?

㉮ 0~5℃ ㉯ 15~20℃ ㉰ 35~40℃ ㉱ 55~60℃

06. 굽기 후 빵을 썰어 포장하기에 가장 좋은 온도는?

㉮ 17℃ ㉯ 27℃ ㉰ 37℃ ㉱ 47℃

07. 빵의 포장재 특성으로 부적합한 것은?

㉮ 위생성 ㉯ 보호성 ㉰ 작업성 ㉱ 단열성

08. 빵을 구워낸 직후의 수분함량과 냉각 후 포장 직전의 수분 함량으로 가장 적합한 것은?

㉮ 35%, 27% ㉯ 45%, 38%

㉰ 60%, 52% ㉱ 68%, 60%

09. 빵의 냉각방법으로 가장 적합한 것은?

㉮ 바람이 없는 실내 ㉯ 강한 송풍을 이용한 급냉

㉰ 냉동실에서 냉각 ㉱ 수분 분사방식

10. 다음의 제빵 냉각법 중 바르지 않은 것은?

㉮ 급속 냉각

㉯ 자연 냉각

㉰ 터널식 냉각

㉱ 에어콘디셔너(Air-conditioner)식 냉각

3. 자연 냉각법으로 식빵을 냉각시키면 평균 3~4시간 소요된다.

8. 오븐에서 갓 나온 식빵껍질의 수분함량은 12~15%이고 내부는 42~45% 정도이다. 이것이 냉각되는 동안 수분의 평형이 이루어 평균 38% 정도로 된다.

10. 제빵 냉각법은 자연 냉각법, 터널식 냉각법, 에어컨디션식 냉각법 등이 있다.

해답 1.㉮ 2.㉰ 3.㉰ 4.㉱ 5.㉰ 6.㉮ 7.㉱ 8.㉯ 9.㉮ 10.㉮

11. 빵 포장의 목적에 부적합한 것은?

㉮ 빵의 저장성 증대   ㉯ 빵의 미생물 오염 방지

㉰ 수분증발 촉진과 노화 방지   ㉱ 상품의 가치 향상

12. 포장 재료가 갖추어야 할 조건이 아닌 것은?

㉮ 흡수성이 있고 통기성이 없어야 한다.

㉯ 제품의 상품가치를 높일 수 있어야 한다.

㉰ 단가가 낮아야 한다.

㉱ 위생적이어야 한다.

13. 냉각 손실에 대한 설명 중 가장 틀린 것은?

㉮ 식히는 동안 수분 증발로 무게가 감소한다.

㉯ 여름철보다 겨울철이 냉각 손실이 크다.

㉰ 상대습도가 높으면 냉각손실이 작다.

㉱ 냉각 손실은 5% 정도가 적당하다.

14. 빵을 포장하는 프로필렌 포장지에 의하여 방지할 수 없는 현상은?

㉮ 수분증발의 억제로 노화지연

㉯ 빵의 풍미성분 손실 지연

㉰ 포장 후 미생물 오염 최소화

㉱ 빵의 로프균(Bacillus subtilis) 오염 방지

제11절   제품평가 및 관리

01. 제빵에서 2차 발효실의 습도가 너무 높을 때 일어날 수 있는 결점은?

㉮ 겉껍질 형성이 빠르다.

㉯ 오븐 팽창이 적어진다.

㉰ 껍질색이 불균일해진다.

㉱ 수포생성, 질긴 껍질이 되기 쉽다.

02. 다음 설명 중 제품의 부피가 작은 이유가 아닌 것은?

㉮ 어린 반죽일 때   ㉯ 이스트 사용이 많을 때

㉰ 설탕 사용이 많을 때   ㉱ 오븐온도가 너무 높을 때

03. 분유를 과다 사용 시 나타나는 현상은?

㉮ 세포벽이 얇다.   ㉯ 습하고 부드럽다.

㉰ 건조하고 껍질이 두껍다.   ㉱ 껍질색이 여리다.

해답   11.㉰   12.㉮   13.㉱   14.㉱   1.㉱   2.㉯   3.㉰

04. 2차 발효실의 습도가 너무 높을 때 현상이 아닌 것은?

㉮ 부피가 작다.　　　　　㉯ 껍질이 거칠다.
㉰ 기포가 생긴다.　　　　㉴ 부피가 크다.

05. 제빵의 평가에서 제일 중요한 것은?

㉮ 맛　　　　　　　　　㉯ 향
㉰ 부피　　　　　　　　㉴ 조직

06. 빵의 노화를 지연시키는 방법이 아닌 것은?

㉮ 2~10℃보관　　　　　㉯ 모노-글리세리드 공급
㉰ -18℃ 이하 보관　　　㉴ 실온에서 보관

07. 어린 반죽으로 만든 제품에 대한 설명 중 틀린 것은?

㉮ 껍질색은 어두운 갈색이다.
㉯ 외형의 경우 모서리가 둥글다.
㉰ 속색이 무겁고 어두운 숙성이 안 된 색이다.
㉴ 조직은 거칠다.

08. 제빵 시 적량보다 많은 분유를 사용했을 때 나타나는 결과 중 잘못된 것은?

㉮ 외형은 양 옆면과 바닥이 움푹 들어간다.
㉯ 껍질색은 캐러멜화에 의해 진하다.
㉰ 모서리가 예리하고 터지거나 슈레드(Shred)가 적다.
㉴ 세포벽이 두꺼움으로 황갈색을 나타낸다.

09. 제빵에서 분유를 사용할 때 상황으로 맞는 것은?

㉮ 껍질색이 여릴 때
㉯ 이스트 푸드를 대신 사용
㉰ 흡수율 감소
㉴ 속색 개선

10. 작은 부피인 결점 원인이 아닌 것은?

㉮ 반죽 정도의 초과　　　㉯ 소금 사용량의 부족
㉰ 설탕 사용량의 과다　　㉴ 이스트 푸드 사용량의 부족

11. 빵의 노화현상이 아닌 것은?

㉮ 곰팡이 발생　　　　　㉯ 탄력성 상실
㉰ 껍질이 질겨짐　　　　㉴ 풍미의 변화

12. 프랑스빵에서 스팀 주입을 많이 했을 때 일어나는 현상은?

㉮ 껍질이 바삭바삭하다.　㉯ 껍질이 두꺼워진다.
㉰ 껍질이 질기다.　　　　㉴ 균열이 발생한다.

해답 　4.㉮　5.㉮　6.㉮　7.㉯　8.㉮　9.㉮　10.㉯　11.㉮　12.㉰

13. 소금의 과다 사용 시 잘못 설명한 것은?

    ㉮ 세포벽이 얇다.   ㉯ 발효시간이 길어진다.

    ㉰ 저장성이 증가한다.   ㉱ 부피가 감소한다.

14. 빵의 밑바닥이 움푹 들어가는 이유가 아닌 것은?

    ㉮ 뜨거운 팬을 사용했다.   ㉯ 반죽이 질었다.

    ㉰ 팬의 기름칠이 과다했다.   ㉱ 2차 발효실의 습도가 높았다.

15. 제빵의 제품평가에 있어서 외부평가 기준이 아닌 것은?

    ㉮ 굽기의 균일함   ㉯ 조직의 평가

    ㉰ 터짐과 찢어짐   ㉱ 껍질의 성질

16. 식빵의 옆면이 움푹 들어가는 원인이 아닌 것은?

    ㉮ 지친 반죽   ㉯ 2차 발효의 초과

    ㉰ 과다한 팬오일   ㉱ 팬 옆면의 구멍

17. 어린 반죽(발효부족)으로 만든 빵 제품의 특징과 거리가 먼 것은?

    ㉮ 기공이 고르지 않고 내상의 색상이 검다.

    ㉯ 세포벽이 두껍고 결이 서지 않는다.

    ㉰ 신 냄새가 난다.

    ㉱ 껍질의 색상이 진하다.

18. 강력분과 중력분을 가지고 각각 식빵을 만들었다. 그 차이에 대한 설명 중 옳은 것은?

    ㉮ 중력분의 식빵이 부피가 크고 부드럽다. 흡수율이 적다.

    ㉯ 중력분의 식빵이 부피가 작고 질기다. 흡수율이 크다.

    ㉰ 강력분의 식빵이 부피가 크고 질기다. 흡수율이 크다.

    ㉱ 강력분의 식빵이 부피가 크고 부드럽다. 흡수율이 적다.

19. 빵의 부피를 크게 하는 것은?

    ㉮ 밀가루의 단백질양   ㉯ 밀가루의 전분량

    ㉰ 밀가루의 수분량   ㉱ 밀가루의 회분량

20. 제빵에서 탈지분유를 밀가루 대비 4~6%를 사용할 때의 영향이 아닌 것은?

    ㉮ 믹싱 내구성을 높인다.   ㉯ 발효 내구성을 높인다.

    ㉰ 흡수율을 증가시킨다.   ㉱ 껍질색을 여리게 한다.

21. 식빵배합에서 밀가루 대비 4%의 탈지분유를 사용 시 다음 중 틀린 것은?

    ㉮ 발효를 촉진시킨다.   ㉯ 믹싱 내구성을 높인다.

    ㉰ 껍질색을 진하게 한다.   ㉱ 흡수율을 증가시킨다.

· 보충설명 ·

13. 소금을 과다 사용하면 발효가 억제되어 어린 반죽이 되므로 세포벽은 두꺼워진다.

14. 기름을 바르지 않은 팬을 사용할 경우에 빵의 밑바닥이 움푹 들어간다.

15. 제품평가 중 내부평가로는 기공, 색, 맛, 향, 조직의 평가 등이 있으며 외부평가로는 부피, 껍질색, 껍질특성, 굽기 상태, 터짐과 찢어짐 등이 있다.

17. 신 냄새가 나는 것은 지친 반죽으로 만든 제품의 경우이다.

21. 탈지분유는 발효에 있어 완충작용을 하므로 발효억제작용을 한다.

해답   13.㉮ 14.㉰ 15.㉯ 16.㉱ 17.㉰ 18.㉰ 19.㉮ 20.㉱ 21.㉮

22. 다음 설명 중 제빵에 분유를 사용하여야 하는 경우는?

　㉮ 단백질함량이 낮거나 단백질의 질이 좋지 않을 때

　㉯ 껍질 색깔이 너무 빨리 날 때

　㉰ 디아스타아제 대신 사용하고자 할 때

　㉱ 이스트 푸드 대신 사용하고자 할 때

23. 반죽 내에 소금양이 과다할 때 일어나는 현상이 아닌 것은?

　㉮ 부피가 작다.

　㉯ 빵의 모서리가 뾰족하다.

　㉰ 껍질색이 진하다.

　㉱ 촉촉하고 질기다.

24. 제빵에서 소금이 적량보다 적을 경우 나타나는 결과가 아닌 것은?

　㉮ 부피가 크다.　　　　　㉯ 껍질색은 엷다.

　㉰ 모서리가 예리하다.　　　㉱ 향이 적다.

25. 빵 전분의 노화 정도를 측정하는데 사용하는 방법과 관련이 없는 것은?

　㉮ 비스코그래프에 의한 측정

　㉯ 빵 속살의 흡수력 측정

　㉰ X선 회절도에 의한 측정

　㉱ 패리노그래프에 의한 측정

26. 저율배합에 대한 설명으로 맞는 것은?

　㉮ 저장성이 짧다.

　㉯ 제품이 부드럽다.

　㉰ 저온에서 굽는다.

　㉱ 대표적인 제품으로 브리오슈가 있다.

27. 빵의 노화를 지연시키는 방법이 아닌 것은?

　㉮ 저장온도를 −18℃ 이하로 유지한다.

　㉯ 21~35℃에서 보관한다.

　㉰ 고율배합으로 한다.

　㉱ 냉장고에서 보관한다.

28. 빵 제품의 모서리가 예리하게 된 것은 다음 중 어떤 반죽에서 오는 결과인가?

　㉮ 발효가 지친 반죽　　　　㉯ 믹싱이 지친 반죽

　㉰ 어린 반죽　　　　　　　㉱ 2차 발효가 지친 반죽

29. 빵의 노화현상과 거리가 먼 것은?

　㉮ 빵 껍질의 변화　　　　　㉯ 빵의 풍미저하

　㉰ 빵 내부조직의 변화　　　㉱ 곰팡이 번식에 의한 변화

해답　22.㉮　23.㉱　24.㉰　25.㉱　26.㉮　27.㉱　28.㉰　29.㉱

22. 탈지분유는 밀가루단백질인 글루텐을 강화시키는 작용을 하기 때문에 글루텐함량이 낮거나 글루텐의 질이 좋지 않을 때 사용하면 효과가 있다.

23. 소금이 과다하게 들어가면 어린 반죽의 현상이 나타나기 때문에 발효부족현상으로 반죽이 건조하게 된다.

26. 가장 대표적인 저율배합빵으로는 바게트가 있는데 저율배합일수록 노화가 빨리 이루어져 저장성이 짧아진다.

30. 발효가 지친 반죽으로 빵을 구웠을 때 제품의 특성이 아닌 것은?

㉮ 빵 껍질색이 밝다.

㉯ 신 냄새가 있다.

㉰ 체적이 적다.

㉱ 제품의 조직이 고르다.

31. 일반적으로 빵의 노화현상에 따른 변화(staling)와 거리가 먼 것은?

㉮ 수분 손실　　　㉯ 전분의 결정화

㉰ 향의 손실　　　㉱ 곰팡이 발생

32. 식빵 제조 시 작은 부피의 제품이 되는 원인은?

㉮ 오븐 온도가 낮을 경우

㉯ 이스트 사용량이 부족한 경우

㉰ 2차 발효가 다소 초과하였을 경우

㉱ 소금양이 약간 부족하였을 경우

33. 다음 중 빵의 노화속도가 가장 빠른 온도는?

㉮ 0~8℃　　　㉯ 15~20℃

㉰ 21~35℃　　　㉱ −18℃ 이하

34. 데니시 페이스트리에서 롤인(Roll-in) 유지함량 및 접기 횟수에 대한 내용을 나타낸 것 중 옳지 않은 것은?

㉮ 롤인 유지함량이 증가할수록 제품의 부피는 증가한다.

㉯ 롤인 유지함량이 적어지면 같은 접기 횟수일 때 제품의 부피는 감소한다.

㉰ 같은 롤인 유지함량에서는 접기 횟수가 증가할수록 부피는 증가하나 최고점을 지나면 감소한다.

㉱ 롤인 유지함량이 많은 것이 롤인 유지함량이 적은 것보다 접기 횟수가 증가함에 따라 부피가 증가하나 최고점을 지나면 감소하는 현상이 현저하다.

35. 빵의 내부에 줄무늬가 생기는 원인이 아닌 것은?

㉮ 과량의 팬오일 사용　　　㉯ 과량의 덧가루 사용

㉰ 건조한 중간발효　　　㉱ 건조한 2차 발효

36. 빵의 부피가 가장 크게 되는 것은?

㉮ 숙성이 안 된 밀가루를 사용　　　㉯ 물을 적게 사용

㉰ 반죽을 아주 지나치게 믹싱　　　㉱ 발효가 약간 더 되었음

37. 빵 제품의 노화(Staling)에 관한 설명 중 틀린 것은?

㉮ 노화는 제품이 오븐에서 나온 후부터 서서히 진행된다.

㉯ 노화가 일어나면 소화흡수에 영향을 준다.

㉰ 노화로 인하여 내부 조직이 단단해 진다.

㉱ 노화를 지연하기 위하여 냉장고에 보관하는게 좋다.

· 보충설명 ·

30. 지친 반죽으로 만든 제품은 조직이 거칠다.

35. 2차 발효에서 건조하면 껍질이 말라 굽기과정에서 껍질이 터지기 쉽다.

해답　**30.** ㉱　**31.** ㉱　**32.** ㉯　**33.** ㉮　**34.** ㉱　**35.** ㉱　**36.** ㉱　**37.** ㉱

38. 빵의 제품 평가에서 브레이크와 슈레드 부족현상의 이유가 아닌 것은?

㉮ 발효시간이 짧거나 길었다.

㉯ 오븐의 온도가 높았다.

㉰ 2차 발효실의 습도가 낮았다.

㉱ 오븐의 증기가 너무 많았다.

39. 빵의 노화 방지에 유효한 첨가물은?

㉮ 이스트푸드 ㉯ 산성탄산나트륨

㉰ 모노글리세린 ㉱ 탄산암모늄

40. 빵 제품의 껍질색이 여리고, 부스러지기 쉬운 껍질이 되는 경우는?

㉮ 발효가 지나치면 ㉯ 발효가 부족하면

㉰ 반죽이 지나치면 ㉱ 반죽이 부족하면

41. 빵의 껍질이 갈라지는 경우는?

㉮ 덧가루의 사용 과다 ㉯ 진 반죽

㉰ 뜨거운 팬 사용 ㉱ 발효 과다

42. 오븐 온도가 낮을 때 제품에 미치는 영향은?

㉮ 2차 발효가 지나친 것과 같은 현상이 나타난다.

㉯ 껍질이 급격히 형성된다.

㉰ 제품의 옆면이 터지는 현상이다.

㉱ 제품의 부피가 작아진다.

· 보충설명 ·

38. 브레이크와 슈레드 부족현상 이란 터짐성 부족현상으로 어린 반죽에서 나타나며 오븐의 증기가 많으면 터짐성이 개선된다.

제12절 냉동반죽

01. 냉동반죽을 사용하는 목적이 아닌 것은?

㉮ 편리성 ㉯ 이스트의 사용을 줄일 수 있다.

㉰ 신속한 주문 대처 ㉱ 재고를 줄일 수 있다.

02. 다음 중 냉동반죽의 적합한 해동온도는?

㉮ 5~10℃ ㉯ 20~25℃ ㉰ 25~30℃ ㉱ 30~35℃

03. 냉동 페이스트리를 구운 후 옆면이 주저앉는 원인으로 틀린 것은?

㉮ 토핑물이 많은 경우

㉯ 잘 구워지지 않은 경우

㉰ 2차 발효가 과다한 경우

㉱ 해동온도가 2~5℃로 낮은 경우

1. 냉동반죽을 이용하면 재고관리 가 용이하고 기술의 난이도가 낮아 작업이 편리하며 제조공정시간이 짧아서 주문에 신속하게 대처할 수 있다.

3. 2-5℃는 냉동반죽의 최적해동 온도로 옆면이 주저앉는 원인과 는 무관하다.

해답 38.㉱ 39.㉰ 40.㉮ 41.㉱ 42.㉮ 1.㉯ 2.㉮ 3.㉱

04. 다음 냉동반죽의 제조공정에 관한 설명 중 옳은 것은?

㉮ 반죽의 유연성 및 기계성을 향상시키기 위하여 반죽 흡수율을 증가시킨다.

㉯ 믹싱 후 반죽 온도는 18~24℃가 되도록 한다.

㉰ 믹싱 후 반죽의 발효시간은 1시간 30분이 표준발효시간이다.

㉱ 반죽을 -40℃까지 급속 냉동시키면 이스트의 냉동에 대한 적응력이 커지나 글루텐의 조직이 약화된다

05. 냉동반죽을 2차 발효시키는 방법 중 가장 올바른 것은?

㉮ 냉장고에서 15~16시간 냉장해동시킨 후 30~33℃, 상대습도 80%의 2차 발효실에서 발효시킨다.

㉯ 실온(25℃)에서 30~60분간 자연해동시킨 후 38℃, 상대습도 85%의 2차 발효실에서 발효시킨다.

㉰ 냉동반죽을 30~33℃, 상대습도 80%의 2차 발효실에서 해동시킨 후 발효시킨다.

㉱ 냉동반죽을 38~43℃, 상대습도 90%의 고온다습한 2차 발효실에서 해동시킨 후 발효시킨다.

06. 냉동 반죽법의 단점이 아닌 것은?

㉮ 휴일작업에 미리 대처할 수 없다.

㉯ 이스트가 죽어 가스 발생력이 떨어진다.

㉰ 가스 보유력이 떨어진다.

㉱ 반죽이 퍼지기 쉽다.

07. 냉동반죽에서 반죽의 가스보유력을 증가시키기 위하여 사용하는 재료의 설명으로 옳지 않는 것은?

㉮ 단백질함량이 11.75~13.5%로 비교적 높은 밀가루를 사용한다.

㉯ L-시스테인(L-cysteine)과 같은 환원제를 사용한다.

㉰ 스테아릴젖산나트륨(S.S.L)과 같은 반죽 건조제를 사용한다.

㉱ 비타민 C(ascorbic acid)와 같은 산화제를 사용한다.

08. 냉동반죽에 사용되는 재료와 제품의 특성에 대한 설명 중 틀린 것은?

㉮ 일반제품보다 산화제의 사용량을 증가시킨다.

㉯ 저율 배합인 프랑스빵이 가장 유리하다.

㉰ 유화제를 사용하는 것이 좋다.

㉱ 밀가루는 단백질의 양과 질이 좋은 것을 사용한다.

09. 냉동 반죽법에서 1차 발효시간이 길어질 경우 일어나는 현상은?

㉮ 냉동 저장성이 짧아진다.

㉯ 제품의 부피가 커진다.

㉰ 이스트의 손상이 작아진다.

㉱ 반죽온도가 낮아진다.

· 보충설명 ·

5. 냉동반죽의 제조공정은 냉동→냉장해동(5~10℃에서 15~16시간)→2차 발효(30~33℃, 80%)→굽기

6. 냉동반죽을 이용하면 휴일작업에 탄력적으로 대처할 수 있다는 장점이 있다.

7. L-시스테인 같은 환원제는 밀가루 글루텐을 약화시키기 때문에 가스보유력의 증가와 무관하다.

8. 냉동반죽은 저율배합보다는 고율배합의 제품에 알맞다.

해답 4.㉯ 5.㉮ 6.㉮ 7.㉯ 8.㉯ 9.㉮

10. 냉동 반죽법에 대한 설명 중 틀린 것은?

㉮ 저율 배합의 제품은 냉동 시 노화의 진행이 비교적 빠르다.

㉯ 고율 배합의 제품은 비교적 완만한 냉동에 견딘다.

㉰ 저율 배합의 제품일수록 냉동처리에 더욱 주의해야 한다.

㉱ 식빵 반죽은 비교적 노화의 진행이 느리다.

11. 냉동 반죽법에서 동결방식으로 적합한 것은?

㉮ 완만동결   ㉯ 지연동결

㉰ 오버나이트(Over night)법   ㉱ 급속동결

12. 냉동빵 반죽시 흔히 사용하고 있는 제법으로 시스테인(Cystein)을 사용하는 제법은?

㉮ 스트레이트법   ㉯ 스펀지법

㉰ 액체발효법   ㉱ 노타임법

13. 냉동 반죽법에서 믹싱 후 1차 발효시간으로 올바른 것은?

㉮ 0~20분   ㉯ 50~60분

㉰ 80~90분   ㉱ 110분~120분

14. 냉동반죽의 해동을 높은 온도에서 빨리 할 경우 반죽의 표면에서 물이 나온다(Drip현상). 그 이유로 틀린 것은?

㉮ 얼음결정이 반죽의 세포를 파괴 손상

㉯ 반죽내 수분의 빙결분리

㉰ 단백질의 변성

㉱ 급속냉동

15. 냉동 반죽법의 재료 준비에 대한 사항 중 틀린 것은?

㉮ 저장은 -5℃에서 시행한다.

㉯ 노화방지제를 소량 사용한다.

㉰ 반죽은 조금 되게 한다.

㉱ 크루아상 등의 제품에 이용된다.

16. 이스트의 사멸로 가스 발생력, 보유력이 떨어지며 환원성 물질이 나와 반죽이 끈적거리고 퍼지기 쉬운 단점을 지닌 제빵법은?

㉮ 냉동반죽법   ㉯ 호프종법

㉰ 연속식제빵법   ㉱ 액체발효법

17. 냉동제품에 대한 설명 중 틀린 것은?

㉮ 저장기간이 길수록 품질저하가 일어난다.

㉯ 상대습도를 85% 이상으로 하여 해동한다.

㉰ 냉동반죽의 분할량이 크면 좋지 않다.

㉱ 수분이 결빙할 때 다량의 잠열을 요구한다.

· 보충설명 ·

10. 식빵반죽도 저율배합에 해당되므로 비교적 노화진행이 빠르다.

14. 급속냉동을 하면 반죽 내의 얼음 결정이 미세하게 되므로 해동 시 조직의 파괴를 최소화할 수 있다.

17. 냉동제품의 해동은 5~10℃의 조건에서 15~16시간 정도한다.

해답   **10.**㉱   **11.**㉱   **12.**㉱   **13.**㉮   **14.**㉱   **15.**㉮   **16.**㉮   **17.**㉯

18. 냉동빵 제조 시 대략적인 반죽의 온도는?

㉮ 18~20℃   ㉯ 26~28℃

㉰ 30~32℃   ㉱ 34~36℃

19. 냉동 반죽법에서 믹싱 후 반죽의 결과온도로 가장 적합한 것은?

㉮ 0℃   ㉯ 10℃

㉰ 20℃   ㉱ 30℃

20. 냉동반죽의 해동방법에 해당되지 않는 것은?

㉮ 실온해동

㉯ 온수해동

㉰ 리타더(Retard)해동

㉱ 도 컨디셔너(Dough conditioner)

21. 냉동제품에 대한 설명 중 틀린 것은?

㉮ 저장기간이 길수록 품질저하가 일어난다.

㉯ 상대습도를 100%로 하여 해동한다.

㉰ 냉동반죽의 분할량이 크면 좋지 않다.

㉱ 수분이 결빙할 때 다량의 잠열을 요구한다

22. 냉동반죽(Frozen dough)을 만들 때 정상반죽에서의 양보다 증가시키는 것은?

㉮ 물   ㉯ 소금

㉰ 이스트   ㉱ 환원제

23. 냉동 반죽법의 냉동과 해동 방법으로 옳은 것은?

㉮ 급속냉동, 급속해동

㉯ 급속냉동, 완만해동

㉰ 완만냉동, 급속해동

㉱ 완만냉동, 완만해동

24. 냉동제법으로 배합표를 작성하는 방법이 옳은 것은?

㉮ 밀가루 단백질 함량 0.5~20% 감소

㉯ 수분함량 1~2% 감소

㉰ 이스트 함량 2~3% 사용

㉱ 설탕 사용량 1~2% 감소

25. 냉동제법에서 믹싱 다음 단계의 공정은?

㉮ 1차 발효   ㉯ 분할

㉰ 해동   ㉱ 2차 발효

· 보충설명 ·

21. 냉동반죽의 해동은 5~10℃에서 하는 것이 좋다.

25. 냉동반죽법은 믹싱 후 1차발효를 거치지 않고 바로 분할을 한다.

해답   18.㉮   19.㉰   20.㉱   21.㉯   22.㉰   23.㉯   24.㉯   25.㉯

26. 냉동반죽의 가스 보유력 저하요인이 아닌 것은?

㉮ 냉동반죽의 빙결정
㉯ 해동시 탄산가스 확산에 기포수의 감소
㉰ 냉동시 탄산가스 용해도 증가에 의한 기포수의 감소
㉱ 냉동과 해동 및 냉동저장에 따른 냉동반죽 물성의 강화

27. 냉동제품의 해동 및 재가열 목적으로 주로 사용하는 오븐은?

㉮ 적외선 오븐
㉯ 릴 오븐
㉰ 데크 오븐
㉱ 대류식 오븐

28. 냉동빵 혼합(Mixing) 시 흔히 사용하고 있는 제법으로, 환원제로 시스테인(Cysteine)들을 사용하는 제법은?

㉮ 스트레이트법
㉯ 스펀지법
㉰ 액체발효법
㉱ 노타임법

제13절 제빵 기계

01. 수평형 믹서를 청소하는 방법으로 올바르지 않은 것은?

㉮ 청소하기 전에 전원을 차단한다.
㉯ 생산 직후 청소를 실시한다.
㉰ 물을 가득 채워 회전시킨다.
㉱ 금속으로 된 스크레이퍼를 이용하여 반죽을 긁어낸다.

02. 다음 중 파이롤러를 사용하기에 부적합한 제품은?

㉮ 스위트 롤
㉯ 데니시 페이스트리
㉰ 크루아상
㉱ 브리오슈

03. 다음 중 식빵반죽의 제조공정에서 사용하지 않는 기계는?

㉮ 분할기
㉯ 라운더
㉰ 성형기
㉱ 시터

04. 식빵을 만들 때 필요한 기계 중 성형기와 바로 연결하여 설치하지 않아도 되는 것은?

㉮ 믹서
㉯ 분할기
㉰ 라운더
㉱ 발효기

05. 반죽 10kg을 믹싱할 때 다음 중 가장 적합한 믹서의 용량은?

㉮ 8kg
㉯ 10kg
㉰ 15kg
㉱ 30kg

• 보충설명 •

3. 파이롤러(Pie roller, 리버스 시터 또는 시터라고도 한다)는 반죽을 일정한 두께로 밀어 펴는 기계로 데니시 페이스트리, 크루아상, 스위트 롤, 파이껍질 등을 제조할 때 필요하다.

해답 26.㉱ 27.㉮ 28.㉱   1.㉱ 2.㉱ 3.㉱ 4.㉮ 5.㉰

06. 대량생산공장에서 많이 사용하는 오븐으로 반죽이 들어가는 입구와 제품이 나오는 입구가 다르며, 오븐으로 통과되는 속도와 온도가 중요시되는 오븐은?

    ㉮ 데크 오븐　　　　　　㉯ 터널 오븐
    ㉰ 컨벡션 오븐　　　　　㉱ 로터리 레크 오븐

07. 소규모제과점용으로 가장 많이 사용되며 반죽을 넣는 입구와 제품을 꺼내는 출구가 같은 오븐은?

    ㉮ 컨벡션 오븐　　　　　㉯ 터널 오븐
    ㉰ 릴 오븐　　　　　　　㉱ 데크 오븐

08. 열풍을 강제 순환시키면서 굽는 타입으로 굽기의 편차가 극히 적은 오븐은?

    ㉮ 터널 오븐
    ㉯ 컨벡션 오븐
    ㉰ 트레이 오븐
    ㉱ 스타이럴 콘베어 오븐

09. 파이롤러의 사용에 가장 적합한 제품은?

    ㉮ 식빵　　　　　　　　㉯ 앙금빵
    ㉰ 크루아상　　　　　　㉱ 모카빵

10. 냉장냉동해동 2차발효를 프로그래밍에 의하여 자동적으로 조절하는 기계는?

    ㉮ 도 컨디셔너(Dough conditioner)
    ㉯ 믹서(Mixer)
    ㉰ 라운더(Rounder)
    ㉱ 오버 헤드 프루퍼(Overhead proofer)

11. 성형 몰더(Moulder)를 사용할 때의 방법으로 틀린 것은?

    ㉮ 휴지상자에 반죽을 너무 많이 넣지 않는다.
    ㉯ 덧가루를 많이 사용하여 반죽이 붙지 않게 한다.
    ㉰ 롤러간격이 너무 넓으면 가스빼기가 불충분해진다.
    ㉱ 롤러간격이 너무 좁으면 거친 빵이 되기 쉽다.

12. 주로 소매점에서 자주 사용하는 믹서로서 거품형 케이크 및 빵 반죽이 모두 가능한 믹서는 무엇인가?

    ㉮ 버티컬 믹서(Vertical mixer)
    ㉯ 스파이럴 믹서(Spiral mixer)
    ㉰ 수평 믹서(Horizontal mixer)
    ㉱ 핀 믹서(Pin mixer)

· 보충설명 ·

6. 터널 오븐(Tunnel oven)은 대량생산에 적합한 오븐으로 터널을 통과하는 동안 굽기가 이루어진다.

7. 데크 오븐(Deck oven)은 일반 제과점에서 가장 많이 사용하는 오븐으로 제품을 넣고 꺼내기가 편리하다.

8. 컨벡션 오븐(Convection oven)은 열풍을 팬으로 순환시키는 대류방식오븐이다.

12. 버티컬 믹서는 수직형 믹서로 일반적으로 소규모 제과점에서 주로 사용하고 있다.

해답　6.㉯　7.㉱　8.㉯　9.㉰　10.㉮　11.㉯　12.㉮

13. 믹서의 구성에 해당되지 않는 것은?

㉮ 믹서볼(Mixer bowl) ㉯ 휘퍼(Whipper)
㉰ 비터(Beater) ㉱ 배터(Batter)

· 보충설명 ·

13. 배터(Batter)란 제과의 반죽형 케이크반죽을 말한다.

14. 일반적으로 작은 규모의 제과점에서 사용하는 믹서는?

㉮ 수직형 믹서 ㉯ 수평형 믹서
㉰ 초고속 믹서 ㉱ 커터 믹서

15. 오븐 실내 속에서 뜨거워진 공기를 강제 순화시키는 열 전달방식은?

㉮ 대류 ㉯ 전도 ㉰ 복사 ㉱ 전자파

16. 정형기(Moulder)의 작동 공정이 아닌 것은?

㉮ 둥글리기 ㉯ 밀어펴기
㉰ 말기 ㉱ 봉하기

17. 주로 독일빵, 프랑스빵 등 유럽빵이나 토스트브레드(Toast bread) 등 된반죽을 치는데 사용하는 믹서는?

㉮ 수평형 믹서 ㉯ 수직형 믹서
㉰ 나선형 믹서 ㉱ 혼합형 믹서

제14절 품질관리용 기구 및 기계

01. 아밀로그래프는 무엇을 측정하기 위한 것인가?

㉮ 전분의 질 측정 ㉯ 신장성
㉰ 흡수율 ㉱ 제과적성

02. 밀가루 반죽을 끊어질 때까지 늘려서 끊음으로써 그 때의 힘과 반죽의 신장성을 알아보는 기계는?

㉮ 아밀로그래프 ㉯ 패리노그래프
㉰ 익스텐소그래프 ㉱ 믹소그래프

03. 패리노그래프에 대한 설명 중 틀린 것은?

㉮ 산화제 첨가의 필요량 측정 ㉯ 흡수율 측정
㉰ 믹싱 시간 측정 ㉱ 믹싱 내구성 측정

04. 패리노그래프에 대한 설명으로 틀린 것은?

㉮ 흡수율 측정 ㉯ 믹싱 시간 판단
㉰ 믹싱 내구성 측정 ㉱ 반죽의 신장성 측정

해답 13.㉱ 14.㉮ 15.㉮ 16.㉮ 17.㉰   1.㉮ 2.㉰ 3.㉮ 4.㉱

05. 다음 관계 중 틀린 것은?

   ⑦ 글루타민산나트륨 – 조미료

   ④ 찹쌀의 끈기 – 아밀로펙틴

   ⓸ 고구마의 황색 – 카로틴

   ⓹ 소맥분의 제빵성 – 레시틴

06. 아밀로그래프의 설명 중 틀린 것은?

   ⑦ 맥아의 액화효소   ④ 산화 측정

   ⓸ α–아밀라아제의 활성측정   ⓹ 곡선높이는 400~600B.U

07. 소맥분 속에 맥아의 액화 효과를 측정하는 기구는?

   ⑦ 점도계   ④ 패리노그래프

   ⓸ 익스텐소그래프   ⓹ 아밀로그래프

08. 일반적으로 양질의 빵을 만들기 위한 아밀로그래프의 수치는 어느 범위가 가장 적당한가?

   ⑦ 0~150B.U   ④ 200~300B.U

   ⓸ 400~600B.U   ⓹ 800~1000B.U

09. 다음 중 패리노그래프에 대한 설명이 잘못된 것은?

   ⑦ 단백질 흡수률 측정

   ④ 반죽시간 측정

   ⓸ 500B.U를 중심으로 그래프 작성

   ⓹ 전분호화 측정

10. 밀가루의 패리노그래프를 그려 보니 믹싱 타임(Mixing time)이 매우 짧은 것으로 나타났다. 이 밀가루를 빵에 사용할 때 보완법으로 옳은 것은?

   ⑦ 소금양을 줄인다.

   ④ 탈지분유를 첨가한다.

   ⓸ 이스트양을 증가시킨다.

   ⓹ 설탕양을 늘린다.

11. 미지의 밀가루를 알아내는 시험과 가장 거리가 먼 것은?

   ⑦ 글루텐채취시험

   ④ 침강시험

   ⓸ 지방 함량 측정시험

   ⓹ 색깔비교시험

12. 소맥분 글루텐의 질을 측정하는데 가장 널리 사용되는 것은?

   ⑦ 아밀로그래프   ④ 낙하시간법

   ⓸ 패리노그래프   ⓹ 맥미카엘점도계

· 보충설명 ·

5. 레시틴은 달걀노른자와 대두에 함유되어있는 식품제조의 대표적인 계면활성제(유화제)이다.

10. 밀가루의 글루텐을 강화시키는 재료로는 탈지분유, 소금, 산화제 등이 있다. 반면 설탕은 글루텐을 연화시킨다.

11. 글루텐 채취시험 - 글루텐 함량으로 밀가루의 종류를 알 수 있다.

침강시험 - 밀가루의 글루텐함량 및 글루텐의 질을 알 수 있다.

색깔비교시험 - 밀가루의 색상으로 밀가루의 종류를 알 수 있다. (색상이 밝은 순서는 박력분〉중력분〉강력분이다.)

해답   5. ⓹   6. ④   7. ⓹   8. ⓸   9. ⓹   10. ④   11. ⓸   12. ⓸

13. 일반적으로 밀가루를 전문적으로 시험하는 기기로 이루어진 항목은?

㉮ 패리노그래프, 가스크로마토그래피, 익스텐소그래프

㉯ 패리노그래프, 아밀로그래프, 파이브로미터

㉰ 패리노그래프, 익스텐소그래프, 아밀로그래프

㉱ 아밀로그래프, 익스텐소그래프, 펑츄어 테스터

14. 믹싱 시간, 믹싱 내구성, 수분 흡수율 등 반죽의 배합이나 혼합을 위한 기초 자료를 제공하는 것은?

㉮ 아밀로그래프(Amylograph Graph)

㉯ 익스텐소그래프(Extensograph Graph)

㉰ 패리노그래프(Farinograph Graph)

㉱ 알베오그래프(Alveograph Graph)

15. 패리노그래프에 의한 측정으로 알 수 있는 반죽 특성과 거리가 먼 것은?

㉮ 반죽의 형성시간　　　㉯ 반죽의 흡수

㉰ 반죽의 내구성　　　　㉱ 반죽의 효소력

16. 다음 중 점도계가 아닌 것은?

㉮ 비스코아밀로그래프(Viscoamylograph)

㉯ 익스텐소그래프(Extensograph)

㉰ 맥미카엘 (MacMichael)점도계

㉱ 브룩필드 (Brookfield)점도계

17. 아밀로그래프의 최고점도(Maximum viscosity)가 너무 높을 때 생기는 결과가 아닌 것은?

㉮ 효소의 활성이 약하다.

㉯ 반죽의 발효상태가 나쁘다.

㉰ 효소에 대한 전분, 단백질 등의 분해가 적다.

㉱ 가스 발생력이 강하다.

해답　13.㉰　14.㉰　15.㉱　16.㉯　17.㉱

제 **4** 장

과자류
제조 이론

1 기본배합

(단위 : %)

제품명	밀가루	설 탕	계 란	흰 자	소 금	버터(또는 쇼트닝)		비 고
스펀지 케이크	100	166	166		2			
파운드 케이크	100	100	100		2	100		
엔젤 푸드 케이크 (백분율로 표시)	15~18	30~42		40~50	0.5			주석산크림 0.5
퍼프 페이스트리	100 (강력분)				1	100	충전용 유지 + 본반죽용 유지	냉수 50
슈	100		200(4개)		1.5	70		물 155
옐로 레이어 케이크	쇼트닝 : 30~70%, 설탕 : 110~140%							
화이트 레이어 케이크	쇼트닝 : 30~70%, 설탕 : 110~160%							

2 배합률 작성

제 품 명	공 식
옐로 레이어 케이크	• 전란=쇼트닝×1.1 • 우유=설탕+25−전란 * 우유는 탈지분유10%와 물90%로 대체가능
화이트 레이어 케이크	• 흰자=쇼트닝×1.43 • 우유=설탕+30−흰자
데블스 푸드 케이크	• 전란=쇼트닝×1.1 • 우유=설탕+30+(코코아×1.5)−전란 • 중조=천연 코코아×0.07
초콜릿 케이크	• 코코아 = 초콜릿×$\frac{5}{8}$ • 코코아 버터 = 초콜릿×$\frac{3}{8}$
엔젤 푸드 케이크	• 소금+주석산크림=1% • 설탕=100−(흰자+밀가루+1) • 총설탕량의 2/3 : 입상형 설탕, 나머지 1/3 : 분당

3 과자제품의 분류(팽창형태)

분 류	특 징	제 품
화학적 팽창	화학 팽창제에 주로 의존하는 팽창형태	레이어 케이크, 반죽형 케이크, 반죽형 쿠키, 과일 케이크, 케이크 머핀, 케이크 도넛
공기 팽창	주된 팽창이 반죽에 들어있는 공기에 의존하는 팽창형태	스펀지 케이크, 엔젤 푸드 케이크, 시폰 케이크, 머랭, 거품형 쿠키
무팽창	팽창이 없는 형태	일부 파이껍질
이스트 팽창	발효공정을 거쳐 발생된 이산화탄소 가스에 의한 팽창형태로 빵류가 해당됨	빵류
복합형 팽창	2가지 이상의 팽창형태가 복합적으로 작용하는 것	−

4 쿠키의 종류

종 류		특 징
반죽형 쿠키	드롭 쿠키	반죽형 쿠키 중 최대 수분함유 소프트 쿠키 짜는 쿠키
	스냅 쿠키	슈거 쿠키 밀어 펴는 쿠키
	쇼트 브레드 쿠키	유지함량이 많다 밀어 펴는 쿠키
거품형 쿠키	스펀지 쿠키	달걀을 사용 스펀지 케이크 반죽과 유사 짜는 쿠키
	머랭 쿠키	흰자 사용 → 머랭 제조 짜는 쿠키

5 고율배합과 저율배합

(1) 고율배합이란?

① 설탕사용량이 밀가루보다 많다.

② 많은 양의 물이 필요하다.

③ 유화제 또는 유화쇼트닝의 사용이 요구된다.

④ 염소표백 밀가루를 사용한다.

(2) 고율배합과 저율배합의 비교

항 목	고 율 배 합	저 율 배 합
공기혼합 정도	많다	적다
화학팽창제 사용량	적다	많다
비 중	낮다(가볍다)	높다(무겁다)
굽는 온도	낮은 온도	높은 온도

6 머랭 제조 시 주석산크림을 사용하는 목적

① 흰자의 알칼리성을 중화하기 위해
② 흰자를 강하게 하기 위해
③ 색깔을 밝고 희게 하기 위해

7 제품의 적정pH

제 품	적정pH	이 유	방 법
데블스 푸드 케이크	알칼리성 (pH8.5~9.2)	코코아의 향과 색깔을 진하게 하기 위해	중조 첨가
엔젤 푸드 케이크	약산성 (pH5.2~6.0)	흰자의 알칼리성을 중화시켜 흰자를 강하게 하고 색깔을 밝게 하기 위해	주석산크림 또는 식초, 레몬즙 첨가

제2절 | 재료의 계량

① 소량 계량하는 제품은 특히 정확히 계량한다.
　제품 품질에 끼치는 영향이 큼−베이킹 파우더, 팽창제 등
② 버터 등 유지제품은 사용하기 전에 실온에서 적당히 유연성을 회복시킨다.
③ 달걀은 껍질에 묻은 오물 등을 세척하여 위생란 상태로 만든 후 사용한다.
④ 계량하고 남은 유제품(생크림, 우유 등)과 달걀은 즉시 냉장고에 넣어 보관한다.

제3절 | 반죽과 믹싱

1 과자 반죽의 분류

분 류	특 징	제 품
반죽형	상당량의 유지를 함유한 반죽으로 유지를 휘핑하여 혼입된 공기 또는 화학 팽창제를 이용하여 부피를 형성	레이어 케이크, 파운드 케이크, 과일 케이크, 마들렌, 컵 케이크
거품형	달걀을 휘핑하여 얻어진 반죽 내의 공기가 굽기 중 팽창하여 부피를 형성	스펀지 케이크, 머랭, 카스텔라, 엔젤 푸드 케이크
시폰형	노른자와 흰자를 분리시켜 흰자와 설탕으로 거품형, 노른자와 다른 재료로 반죽형 반죽을 만들어 함께 섞는다	시폰 케이크

2 반죽형의 믹싱법

분 류	제 품 설 명	특 징
크림법	유지와 설탕을 믹싱하여 크림을 만든 후 달걀을 서서히 넣으면서 부드러운 크림을 만든 다음 밀가루를 넣어 반죽완료	가장 많이 이용되는 반죽형 믹싱법 부피가 크다
블렌딩법	유지와 밀가루를 먼저 믹싱한 후 건조재료, 액체재료 순서로 넣어 반죽완료	유지에 의해 밀가루가 피복되도록 한다 제품이 부드럽다(유연성)
설탕·물법	설탕과 물로 시럽을 만든 액당으로 제조한다 (시럽법이라고도 한다)	고운 속결 제품 대량생산에 적합
1단계법	모든 재료를 일시에 넣고 믹싱하는 방법으로 에어 믹서를 사용한다	노동력과 시간이 절약된다

3 각 제품별 믹싱법

(1) 파운드 케이크

가장 일반적인 제법이 크림법이며 대량생산의 경우는 1단계법으로도 만든다.

(2) 스펀지 케이크

믹싱법	제 품 설 명

공립법	* 전란을 기포하는 방법으로 중탕법과 일반법이 있다
	(1) 중탕법 : 달걀, 설탕, 소금을 풀어 43℃ 중탕에서 가열 후 휘핑한다
	     (특징) 껍질색 균일, 손작업 편리
	(2) 일반법 : 실온에서 거품을 올리는 방법
	     (특징) 공기포집은 느리지만 거품이 튼튼함

별립법	* 흰자와 노른자를 분리한 후 설탕을 각각 넣어 휘핑하여 제조한다 (특징) 공립법에 비해 제품이 부드럽다

* 스펀지 케이크에서 용해버터를 넣을 때는 반죽의 최종단계에서 버터를 60℃로 녹여서 넣는다.

(3) 엔젤 푸드 케이크(머랭법)

제 법	설 명	특 징
산 전처리법	주석산크림을 흰자에 넣은 후 믹싱하는 제법	제품이 튼튼하고 탄력이 크다
산 후처리법	흰자를 우선 믹싱하여 머랭을 만든 후 밀가루에 주석산크림을 혼합하여 머랭에 넣어 반죽	제품이 부드럽다

(4) 퍼프 페이스트리

제 법	설 명	특 징

속 성 법	① 일명 스코틀랜드식이라 한다
	② 유지를 호두크기 정도로 잘라 밀가루와 섞고
	   물을 넣어 반죽을 만들어 접어서 밀어 펴는 방법
		① 작업 간편
		② 결이 불균일하고 단단한
		   제품이 되기 쉽다

일 반 법	① 프랑스식 또는 롤-인(Roll-in)법이라고 한다 ② 먼저 반죽을 만든 후 충전용 유지를 반죽으로 싼 다음 밀어 펴기와 접기를 반복하여 만든다	① 공정이 어렵다 ② 결이 균일하고 부피가 크다

(5) 파이껍질 제법

① 파이껍질 반죽은 일종의 블렌딩법으로 제조한다.

② 유지입자의 크기가 제품의 결의 크기를 결정한다. 즉 유지입자가 크면 클수록
파이껍질의 결의 길이가 길다.

(6) 슈 껍질 제법

① 물, 유지, 소금을 끓인다.

② 중간 불로 조정한 후 밀가루를 넣고 완전히 호화시킨다.

③ 달걀을 조금씩 나누어 넣어 매끈한 반죽을 만든다.
④ 반죽의 최종 단계에서 약간의 물과 함께 팽창제를 투입한다.

제4절 | 반죽온도의 조절

1 반죽온도의 조절

① 마찰계수=결과온도×6-(실내온도+밀가루온도+설탕온도+쇼트닝온도+달걀온도+수돗물온도)

② 사용할 물온도=희망온도×6-(실내온도+밀가루온도+설탕온도+쇼트닝온도+달걀온도+마찰계수)

③ 얼음 사용량 $= \dfrac{\text{총 물 사용량}\times(\text{수돗물온도}-\text{사용할 물온도})}{80+\text{수돗물온도}}$

2 반죽온도의 영향

(1) 반죽온도가 낮은 경우 : 제품의 기공이 조밀하고 부피가 작아져 식감이 나빠진다.
표면이 터지고 거칠어진다.

(2) 반죽온도가 높은 경우 : 기공이 열리고 조직이 거칠어져서 노화가 빠르다.

3 각 제품의 적정 반죽온도

① 파운드케이크 : 20~24℃ (유지의 적정품온 : 18~25℃)
② 옐로・화이트 레이어 케이크 : 22~24℃
③ 거품형 케이크 (스펀지, 엔젤 푸드 케이크) : 23~24℃
④ 쿠키 : 18~24℃
⑤ 파이, 퍼프 페이스트리 : 18℃ 정도

4 휴지의 목적 (퍼프 페이스트리, 파이껍질)

① 전 재료의 수화
② 유지와 반죽의 굳은 정도를 같게 한다.
③ 밀어 펴기가 용이
④ 끈적거림을 방지하여 작업성 향상

제5절 | 반죽의 비중 조절

1 비중이란?

물의 무게와 이것과 같은 부피의 과자 반죽의 무게 사이의 비율(比率)

2 비중계산

$$비중 = \frac{(비중컵 + 반죽)의 무게 - 컵의 무게}{(비중컵 + 물)의 무게 - 컵의 무게} \quad (컵의 무게를 감안한 경우 계산법)$$

3 반죽비중의 영향

(1) 비중이 높은 경우

비중의 수치가 큰 경우로 기공이 조밀하여 무겁고 촘촘한 조직이 되어 부피가 작아진다.

(2) 비중이 낮은 경우

비중의 수치가 적은 경우로 너무 낮으면 기공이 열려 조직이 거칠어지고 부피가 커진다.

4 각 제품의 적정 비중

반죽형태	적정비중	제 품
반죽형 케이크	0.80~0.85	파운드 케이크, 옐로 레이어 케이크, 화이트 레이어 케이크, 초콜릿 케이크, 데블스 푸드 케이크
거품형 케이크	0.50~0.60	버터 스펀지 케이크
	0.40~0.50	시폰 케이크, 롤 케이크

1 적정 반죽 분할량 구하기

반죽 분할량=팬용적÷비용적

2 팬용적 구하기

① 원형 팬의 용적=반지름×반지름×3.14×높이

② 직육면체 모양 팬의 용적=가로×세로×높이

③ 경사면 직육면체 팬의 용적=평균가로×평균세로×높이

3 비용적

(1) 비용적이란?

단위 무게에 대한 부피로 단위는(㎤/g)으로 비용적이 클수록 가벼운 제품이 된다.

(2) 제품별 적정 비용적

① 파운드 케이크 : 2.40㎤/g

② 레이어 케이크 : 2.96㎤/g

③ 엔젤 푸드 케이크 : 4.71㎤/g

④ 스펀지 케이크 : 5.08㎤/g

4 패닝 높이

① 파운드 케이크 : 팬 높이의 70%까지 패닝

② 스펀지 케이크 : 팬 높이의 50~60%까지 패닝

③ 엔젤 푸드 케이크 : 팬 높이의 60~70%까지 패닝

④ 커스터드 푸딩 : 팬 높이의 95%까지 패닝

1 퍼프 페이스트리의 밀어 펴기와 접기 공정

(1) 덧가루를 사용한다. 단, 덧가루를 과다 사용하면,
　① 결이 단단하게 되고
　② 표피가 건조하게 되며
　③ 결형성에 불량이 생긴다.

(2) 적당한 휴지를 실시해야 한다.
　① 휴지 조건 : 냉장온도인 0~4℃
　② 휴지의 완료점 판단 : 누른 자국이 그대로 있다.

2 파이의 성형 시 유의사항

① 덧가루를 뿌린 면포 위에서 밀어 펴기를 한다.
② 파이껍질을 팬 바닥에 붙도록 한 후 껍질 가장자리에 물이나 달걀물을 칠한 다음 충전물을 얹는다.
③ 위와 바닥껍질을 잘 붙인 뒤 남은 반죽을 잘라낸다.
④ 위 껍질에 구멍을 뚫어서 수증기가 빠져나가도록 하여 기포나 수포를 방지한다.
⑤ 바닥껍질에도 구멍을 뚫어 뒤틀림을 방지한다.

3 롤 케이크를 말 때 표면이 터지는 현상의 방지 조치사항

① 설탕 일부를 물엿으로 대치
② 팽창제 사용을 감소
③ 덱스트린을 사용하여 점착성 증가
④ 노른자를 줄이고 전란을 증가
⑤ 오버 베이킹 주의

제8절 | 굽기

1 굽기 조건

제 품	적정온도	유 의 사 항
파운드 케이크	170~180℃	• 윗면을 터트리는 제품 : 껍질에 색깔이 나고 막을 형성할 때 기름칠을 한 주걱으로 갈라준다 • 윗면을 안 터지게 하려면 처음부터 뚜껑을 덮고 굽는다 • 이중팬을 사용하면 옆면과 바닥이 두꺼워지는 것을 방지할 수 있다
스펀지 케이크	180~190℃	• 구운 후 즉시 팬에서 꺼내어 냉각시킨다(이유 : 과도한 수축을 방지)
엔젤 푸드 케이크	200~210℃	• 엔젤 푸드 팬에 물을 칠한 후 패닝하여 굽는다 • 구운 후 즉시 뒤집어 팬 채로 냉각시킨 다음 제품을 꺼낸다
퍼프 페이스트리	210℃전후	• 굽기 전 충분히 휴지시킨다 • 너무 낮은 온도에서 구우면 유지가 흘러나오고 팽창부족현상이 나타난다 • 굽는 면적이 넓은 반죽이나 충전물을 넣고 굽는 경우는 반죽에 구멍을 뚫고 구운다(뒤틀림 방지)
파이	210~230℃	〈과일 충전물이 끓어 넘치는 이유〉 • 충전물의 배합이 부적당하다 • 파이 껍질의 수분이 많다 • 충전물 온도가 높다 • 바닥 껍질이 얇다 • 오븐 온도가 낮다 • 윗면에 구멍이 없다 • 바닥 껍질과 위 껍질이 잘 봉해지지 않았다
슈껍질	210~220℃	• 초기 윗불은 약하고 밑불은 강하게 한다 • 표피가 밝은 갈색이 되면 밑불을 줄이고 윗불을 높여서 굽는다 • 오븐 문을 자주 여닫으면 슈가 주저앉는다 • 굽기 전 침지 또는 분무하여 굽는다
롤 케이크	200~210℃	• 밑불을 너무 강하지 않게 한다 • 오버 베이킹이 되지 않도록 한다

2 오버 베이킹과 언더 베이킹

구 분	조 건	제 품
오버 베이킹	① 낮은 온도에서 장시간 구운 것 ② 지나치게 구운 것을 말함	· 윗부분이 평평하다 · 제품에 수분이 적다(건조) · 제품이 오므라든다
언더 베이킹	① 높은 온도에서 단시간 구운 것 ② 덜 구운 것을 말함	· 윗면이 볼록 뛰어나오고 갈라진다 · 껍질색이 진하다 · 제품에 수분이 많고 주저앉기 쉽다

3 쿠키 퍼짐성에 영향을 주는 요인

퍼 짐 결 핍	과도한 퍼짐
① 고운 입자의 설탕 ② 과도한 믹싱 ③ 된 반죽 ④ 산성 반죽 ⑤ 높은 온도의 오븐	① 굵은 입자의 설탕, 과량의 설탕 ② 믹싱시간 단축 ③ 묽은 반죽 ④ 알칼리성 반죽 ⑤ 낮은 온도의 오븐

제 9절 | 튀김(Frying)

1 케이크 도넛의 제조 조건

(1) 믹싱

① 스펀지 케이크 반죽법의 변형 : 가장 보편적인 방법

② 크림법 : 유지를 많이 사용하는 경우

(2) 반죽온도

22~24℃

(3) 휴지

① 10~15분 휴지

② 목적-재료의 수화, 껍질형성 지연, 이산화탄소 가스 발생, 밀어 펴기 용이

(4) 튀김

① 튀김온도 : 180~195℃

② 튀김기름의 깊이 : 12~15㎝ 정도이나 실제 튀겨지는 범위는 5~8㎝

③ 튀김기름의 4대 적 : 열, 수분, 공기(산소), 이물질

④ 튀김원리 : 큰 제품은 저온에서 오래 튀기고 작은 제품은 고온에서 단시간에 튀긴다.

⑤ 튀김유의 조건 : • 발연점이 높을 것

　　　　　　　　　• 산패에 대한 안정성이 높을 것

　　　　　　　　　• 자극취가 없을 것

　　　　　　　　　• 거품이 일지 말 것

　　　　　　　　　• 융점이 약간 높을 것

(5) 마무리

① 글레이즈, 퐁당 아이싱은 도넛이 식기 전에 한다.

② 글레이즈와 퐁당의 사용온도 : 45~50℃

③ 도넛설탕이나 계피설탕은 도넛이 40℃전후일 때 뿌린다.(접착력 상승)

④ 커스터드크림, 생크림, 젤리는 도넛이 냉각된 후 충전한다.

2 케이크 도넛의 특징

(1) 가운데 부분

팽창작용이 가장 좋고 보통 케이크 속과 같다.

(2) 바깥 부분

① 기름흡수가 많다.

② 수분이 거의 없고 황갈색이다.

③ 표면이 바삭바삭하다.

3 문제점

문제점	원　인	조　치
황화, 회화현상	지방이 도넛 설탕을 적시는 현상 ① 황화현상 : 신선한 기름일 때 ② 회화현상 : 오래된 기름일 때	경화제 스테아린을 튀김기름의 3~6%첨가
발한현상	수분에 의해 도넛설탕이 녹는 현상	설탕양을 증가시킨다 충분히 냉각시킨다 튀김시간을 증가시킨다 점착력을 가진 튀김기름 사용

4 과도한 흡유의 원인

① 반죽의 수분이 너무 많을 경우
② 글루텐이 부족할 경우
③ 믹싱시간이 짧을 경우
④ 저온에서 튀길 경우
⑤ 설탕 사용량이 너무 많을 경우

제 10절 | 찜(Steaming)

1 찜류 제품

찜 케이크, 찜 만주, 커스터드 푸딩, 치즈 케이크, 찐빵

2 커스터드 푸딩

① 달걀의 열변성에 의한 농후화 작용을 이용한 제품
② 설탕과 달걀의 비율이 1:2가 기본배합으로 달걀에 의해 푸딩의 경도가 조절된다.
③ 푸딩 표면의 기포자국 : 가열이 지나친 경우 발생

3 찜류 팽창제

(1) 이스파타

Yeast (이스트)와 Baking powder (베이킹 파우더)의 약칭으로 염화암모늄에 중조를 혼합한 팽창제

(2) 이스파타의 특성

① 제품의 색을 희게 한다.
② 팽창력이 강하다.
③ 암모니아 냄새가 날 수 있다.

1 아이싱과 토핑

(1) **아이싱** : 빵·과자제품을 덮거나 피복하는 것

(2) **토핑** : 제품 위에 얹거나 붙이는 것

2 아이싱의 분류

분 류	특 징	용 도
크림 아이싱	버터크림, 퐁당, 마시맬로, 퍼지 아이싱 등 크림화시킨 아이싱	장식용, 충전용, 토핑용
단순 아이싱	글레이즈 등과 같이 단순히 혼합하여 만든 아이싱	도넛 토핑용
조합형 아이싱	단순 아이싱과 크림 아이싱을 섞은 것	장식용

3 아이싱의 종류

(1) 버터크림

제과·제빵에서 가장 대표적인 크림으로 설탕, 물, 물엿을 114~118℃로 끓여 시럽을 만든 후 냉각시켜 유지(버터나 마가린)와 함께 휘핑하여 크림을 만든다.

(2) 휘핑크림(생크림)

생크림, 설탕, 양주를 휘핑하여 만든 크림으로 생크림의 보관이나 작업 시 제품온도는 3~7℃가 좋다.

(3) 디프로매트크림

우유 1ℓ로 만든 커스터드크림에 무당 휘핑크림 1로 만든 생크림을 혼합한 조합형 크림

(4) **머랭** : 흰자와 설탕을 주재료로 하여 휘핑한 크림

종 류	제 조	비 고
일반법 머랭	실온에서 거품을 올리는 방법	안정성을 높이기 위해 0.5%의 주석산크림을 넣는다
가온법 머랭	흰자와 설탕을 43℃로 가온한 후 기포를 올리는 방법	레몬 즙으로 거품이 안정

스위스 머랭	흰자1/3+설탕2/3로 가온 머랭을 만들고 나머지 흰자, 설탕으로 일반 머랭을 만들어 혼합한다.	구웠을 때 광택이 나며 하루가 지나도 사용 가능
이탈리안 머랭	물에 설탕을 넣고 114~118℃로 끓여 시럽을 만든 후 흰자에 조금씩 넣으면서 기포를 올리는 방법으로 시럽법이라고도 한다.	• 부피가 큰 대신 결이 거칠다 • 용도 : 무스, 버터크림, 　　　　커스터드크림

(5) 퐁당

① 배합률 : 설탕 100%, 물 35%, 물엿 15%

② 제법 : • 설탕과 물, 물엿을 114~118℃로 끓여서 시럽을 만든다.
　　　　 • 38~44℃까지 냉각한다.
　　　　 • 주걱 등으로 휘저으면서 크림을 만든다.

③ 퐁당 아이싱의 끈적거림 방지법

- 아이싱에 최소의 액체를 사용한다.
- 아이싱 크림은 35~43℃로 가온한 후 사용한다.
- 굳은 것을 사용할 때는 시럽을 첨가하거나 중탕에 데워서 사용한다.
- 젤라틴, 한천 등과 같은 안정제를 사용한다.
- 전분이나 밀가루와 같은 흡수제를 사용한다.

제12절 | 제품평가 및 관리

1 평가항목

(1) **외부평가** : 부피, 껍질 색, 외형균형, 껍질특성
(2) **내부평가** : 기공, 속 색, 맛, 조직, 향

2 결점 및 원인

결　　점	원　　　인
기공이 조밀, 축축한 속	① 과다한 액체 함량 ② 전화당시럽, 물엿이 많을 때 ③ 팽창 부족 ④ 높은 온도의 오븐

기공이 열리고 거친 조직	① 과도한 팽창제 사용 ② 낮은 온도의 오븐 ③ 지나친 크림화
케이크 반죽의 분리현상	① 낮은 품온의 유지 ② 달걀을 일시에 넣은 경우 ③ 품질이 낮은 달걀 사용(유화력 감소)
작은 부피의 스펀지 케이크	① 높은 온도에서 구울 때 ② 기름기가 있는 기구로 달걀을 휘핑할 때 ③ 녹인 버터를 넣고 믹싱이 과도할 때 ④ 급속한 냉각
도넛의 과도한 흡유	① 과도한 설탕량 ② 낮은 튀김온도 ③ 믹싱 부족 ④ 과량의 베이킹 파우더 사용
슈 바닥껍질 중앙이 올라온다	① 밑불온도가 너무 강할 때 ② 팬에 기름칠을 할 경우 ③ 굽기 중 수분을 많이 잃게 된 경우
과일 케이크의 과일이 가라앉는다	① 중조를 많이 사용할 경우 ② 낮은 단백질(강도가 낮은)의 밀가루를 사용할 경우 ③ 과일시럽을 충분히 배수시키지 않은 과일 사용 시 ④ 과일을 밀가루에 묻혀서 사용하지 않은 경우

제13절 | 제과 기계

1 믹서

제과에 사용하는 믹서는 제빵용과는 다르게 일반적으로 수직형 믹서이고 대량생산용과 제과점용으로 크게 구분된다.

2 자동성형기

앙금 등 충전물을 반죽으로 싸는 자동기계. 찹쌀떡, 앙금빵, 찐빵, 만두, 밤과자 등의 제조에 사용

3 파이롤러

반죽을 얇게 밀어 펴는 기계로 데니시 페이스트리, 빵도넛, 퍼프 페이스트리, 케이크 도넛 등의 제조에 사용

4 튀김기

수동으로 튀기는 소형 튀김기와 컨베이어가 부착된 자동대형 튀김기가 있다.

5 비스킷 정형기

수분이 많은 반죽을 짜는 형태와 밀어펴서 정형하는 반죽에는 절단하는 형태의 정형기가 있다.

6 오븐

제빵용 오븐과 동일함(제빵이론 참조)

제14절 | 제품의 특징

1 레이어 케이크

고율배합 제품으로 신선도를 오랫동안 유지시키는 장점이 있다.
(화이트 레이어, 옐로 레이어, 데블스푸드, 초콜릿 케이크 등)

2 파운드 케이크

밀가루, 설탕, 달걀, 버터 등 4가지 재료가 동량으로 들어간 반죽형 케이크의 대표이다.

3 스펀지 케이크

달걀의 단백질 신장성과 변성에 의해 거품을 형성하고 팽창하는 거품류 케이크의 대표이다.

4 엔젤푸드 케이크

흰자를 사용한 제품으로 케이크의 속결이 마치 천사처럼 깨끗하다고 하여 붙여진 이름이다

5 퍼프 페이스트리

충전용 유지와 반죽을 반복해서 밀어 펴기를 하여 구워서 수많은 층을 이루고 있으며 바삭바삭한 식감이 특징이다.

6 파이

파이 크러스트와 충전물로 이루어졌으며 충전물의 내용에 따라 다양한 제품이 가능함

7 슈크림

슈(껍질) 반죽 안에 일반적으로 커스터드 크림을 넣어 만든다.

8 쿠키

드롭 쿠키, 스냅 쿠키, 쇼트 브레드 쿠키, 스펀지 쿠키, 머랭 쿠키 등이 있다.

9 케이크 도넛

도넛 전문점의 등장으로 형태, 충전물, 아이싱을 다르게 하여 제품을 다양화하고 있다.

10 냉과

젤리, 바바루아, 무스, 푸딩, 블랑망제 등

제1절   배합표 작성과 배합률 조정

01. 밀가루 : 달걀 : 설탕 : 소금 = 100 : 166 : 166 : 2를 기본배합으로 하여 적정 범위 내에서 각 재료를 가감하여 만드는 제품은?

㉮ 파운드 케이크
㉯ 엔젤 푸드 케이크
㉰ 스펀지 케이크
㉱ 머랭 쿠키

02. 파운드 케이크의 주재료로 짝지어진 것은?

㉮ 밀가루, 설탕, 달걀, 유지
㉯ 밀가루, 설탕, 달걀, 유화제
㉰ 밀가루, 설탕, 유지, 베이킹 파우더
㉱ 밀가루, 향, 달걀, 유지

03. 스펀지 케이크에서 달걀 사용량을 감소시킬 때의 조치사항이 잘못된 것은?

㉮ 베이킹 파우더를 사용하기도 한다.
㉯ 물 사용량을 추가한다.
㉰ 쇼트닝을 첨가한다.
㉱ 양질의 유화제를 병용한다.

04. 다음 중 표준 옐로 레이어 케이크 제조 시 물의 함량이 81%인 경우 분유의 사용량은 얼마인가?

㉮ 7%
㉯ 9%
㉰ 11%
㉱ 13%

05. 다음의 쿠키제품 중에서 지방을 가장 많이 섭취할 수 있는 종류는?

㉮ 드롭 쿠키
㉯ 슈거 쿠키
㉰ 레이디 핑거
㉱ 쇼트 브레드

06. 옐로 레이어 케이크에서 설탕 110%, 유화쇼트닝 50%를 사용한 경우 분유의 사용량은?

㉮ 6%
㉯ 8%
㉰ 10%
㉱ 12%

07. 달걀 40%를 사용하여 만든 커스터드크림과 비슷한 되기를 만들기 위하여 달걀 전량을 옥수수전분으로 대치한다면 얼마 정도가 적당한가?

㉮ 10%
㉯ 20%
㉰ 30%
㉱ 40%

· 보충설명 ·

3. 스펀지 케이크에는 쇼트닝이 들어가지 않는다.

4. 우유 대신 분유를 사용할 경우 우유량의 10%에 해당하는 분유와 90%에 해당되는 물을 사용할 수 있으므로 분유 사용량은 물 사용량의 1/9에 해당된다.(81×1/9 =9%)

6. 달걀 사용량은 50×1.1=55%이고 우유 사용량은 110+25-55=80%이다. 분유 사용량은 80×10/100=8%이다.

7. 달걀의 농후화(결합제)능력은 전분의 1/4 정도이므로 달걀 40%의 농후화능력은 옥수수전분 10%의 농후화능력과 동일하다.

해답   1.㉰ 2.㉮ 3.㉰ 4.㉯ 5.㉱ 6.㉯ 7.㉮

08. 흰자를 사용하는 제품에 주석산 크림이나 식초를 첨가하는 이유로 부적당한 것은?

㉮ 알칼리성의 흰자를 중화함
㉯ pH를 낮추어 흰자를 강력하게 함
㉰ 풍미를 좋게 함
㉱ 색깔을 희게 함

09. 거품형 쿠키로 전란을 사용하는 제품은?

㉮ 스펀지 쿠키   ㉯ 머랭 쿠키
㉰ 스냅 쿠키   ㉱ 드롭 쿠키

10. 초콜릿 케이크의 우유를 구하는 공식은?

㉮ 설탕+30+(1.5×코코아)-전란   ㉯ 설탕+30-흰자
㉰ 쇼트닝×1.1   ㉱ 설탕+25-달걀

11. 과일 파이의 충전물을 만들 때 주스에 대한 전분의 사용량으로 가장 적당한 것은?

㉮ 1~2%   ㉯ 6~8%   ㉰ 12~14%   ㉱ 17~19%

12. 일반 파운드 케이크와 비교할 때 마블 파운드 케이크에 들어가는 재료는?

㉮ 코코아   ㉯ 버터
㉰ 밀가루   ㉱ 달걀

13. 레이어 케이크에서 설탕 120%, 유화 쇼트닝이 50%일 때 달걀 사용량은?

㉮ 50%   ㉯ 55%   ㉰ 60%   ㉱ 65%

14. 화이트 레이어 케이크에서 설탕 120%, 흰자 78%일 때 쇼트닝 비율은?

㉮ 50%   ㉯ 55%   ㉰ 60%   ㉱ 65%

15. 반죽형 쿠키 중 수분을 가장 많이 함유하는 것은?

㉮ 드롭 쿠키   ㉯ 스냅 쿠키
㉰ 스펀지 쿠키   ㉱ 쇼트 브래드

16. 데블스 푸드 케이크에서 20%의 천연 코코아를 사용한다면 소다는 얼마를 사용하는가?

㉮ 0%   ㉯ 0.4%   ㉰ 0.7%   ㉱ 1.4%

17. 어떤 제품을 만드는데 보기와 같은 배합표가 작성되었다면 이 제품명은?

〈보기〉 물 1ℓ, 버터 450g, 소금 10g, 소맥분 650g, 달걀 25개

㉮ 버터 스펀지 케이크   ㉯ 비스킷
㉰ 슈   ㉱ 파운드 케이크

· 보충설명 ·

11. 과일 파이에서 충전물에 사용하는 전분량은 시럽(주스)량의 4~8%가 적당하다.

12. 마블 파운드 케이크는 일부의 본반죽에 코코아를 섞은 후 다시 본반죽에 넣어 대리석(Marble)모양이 나게 적당히 혼합한 다음 패닝하여 굽는 제품이다.

13. 달걀 사용량은 50×1.1=55% 이다.

14. 화이트 레이어 케이크에서 흰자 사용량은 쇼트닝×1.43이다. 그러므로 쇼트닝은 흰자÷1.43 = 78÷1.43≒54.5%(55%)

16. 소다(중조)는 천연코코아량의 7%를 사용하기 때문에 20×7/100=1.4%이다.

해답   **8.**㉰   **9.**㉮   **10.**㉮   **11.**㉯   **12.**㉮   **13.**㉯   **14.**㉯   **15.**㉮   **16.**㉱   **17.**㉰

18. 다음 제품 중 냉과류에 속하는 제품은?

㉮ 무스 케이크   ㉯ 젤리 롤 케이크

㉰ 소프트 롤 케이크   ㉱ 양갱

19. 데블스 푸드 케이크를 제조할 때 코코아에 대한 설명이다. 틀리는 사항은?

㉮ 천연코코아 사용 시 베이킹 파우더만 사용

㉯ 천연코코아 사용 시 소다를 사용

㉰ 더치코코아 사용 시 소다는 사용하지 않는다.

㉱ 더치코코아는 천연코코아를 중화시킨 것이다.

20. 반죽의 코코아를 1% 추가로 넣을 때마다 물은 얼마를 추가로 넣는가?

㉮ 1%   ㉯ 1.5%   ㉰ 2%   ㉱ 2.5%

21. 스펀지 케이크에서 달걀 사용량이 20% 감소됐다면 밀가루 사용량은 몇 % 증가해야 하나?

㉮ 3%   ㉯ 5%   ㉰ 7%   ㉱ 10%

22. 완제품 440g인 스펀지 케이크 500개를 주문받았다. 굽기 손실이 12%라면 전체 반죽은 얼마나 준비하여야 하는가?

㉮ 125kg   ㉯ 250kg   ㉰ 300kg   ㉱ 600kg

23. 초콜릿 속에 포함된 코코아 함량은 얼마인가?

㉮ 3/8   ㉯ 4/8   ㉰ 5/8   ㉱ 7/8

24. 케이크의 배합에서 고율배합이 저율배합에 비하여 높거나 많은 항목은?

㉮ 믹싱 중 공기 혼합 정도   ㉯ 비중

㉰ 화학팽창제의 양   ㉱ 굽는 온도

25. 다음 원료 중 케이크류의 제조와 관계가 가장 먼 것은?

㉮ 달걀   ㉯ 설탕

㉰ 강력분   ㉱ 박력분

26. 기본 퍼프 페이스트리에서 밀가루 : 유지 : 물의 비율이 맞는 것은?

㉮ 50 : 50 : 50   ㉯ 50 : 100 : 100

㉰ 100 : 50 : 100   ㉱ 100 : 100 : 50

27. 일반 파운드 케이크의 배합률이 올바르게 설명된 것은?

㉮ 소맥분 100, 설탕 100, 달걀 200, 버터 200

㉯ 소맥분 100, 설탕 100, 달걀 100, 버터 100

㉰ 소맥분 200, 설탕 200, 달걀 100, 버터 100

㉱ 소맥분 200, 설탕 100, 달걀 100, 버터 100

해답   **18.**㉮   **19.**㉮   **20.**㉯   **21.**㉯   **22.**㉯   **23.**㉰   **24.**㉮   **25.**㉰   **26.**㉱   **27.**㉯

28. 고율 배합 케이크와 비교하여 저율 배합 케이크의 특징은?

㉠ 믹싱 중 공기 혼입량이 많다.　　㉡ 굽는 온도가 높다.

㉢ 반죽의 비중이 낮다.　　㉣ 화학팽창제 사용량이 적다.

29. 다음 중 엔젤 푸드 케이크의 설탕 사용량은?

㉠ 20~30%　　㉡ 30~50%

㉢ 50~70%　　㉣ 80~90%

30. 스펀지 케이크 재료 중 구조 형성과 가장 관계가 적은 것은?

㉠ 밀가루　　㉡ 노른자

㉢ 흰자　　㉣ 분유

31. 화이트 레이어 케이크에서 쇼트닝 사용량이 56%일 때 흰자는 얼마를 사용하는가?

㉠ 60%　　㉡ 70%　　㉢ 80%　　㉣ 90%

32. 스펀지 케이크 제조 시 중력분에 전분을 섞어 사용하려한다. 이때 전분의 최대 사용 범위는?

㉠ 6%　　㉡ 12%　　㉢ 18%　　㉣ 24%

33. 커스터드크림 파이와 전분크림 파이의 가장 큰 차이점은?

㉠ 굽는 방법　　㉡ 농후화제

㉢ 껍질의 성질　　㉣ 굽는 온도

34. 코코아 20%에 해당하는 초콜릿 양은?

㉠ 16%　　㉡ 32%　　㉢ 48%　　㉣ 55%

35. 엔젤 푸드 케이크에서 주석산 크림 사용량은?

㉠ 0.5%　　㉡ 1%　　㉢ 2%　　㉣ 3%

36. 화이트 레이어 케이크 제조 시 주석산 크림을 사용하는 목적 중 틀린 것은?

㉠ 흰자를 강하게 하기 위하여

㉡ 껍질색을 밝게 하기 위하여

㉢ 속색을 하얗게 하기 위하여

㉣ 제품의 색깔을 진하게 하기 위하여

37. 옐로 레이어 케이크에서 설탕 120%, 유화쇼트닝 50%를 사용한 경우 우유 사용량은?

㉠ 60%　　㉡ 70%　　㉢ 80%　　㉣ 90%

· 보충설명 ·

31. 흰자는 쇼트닝×1.43
=56×1.43=80.08%(80%)

33. 커스터드크림의 농후화제는 달걀이고 전분크림은 전분이다.

34. 코코아의 양은 초콜릿×5/80이다. 다시 말하면 초콜릿은 코코아×8/50이다. 따라서 20×8/5=32%이다.

37. 전란은 50×1.1=55%, 우유는 120+25-55=90%

해답　**28.**㉡　**29.**㉣　**30.**㉣　**31.**㉢　**32.**㉡　**33.**㉡　**34.**㉡　**35.**㉠　**36.**㉣　**37.**㉣

38. 전통적인 퍼프 페이스트리의 기본 배합률로 강력분 : 유지 : 냉수 : 소금의 비율로 가장 적당한 것은?

  ㉮ 100 : 100 : 50 : 1   ㉯ 100 : 50 : 100 : 1
  ㉰ 100 : 50 : 50 : 1   ㉱ 100 : 50 : 25 : 1

39. 레이어 케이크에서 전란과 쇼트닝의 관계로 옳은 것은?

  ㉮ 전란=쇼트닝×1.1   ㉯ 전란=쇼트닝×1.3
  ㉰ 전란=쇼트닝×1.43   ㉱ 전란=쇼트닝×1.2

40. 화이트 레이어 케이크에서 흰자 사용량은?

  ㉮ 쇼트닝×1.1   ㉯ 쇼트닝×1.3
  ㉰ 쇼트닝×1.43   ㉱ 쇼트닝×2.3

41. 엔젤 푸드 케이크 배합률 조정 시 밀가루를 15%, 흰자를 45% 사용하면 분당 사용비율은? (단, 주석산 크림+소금=1%이다)

  ㉮ 13%   ㉯ 26%   ㉰ 39%   ㉱ 61%

42. 엔젤 푸드 케이크를 만들 때 흰자 사용량의 범위는?

  ㉮ 40~50%   ㉯ 50~60%
  ㉰ 60~70%   ㉱ 20~30%

43. 다음 중 스펀지 케이크의 3가지 기본재료는?

  ㉮ 밀가루, 달걀, 분유   ㉯ 달걀, 소금, 우유
  ㉰ 밀가루, 달걀, 설탕   ㉱ 밀가루, 분유, 소금, 달걀

44. 파이 반죽에 적당한 밀가루는?

  ㉮ 준강력분   ㉯ 박력분   ㉰ 강력분   ㉱ 중력분

45. 다음 중 엔젤 푸드 케이크의 주성분이 아닌 것은?

  ㉮ 전란   ㉯ 설탕   ㉰ 흰자   ㉱ 소맥분

46. 천연초콜릿이 32%일 때 코코아양은?

  ㉮ 5%   ㉯ 10%   ㉰ 15%   ㉱ 20%

47. 파운드 케이크의 배합률 조정에 관한 사항 중 밀가루, 설탕을 일정하게 하고 쇼트닝을 증가시킬 때의 조치로 틀리는 것은?

  ㉮ 전란 사용량을 증가시킨다.   ㉯ 우유 사용량을 감소시킨다.
  ㉰ 베이킹 파우더를 증가시킨다.   ㉱ 유화제 사용량을 증가시킨다.

48. 엔젤 푸드 케이크에 사용되는 주재료가 아닌 것은?

  ㉮ 흰자   ㉯ 중조   ㉰ 설탕   ㉱ 소금

해답 38.㉮ 39.㉮ 40.㉰ 41.㉮ 42.㉮ 43.㉰ 44.㉮ 45.㉮ 46.㉱ 47.㉰ 48.㉯

· 보충설명 ·

41. 총 설탕량
=100-(흰자+밀가루+1)
=100-(45+15+1)=39%
총 설탕의 2/3은 입상형당이고 1/3은 분당(슈거 파우더)으로 사용하기 때문에 분당(슈거 파우더) 사용량은 총 설탕량÷3=39÷3=13%이다.

45. 엔젤 푸드 케이크는 흰자의 거품을 이용한 제품이다.

46. 코코아는
초콜릿×5/8=32×5/8=20%

47. 파운드 케이크에서 유지배합을 증가시키면 달걀 사용량이 증가하여 공기포집능력이 높아진다. 따라서 베이킹 파우더와 같은 팽창제의 사용을 줄인다.

48. 엔젤 푸드 케이크는 흰자의 기포력으로 충분히 부풀기 때문에 화학팽창제를 사용할 필요가 없다.

49. 소프트 롤 케이크는 어떤 배합을 기본으로 하여 만드는 제품인가?

㉮ 스펀지 케이크 배합   ㉯ 파운드 케이크 배합

㉰ 하드 롤 배합   ㉱ 슈크림 배합

50. 일반적으로 설탕을 사용하지 않는 제품은?

㉮ 마카롱   ㉯ 스펀지 케이크

㉰ 슈 껍질   ㉱ 엔젤 푸드 케이크

51. 캔디의 재결정을 막기 위해 사용되는 원료가 아닌 것은?

㉮ 물엿   ㉯ 과당   ㉰ 설탕   ㉱ 전화당

52. 데블스 푸드 케이크 제조 시 코코아와 팽창제의 관계로 맞는 것은?

㉮ 천연코코아는 베이킹 파우더를 사용한다.

㉯ 천연코코아는 중조를 사용한다.

㉰ 더치코코아는 중조와 베이킹 파우더를 사용한다.

㉱ 더치코코아는 중조를 사용한다.

53. 설탕과 액체재료를 많이 사용하는 케이크에 사용하는 쇼트닝 중 가장 적합한 것은?

㉮ 마가린   ㉯ 버터

㉰ 경화쇼트닝   ㉱ 유화쇼트닝

54. 화이트 레이어 케이크를 만들 때 밀가루를 기준하여 설탕의 양은 어느 정도 범위인가?

㉮ 110~120%   ㉯ 110~140%

㉰ 110~160%   ㉱ 110~180%

55. 스펀지 케이크의 필수재료가 아닌 것은?

㉮ 밀가루   ㉯ 설탕   ㉰ 달걀   ㉱ 식용유

56. 레이어 케이크 제조에 쓰이는 주요 원료가 아닌 것은?

㉮ 소맥분   ㉯ 설탕   ㉰ 달걀   ㉱ 식용유

57. 밀가루 100%, 달걀 166%, 설탕 166%, 소금 2%인 배합률은 다음 어떤 케이크 제조에 적당한가?

㉮ 파운드 케이크   ㉯ 옐로 레이어 케이크

㉰ 스펀지 케이크   ㉱ 엔젤 푸드 케이크

58. 데블스 푸드 케이크에서 설탕 120%, 유화쇼트닝 50%, 더치코코아 20%를 사용한 경우 우유의 사용량은?

㉮ 75%   ㉯ 95%   ㉰ 125%   ㉱ 105%

· 보충설명 ·

53. 설탕과 액체재료를 많이 사용하는 고율배합 케이크는 유화력이 요구되므로 유화쇼트닝을 사용한다.

58. 달걀은 50×1.1=55%, 우유는 설탕+30+(코코아×1.5)-전란 =120+30+(20×1.5)-55 =125%이다.

---

59. 초콜릿의 코코아와 코코아 버터의 비율은?

㉮ 5:3   ㉯ 1:3   ㉱ 3:1   ㉲ 3:5

60. 다음 중 레이어 케이크 제조 시 물의 기능이 아닌 것은?

㉮ 제품의 노화 지연   ㉯ 제품의 수율 증가
㉱ 제품의 구조력 증가   ㉲ 제품의 유연성 증가

61. 다음 제과 중 발효과자는 어느 것인가?

㉮ 스펀지 케이크   ㉯ 초콜릿 케이크
㉱ 카스텔라   ㉲ 사바랭

62. 최대의 수분을 함유하는 쿠키는?

㉮ 쇼트 브래드 쿠키   ㉯ 드롭 쿠키
㉱ 스냅 쿠키   ㉲ 스펀지 쿠키

63. 레이어 케이크 제조 시 쇼트닝의 사용범위는?

㉮ 10~30%   ㉯ 30~70%
㉱ 70~90%   ㉲ 100~110%

64. 스펀지 케이크의 필수재료가 아닌 것은?

㉮ 밀가루   ㉯ 우유
㉱ 달걀   ㉲ 소금

65. 데블스 푸드 케이크(Devil's Food Cake)에서 천연코코아의 사용량이 30%일 때 소다의 사용량은?

㉮ 1.2%   ㉯ 2.1%   ㉱ 2.8%   ㉲ 5.2%

66. 케이크 제조 시 재료 사용의 상관관계로 잘못된 것은?

㉮ 달걀 증가 – 베이킹 파우더 감소
㉯ 밀가루의 강력도 증가 – 베이킹 파우더 증가
㉱ 크림성이 좋은 쇼트닝 증가 – 베이킹 파우더 감소
㉲ 분유 사용량 증가 – 베이킹 파우더 감소

67. 고율배합과 저율배합을 비교했을 때 옳지 않은 것?

㉮ 고율배합은 반죽 속에 포함되는 공기가 더 많다.
㉯ 고율배합은 반죽의 비중이 높다.
㉱ 저율배합은 팽창제의 사용량이 더 많다.
㉲ 저율배합 반죽은 높은 온도에서 굽는다.

68. 데블스 푸드 케이크에서 꼭 필요한 재료는?

㉮ 향료   ㉯ 코코아   ㉱ 명반   ㉲ 전분

해답   59.㉮   60.㉱   61.㉲   62.㉲   63.㉯   64.㉯   65.㉯   66.㉲   67.㉯   68.㉯

69. 유화쇼트닝을 60% 사용한 옐로 레이어 케이크 배합에 32%의 초콜릿을 넣어 초콜릿 케이크를 만들 때 원래의 쇼트닝 60%는 얼마로 조절해야 하는가?

㉮ 48% ㉯ 54% ㉰ 60% ㉱ 72%

70. 기공조직이 스펀지 케이크와 유사하며 흰자만으로 제조되는 거품형 반죽케이크는?

㉮ 파운드 케이크 ㉯ 화이트 레이어 케이크
㉰ 옐로 레이어 케이크 ㉱ 엔젤 푸드 케이크

71. 파이 제조 시 필수 재료가 아닌 것은?

㉮ 밀가루 ㉯ 소금 ㉰ 유지 ㉱ 달걀

72. 짜는 형태의 쿠키에 분당을 사용하는 이유로 가장 알맞은 것은?

㉮ 가격이 저렴하다. ㉯ 퍼짐이 커진다.
㉰ 제품의 형태를 잘 유지한다. ㉱ 감미도가 낮아진다.

73. 소다 1.2%를 사용하는 배합비율에서 팽창제를 베이킹 파우더로 대체하고자 할 때 사용량으로 알맞은 것은?

㉮ 1.2% ㉯ 2.4% ㉰ 3.6% ㉱ 4.8%

74. 불량한 표백 밀가루를 사용했을 때 조치하여야 할 사항은?

㉮ 쇼트닝과 설탕의 사용량을 증가시킨다.
㉯ 전분을 첨가한다.
㉰ 달걀의 사용량을 증가시킨다.
㉱ 물의 사용량을 증가시킨다.

75. 슈의 필수재료가 아닌 것은?

㉮ 중력분 ㉯ 달걀 ㉰ 물 ㉱ 설탕

76. 에클레어는 어떤 종류의 반죽으로 만드는가?

㉮ 스펀지 반죽 ㉯ 슈 반죽
㉰ 비스킷 반죽 ㉱ 파이 반죽

제2절 재료의 계량

01. 다음의 재료 중 계량의 오차량이 같을 때 일반적으로 제품에 가장 큰 영향을 주는 것은?

㉮ 베이킹 파우더 ㉯ 밀가루 ㉰ 설탕 ㉱ 달걀

해답 69.㉯ 70.㉱ 71.㉱ 72.㉯ 73.㉰ 74.㉰ 75.㉱ 76.㉯ 1.㉮

• 보충설명 •

69. 초콜릿에는 3/8의 코코아 버터가 함유되어 있는데 이 코코아 버터는 유화쇼트닝의 50%에 해당하는 기능적 능력을 가지고 있으므로 그만큼 유화쇼트닝의 함량에서 제외시켜야 한다.
코코아 버터 함량
=32×3/8=12%
(유화쇼트닝6%에 해당됨)
유화쇼트닝 조절
=60-6=54%

73. 소다의 팽창력은 베이킹 파우더의 3배이다.
∴ 1.2%×3=3.6%

76. éclair(에클레어)는 번갯불이라는 뜻을 가진 슈반죽으로 만든 과자로, 표면에 다양한 맛의 퐁당을 발라서 마무리한다.

1. 사용량이 적은 재료일수록 계량의 오차값에 따른 제품의 영향이 크다.

02. 저울 위에 500g의 추를 올려 저울의 영점을 확인할 경우 영점이 가장 정확한 것은?

㉮ 50g　　　　㉯ 100g　　　　㉰ 250g　　　　㉱ 500g

03. 슈 재료의 계량 시 같이 계량하여서는 안될 재료는?

㉮ 버터+물　　　　　　　㉯ 물+소금
㉰ 버터+소금　　　　　　㉱ 밀가루+베이킹 파우더

· 보충설명 ·

3. 슈 제조 시 팽창제는 최종단계에서 투입한다.

제3절 반죽과 믹싱

01. 믹서의 성능이 좋아서 노동력과 시간을 절약하는 믹싱법으로 에어 믹서를 사용할 때 사용되는 것은?

㉮ 크림법　　　　　　　㉯ 블렌딩법
㉰ 설탕 · 물법　　　　　㉱ 1단계법

02. 엔젤 푸드 케이크 반죽 시 설탕을 2단계로 나누어 투입할 때 첫 단계에 투입하는 설탕의 양은?

㉮ 1/3　　　　　　　　　㉯ 1/2
㉰ 2/3　　　　　　　　　㉱ 3/4

03. 제품 반죽의 분류상 다른 것과 구별되는 것은?

㉮ 레이어 케이크　　　　㉯ 파운드 케이크
㉰ 스펀지 케이크　　　　㉱ 과일 케이크

04. 반죽형 케이크를 만드는 방법과 장점을 짝지은 것 중 틀린 내용은?

㉮ 블랜딩법 – 제품이 부드럽다.
㉯ 1단계법 – 재료가 절약된다.
㉰ 크리밍법 – 부피가 크다.
㉱ 설탕 · 물반죽법 – 규격이 같은 제품을 다량 만들 수 있다.

05. 반죽형 케이크를 만드는 방법 중에서 밀가루 입자가 유지에 감싸이는 형태의 반죽법은?

㉮ 크리밍법　　　　　　　㉯ 블렌딩법
㉰ 설탕 · 물반죽법　　　　㉱ 1단계법

06. 다음 제품 중 일반적으로 반죽의 pH가 가장 높은 것은?

㉮ 엔젤 푸드 케이크　　　㉯ 스펀지 케이크
㉰ 초콜릿 케이크　　　　　㉱ 파운드 케이크

1. 에어 믹서는 외부로부터 공기를 강제로 불어넣으면서 믹싱하는 믹서로 1단계법에 주로 사용된다.

2. 첫 단계에는 총 설탕량의 2/3를 입상형당으로, 나머지 1/3은 분당(슈거 파우더)으로 밀가루와 혼합하여 마지막 단계에서 투입한다.

3. 레이어 케이크, 파운드 케이크, 과일 케이크는 반죽형 케이크이고 스펀지 케이크는 거품형 케이크다.

4. 1단계법은 노동력과 시간이 절약되는 장점이 있다.

6. 엔젤 푸드 케이크는 약산성, 초콜릿 케이크나 데블스 푸드케이크는 약알카리성에서 제품의 상태가 좋다.

해답 2.㉯ 3.㉱　　1.㉱ 2.㉰ 3.㉰ 4.㉯ 5.㉯ 6.㉰

07. 거품형 케이크의 반죽 순서는?

㉮ 저속-중속-고속
㉯ 고속-중속-저속
㉰ 저속-고속-중속-저속
㉱ 고속-중속-저속-고속

08. 반죽형 케이크의 믹싱 방법에서 제품에 부드러움을 주기 위한 목적으로 사용하는 것은?

㉮ 크림법
㉯ 블렌딩법
㉰ 설탕 · 물법
㉱ 1단계법

09. 스펀지 케이크 반죽에 버터를 사용하고자 할 때 버터의 온도는 얼마가 가장 좋은가?

㉮ 30℃
㉯ 34℃
㉰ 60℃
㉱ 85℃

10. 사과 파이껍질에서 결의 크기는 어떻게 조절되는가?

㉮ 쇼트닝의 크기로 조절한다.
㉯ 쇼트닝의 양으로 조절한다.
㉰ 접기의 수로 조절한다
㉱ 밀가루의 양으로 조절한다.

10. 유지[쇼트닝]입자의 크기가 클수록 결의 길이가 길어진다.

11. 흰자의 거품내기에 가장 좋은 믹서속도는?

㉮ 저속
㉯ 중속
㉰ 고속
㉱ 초고속

12. 믹싱 시간과 과정이 가장 간단한 믹싱법은?

㉮ 크림법
㉯ 블렌딩법
㉰ 설탕 · 물법
㉱ 1단계법

13. 다음 제품 중 거품형 제품이 아닌 것은?

㉮ 과일 케이크
㉯ 머랭
㉰ 스펀지 케이크
㉱ 엔젤 푸드 케이크

13. 과일케이크는 반죽형제품이다.

14. 먼저 밀가루와 유지를 넣고 믹싱하여 유지에 의해 밀가루가 피복되도록 한 후 나머지 재료를 투입하는 방법으로 유연감을 우선으로 하는 제품에 사용되는 반죽법은?

㉮ 1단계법
㉯ 별립법
㉰ 블렌딩법
㉱ 크림법

15. 케이크 반죽법 중 설탕 · 물 반죽법의 장점을 들면 다음과 같다. 옳지 않은 내용은?

㉮ 제품의 구조력이 강해진다.
㉯ 재료의 계량이 쉽다.
㉰ 공기가 잘 들어간다.
㉱ 일정한 규격의 제품을 만들 수 있다.

16. 파운드 케이크를 만드는 쇼트닝은 믹싱 중 공기를 포집하는 능력이 중요하다. 어느 성질이 중요시되는 쇼트닝인가?

㉮ 기능성
㉯ 신장성
㉰ 크림성
㉱ 안정성

해답 7.㉰ 8.㉯ 9.㉰ 10.㉮ 11.㉯ 12.㉱ 13.㉮ 14.㉰ 15.㉮ 16.㉰

17. 거품형 케이크를 만들 때 믹싱의 조작순서로 올바른 것은?

㉮ 저속–중속–고속　　　　　㉯ 저속–고속

㉰ 저속–중속–저속–고속　　　㉱ 저속–중속–고속–중속–저속

18. 다음 중 반죽형 반죽법은?

㉮ 공립법　　　　　　　　　㉯ 별립법

㉰ 머랭법　　　　　　　　　㉱ 블렌딩법

19. 다음 중 엔젤 푸드 케이크의 제조 시 반죽법으로 맞는 것은?

㉮ 공립법　　　　　　　　　㉯ 중탕법

㉰ 머랭법　　　　　　　　　㉱ 크림법

20. 에어 믹서의 사용에 있어 일반적으로 공기 압력이 가장 높아야 되는 제품은?

㉮ 스펀지 케이크　　　　　　㉯ 엔젤 푸드 케이크

㉰ 옐로 레이어 케이크　　　　㉱ 파운드 케이크

21. 사과 파이의 껍질을 만들기 위하여 버터를 호두알만한 크기로 자르고 밀가루와 다른 건조 재료를 넣어 비빈 후에 찬물을 투입하여 반죽을 완료했다면 제품의 특성은?

㉮ 중간 결 껍질　　　　　　㉯ 긴 결 껍질

㉰ 가루모양 껍질　　　　　　㉱ 크래커모양 껍질

22. 과자의 반죽 방법 중 시폰형 반죽이란?

㉮ 화학팽창제를 사용한다.

㉯ 유지와 설탕을 믹싱한다.

㉰ 모든 재료를 한꺼번에 넣고 믹싱한다.

㉱ 달걀의 흰자와 노른자를 분리하여 믹싱한다.

23. 다음 중 반죽의 pH가 가장 낮아야 좋은 제품은?

㉮ 레이어 케이크　　　　　　㉯ 스펀지 케이크

㉰ 파운드 케이크　　　　　　㉱ 엔젤 푸드 케이크

24. 파이(Pie)껍질을 만들 때 유지의 입자가 크면 어떠한 결이 만들어지는가?

㉮ 결의 길이가 길다.

㉯ 결의 길이가 짧다.

㉰ 매우 미세한 결이 만들어진다.

㉱ 결의 길이와는 상관이 없다.

25. 반죽형 케이크 반죽을 부피위주로 만들 때 사용할 믹싱 방법은?

㉮ 1단계법　　　　　　　　㉯ 설탕 · 물법

㉰ 블렌딩법　　　　　　　　㉱ 크림법

해답　17.㉱ 18.㉱ 19.㉰ 20.㉯ 21.㉯ 22.㉱ 23.㉱ 24.㉮ 25.㉱

26. 다음 중 비터(Beater)를 이용하여 교반하는 것이 적당한 제법으로 알맞은 것은?

㉮ 공립법 ㉯ 별립법
㉰ 복합법 ㉭ 블렌딩법

27. 달걀이 기포성과 포집성이 가장 좋은 것은 몇 ℃에서인가?

㉮ 0℃ ㉯ 5℃ ㉰ 30℃ ㉭ 50℃

28. 다음의 제품에서 크림법을 사용하여 만들 수 있는 제품은?

㉮ 슈 ㉯ 마블 파운드 케이크
㉰ 버터 스펀지 케이크 ㉭ 엔젤 푸드 케이크

29. 비스킷 반죽을 오랫동안 믹싱할 때 일어나는 현상이 아닌 것은?

㉮ 제품의 크기가 작아진다. ㉯ 제품이 단단해진다.
㉰ 제품이 부드럽다. ㉭ 성형이 어렵다.

30. 데블스 푸드 케이크를 블렌딩법으로 제조 시 반죽제조 순서가 맞는 것은?

㉮ 유지+밀가루 → 설탕, 분유, 코코아, 유화제 → 물 → 달걀 → 물
㉯ 유지+설탕 → 밀가루, 분유, 코코아 → 유화제 → 물 → 소금
㉰ 유지+밀가루 → 설탕, 달걀 → 소금 → 유화제 → 물
㉭ 유지+설탕 → 분유, 코코아 → 유화제 → 소금 → 달걀

31. 블렌딩법은 어떤 재료를 먼저 배합하는 방법인가?

㉮ 달걀과 밀가루 ㉯ 물과 밀가루
㉰ 밀가루와 쇼트닝 ㉭ 쇼트닝과 설탕

32. 스펀지 케이크 제조 시 더운 믹싱방법을 사용할 때 달걀과 설탕의 중탕온도로 가장 적당한 것은?

㉮ 23℃ ㉯ 43℃ ㉰ 63℃ ㉭ 83℃

33. 아이스크림 제조에서 오버런(Over-run)이란?

㉮ 교반에 의해 크림의 체적이 몇% 증가하는가를 나타낸 수치
㉯ 생크림 안에 들어 있는 지방이 응집해서 완전히 액체로부터 분리된 것
㉰ 살균 등 가열 조작에 의해 불안정하게 된 유지의 결정을 적온으로 해서 안정화시킨 숙성조작
㉭ 생유 안에 들어 있는 큰 지방구를 미세하게 해서 안정화하는 공정

34. 케이크의 대표적인 믹싱 방법인 크림법에 대한 설명으로 적당한 것은?

㉮ 쇼트닝과 밀가루를 먼저 믹싱한다.
㉯ 쇼트닝과 설탕을 먼저 믹싱한다.
㉰ 설탕과 물을 먼저 믹싱한다.
㉭ 전 재료를 한꺼번에 믹싱한다.

해답 26.㉭ 27.㉰ 28.㉯ 29.㉰ 30.㉮ 31.㉰ 32.㉯ 33.㉮ 34.㉯

35. 반죽형 케이크의 특성에 해당되지 않는 것은?

㉮ 일반적으로 밀가루가 달걀보다 많이 사용된다.
㉯ 많은 양의 유지를 사용한다.
㉰ 화학 팽창제에 의해 부피를 형성한다.
㉱ 해면같은 조직으로 입에서의 감촉이 좋다.

36. 과자 반죽 믹싱법 중에서 크림법은 어떤 재료를 먼저 믹싱하는 방법인가?

㉮ 설탕과 쇼트닝
㉯ 밀가루와 설탕
㉰ 달걀과 설탕
㉱ 달걀과 쇼트닝

37. 다음 제법 중 비교적 스크래핑을 가장 많이 해야하는 제법은?

㉮ 공립법
㉯ 별립법
㉰ 설탕/물법
㉱ 크림법

38. 밀가루, 설탕, 노른자, 식용유 및 물 등을 같이 혼합한 후 머랭을 투입하여 반죽하는 제법은?

㉮ 별립법
㉯ 공립법
㉰ 시폰법
㉱ 단단계법

39. 반죽형 케이크 제조 시 분리현상이 일어나는 원인이 아닌 것은?

㉮ 반죽온도가 낮다.
㉯ 노른자 사용비율이 높다.
㉰ 반죽 중 수분량이 많다.
㉱ 일시에 투입하는 달걀양이 많다.

40. 다음 중 만드는 방법이 나머지 셋과 다른 것은?

㉮ 쇼트 브레드 쿠키
㉯ 오렌지 쿠키
㉰ 핑거 쿠키
㉱ 버터 스카치 쿠키

41. 스펀지 케이크 제조 시 기포의 진행정도를 파악하기 어려운 것은?

㉮ 온도
㉯ 색
㉰ 부피
㉱ 점도

42. 1000mL의 생크림 원료로 거품을 올려 2000mL의 생크림을 만들었다면 증량율(Over run)은 얼마인가?

㉮ 50%
㉯ 100%
㉰ 150%
㉱ 200%

43. 거품형 제품 제조시 가온법의 장점이 아닌 것은?

㉮ 껍질색이 균일하다.
㉯ 기포시간이 단축된다.
㉰ 기공이 조밀하다.
㉱ 달걀의 비린내가 감소된다.

· 보충설명 ·

35. 거품형 케이크는 해면같은 조직으로 입에서의 감촉이 좋은 특성을 가지고 있다.

37. 반죽형 제품은 된 반죽 상태이기 때문에 비교적 스크래핑을 많이 해야만 한다.

39. 노른자에 들어있는 레시틴은 유화제로서 케이크의 분리현상을 억제시킨다.

40. 쇼트 브레드 쿠키는 밀어펴서 정형하는 쿠키이며 나머지는 짜는 형태의 쿠키이다.

42. 오버런 = [휘핑 전 크림의 일정용량의 무게 - 휘핑 후 크림의 일정용량의 무게]/휘핑 후 크림의 일정용량의 무게×100
그런데 1000ml가 2000ml가 되었으므로 일정용량의 무게는 50%로 감소하였다.
고로 $\dfrac{1000-500}{500} \times 100 = 100\%$

제4절 반죽온도의 조절

· 보충설명 ·

01. 쿠키를 만들 때 정상적인 반죽온도는?

㉮ 4~10℃   ㉯ 18~24℃
㉰ 28~32℃   ㉱ 35~40℃

02. 다음 중 반죽의 희망결과온도가 가장 낮은 제품은?

㉮ 슈   ㉯ 카스텔라
㉰ 퍼프 페이스트리   ㉱ 소프트 롤 케이크

03. 반죽온도가 낮을 경우 일어나는 현상은?

㉮ 기공이 거칠다.   ㉯ 표면이 터진다.
㉰ 껍질색이 여리다.   ㉱ 부피가 크다.

04. 얼음 사용량은?

㉮ $\dfrac{총\ 사용물량 \times (수돗물온도\ -\ 계산된\ 물온도)}{80\ +\ 수돗물온도}$

㉯ $\dfrac{총\ 사용물량 \div (수돗물온도\ +\ 계산된\ 물온도)}{80\ \times\ 수돗물온도}$

㉰ $\dfrac{총\ 사용물량 \times (수돗물온도\ +\ 계산된\ 물온도)}{80\ +\ 수돗물온도}$

㉱ $\dfrac{총\ 사용물량 \times (수돗물온도\ -\ 계산된\ 물온도)}{80\ -\ 수돗물온도}$

05. 거품형 케이크의 반죽온도는?

㉮ 18℃   ㉯ 20℃
㉰ 23℃   ㉱ 30℃

06. 반죽 온도가 가장 낮아야 되는 것은?

㉮ 데블스 푸드 케이크   ㉯ 레이어 케이크
㉰ 스펀지 케이크   ㉱ 파이

07. 옐로우 레이어 케이크에 8℃의 물 1kg을 사용해야 할 경우 수돗물온도 가 20℃라면 몇 g의 얼음을 사용해야 좋은가?

㉮ 50g   ㉯ 60g
㉰ 120g   ㉱ 180g

08. 엔젤 푸드 케이크의 반죽온도로 적당한 것은 ?

㉮ 10℃   ㉯ 16℃   ㉰ 24℃   ㉱ 30℃

7. 얼음사용량

$= \dfrac{1,000g \times (20-8)}{80+20}$

$= 120g$

해답 1.㉯ 2.㉰ 3.㉯ 4.㉮ 5.㉰ 6.㉱ 7.㉰ 8.㉰

09. 다음 공식 중 마찰계수 구하는 공식은?

㉮ 반죽온도×6-(밀가루온도 +실내온도+설탕온도+쇼트닝온도+달걀온도)

㉯ 반죽온도×6-(밀가루온도+실내온도+설탕온도+쇼트닝온도+물온도)

㉰ 반죽온도×6-(밀가루온도+실내온도+쇼트닝온도+달걀온도+물온도)

㉱ 반죽온도×6-(밀가루온도+실내온도+설탕온도+쇼트닝온도+달걀온도+물온도)

10. 파운드 케이크를 제조하려할 때 유지의 품온으로 가장 알맞은 것은?

㉮ -5℃~0℃

㉯ 5℃~10℃

㉰ 18℃~25℃

㉱ 30℃~37℃

11. 케이크 반죽의 온도가 높을 때의 설명 중 맞는 것은?

㉮ 부피가 작다.

㉯ 기공이 커진다.

㉰ 기공이 조밀하다.

㉱ 표면이 터진다.

12. 케이크 반죽의 온도가 낮은 경우의 설명으로 틀린 것은?

㉮ 부피가 작다.

㉯ 굽는 시간이 길어진다.

㉰ 속결이 조밀하다.

㉱ 큰 기공이 많다.

13. 직접 배합에 사용하는 물의 온도로 반죽의 온도조절이 편리한 제품은?

㉮ 젤리 롤 케이크

㉯ 과일 케이크

㉰ 퍼프 페이스트리

㉱ 버터 스펀지 케이크

14. 다음 제품 중 반죽희망온도가 가장 낮은 것은?

㉮ 슈

㉯ 퍼프 페이스트리

㉰ 카스텔라

㉱ 파운드 케이크

15. 파이를 냉장고 등에서 휴지시키는 이유와 가장 거리가 먼 것은?

㉮ 전 재료의 수화기회를 준다.

㉯ 유지와 반죽의 굳은 정도를 같게 한다.

㉰ 반죽을 경화 및 긴장시킨다.

㉱ 끈적거림을 방지하여 작업성을 좋게 한다.

16. 어떤 케이크를 제조하기 위하여 조건을 조사한 결과 달걀 25℃, 밀가루 25℃, 설탕 25℃, 쇼트닝 25℃, 실내온도 25℃, 사용수온도 20℃, 결과 온도가 28℃가 되었다. 마찰계수는?

㉮ 13

㉯ 18

㉰ 23

㉱ 28

17. 일반적으로 옐로 레이어 케이크의 반죽온도는 어느 정도가 가장 적당한가?

㉮ 16℃

㉯ 20℃

㉰ 24℃

㉱ 30℃

13. 퍼프 페이스트리용 반죽은 냉수를 사용하여 반죽온도를 낮춘다.

15. 휴지는 반죽의 수화를 돕고 글루텐을 안정시키고 충전용 유지와 반죽의 굳기를 같게 하여 밀어 펴기를 쉽게 하기 위한 공정이다.

16. 마찰계수=결과온도×6- (실내온도+밀가루온도+설탕온도+쇼트닝온도+달걀온도+수돗물온도)=28×6-(25+25+25+25 +25+20)=23

해답 9.㉱ 10.㉰ 11.㉯ 12.㉱ 13.㉰ 14.㉯ 15.㉰ 16.㉰ 17.㉰

18. 다음 보기의 조건에서 계산된 물온도는?

〈보기〉	반죽희망온도 : 23℃	밀가루온도 : 25℃
	실내온도 : 25℃	설탕온도 : 25℃
	쇼트닝온도 : 20℃	달걀온도 : 20℃
	수돗물온도 : 20℃	마찰계수 : 20

㉮ 3℃　　　　㉯ 8℃　　　　㉰ 12℃　　　　㉱ 20℃

19. 반죽온도 조절에 대한 설명 중 틀린 것은?

㉮ 파운드케이크의 반죽온도는 23℃가 적당하다.
㉯ 버터 스펀지케이크(공립법)의 반죽온도는 25℃가 적당하다.
㉰ 사과 파이반죽의 물 온도는 38℃가 적당하다.
㉱ 퍼프 페이스트리의 반죽 온도는 20℃가 적당하다.

제5절 반죽의 비중 조절

01. 비중이 가장 낮은 것은?

㉮ 파운드 케이크　　　　㉯ 엔젤 푸드 케이크
㉰ 스펀지 케이크　　　　㉱ 버터 스펀지 케이크

02. 고율배합 제품과 저율배합 제품의 비중을 비교해 본 결과 일반적으로 맞은 것은?

㉮ 고율배합 제품의 비중이 높다.
㉯ 저율배합 제품의 비중이 높다.
㉰ 비중의 차이는 없다.
㉱ 제품의 크기에 따라 비중은 차이가 있다.

03. 비중컵에 반죽을 넣어 재면 135g이고 물을 가득 넣고 재면 150g이었다. 비중은? (비중컵의 무게는 25g)

㉮ 0.54　　　　㉯ 0.72　　　　㉰ 0.88　　　　㉱ 0.90

04. 다음 제품 중 일반적으로 비중이 가장 낮은 것은?

㉮ 파운드 케이크　　　　㉯ 레이어 케이크
㉰ 스펀지 케이크　　　　㉱ 과일 케이크

05. 어떤 한 종류의 케이크를 만들기 위하여 믹싱을 끝내고 비중을 측정한 결과가 다음과 같을 때 구운 후 기공이 조밀하고 부피가 가장 작아지는 것은?

㉮ 0.40　　　　㉯ 0.50　　　　㉰ 0.60　　　　㉱ 0.70

· 보충설명 ·

18. 사용할 물온도=희망온도×6-[실내온도+밀가루온도+설탕온도+쇼트닝온도+달걀온도+마찰계수]=23×6-[25+25+25+20+20+20]=3℃

19. 파이반죽 온도는 18℃ 정도로 낮아야 하기 때문에 사용 물온도는 냉수를 사용한다.

2. 고율배합은 반죽이 가볍기 때문에 비중이 낮고 저율배합은 반죽이 무겁기 때문에 비중이 높다.

3. 비중
$$= \frac{반죽무게-컵무게}{물무게-컵무게}$$
$$= \frac{135-25}{150-25} = \frac{110}{125}$$
$$= 0.88$$

5. 케이크의 기공이 조밀하고 부피가 작은 경우는 무거운 반죽으로 만든 것으로 비중이 높게 된다.

해답 18.㉮ 19.㉰　　1.㉯ 2.㉯ 3.㉰ 4.㉰ 5.㉱

06. 다음에서 반죽의 비중 구하는 공식은?

㉮ 반죽무게×물무게   ㉯ 반죽무게÷물무게

㉰ 물무게÷반죽무게   ㉱ 물무게×반죽무게

07. 반죽의 비중과 관계가 가장 적은 것은?

㉮ 제품의 점도   ㉯ 제품의 부피

㉰ 제품의 조직   ㉱ 제품의 기공

08. 반죽무게를 이용하여 반죽의 비중을 측정 시 필요한 것은?

㉮ 밀가루무게   ㉯ 물무게

㉰ 용기무게   ㉱ 설탕무게

09. 데블스 푸드 케이크를 만들려고 한다. 반죽의 비중을 재기 위하여 필요한 무게가 아닌 것은?

㉮ 비중컵의 무게

㉯ 코코아를 담은 비중컵의 무게

㉰ 물을 담은 비중컵의 무게

㉱ 반죽을 담은 비중컵의 무게

10. 스펀지 케이크 제조 시 비중을 낮게 하는 재료는?

㉮ 유지   ㉯ 설탕   ㉰ 달걀   ㉱ 소금

11. 과자반죽의 믹싱완료 정도는 무엇으로 알 수 있는가?

㉮ 반죽의 비중   ㉯ 글루텐의 발전 정도

㉰ 반죽의 점도   ㉱ 반죽의 되기

12. 다음 중 비중이 높은 제품의 특징이 아닌 것은?

㉮ 기공이 조밀하다.   ㉯ 부피가 작다.

㉰ 껍질색이 진하다.   ㉱ 제품이 단단하다.

13. 화이트 레이어 케이크의 반죽 비중으로 가장 적당한 것은?

㉮ 0.45   ㉯ 0.55   ㉰ 0.65   ㉱ 0.85

14. 케이크 반죽의 비중이 정상보다 높을 때의 현상으로 맞는 것은?

㉮ 분할 무게가 같을 때 부피가 커진다.

㉯ 내부에 큰 기포가 생긴다.

㉰ 무게에 비해 가벼운 제품이 된다.

㉱ 기공이 조밀해진다.

15. 버터 스펀지 케이크(별립법) 반죽의 비중을 측정할 때 필요 없는 것은?

㉮ 비 중컵   ㉯ 물   ㉰ 저울   ㉱ 머랭

해답   6.㉯   7.㉮   8.㉯   9.㉯   10.㉰   11.㉮   12.㉰   13.㉱   14.㉱   15.㉱

16. 케이크 반죽의 비중에 관한 설명으로 맞는 것은?

㉮ 비중이 높으면 제품의 부피가 크다.

㉯ 비중이 낮으면 공기가 적게 포함되어 있음을 의미한다.

㉰ 비중이 낮을수록 제품의 기공이 조밀하고 조직이 묵직하다.

㉱ 일정한 온도에서 반죽의 무게를 같은 부피의 물의 무게로 나눈 값이다.

17. 비중 0.75인 과자 반죽 1ℓ의 무게는?

㉮ 75g   ㉯ 750g   ㉰ 375g   ㉱ 1,750g

제6절 패닝(반죽 채우기)

01. 어느 반죽의 비용적이 2.5(cc/g)라면, 즉 반죽 1g당 2.5㎤의 부피를 갖는다면 가로가 15㎝, 세로가 2㎝, 높이가 4㎝인 팬에는 몇 g의 반죽을 넣어야 하는가?

㉮ 24g   ㉯ 48g   ㉰ 84g   ㉱ 128g

02. 둥근 틀에 케이크 반죽을 채우려고 한다. (틀의 부피 2.4㎤당 1g) 이때 안치수로 틀의 지름이 10cm이고 높이가 4cm라면 이 틀에 반죽 얼마를 넣어야 하는가?

㉮ 120g   ㉯ 125g   ㉰ 130g   ㉱ 135g

03. 지름 16cm, 높이 5cm일 때 분할중량은? (비용적은 2.92)

㉮ 344   ㉯ 354   ㉰ 364   ㉱ 374

04. 다음 제품 중 비용적이 가장 큰 제품은?

㉮ 파운드 케이크   ㉯ 옐로 레이어 케이크

㉰ 스펀지 케이크   ㉱ 식빵

05. 다음 제품 중 정형하여 패닝할 경우 제품의 간격을 가장 충분히 유지하여야 하는 제품은?

㉮ 슈   ㉯ 오믈렛

㉰ 애플 파이   ㉱ 쇼트 브레드 쿠키

06. 엔젤 푸드 케이크 제조 시 팬에 사용하는 이형제로 적당한 것은?

㉮ 쇼트닝   ㉯ 밀가루   ㉰ 라드   ㉱ 물

07. 다음 제품 중 이형제로 팬에 물을 분무하여 사용하는 제품은?

㉮ 슈   ㉯ 시폰 케이크

㉰ 오렌지 케이크   ㉱ 마블 파운드 케이크

해답   16.㉱   17.㉯   1.㉯   2.㉰   3.㉮   4.㉰   5.㉮   6.㉱   7.㉯

08. 커스터드 푸딩은 틀에 몇 %정도 채우는가?

㉠ 75% ㉡ 85% ㉢ 95 % ㉣ 105~110%

09. 스펀지 케이크 반죽을 팬에 담을 때 팬 용적의 어느 정도가 가장 적당한가?

㉠ 10~20% ㉡ 20~30%
㉢ 40~50% ㉣ 50~60%

10. 스펀지 케이크 400g인 완제품을 만들 때 굽기 손실이 20%라면 분할 반죽의 무게는?

㉠ 600g ㉡ 500g
㉢ 400g ㉣ 300g

11. 케이크 팬용적 410㎤에 100g의 스펀지 케이크 반죽을 넣어 좋은 결과를 얻었다면 팬용적 1230㎤에 넣어야 할 스펀지 케이크의 반죽무게는?

㉠ 123g ㉡ 200g
㉢ 300g ㉣ 410g

12. 파운드 케이크 반죽을 팬에 넣을 때 적당한 패닝비(%)는?

㉠ 50% ㉡ 55% ㉢ 70% ㉣ 100%

13. 같은 용적의 팬에 같은 무게의 반죽을 패닝하였을 경우 부피가 가장 작은 제품은?

㉠ 시폰 케이크 ㉡ 레이어 케이크
㉢ 파운드 케이크 ㉣ 스펀지 케이크

14. 젤리 롤 케이크 반죽을 만들어 패닝하려고 한다. 옳지 않은 것은?

㉠ 넘치는 것을 방지하기 위하여 팬 종이는 팬 높이보다 2㎝ 정도 높게 한다.
㉡ 평평하게 패닝하기 위해 고무주걱 등으로 윗부분을 마무리한다.
㉢ 기포가 꺼지므로 패닝은 가능한 한 빨리한다.
㉣ 철판에 패닝하고 볼에 남은 반죽으로 무늬 반죽을 만든다.

15. 파운드 케이크 반죽을 가로 5㎝, 세로 12㎝, 높이 5㎝의 소형 파운드 팬에 100개 패닝하려고 한다. 총 반죽의 무게로 알맞은 것은?

㉠ 11kg ㉡ 11.5kg ㉢ 12kg ㉣ 12.5kg

16. 스펀지 케이크의 반죽 1g당 팬용적(㎤)은 얼마인가?

㉠ 2.40 ㉡ 2.96 ㉢ 4.71 ㉣ 5.08

17. 다음 제품 중 나무틀을 이용하여 패닝하는 제품으로 알맞은 것은?

㉠ 슈 ㉡ 밀푀유
㉢ 카스텔라 ㉣ 퍼프 페이스트리

해답 8.㉢ 9.㉣ 10.㉡ 11.㉢ 12.㉢ 13.㉢ 14.㉠ 15.㉣ 16.㉣ 17.㉢

· 보충설명 ·

10. 반죽의 분할무게
=400g÷(1-0.2)=500g

11. 케이크의 비용적
=410㎤÷100g=4.1㎤/g
스펀지케이크의 반죽무게
=1230㎤÷4.1㎤/g=300g

15. 반죽분할량=팬용적÷비용적
1) 팬용적=5cm×12cm× 5cm
=300㎤
2) 파운드 케이크 비용적
=2.4㎤/g
3) 파운드 1개의 반죽분할량
=300÷2.4=125g
4) 파운드 100개의 총반죽량
=125g×100개
=12,500g=12.5kg

18. 반죽무게를 구하는 식으로 맞는 것은?

㉮ 틀부피×비용적   ㉯ 틀부피+비용적

㉰ 틀부피÷비용적   ㉱ 틀부피−비용적

19. 일반적인 과자반죽의 패닝시 주의점이 아닌 것은?

㉮ 종이 깔개를 사용한다.

㉯ 철판에 넣은 반죽은 두께가 일정하게 되도록 펴준다.

㉰ 팬기름을 많이 바른다.

㉱ 패닝 후 즉시 굽는다.

20. 케이크 반죽의 패닝에 대한 설명으로 틀린 것은?

㉮ 케이크의 종류에 따라 반죽량을 다르게 패닝한다.

㉯ 새로운 팬은 비용적을 구하여 패닝한다.

㉰ 팬용적을 구하기 힘든 경우는 유채씨를 사용하여 측정할 수 있다.

㉱ 비중이 무거운 반죽은 분할량을 작게 한다.

20. 비중이 무거운 반죽은 덜 부풀기 때문에 패닝량을 많게 한다.

21. 비용적이 2.5(㎤/g)인 제품을 다음과 같은 원형팬을 이용하여 만들고자 한다. 필요한 반죽의 무게는? (단, 소수점 첫째 자리에서 반올림하시오.)

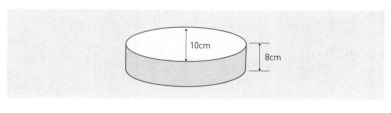

㉮ 100g   ㉯ 251g   ㉰ 628g   ㉱ 1570g

21. 팬의 용적
$= 5 \times 5 \times 3.14 \times 8 = 628㎤$,
분할량 = 팬용적÷비용적
$= 628 \div 2.5 = 251.2$

제7절   성형

01. 퍼프 페이스트리 제조 시 과다하게 덧가루를 사용할 때 문제점이 아닌 것은?

㉮ 결을 단단하게 한다.   ㉯ 산폐취가 난다.

㉰ 표피가 건조된다.   ㉱ 결의 형성이 잘 안된다.

02. 퍼프 페이스트리의 휴지가 종료되었음을 알 수 있는 상태는?

㉮ 누른 자국이 남아 있어야 한다.

㉯ 누른 자국이 원상태로 올라와야 한다.

㉰ 누른 자국이 유동이 있어야 한다.

㉱ 눌렀을 때 내부의 유지가 흘러나오지 않아야 한다.

해답   18.㉰   19.㉰   20.㉱   21.㉯   1.㉰   2.㉮

03. 파이껍질(Pie crust)은 성형하기 전에 12~16℃에 적어도 6시간 저장하는 것이 좋다. 그 이유로 부적당한 것은?

㉮ 충전물이 스며드는 것을 막기 위해
㉯ 밀가루를 적절히 수화시키기 위해
㉰ 성형동안 반죽이 수축되지 않도록 하기 위해
㉱ 유지를 굳혀 바람직한 결을 얻기 위해

04. 파이를 제조할 때 설명으로 틀린 것은?

㉮ 아래 껍질을 위 껍질보다 얇게 한다.
㉯ 껍질 가장자리에 물칠을 한 뒤 충전물을 얹는다.
㉰ 위, 아래의 껍질을 잘 붙인 뒤 남은 반죽을 잘라낸다.
㉱ 덧가루를 뿌린 면포 위에서 반죽을 밀어 편 뒤 크기에 맞게 자른다.

05. 다음 파이의 종류 중 밀기와 접기가 반복되는 제품이 아닌 것은?

㉮ 피칸 파이   ㉯ 프렌치 파이
㉰ 데니시 페이스트리   ㉱ 퍼프 페이스트리

06. 젤리 롤 케이크를 말 때 터지는 현상을 방지하기 위한 조치사항이 아닌 것은?

㉮ 달걀에 노른자를 추가시켜 사용한다.
㉯ 설탕의 일부를 물엿으로 대치한다.
㉰ 덱스트린을 사용하여 점착성을 증가시킨다.
㉱ 팽창제의 사용을 감소시킨다.

07. 밤과자를 성형한 후 물을 뿌려주는 이유가 아닌 것은?

㉮ 덧가루의 제거   ㉯ 부피의 증가
㉰ 껍질색의 균일화   ㉱ 껍질의 터짐 방지

08. 정형한 파이 반죽에 구멍자국을 내주는 가장 주된 이유는?

㉮ 제품을 부드럽게 하기 위해
㉯ 제품의 수축을 막기 위해
㉰ 제품의 원활한 팽창을 위해
㉱ 제품에 기포나 수포가 생기는 것을 막기 위해

09. 쇼트 브레드 쿠키의 성형 시 주의할 점이 아닌 것은?

㉮ 글루텐 형성방지를 위해 가볍게 뭉쳐서 밀어 편다.
㉯ 반죽의 휴지를 위해 성형 전에 냉동고에 동결시킨다.
㉰ 반죽을 일정한 두께로 밀어 펴서 원형 또는 주름커터로 찍어낸다.
㉱ 달걀 노른자를 바른 뒤 조금 지난 뒤 포크로 무늬를 그려낸다.

10. 핑거 쿠키의 성형방법 중 옳지 않은 것은?

㉮ 원형 깍지를 이용하여 일정한 간격으로 짠다.

해답 3.㉮ 4.㉮ 5.㉮ 6.㉮ 7.㉯ 8.㉱ 9.㉯ 10.㉯

ⓓ 철판에 기름을 바르고 짠다.
ⓔ 5~6㎝ 정도의 길이로 짠다.
ⓕ 짠 뒤 윗면에 고르게 설탕을 뿌려준다.

11. 핑거 쿠키 성형시 가장 적정한 길이(cm)는?

ⓐ 3   ⓑ 5   ⓒ 9   ⓓ 12

제8절 굽기

01. 일정한 용적 내 팽창이 가장 큰 것은?

ⓐ 파운드 케이크   ⓑ 스펀지 케이크
ⓒ 레이어 케이크   ⓓ 엔젤 푸드 케이크

02. 보통 스펀지 케이크의 굽는 온도의 범위로 적당한 것은?

ⓐ 110~140℃   ⓑ 150~160℃   ⓒ 180~190℃   ⓓ 210~220℃

03. 다음 제품 중 구워낼 때 가장 긴 시간이 걸리는 것은?

ⓐ 화이트 레이어 케이크   ⓑ 옐로 레이어 케이크
ⓒ 파운드 케이크   ⓓ 스펀지 케이크

04. 다음 중 공기 팽창으로 만드는 제품은?

ⓐ 스펀지 케이크   ⓑ 파운드 케이크
ⓒ 데블스 푸드 케이크   ⓓ 레이어 케이크

05. 파이껍질은 팽창 유형에 따라 어떤 팽창인가?

ⓐ 공기 팽창   ⓑ 화학 팽창   ⓒ 이스트 팽창   ⓓ 무팽창

06. 보통 스펀지 케이크의 굽기 손실은?

ⓐ 10%   ⓑ 30%   ⓒ 20%   ⓓ 40%

07. 쿠키를 많이 퍼지게 하는 당은?

ⓐ 정백당   ⓑ 황설탕
ⓒ 물엿   ⓓ 입자가 작은 정백당

08. 과일 파이 제조 시 충전물이 끓어 넘치는 이유가 아닌 것은?

ⓐ 과일충전물 배합이 부적당 하다.
ⓑ 오븐 온도가 높아 굽는 시간이 짧다.
ⓒ 파이껍질의 수분이 많다.
ⓓ 파이바닥껍질이 너무 얇다.

해답 11.ⓑ   1.ⓑ 2.ⓒ 3.ⓒ 4.ⓐ 5.ⓓ 6.ⓒ 7.ⓑ 8.ⓑ

09. 파운드 케이크 제조 시 이중팬을 사용하는 목적이 아닌 것은?

㉮ 제품 바닥의 두꺼운 껍질형성을 방지하기 위하여
㉯ 제품 옆면의 두꺼운 껍질형성을 방지하기 위하여
㉰ 제품의 조직과 맛을 좋게 하기 위하여
㉱ 오븐에서의 열전도 효율을 높이기 위하여

10. 케이크의 껍질색을 내는데 영향을 미치는 우유 중의 당류는?

㉮ 과당
㉯ 포도당
㉰ 유당
㉱ 설탕

11. 다음 카스텔라의 굽기 온도 중 가장 적당한 것은?

㉮ 110~150℃
㉯ 160~200℃
㉰ 210~250℃
㉱ 260~300℃

12. 다음 제품 중 굽기 전 충분한 휴지를 한 후 굽는 제품은?

㉮ 오믈렛
㉯ 버터 스펀지 케이크
㉰ 오렌지 쿠키
㉱ 퍼프 페이스트리

13. 파이나 퍼프 페이스트리는 무엇에 의하여 팽창되는가?

㉮ 화학적인 팽창
㉯ 중조에 의한 팽창
㉰ 유지에 의한 팽창
㉱ 이스트에 의한 팽창

14. 슈 제조 시 굽는 중간에 오븐 문을 자주 열어주면 완제품은 어떻게 되는가?

㉮ 껍질색이 유백색이 된다
㉯ 부피 팽창이 적게 된다.
㉰ 제품 내부에 공간이 크게 된다.
㉱ 울퉁불퉁하고 벌어진다.

15. 다음 제품 중 굽기 전 침지 또는 분무하여 굽는 제품은?

㉮ 슈
㉯ 오믈렛
㉰ 핑거 쿠키
㉱ 다쿠아즈

16. 퍼프 페이스트리 제조 시 굽기 과정에서 부풀어 오르지 않는 이유로 틀린 것은?

㉮ 밀가루의 사용량이 증가되었다.
㉯ 오븐온도가 너무 낮다.
㉰ 반죽이 너무 차다.
㉱ 품질이 나쁜 달걀이 사용되었다.

17. 다음 제품 중 오븐에 넣기 전에 약한 충격을 가하여 굽는 제품은?

㉮ 파운드 케이크
㉯ 젤리 롤 케이크
㉰ 슈
㉱ 피칸 파이

· 보충설명 ·

9. 이중 팬의 사용목적은 열전도율을 낮추기 위함이다.

해답 9.㉱ 10.㉰ 11.㉯ 12.㉱ 13.㉰ 14.㉯ 15.㉮ 16.㉮ 17.㉯

18. 슈크림의 제조공정에 대한 설명으로 틀린 항목은?

    ㉮ 물에 소금과 유지를 넣고 센 불에서 끓인 후 밀가루를 넣고 저어가면서 완전히 호화시킨다.

    ㉯ 60~65℃로 냉각시키고 달걀을 소량씩 넣으면서 매끈한 반죽을 만든다.

    ㉰ 보통은 원형의 모양깍지를 이용하여 평철판에 짜놓고 물을 분무하여 껍질이 빨리 형성되는 것을 막아 준다.

    ㉱ 굽기 초기에는 윗불을 강하게 하여 표피 색상을 빨리 내며 굽는 열에 예민하기 때문에 수시로 오븐 문을 열고 슈의 굽기 상태를 확인해야 된다.

19. 다음 중 굽기 도중 오븐 문을 열어서는 안 되는 제품은?

    ㉮ 퍼프 페이스트리   ㉯ 드롭 쿠키
    ㉰ 쇼트 브레드 쿠키   ㉱ 애플 파이

20. 케이크를 부풀게 하는 증기압의 주재료로 알맞은 것은?

    ㉮ 달걀   ㉯ 쇼트닝
    ㉰ 밀가루   ㉱ 베이킹 파우더

21. 소프트 롤 케이크를 구운 후 즉시 팬에서 꺼내는 이유로 알맞지 않은 것은?

    ㉮ 찐득거리는 것을 방지하기 위해

    ㉯ 수축방지를 위해

    ㉰ 냄새제거를 위해

    ㉱ 표면이 터지지 않게 하기 위해

22. 쿠키에 있어 퍼짐율은 제품의 균일성과 포장에 중요한 의미를 가진다. 다음 설명 중 퍼짐이 작아지는 원인으로 틀리는 것은?

    ㉮ 반죽에 아주 미세한 입자의 설탕을 사용한다.

    ㉯ 믹싱을 많이 하여 글루텐 발달을 많이 시킨다.

    ㉰ 오븐 온도를 낮게 하여 굽는다.

    ㉱ 반죽은 유지 함량이 적고 산성이다.

23. 슈 제조 시 반죽표면을 분무 또는 침지를 시키는 이유가 아닌 것은?

    ㉮ 껍질을 얇게 한다.

    ㉯ 팽창을 크게 한다.

    ㉰ 기형을 방지한다.

    ㉱ 제품의 구조를 강하게 한다.

24. 비스킷을 구울 때 갈변이 되는 것은 어느 반응에 의한 것인가?

    ㉮ 마이야르 반응 단독으로

    ㉯ 마이야르 반응과 캐러멜화 반응이 동시에 일어나서

    ㉰ 효소에 의한 갈색화 반응으로

    ㉱ 아스코르빈산의 산화 반응에 의하여

• **보충설명** •

18. 슈 제조에서 굽기 초기에는 밑불을 강하게 윗불을 약하게 하고 표피가 밝은 갈색이 나면 밑불을 줄이고 윗불을 높여서 굽는다. 그리고 굽기 중 오븐 문을 여닫으면 슈 껍질이 주저앉는다.

22. 오븐 온도를 낮게 하는 것은 과도한 퍼짐의 이유가 된다.

24. 제과·제빵에 일어나는 갈변 반응에는 캐러멜 반응과 마이야르 반응이 있는데 캐러멜 반응은 설탕이 160~180℃ 이상의 온도에서 갈변하는 반응이며 마이야르 반응은 단백질의 아미노산과 환원당의 축합 반응에 의해 일어난다.

25. 반죽형 쿠키의 굽기 과정에서 퍼짐성이 나쁠 때 퍼짐성을 좋게 하기 위해서 사용할 수 있는 방법은?

㉮ 입자가 굵은 설탕을 사용한다.　㉯ 반죽을 오래한다.
㉰ 오븐의 온도를 높인다.　㉱ 설탕의 양을 줄인다.

26. 젤리 롤 케이크 반죽의 굽기에 대한 설명으로 틀리는 것은?

㉮ 두껍게 편 반죽은 낮은 온도에서 구워낸다.
㉯ 구운 후 철판에서 꺼내지 않고 냉각시킨다.
㉰ 양이 적은 반죽은 높은 온도에서 구워낸다.
㉱ 열이 식으면 압력을 가해 수평을 맞춘다.

27. 쿠키를 구울 때 퍼짐을 좋게 하는 요인이 아닌 것은?

㉮ 1단계 믹싱에서는 설탕 일부를 믹싱 후반에 투입한다.
㉯ 전체 믹싱 시간을 단축한다.
㉰ 가급적 입자가 고운 설탕을 사용한다.
㉱ 쇼트닝과 설탕의 크림화 시간을 단축시킨다.

28. 파운드 케이크의 껍질을 안 터지게 하려면?

㉮ 처음부터 덮고 굽는다.　㉯ 10분 후에 덮는다.
㉰ 20분 후에 덮는다.　㉱ 덮지 않고 굽는다.

29. 쿠키의 퍼짐이 심한 이유가 아닌 것은?

㉮ 반죽의 되기가 너무 묽다.　㉯ 쇼트닝이 너무 많다.
㉰ 팽창제를 너무 많이 사용하였다.　㉱ 반죽이 산성이다.

30. 파운드 케이크 굽기 중 위 껍질이 터지지 않는 이유는?

㉮ 껍질형성이 늦게 되었을 때
㉯ 반죽에 수분이 불충분할 때
㉰ 설탕입자가 용해되지 않고 남아 있을 때
㉱ 팬 넣기 후 오븐에 넣기까지 장기간 방치했을 때

31. 쿠키의 퍼짐이 나빠지는 경우에 대한 설명 중 틀리는 것은?

㉮ 높은 오븐 온도　㉯ 과도한 믹싱
㉰ 입자가 고운 설탕사용　㉱ 반죽이 알칼리성

32. 반죽형 쿠키를 구울 때 팬에 제품이 달라붙게 되는 이유로 부적당한 것은?

㉮ 강한 밀가루 사용　㉯ 설탕의 용해 부족
㉰ 질은 반죽 사용　㉱ 팬의 청결 부족

33. 다음 중 비교적 고온에서 굽는 제품은?

㉮ 파운드 케이크　㉯ 시폰 케이크
㉰ 퍼프 페이스트리　㉱ 과일 케이크

보충설명

26. 롤 케이크는 구운 후 즉시 철판에서 꺼내어 수축과 끈적거리는 것을 방지한다.

27. 입자가 고운 설탕은 쿠키의 퍼짐결핍의 원인이 된다.

29. 반죽이 산성이면 퍼짐결핍의 원인이 된다.

31. 반죽이 알칼리성이면 과도한 퍼짐이 된다.

해답 25.㉮　26.㉯　27.㉰　28.㉮　29.㉱　30.㉮　31.㉱　32.㉮　33.㉰

34. 오버 베이킹(Over baking)에 대한 설명 중 틀리는 것은?

㉮ 높은 온도의 오븐에서 굽는다.   ㉯ 윗부분이 평평해진다.
㉰ 굽기 시간이 길어진다.   ㉱ 제품에 남는 수분이 적다.

35. 오버 베이킹의 현상인 것은?

㉮ 껍질이 촉촉하다.   ㉯ 껍질이 갈라지기 쉽다.
㉰ 제품이 오므라든다.   ㉱ 고온에서 굽는다.

36. 케이크의 언더 베이킹의 특성으로 틀린 것은?

㉮ 껍질색이 진하다.   ㉯ 표면이 갈라진다.
㉰ 제품이 주저앉기 쉽다.   ㉱ 수분손실이 크다.

37. 언더 베이킹이란?

㉮ 낮은 온도에서 장시간 굽는 방법
㉯ 높은 온도에서 단시간 굽는 방법
㉰ 윗불을 낮게 밑불을 높게 굽는 방법
㉱ 윗불을 낮게 밑불을 낮게 굽는 방법

38. 고율배합의 제품을 굽는 방법으로 맞는 것은?

㉮ 저온 단시간   ㉯ 고온 단시간
㉰ 저온 장시간   ㉱ 고온 장시간

39. 퍼프페이스트리 굽기 후 결점과 원인으로 틀린 것은?

㉮ 수축 : 밀어펴기 과다, 너무 높은 오븐 온도
㉯ 수포 생성 : 단백질 함량이 높은 밀가루로 반죽을 함
㉰ 충전물 흘러 나옴 : 충전물량 과다 , 봉합 부적절
㉱ 작은 부피 : 수분이 없는 경화 쇼트닝을 충전용 유지로 사용

제9절   튀김(Frying)

01. 도넛과 케이크의 글레이즈(Glaze) 사용 온도로 가장 적당한 것은?

㉮ 23℃   ㉯ 34℃   ㉰ 50℃   ㉱ 68℃

02. 도넛 반죽의 휴지 효과가 아닌 것은?

㉮ 밀어펴기 작업이 쉬워진다.
㉯ 표피가 빠르게 마르지 않는다.
㉰ 각 재료에서 수분이 발산된다.
㉱ 이산화탄소가 발생하여 반죽이 부푼다.

· 보충설명 ·

34. 오버 베이킹은 낮은 온도에서 장시간 굽는 경우에 일어난다.

36. 언더 베이킹을 하면 수분 손실이 작아서 제품 내부에 수분이 많이 남게 된다.

2. 도넛 반죽의 휴지 효과
   ① 건조재료의 수화
   ② 이산화탄소 가스 발생
   ③ 표피 건조를 느리게 한다.
   ④ 밀어펴기 작업 용이

03. 도넛 튀김기름의 깊이로 맞는 것은?

㉮ 3cm   ㉯ 4cm   ㉰ 6cm   ㉱ 10cm

04. 글레이즈를 사용할 때 적당한 온도는?

㉮ 15℃   ㉯ 25℃   ㉰ 35℃   ㉱ 45℃

05. 케이크 도넛에서 가운데 부분의 특징으로 맞는 것은?

㉮ 케이크 속과 같다.   ㉯ 기름을 가장 많이 흡수한다.
㉰ 단단한 촉감이다.   ㉱ 유지를 적게 사용한다.

06. 도넛에 뿌리는 설탕을 만드는 재료와 거리가 먼 것은?

㉮ 포도당   ㉯ 쇼트닝   ㉰ 소금   ㉱ 레시틴

07. 케이크 도넛의 끈적임을 방지하는 방법 중 옳은 것은?

㉮ 중력분을 사용 한다.   ㉯ 휴지를 충분히 시킨다.
㉰ 너무 오래 치대지 않는다.   ㉱ 강력분을 사용한다.

08. 도넛 위에 설탕을 뿌리는 대용으로 쓸 수 있는 것은?

㉮ 글레이즈   ㉯ 포도당
㉰ 맥아당   ㉱ 분당

09. 도넛에서 팽창작용이 가장 좋고 속감이 보통의 케이크와 같은 부분은?

㉮ 껍질   ㉯ 껍질 안쪽 부분
㉰ 속 부분   ㉱ 모두 같다.

10. 튀김 기름에서 스테아린을 넣는 이유가 아닌 것은?

㉮ 도넛에 묻은 설탕이 젖는 것을 방지
㉯ 융점을 높이기 위해서
㉰ 점착성 증가
㉱ 경화제로 튀김 기름의 3~6% 사용

11. 다음 중 도넛의 바깥 부분의 설명 중 옳지 않은 것은?

㉮ 기름 흡수가 좋다.   ㉯ 케이크 속결과 비슷하다.
㉰ 겉 표면이 바삭바삭하다.   ㉱ 수분이 거의 없고 황갈색이다.

12. 튀김유로 적당치 않은 것은?

㉮ 거품이 없을 것   ㉯ 자극취가 없을 것
㉰ 발연점이 낮을 것   ㉱ 발연점이 높을 것

13. 튀김기름에 있어서 해로운 것이 아닌 것은?

㉮ 토코페롤   ㉯ 금속   ㉰ 자외선   ㉱ 수분

· 보충설명 ·

5. 케이크 도넛의 가운데 부분은 케이크 속과 같고 바깥부분은 기름흡수가 많아 바삭바삭하다.

6. 도넛의 설탕은 포도당, 쇼트닝, 소금, 전분 등으로 만든다.

8. 도넛의 글레이즈는 분당(슈거파우더)에 물을 넣고 개어 놓은 것으로 설탕 대신 사용할 수 있다.

12. 튀김유는 발연점이 높아야 한다.

13. 토코페롤은 비타민 E를 말하며 유지에서 항산화작용을 한다. 금속, 자외선, 수분 등은 유지의 산화 및 가수분해를 촉진시킨다.

해답   3.㉰   4.㉱   5.㉮   6.㉱   7.㉯   8.㉮   9.㉰   10.㉰   11.㉯   12.㉰   13.㉮

14. 튀김기름의 성질이 아닌 것은?

㉮ 안정성

㉯ 융점이 높아야 한다.

㉰ 크림성

㉱ 튀긴 후 냄새가 나면 안 된다.

15. 케이크 도넛에서 밀가루 사용량이 과다할 경우 일어나는 현상이 아닌 것은?

㉮ 껍질이 얇다.

㉯ 껍질색이 밝다.

㉰ 원가가 낮아진다.

㉱ 흡수율이 증가한다.

16. 도넛 글레이즈의 사용온도로 적당한 것은?

㉮ 49℃   ㉯ 39℃   ㉰ 29℃   ㉱ 19℃

17. 도넛에서 발한을 제거하는 방법은?

㉮ 도넛에 묻는 설탕의 양을 감소한다.   ㉯ 충분히 예열시킨다.

㉰ 결착력이 없는 기름을 사용한다.   ㉱ 튀김 시간을 증가한다.

18. 다음 중 도넛 튀김용 유지로 가장 적당한 것은?

㉮ 라드   ㉯ 유화쇼트닝   ㉰ 면실유   ㉱ 버터

19. 케이크 도넛의 껍질색을 진하게 내려고 할 때 설탕의 일부를 무엇으로 대체 사용하는가?

㉮ 물엿   ㉯ 포도당   ㉰ 유당   ㉱ 맥아당

20. 도넛 설탕이 물에 녹는 현상을 방지하는 설명으로 틀리는 항목은?

㉮ 도넛에 묻는 설탕 양을 증가시킨다.

㉯ 튀김시간을 증가시킨다.

㉰ 포장용 도넛의 수분은 38%전후로 한다.

㉱ 냉각 중 환기를 더 많이 시키면서 충분히 냉각한다.

21. 케이크 도넛의 튀김 온도로 가장 적합한 것은?

㉮ 165~174℃

㉯ 190~196℃

㉰ 217~220℃

㉱ 230℃ 이상

22. 케이크 도넛에 대두분을 사용하는 목적이 아닌 것은?

㉮ 흡유율 증가

㉯ 껍질 구조 강화

㉰ 껍질색 강화

㉱ 식감의 개선

23. 케이크 도넛을 제조할 때 설탕을 정상보다 많이 사용하면 나타나는 결과는?

㉮ 기름 흡수가 적다.

㉯ 껍질이 부드럽다.

㉰ 기공이 열린다.

㉱ 조직이 거칠다.

· 보충설명 ·

14. 크림성은 크림법으로 만드는 반죽형 케이크와 버터 크림 등에서 요구되어지는 성질이다.

18. 면실유는 목화씨기름으로 발연점이 높다.

19. 단당류는 이당류보다 캐러멜화 속도가 빠르다.

20. 포장용 도넛의 수분함량은 21~25%로 한다.

23. 도넛에서 설탕을 과다 사용하면 기름흡수가 많아지고 기공이 열린다.

해답   14.㉰ 15.㉱ 16.㉮ 17.㉱ 18.㉰ 19.㉯ 20.㉰ 21.㉯ 22.㉮ 23.㉰

24. 튀김시 과도한 흡유현상이 나타나지 않는 것은?

㉮ 반죽의 수분이 과다할 때　　㉯ 믹싱 시간이 짧을 때
㉰ 글루텐이 부족할 때　　㉱ 튀김기름 온도가 높을 때

25. 튀김기름을 나쁘게 하는 4가지 중요 요소는?

㉮ 열, 수분, 탄소, 이물질　　㉯ 열, 수분, 공기, 이물질
㉰ 열, 공기, 수소, 탄소　　㉱ 열, 수분, 산소, 수소

26. 가수분해나 산화에 의하여 튀김기름을 나쁘게 만드는 요인이 아닌 것은?

㉮ 온도　　㉯ 물
㉰ 공기 또는 산소　　㉱ 비타민 E(토코페롤)

27. 분할무게 50g인 도넛을 190℃의 튀김기름에서 튀겨 좋은 제품이 되었다면 분할무게 60g인 도넛 반죽은 몇 ℃에서 튀기는 것이 가장 좋은가?

㉮ 160℃　　㉯ 185℃
㉰ 195℃　　㉱ 200℃ 이상

28. 튀김용 기름으로 바람직한 특징이 아닌 것은?

㉮ 부드러운 맛과 짙은 색깔
㉯ 산패에 저항성이 있는 기름
㉰ 거품이나 검(Gum)형성에 대한 저항성이 있는 기름
㉱ 형태와 포장면에서 사용이 쉬운 기름

29. 반죽 온도를 너무 낮게 하여 만든 케이크 도넛의 설명 중 잘못된 것은?

㉮ 공모양의 도넛이 된다.　　㉯ 점도가 약하게 된다.
㉰ 과량의 기름을 흡수한다.　　㉱ 부피가 작게 된다.

30. 도넛에 묻힌 설탕이 녹는 현상을 제거하기 위한 방법이 아닌 것은?

㉮ 점착력이 있는 튀김기름 사용한다.
㉯ 충분히 냉각시킨 후 설탕을 묻힌다.
㉰ 냉각 중 환기를 충분히 한다.
㉱ 튀김 시간을 짧게 한다.

31. 케이크 도넛의 성형방법이다. (　)에 들어갈 공정은?

반죽뭉치기 → (　　　　　　　) → 정형

㉮ 반죽되기 조절하기　　㉯ 밀어펴기
㉰ 튀기기　　㉱ 덧가루 첨가하기

32. 도넛의 흡유량이 높았다면 그 이유는?

㉮ 고율배합 제품이다.　　㉯ 튀김시간이 짧다.
㉰ 튀김온도가 높다.　　㉱ 휴지시간이 짧다.

・보충설명・

24. 튀김기름의 온도가 낮으면 튀김시간이 길어지기 때문에 과도한 흡유의 원인이 된다.

26. 비타민 E는 항산화제이다.

27. 튀김온도는 180~195℃ 사이가 이상적이며 크기가 큰 제품은 저온에서 오래 튀기고 작은 제품은 고온에서 단시간에 튀긴다.

28. 튀김용 기름은 무색, 무미, 무취일수록 좋다.

30. 발한현상을 방지하기 위해서는 튀김시간을 증가시켜야한다.

32. 도넛의 과도한 흡유 원인
①수분이 많은 반죽
②튀김 시간이 길 경우
③고율배합 제품
④저온에서 튀길 때
⑤믹싱시간이 짧은 경우

해답　24.㉱　25.㉯　26.㉱　27.㉯　28.㉮　29.㉯　30.㉱　31.㉯　32.㉮

33. 튀김 횟수의 증가시 발생하는 변화가 아닌 것은?

㉮ 중합도 증가 ㉯ 점도의 감소

㉰ 갈변 증가 ㉱ 과산화물가 증가

34. 다음 중 튀김용 반죽으로 적합한 것은?

㉮ 퍼프 페이스트리 반죽 ㉯ 스펀지 케이크 반죽

㉰ 슈 반죽 ㉱ 쇼트 브레드 쿠키 반죽

35. 케이크 도넛의 제조방법으로 올바르지 않은 것은?

㉮ 정형기로 찍을 때 반죽손실이 적도록 찍는다.

㉯ 정형 후 곧바로 튀긴다.

㉰ 덧가루를 얇게 사용한다.

㉱ 튀긴 후 그물망에 올려놓고 여분의 기름을 배출시킨다.

36. 도넛 제조시 수분이 적을 때 나타나는 결점이 아닌 것은?

㉮ 팽창이 부족하다. ㉯ 혹이 튀어 나온다.

㉰ 형태가 일정하지 않다. ㉱ 표면이 갈라진다.

제10절 찜(Steaming)

01. 다음 중 찐빵, 찜 만주 등에 사용했을 경우 색을 누렇게 하는 팽창제는?

㉮ 중조 ㉯ 이스트

㉰ 이스파타 ㉱ 베이킹 파우더

02. 다음 중 푸딩 표면에 기포 자국이 많이 생기는 이유로 알맞은 것은?

㉮ 가열이 지나친 경우 ㉯ 달걀의 양이 많은 경우

㉰ 달걀이 오래된 경우 ㉱ 오븐 온도가 낮은 경우

03. 다음 제품 중 찜류 제품이 아닌 것은?

㉮ 만주 ㉯ 무스

㉰ 푸딩 ㉱ 치즈 케이크

04. 푸딩을 제조할 때 경도의 조절은 어떤 재료에 의하여 결정되는가?

㉮ 우유 ㉯ 설탕

㉰ 달걀 ㉱ 소금

05. 커스터드 푸딩(Custard pudding)을 제조할 때 설탕 : 달걀의 사용비율로 적합한 것은?

㉮ 1:1 ㉯ 1:2 ㉰ 2:1 ㉱ 3:2

· 보충설명 ·

35. 케이크도넛은 튀기기전에 약 10분간 실온에서 휴지시킨다.

36. 도넛 제조시 반죽에 수분이 많으면 혹이 튀어 나온다.

1. 탄산수소나트륨(중조)은 탄산가스를 발생시켜 강력한 팽창력을 가지지만 탄산나트륨도 발생시켜 반죽에 그대로 남겨 제품을 노랗게 변화시키고 쓴맛을 나게 한다.

해답 33.㉯ 34.㉰ 35.㉯ 36.㉯ 1.㉮ 2.㉮ 3.㉯ 4.㉰ 5.㉯

06. 찜(수증기)을 이용하여 만들어진 제품이 아닌 것은?

㉮ 소프트 롤 　　　　　　　㉯ 찜 케이크

㉰ 중화 만두 　　　　　　　㉱ 호빵

07. 찜류 또는 만주 등에 사용하는 팽창제인 이스파타의 특성이 아닌 것은?

㉮ 팽창력이 강하다.

㉯ 제품의 색을 희게 한다.

㉰ 암모니아 취가 날 수 있다.

㉱ 중조와 산제를 이용한 팽창제이다.

08. 푸딩에 관한 설명 중 맞는 것은?

㉮ 반죽을 푸딩컵에 먼저 부은 후에 캐러멜 소스를 붓고 굽는다.

㉯ 달걀, 설탕, 우유 등을 혼합하여 직화로 구운 제품이다.

㉰ 달걀의 열변성에 의한 농후화 작용을 이용한 제품이다.

㉱ 육류, 과일, 야채, 빵을 섞어 만들지는 아니한다.

09. 가압하지 않는 찜기의 내부 온도로 가장 적당한 것은?

㉮ 65℃ 　　　　　　　　　㉯ 97℃

㉰ 150℃ 　　　　　　　　　㉱ 200℃

10. 푸딩 제조공정에 관한 설명 중 틀린 것은?

㉮ 모든 재료를 섞어서 체에 거른다.

㉯ 푸딩컵에 반죽을 부어 중탕으로 굽는다.

㉰ 우유와 설탕을 섞어 설탕이 녹을 때까지 끓인다.

㉱ 다른 그릇에 달걀, 소금 및 나머지 설탕을 넣고 혼합한 후 우유를 섞는다.

11. 열원으로 찜(수증기)을 이용했을 때 열 전달방식은?

㉮ 대류 　　　　　　　　　　㉯ 전도

㉰ 초음파 　　　　　　　　　㉱ 복사

12. 커스터드 푸딩을 컵에 채워 몇 ℃의 오븐에서 중탕으로 굽는 것이 가장 적당한가?

㉮ 160~170℃ 　　　　　　　㉯ 190~200℃

㉰ 210~220℃ 　　　　　　　㉱ 225~235℃

13. 푸딩에 대한 설명 중 맞는 것은?

㉮ 우유와 설탕은 120℃로 데운 후 달걀과 소금을 넣어 혼합한다.

㉯ 우유와 소금의 혼합 비율은 100:10이다.

㉰ 달걀의 열변성에 의한 농후화 작용을 이용한 제품이다.

㉱ 육류, 과일, 야채, 빵을 섞어 만들지는 않는다.

7. 이스파타는 yeast(이스트)와 baking powder(베이킹 파우더)의 약칭으로 염화암모늄에 중조를 혼합한 팽창제이다.
중조의 결점(쓴맛을 나게 하고 노랗게 변화시킨다)을 보완시킨 것으로 찜류의 팽창제로 많이 사용한다.

10. 우유와 설탕을 끓기 직전인 80~90℃까지 데운다.

해답 6.㉮ 7.㉱ 8.㉰ 9.㉯ 10.㉰ 11.㉮ 12.㉮ 13.㉰

14. 캐러멜 커스타드 푸딩에서 캐러멜 소스는 푸딩컵의 어느 정도 깊이로 붓는 것이 적합한가?

㉮ 0.2cm
㉯ 0.4cm
㉰ 0.6cm
㉱ 0.8cm

15. 찜을 이용한 제품에 사용되는 팽창제의 특성으로 알맞은 것은?

㉮ 지속성
㉯ 속효성
㉰ 지효성
㉱ 이중팽창

제11절 장식(Decoration) 및 포장

01. 케이크 제품에 응용하는 아이싱이 끈적거리거나 포장지에 붙는 경향을 감소시키는 방법으로 틀리는 것은?

㉮ 아이싱을 다소 덥혀서(38℃) 사용한다.
㉯ 아이싱에 최대의 액체를 사용한다.
㉰ 굳은 것은 설탕 시럽을 첨가하거나 데워서 사용한다.
㉱ 젤라틴, 한천 등과 같은 안정제를 적절하게 사용한다.

02. 머랭의 최적pH는?

㉮ 5.5~6.0
㉯ 6.5~7.0
㉰ 7.5~8.0
㉱ 8.5~9.0

03. 설탕에 물을 넣고 114℃~118℃까지 가열시켜 시럽을 만든 후 냉각시켜서 교반하여 새하얗게 만든 제품은?

㉮ 분당
㉯ 이성화당
㉰ 퐁당
㉱ 과립당

04. 무스크림을 만들 때 가장 많이 이용되는 머랭의 종류는?

㉮ 이탈리안 머랭
㉯ 스위스 머랭
㉰ 온제 머랭
㉱ 냉제 머랭

05. 퐁당 아이싱의 끈적거림을 배제하는 방법으로 잘못된 것은?

㉮ 아이싱에 최소의 액체를 사용한다.
㉯ 안정제(한천 등)를 사용한다.
㉰ 흡수제(전분 등)를 사용한다.
㉱ 케이크 온도가 높을 때 사용한다.

06. 커피시럽을 사용한 아이싱을 무엇이라 하는가?

㉮ 플랫 아이싱(Flat icing)

· 보충설명 ·

1. 아이싱의 끈적거림을 방지하기 위해서는 최소한의 액체를 사용한다.

5. 퐁당 아이싱하기 전에 케이크를 충분히 냉각시켜야 한다.

6. 모카는 아라비아의 남단, 예멘이라는 항구도시에서 출하하는 커피를 특별히 모카커피라 하였으나 제과에서 커피가 들어간 제품의 대명사가 되어버렸다.

ⓝ 버터 스카치 아이싱(Butter scotch icing)

ⓓ 캐러멜 아이싱(Caramel icing)

ⓔ 모카 아이싱(Mocha icing)

07. 버터크림 또는 커스터드크림에 섞어 쓰는 머랭은?

ⓐ 찬 머랭   ⓝ 더운 머랭

ⓒ 이탈리안 머랭   ⓔ 스위스 머랭

08. 흰자로 머랭을 제조할 때 거품이 최대로 발생되는 반죽온도는?

ⓐ 4℃   ⓝ 14℃   ⓒ 22℃   ⓔ 34℃

09. 모카 아이싱(Mocha icing)의 특징이 결정되는 재료는?

ⓐ 커피   ⓝ 코코아

ⓒ 초콜릿   ⓔ 분당

10. 도넛 설탕 아이싱을 사용할 때의 온도로 적당한 것은?

ⓐ 20℃전후   ⓝ 25℃전후

ⓒ 40℃전후   ⓔ 50℃전후

11. 굳어진 설탕 아이싱 크림을 묽게 하는 방법으로 적당하지 못한 것은?

ⓐ 설탕 시럽을 더 넣는다.

ⓝ 중탕으로 가열한다.

ⓒ 전분이나 밀가루를 넣는다.

ⓔ 소량의 물을 넣고 중탕으로 가열한다.

12. 아이싱할 때 수분을 흡수하여 아이싱이 젖거나 묻어나는 것을 방지하기 위한 흡수제가 아닌 것은?

ⓐ 밀가루   ⓝ 옥수수전분

ⓒ 설탕   ⓔ 타피오카전분

13. 파운드 케이크를 구운 직후 노른자에 설탕을 넣고 섞어서 칠하는 방법이 있다.   이때 설탕의 역할이 아닌 것은?

ⓐ 광택제 효과   ⓝ 보존제 역할

ⓒ 탈색 효과   ⓔ 맛의 개선

14. 버터크림을 충전할 수 없는 제품은?

ⓐ 젤리 롤 케이크   ⓝ 코코아 롤 케이크

ⓒ 소프트 롤 케이크   ⓔ 레이어 케이크

15. 머랭 제조 시 주재료는?

ⓐ 흰자   ⓝ 전란

ⓒ 노른자   ⓔ 박력분

해답   7.ⓒ 8.ⓒ 9.ⓐ 10.ⓒ 11.ⓒ 12.ⓒ 13.ⓒ 14.ⓐ 15.ⓐ

16. 버터크림의 공기포집과정 중 유지의 기능은?

㉮ 팽창기능   ㉯ 윤활기능

㉰ 호화기능   ㉱ 안정기능

17. 다음 중 버터크림 제조 시 당액의 온도로 알맞은 것은?

㉮ 80~90℃   ㉯ 98~104℃

㉰ 114~118℃   ㉱ 150~155℃

18. 머랭 제조에 대한 설명으로 옳은 것은?

㉮ 믹싱 용기에는 기름기가 없어야 한다.

㉯ 기포가 클수록 좋은 머랭이 된다.

㉰ 믹싱은 고속을 위주로 작동한다.

㉱ 전란을 사용해도 무방하다.

19. 설탕공예용 당액 제조 시 고농도화된 당의 결정을 막아 주는 재료는?

㉮ 중조   ㉯ 물엿

㉰ 포도당   ㉱ 베이킹 파우더

20. 오믈렛에 충전할 수 없는 것은?

㉮ 딸기   ㉯ 생크림(휘핑크림)

㉰ 바나나   ㉱ 전분

21. 다음 제과용 포장재료로 알맞지 않는 것은?

㉮ P.E(Poly ethylene)

㉯ O.P.P(Oriented poly propyrene)

㉰ P.P(Poly propyrene)

㉱ 일반 형광종이

22. 다음 중 버터크림에 사용하기 알맞은 향료는?

㉮ 오일타입   ㉯ 에센스타입

㉰ 농축타입   ㉱ 분말타입

23. 다음 중 데커레이션 케이크와 공예과자의 가장 뚜렷한 차이점으로 알맞은 것은?

㉮ 미각 효과   ㉯ 시각적 효과

㉰ 다양한 장식효과   ㉱ 먹을 수 없는 재료의 사용

24. 쿠키 포장지로써 적당하지 못한 것은?

㉮ 내용물의 색, 향이 변하지 않아야 한다.

㉯ 독성 물질이 생성되지 않아야 한다.

㉰ 통기성이 있어야 한다.

㉱ 방습성이 있어야 한다.

· 보충설명 ·

18. 흰자를 거품낼 경우 믹싱도구에 기름기가 있으면 거품이 올라오지 않거나 거품의 안정성이 떨어진다.

21. P.E는 포장재로 널리 사용되나 불투명한 결점이 있고 O.P.P와 P.P는 가볍고 투명성이 있다. 형광물질이 있는 포장재는 식품용으로 사용할 수 없다.

22. 에센스타입의 향료는 알코올성 향료로 휘발성이 크므로 굽는 제품보다는 아이싱용에 알맞다.

23. 공예과자는 어느 정도 먹을 수 없는 재료의 사용이 허용된다.

24. 쿠키 포장지는 통기성이 없는 것이 좋다.

해답   **16.**㉮ **17.**㉰ **18.**㉮ **19.**㉯ **20.**㉱ **21.**㉱ **22.**㉯ **23.**㉱ **24.**㉰

25. 쿠키의 포장 온도로 가장 적당한 것은?

㉮ 2℃ 　　　　　　　㉯ 10℃

㉰ 30℃ 　　　　　　　㉱ 50℃

26. 데커레이션 케이크 재료인 생크림에 대한 설명이다. 적당치 않은 것은?

㉮ 크림 100에 대하여 1.0∼1.5%의 분당을 사용하여 단맛을 낸다.

㉯ 유지방함량 35∼45% 정도의 진한 생크림을 휘핑하여 사용한다.

㉰ 휘핑시간이 적정시간보다 짧으면 기포가 너무 크게 되어 안정성이 약해진다.

㉱ 생크림의 보관이나 작업 시 제품온도는 3∼7℃가 좋다.

27. 아이싱에 이용되는 퐁당은 설탕의 어떤 성질을 이용하는가?

㉮ 설탕의 보습성 　　　　　㉯ 설탕의 재결정성

㉰ 설탕의 용해성 　　　　　㉱ 설탕이 전화당으로 변하는 성질

28. 겨울철 굳어버린 버터 크림의 되기를 조절하기에 알맞은 것은?

㉮ 분당 　　　　　　　㉯ 초콜릿

㉰ 식용유 　　　　　　㉱ 캐러멜색소

29. 충전물 또는 젤리가 롤 케이크에 축축하게 스며드는 것을 막기 위해 조치해야 할 사항으로 틀린 것은?

㉮ 적당한 굽기 　　　　　㉯ 물사용량 감소

㉰ 반죽시간 증가 　　　　㉱ 물엿 사용

30. 버터 크림 당액 제조 시 설탕에 대한 물 사용량으로 가장 알맞은 것은?

㉮ 25% 　　　　　　　㉯ 70%

㉰ 100% 　　　　　　　㉱ 125%

31. 가나슈크림에 대한 설명으로 옳은 것은?

㉮ 생크림은 절대 끓여서 사용하지 않는다.

㉯ 초콜릿과 생크림의 배합비율은 10:1이 원칙이다.

㉰ 초콜릿 종류는 달라도 카카오 성분은 같다.

㉱ 끓인 생크림에 초콜릿을 더한 크림이다.

32. 생크림 원료를 가열하거나 냉동시키지 않고 직접 사용할 수 있게 보존하는 적합한 온도는?

㉮ −18℃ 이하 　　　　　㉯ 3∼5℃

㉰ 15∼18℃ 　　　　　　㉱ 21℃ 이상

33. 무스(Mousse)의 원 뜻은?

㉮ 생크림 　　　　　　㉯ 젤리

㉰ 거품 　　　　　　　㉱ 광택제

· 보충설명 ·

26. 생크림을 거품낼 경우 크림에 대하여 10% 내외의 설탕을 사용한다.

해답　25.㉯　26.㉮　27.㉯　28.㉰　29.㉱　30.㉮　31.㉱　32.㉯　33.㉰

34. 거품을 올린 흰자에 뜨거운 시럽을 첨가하면서 고속으로 믹싱하여 만드는 아이싱은?

㉮ 마시멜로 아이싱　　　　　　㉯ 콤비네이션 아이싱
㉰ 초콜릿 아이싱　　　　　　　㉱ 로얄 아이싱

제12절 | 제품평가 및 관리

01. 엔젤 푸드 케이크의 주석산 처리목적이 아닌 것은?

㉮ 흰자의 알칼리도를 높인다.　　㉯ 흰자를 중화시킨다.
㉰ 색을 하얗게 한다.　　　　　　㉱ 흰자를 안정시킨다.

02. 다음 중 스펀지 케이크 제조 시 아몬드 분말을 사용할 경우의 장점은?

㉮ 노화가 지연되며 맛이 좋다.
㉯ 식감이 단단하다.
㉰ 원가가 절감된다.
㉱ 반죽이 안정적이다.

03. 퍼프 페이스트리 제조 시 다른 조건이 같을 때 충전용 유지에 대한 설명으로 틀리는 것은?

㉮ 충전용 유지가 많을수록 결이 분명해진다.
㉯ 충전용 유지가 많을수록 밀어 펴기가 쉬워진다.
㉰ 충전용 유지가 많을수록 부피가 커진다.
㉱ 충전용 유지는 가소성 범위가 넓은 파이용이 적당하다.

04. 제과반죽이 너무 산성에 치우쳐 발생하는 현상과 거리가 먼 것은?

㉮ 연한 향　　　　　　　　　　㉯ 여린 껍질색
㉰ 빈약한 부피　　　　　　　　㉱ 거친 기공

05. 베이킹 파우더를 많이 사용한 제품의 결과가 아닌 것은?

㉮ 세포벽이 열려서 속결이 거칠다.
㉯ 오븐 팽창이 커서 찌그러지기 쉽다.
㉰ 밀도가 크고 부피가 작다.
㉱ 속색이 어둡고 이미가 있다.

06. 케이크의 노화 지연 방법이 아닌 것은?

㉮ 정확한 공정을 지킨다.
㉯ 신선한 재료를 사용한다.
㉰ 제품을 4~10℃에서 보관한다.
㉱ 제품을 실온에서 보관한다.

해답　34.㉮　　1.㉮　2.㉮　3.㉯　4.㉱　5.㉰　6.㉰

07. 퍼프 페이스트리를 알맞게 설명한 것은?

㉮ 유지 층과 이스트에 의해서 부피 팽창을 얻는다.

㉯ 발효실 온도를 낮춘다.

㉰ 1차 및 2차 발효과정이 없다.

㉱ 글루텐을 잘 발전시켜야 좋은 부피 팽창을 얻는다.

08. 다음 중 소다를 과다 사용 시 생기는 현상이 아닌 것은?

㉮ 색이 진해진다.

㉯ 딱딱한 제품이 된다.

㉰ 속색이 어둡다.

㉱ 오븐 팽창이 과다하여 주저앉을 우려가 있다.

09. 비스킷을 제조할 때 유지보다 설탕을 많이 사용하면 어떤 결과가 오는가?

㉮ 제품의 촉감이 단단해진다.

㉯ 제품이 부드러워진다.

㉰ 제품의 퍼짐이 작아진다.

㉱ 제품의 색깔이 엷어진다.

10. 과일 케이크를 만들 때 과일이 가라앉는 이유에 대한 설명으로 틀린 것은?

㉮ 강도가 약한 밀가루의 사용

㉯ 믹싱이 지나치고 큰 공기방울이 반죽에 남는 경우

㉰ 진한 속색을 위한 탄산수소나트륨의 과다 사용

㉱ 시럽에 담근 과일의 시럽을 배수시켜 사용

11. 다음은 슈의 제조공정상 구울 때 주의할 사항 중 잘못된 것은?

㉮ 220℃ 정도의 오븐에서 바삭한 상태로 굽는다.

㉯ 너무 빠른 껍질 형성을 막기 위해 처음에 윗불을 약하게 한다.

㉰ 굽는 중간 오븐문을 자주 여닫아 수증기를 제거한다.

㉱ 너무 빨리 오븐에서 꺼내면 찌그러지거나 주저 않기 쉽다.

12. 쿠키에서 팽창제를 사용하는 목적은?

㉮ 제품을 딱딱하게 만들기 위해

㉯ 색상을 좋게 하기 위해

㉰ 퍼짐성과 크기조절을 위해

㉱ 맛을 좋게 하기 위해

13. 퍼프 페이스트리 제조 시 충전용 유지가 많을수록 어떤 결과가 생기는가?

㉮ 밀어 펴기가 쉽다.

㉯ 부피가 커진다.

㉰ 제품이 부드럽다.

㉱ 오븐 스프링이 적다.

· 보충설명 ·

10. 시럽에 담근 과일을 충분히 배수시켜 사용하면 과일이 가라앉지 않는다.

11. 슈 껍질은 굽기 중 오븐 문을 자주 여닫으면 제품이 주저앉는다.

해답 7.㉰ 8.㉯ 9.㉮ 10.㉱ 11.㉰ 12.㉰ 13.㉯

14. 과일 케이크 제조 시 틀린 방법은?

   ㉮ 첨가되는 과일양은 전체반죽의 20~50%를 사용한다.

   ㉯ 시럽에 과일을 담가 사용할 때 시럽을 충분히 넣는다.

   ㉰ 과일을 반죽에 투입하기 전에 밀가루를 묻혀 반죽할 때 바닥에 가라앉지 않게 한다.

   ㉱ 견과나 과일은 최종 단계에 넣고 가볍게 섞는다.

15. 설탕보다 유지함량이 많은 쿠키반죽은 구운 후 어떤 특징이 있는가?

   ㉮ 구운 후 딱딱한 제품이 된다.

   ㉯ 구운 후 말랑말랑한 제품이 된다.

   ㉰ 구운 후 질긴 제품이 된다.

   ㉱ 구운 후 퍼짐성이 적은 제품이 된다.

16. 다음 중에서 산성 쪽으로 갈수록 좋은 제품이 나오는 것은?

   ㉮ 엔젤 푸드 케이크   ㉯ 데블스 푸드 케이크

   ㉰ 초콜릿 케이크   ㉱ 스펀지 케이크

17. 쿠키를 만들 때에는 표백하지 않은 밀가루를 사용하는 것이 바람직하다. 그 이유는?

   ㉮ 퍼짐을 좋게 하기 위해

   ㉯ 색깔을 좋게 하기 위해

   ㉰ 부피를 좋게 하기 위해

   ㉱ 속결을 좋게 하기 위해

18. 엔젤 푸드 케이크를 구웠을 때 심하게 수축이 일어나는 경우가 아닌 것은?

   ㉮ 지나치게 구웠을 때

   ㉯ 덜 구웠을 때

   ㉰ 흰자의 믹싱이 덜 되었을 때

   ㉱ 흰자의 믹싱이 지나치게 되었을 때

19. 파이의 껍질이 심하게 수축되는 원인은?

   ㉮ 유지를 적게 사용할 때

   ㉯ 휴지를 많이 할 경우

   ㉰ 질이 높은 밀가루를 사용할 때

   ㉱ 믹싱을 짧게 할 때

20. 다음 중 과일 케이크 제조 시 과일이 가라앉는 것을 방지하는 방법으로 알맞지 않은 것은?

   ㉮ 밀가루 투입 후 충분히 혼합한다.

   ㉯ 팽창제 사용량을 증가한다.

   ㉰ 과일에 일부 밀가루를 버무려 사용한다.

   ㉱ 단백질 함량이 높은 밀가루를 사용한다.

· 보충설명 ·

16. 엔젤 푸드 케이크는 산성일 때, 데블스 푸드 케이크과 초콜릿 케이크는 알칼리성일 때 좋은 제품이 나온다.

17. 밀가루를 표백하면 산성화되어 퍼짐결핍이 된다. 따라서 표백을 하지 않으면 퍼짐을 개선할 수 있다.

20. 팽창제를 증가시키면 기공이 열려 조직이 약해지므로 과일이 가라앉는다.

해답   14.㉯   15.㉯   16.㉮   17.㉮   18.㉰   19.㉮   20.㉯

21. 구워낸 케이크 제품이 너무 딱딱한 경우가 있다. 그 원인으로 틀린 것은?

㉮ 배합비에서 설탕의 비율이 높을 때
㉯ 소맥분의 글루텐 함량이 너무 많을 경우
㉰ 지나친 믹싱을 했을 때
㉱ 온도가 낮은 오븐에서 장시간 굽기를 했을 때

22. 슈 바닥의 껍질 가운데가 위로 올라가는 이유 중 틀리게 설명한 것은?

㉮ 오븐 바닥온도가 너무 강하다.
㉯ 굽기 초기에 수분을 많이 잃는다.
㉰ 팬에 기름칠을 너무 많이 한다.
㉱ 표피가 거북이등처럼 되고 색깔이 날 때 밑불을 낮추어서 굽는다.

23. 과자제품의 평가 시 내부적 평가 요인으로 알맞지 않은 것은?

㉮ 맛   ㉯ 방향
㉰ 기공   ㉱ 부피

24. 제과제품을 평가하는데 있어 외부 특성에 해당되지 않는 것은?

㉮ 부피   ㉯ 껍질색
㉰ 기공   ㉱ 균형

25. 쇼트 브레드 쿠키가 딱딱한 이유는?

㉮ 유지 사용량이 많을 때
㉯ 글루텐 발달을 많이 시킬 때
㉰ 높은 온도에서 구울 때
㉱ 너무 약한 밀가루를 사용할 때

26. 파이 껍질이 오므라드는 이유에 대한 설명으로 틀리는 것은?

㉮ 파치 반죽을 많이 섞어서 만들었다.
㉯ 휴지를 오랫동안 시켰다.
㉰ 너무 강한 밀가루를 사용하였다.
㉱ 과도한 양의 물을 사용하였다.

27. 케이크 반죽의 pH가 적정 범위를 벗어나 너무 알칼리인 경우 제품은?

㉮ 부피가 작다.   ㉯ 향이 약하다.
㉰ 껍질색이 여리다.   ㉱ 기공이 거칠다.

28. 롤 케이크를 말 때 표면이 터지는 결점에 대한 조치사항 설명으로 틀리는 항목은?

㉮ 설탕의 일부를 물엿으로 대치하여 사용한다.
㉯ 배합에 덱스트린을 사용하여 점착성을 증가시킨다.
㉰ 팽창제나 믹싱을 줄여 과도한 팽창을 방지한다.
㉱ 낮은 온도의 오븐에서 서서히 굽는다.

• 보충설명 •

21. 케이크에서 설탕의 비율이 높으면 단백질 연화작용을 하므로 부드러워진다.

23. 부피는 외부적 평가요인이다.

24. 기공 상태는 내부적 평가요인이다.

28. 낮은 온도에서 장시간 구우면 오버 베이킹이 되므로 롤 케이크를 말 때 표면이 터진다.

해답 21.㉮ 22.㉱ 23.㉱ 24.㉰ 25.㉯ 26.㉯ 27.㉱ 28.㉱

29. 레몬 즙이나 식초를 첨가한 반죽을 구웠을 때 나타나는 현상은?

㉮ 조직이 치밀하다.
㉯ 껍질색이 진하다.
㉰ 향이 짙어진다.
㉱ 부피가 증가한다.

30. 다음 제품 중 필수적으로 냉장보관 및 판매를 해야하는 제품은?

㉮ 퍼프 페이스트리
㉯ 오렌지 쿠키
㉰ 마블 파운드 케이크
㉱ 오렌지 무스 케이크

31. 제품의 중앙부가 오목하게 생산되었다. 조치하여야 할 사항이 아닌 것은?

㉮ 단백질 함량이 높은 밀가루를 사용한다.
㉯ 수분의 양을 줄인다.
㉰ 오븐의 온도를 낮추어 굽는다.
㉱ 우유를 증가시킨다.

32. 파이 껍질이 질기고 단단하였다. 그 원인이 아닌 것은?

㉮ 강력분을 사용하였다.
㉯ 반죽시간이 길었다.
㉰ 밀어 펴기를 덜하였다.
㉱ 자투리 반죽을 많이 썼다.

33. 시퐁케이크 제조 시 냉각 전에 팬에서 분리되는 결점이 나타났을 때의 원인과 거리가 먼 것은?

㉮ 굽기 시간이 짧다.
㉯ 밀가루 양이 많다.
㉰ 반죽에 수분이 많다.
㉱ 오븐 온도가 낮다.

34. 다음 설명 중 맛과 향이 떨어지는 원인이 아닌 것은?

㉮ 설탕을 넣지 않는 제품은 맛과 향이 제대로 나지 않는다.
㉯ 저장 중 산패된 유지, 오래된 달걀로 인한 냄새를 흡수한 재료는 품질이 떨어진다.
㉰ 탈향의 원인이 되는 불결한 팬의 사용과 탄화된 물질이 제품에 붙으면 맛과 외양을 악화시킨다.
㉱ 굽기 상태가 부적절하면 생재료 맛이나 탄 맛이 남는다.

• 보충설명 •

29. 레몬 즙이나 식초를 첨가하면 반죽이 산성화되므로 조직이 치밀해지고 부피가 작아지며 연한 껍질색을 나타내고 향이 약해진다.

34. 소금을 넣지 않으면 맛과 향이 제대로 나지 않는다.

제 **5** 장

식품위생 · 환경관리

제1절 | 식품의 변질

1 미생물의 종류 및 특성

종 류		특 성
세균류	바실루스(Bacillus)	그램양성호기성균, 전분을 분해하여 산 생성
	미크로콕쿠스(Micrococcus)	그램양성호기성, 단백분해성세균
	비브리오(Vibrio)	그램음성혐기성, 해수 · 해산 어패류
	프로테우스(Proteus)	그램음성, 동물성 식품의 부패균
	락토바실루스(Lactobacillus)	그램양성, 당류를 발효시켜 젖산 생성(젖산균)
곰팡이류	누룩곰팡이(Aspergillus)	전분당화력, 단백질 분해력 우수, 약주 · 된장 · 간장 제조에 이용
	푸른곰팡이(Penicillium)	치즈, 버터, 통조림, 야채, 과실의 변패
	솜털곰팡이(Mucor)	전분당화, 치즈숙성에 이용, 과실의 변패
	거미줄곰팡이(Rhizopus)	빵곰팡이라고도 부름, 흑색빵의 원인균
효모류	사카로미세스(Saccharomyces)	빵효모, 맥주, 포도주, 청주 등 알코올 제조에 이용
	토룰라(Torula)	식용효모로 이용

2 미생물에 의한 식품의 오염

(1) 부패 미생물

① 저온세균군 : 적정생육온도가 0~25℃의 세균군으로
　　Pseudomonas속, 비브리오속 등이 이에 속한다.

② 중온세균군 : 적정생육온도가 25~55℃의 세균군으로 바실러스속의 세균이 대표적이다.

　　※ 부패세균은 주로 중온세균군과 저온세균군이 관여한다.

③ 고온세균군 : 적정생육온도가 55~70℃의 세균군으로 고온에서도 증식이 가능하다.

(2) 대장균

① 대장균의 정의 : 유당(젖당)을 발효하여 가스와 산을 생성하는 호기성
　　　　　　　　또는 통성혐기성, 그램음성, 무아포간균을 말한다.

② 보건학적 의의 : 분변오염지표균

(3) 미생물 발육에 필요한 인자

수분, 온도, 영양원, 최적pH, 삼투압, 산소(일부 미생물)

3 소독과 살균

(1) 의미

① 소독 : 병원성 미생물을 죽이거나 세력을 약화시키는 조작을 말하는 것으로
비병원성 미생물은 남아 있어도 무방하다는 개념

② 살균 : 모든 미생물을 대상으로 하며 어느 정도의 미생물의 생존을 허용하는
살균작용과 완전히 무균상태로 하는 멸균작용이 있다.

③ 방부 : 미생물의 성장, 증식을 저지시켜 부패, 발효를 억제시키는 것

(2) 소독과 살균법

① 소독제 구비 조건

안정성, 경제성, 미량 살균력, 사용용이, 냄새가 안 날 것

② 물리적 방법

- 여과법
- 소각법
- 건조멸균법
- 자비멸균법
- 증기멸균법
- 자외선살균법(작업 공간의 살균에 적합)

③ 우유 살균법

- 저온살균법(LTLT) : 61~65℃에서 30분간
- 고온단시간살균법(HTST) : 71~75℃에서 15초간
- 초고온순간살균법(UHT) : 130~150℃에서 1~2초간

④ 화학적 소독법

소독제	사용용액 함량	용도
석탄산	3~5%	배설물 소독 살균력 검사 시 표준이 되는 소독제 * 석탄산 계수 : 소독제의 살균력을 나타내기 위한 계수로 석탄산을 기준으로 한다
크레졸	3%	배설물 소독
역성비누	1%	용기 및 기구 소독
	5~10%	손 소독
에틸알코올(에탄올)	70%	손 소독, 금속성 기구 소독
포름알데히드	35~40%	포르말린 : 병실, 거실 소독
승홍	0.1%	비금속성 기구 소독
과산화수소	3%	창상과 구내 세정

4 교차오염

(1) 교차오염이란

식재료, 기구, 용수 등에 오염되어 있던 미생물이 오염되어 있지 않은 식재료, 기구,
종사자와의 접촉, 작업과정 중 혼입으로 인하여 미생물의 전이가 일어나는 것을 말한다.

(2) 교차오염이 발생하는 경우

① 맨손으로 식품 취급
② 부적절한 손 씻기
③ 식품 쪽에 기침할 경우
④ 칼, 도마 등 혼용 사용

(3) 방지요령

① 일반구역, 청결구역 구분 설정
② 칼, 도마 등 용도별 구분 사용
③ 세척용기, 세정대는 사용 용도별 구분, 사용 전후 소독
④ 식품 취급은 바닥으로부터 60cm이상에서 실시
⑤ 식품 취급시 손세척, 소독한 후 고무장갑 착용
⑥ 용수는 반드시 먹는 물 사용

5 변질, 부패, 산패 등의 특징

(1) 변질, 부패, 산패 등의 차이

① 부패 : 단백질이 미생물에 분해되어 변화되는 것을 말하나
　　　　 넓은 의미로는 미생물에 의해 식품이 가식성(可食性)을 잃게 되는 현상
② 발효 : 탄수화물이 미생물의 작용을 받아 인간에게 유익한 물질을 생성시키는 현상
③ 변패 : 탄수화물이나 지방이 미생물에 의한 변화를 받아 변질하는 현상
④ 산패 : 미생물과는 관계없이 유지의 불포화지방산이 산소와 결합하여 산화되어
　　　　 과산화물을 생성하는 현상
⑤ 변질 : 부패, 변패, 산패를 포함한 그 식품 원래의 특성을 잃고,
　　　　 식용할 수 없는 상태로 변한 것

(2) 부패의 진행과정

① 초기 : 호기성 세균이 표면에 오염되어 증식한다.
② 중기 : 호기성 세균이 분비한 효소에 의해 식품성분이 변화한다.
③ 말기 : 혐기성 세균이 식품 내부에 침투하여 부패를 완성한다.

(3) 부패 진행에 따른 생성물질의 변화

펩톤 → 펩티드 → 아미노산 → 아민, 황화수소, 암모니아

6 변질 억제

(1) 물리적 방법

① 냉동, 냉장   ② 가열살균   ③ 건조   ④ 자외선 살균

(2) 화학적 방법

① 염장법   ② 당절임   ③ 식품보존료 사용   ④ 산처리

제2절 | 식품과 감염병(전염병)

1 감염병의 개요

(1) 감염병의 발생 조건

① 병인 : 감염병 발생의 직접적 원인이 되는 요소

② 환경요인 : 발생과정에서 병인과 숙주간 조건에 영향을 주는 요소

③ 숙주 : 감염균이 기생하는 대상

(2) 법정 감염병

질병으로 인한 사회적 손실을 최소화하기 위하여 법률로서

이의 예방과 확산을 방지하는 감염병으로 제 1군, 제 2군, 제 3군, 제 4군, 제 5군 등이 있다.

2 경구감염병

(1) 정의

병원체가 음식물, 손, 식기, 완구, 곤충 등을 통하여 구강(입)으로 침입하여 감염을 일으키는 것

(2) 특징

① 2차 감염이 빈번히 일어난다.

② 극히 미량의 세균 양으로도 감염을 일으킨다.

(3) 세균성 경구감염병

이질, 장티푸스, 파라티푸스, 콜레라

(4) 바이러스성 경구감염병

소아마비(급성회백수염), 유행성 간염, 천열, 전염성 설사증

(5) 종류별 특징

종 류		특 징
세균성 경구감염병	이 질	파리가 주요 매개체이며 감염원은 환자와 보균자의 분변
	장티푸스	• 파리가 매개체이며 우리나라에서 가장 많이 발생하는 급성 감염병 • 잠복기가 비교적 길다 • 위달반응(Widal) : 장티푸스환자 혈청반응 검사
	파라티푸스	감염매개체, 증상 등이 장티푸스와 비슷하다
	콜레라	감염병 중 잠복기가 가장 짧다(수시간~5일 정도)
바이러스성 경구감염병	소아마비	급성 회백수염 바이러스에 의하여 감염
	전염성 설사증	전염성 설사증 바이러스에 의하여 감염
	유행성 간염	• 간염 바이러스A에 의하여 감염 • 잠복기가 가장 길다(25일 정도)
	천 열	환자, 보균자 또는 쥐의 배설물이 감염원이다

3 인축공통감염병

(1) 정의

사람과 동물이 같은 병원체에 의하여 발생하는 질병을 말하며
탄저병, 브루셀라증, 야토병, 결핵, 흑사병, 광견병, 돈단독 등이 있다.

(2) 주요감염병 종류

종 류	특 징
탄 저 병	• 원인균 : 바실러스 안트라시스 • 조리하지 않은 수육을 섭취하였거나 피부의 상처부위로 감염
결 핵	• 원인균 : 결핵균 • 주 감염원 : 감염된 소에서 짠 우유를 불완전 살균했을 경우

브루셀라증	• 병에 걸린 동물의 젖, 유제품, 고기를 섭취했을 경우 감염 • 고열현상이 간격을 두고 주기적으로 나타나기 때문에 파상열이라고도 한다
야 토 병	병에 걸린 토끼고기, 모피에 의해 감염된다
돈 단 독	돼지에 의한 세균성 감염병
그 외	Q열, 리스테리아증

4 식품과 기생충병

(1) 채소를 통하여 매개되는 기생충

① 회충   ② 십이지장충   ③ 편충   ④ 요충

(2) 어패류 및 게를 통하여 매개되는 기생충

종 류	특 징
간디스토마	• 간흡충이라고도 한다 • 감염경로 : 제1중간숙주(왜우렁이)→제2중간숙주(담수어)→사람
폐디스토마	• 폐흡충이라고도 한다 • 감염경로 : 제1중간숙주(다슬기)→제2중간숙주(민물게, 가재)→사람

(3) 수육을 매개로 감염되는 기생충

① 유구조충 (갈고리촌충, 돼지고기촌충) : 돼지고기의 생식으로 감염된다.

② 무구조충 (민촌충, 쇠고기촌충) : 쇠고기의 생식으로 감염된다.

5 위생동물

(1) 정의

식품을 침해하는 동물

(2) 종류

쥐, 진드기류, 파리, 바퀴벌레

(3) 특성

① 식성범위가 넓다.

② 발육기간이 짧고 번식이 왕성하다.

③ 병원미생물을 식품에 감염시킨다.

제3절 │ 식중독

1 식중독의 분류

```
                    ┌─ 감염형
        ┌─ 세균성 식중독 ─┤
        │            └─ 독소형
식중독 ──┼─ 화학성 식중독
        │                    ┌─ 식물성 자연독
        └─ 자연독에 의한 식중독 ─┼─ 동물성 자연독
                             └─ 곰팡이독(Mycotoxin : 마이코톡신)
```

2 세균성 식중독

종 류		특　　징
감염형	살모넬라 식중독	쥐, 파리, 바퀴벌레 등 곤충류에 의해 전파된다 살모넬라균은 그램음성간균으로 최적온도가 37℃이며 60℃에서는 20분에 사멸한다 육류 및 육가공품 등이 원인식품으로 급성위장염, 설사 등을 일으킨다
	장염 비브리오 식중독	생선회, 어패류의 생식으로 감염된다 비브리오균은 호염성 세균으로 식염농도 3%에서도 생육한다 점혈변, 복통, 발열 등 급성 위장염증상이 나타난다
	병원성 대장균 식중독	병원성 대장균에 의하여 감염된다 주증상은 설사이다
	아리조나균 식중독	아리조나균에 의해 감염되며 살모넬라 식중독과 유사하다
독소형	포도상구균 식중독	황색포도상구균에 의한 식중독이다 독소물질은 엔테로톡신이다. 잠복기가 가장 짧다(평균 4시간) 조리사의 화농성 염증이 주요한 오염원 주 증상 : 구토, 설사
	보툴리누스균 식중독	병제품, 통조림, 햄, 소시지 등이 원인 식품 보툴리누스균은 혐기성 간균으로 가장 내열성이 강하다 독소물질 : 뉴로톡신 증상 : 시력저하, 동공확장, 신경마비 신경친화성 식중독으로 치사율이 가장 높다
	웰치균 식중독	독소물질 : 엔테로톡신
	세레우스균 식중독	포스포릴콜린이 발생인자

3 화학성 식중독

(1) 유해인공감미료에 의한 중독

유해인공감미료	특 징
둘신(Dulcin)	설탕의 250배 감미 간종양, 적혈구 생산 억제
사이클라메이트(Cyclamate)	설탕의 40배 감미 발암성 물질
파라니트로오르소톨루이딘(P-nitro-o-toluidine)	설탕의 200배 감미 살인당, 원폭당
페릴라틴(Peryllatine)	설탕의 2,000배 감미

(2) 유해착색료 및 유해표백료에 의한 중독

항 목	종 류	사 용 처
유해착색료	오라민	단무지 착색에 사용
	로다민비	과자, 어묵, 생강 등에 사용
유해표백료	롱가리트	감자, 연근, 우엉의 표백에 사용
	삼염화질소	밀가루 표백
	과산화수소	어묵, 국수류에 사용

(3) 유해방부제에 의한 중독

붕산, 포름알데히드, 승홍, 베타-나프톨, 티몰

(4) 과실이나 우연히 오염된 유독물질에 의한 중독

항 목	특 징
수은(Hg)	• 유해방부제인 승홍을 사용한 식품섭취 또는 공장 폐수에 의한 중독 • 미나마타병
카드뮴(Cd)	• 법랑제품 및 도금용기에서 용출되거나 공장폐수에 의한 중독 • 이타이이타이병
비소	밀가루 등으로 오인하여 식중독을 유발하며 습진성 피부질환, 위장형 중독을 일으킴
납(Pb)	도자기 및 납관에 의한 수도관에 의한 오염중독
구리(Cu)	놋그릇 등의 녹청에 의한 중독
주석(Sn)	통조림 캔에 의한 중독
농약중독	유기인제, 유기염소제에 의한 중독

(5) 기타

메틸알코올(메탄올) 중독 : 두통, 복통, 구토, 실명의 원인

4 자연독에 의한 식중독

(1) 식물성 자연독

종 류	독 소 물 질
감 자	솔라닌(감자 발아부위와 녹색부분)
독 버 섯	무스카린, 파린, 콜린
면 실 유	고시폴
메실,살구씨	아미그다린
독미나리	시큐톡신
피 마 자	리시닌, 리신

(2) 동물성 자연독

종 류	독 소 물 질
복 어	테트로도톡신 : 동물성 자연독 중 가장 치사율이 높다(60%)
대합조개, 섭조개	삭시톡신
굴, 모시조개	베네루핀

(3) 곰팡이독(Mycotoxin ,마이코톡신)

① 정의 : 마이코톡신은 곰팡이의 대사생산물로 사람이나 동물에 어떤 질병이나
이상한 생리작용을 유발하는 물질군을 말한다.
② 종류 : 아플라톡신, 에르고톡신(맥각중독), 오클라톡신

5 알레르기 식중독

(1) 정의

정상적인 사람에게는 아무렇지도 아니한 어떤 음식을 먹고 일으키는 것

(2) 증상

단백질 식품에 의하여 잘 일어나며 습진, 두드러기, 구토, 설사 등의 증상이 나타남

(3) 원인물질

부패산물, 히스타민

(4) 원인식품

고등어, 참치, 꽁치

제4절 | 식품첨가물

1 식품첨가물의 사용목적

① 품질개량
② 보존성과 기호성의 향상
③ 영양적 가치증진
④ 품질의 가치증진

2 식품첨가물의 정의

식품의 제조, 가공 또는 보존을 위해 식품에 첨가, 혼합, 침윤, 기타 방법에 의하여
사용되는 물질을 말한다.

3 식품첨가물의 구비조건

① 안전성, 즉 인체에 무해할 것
② 체내에 축적되지 않을 것
③ 미량으로 효과가 있을 것
④ 이화학적 변화에 안정할 것
⑤ 영양가를 유지시키며 외관을 좋게 할 것

4 식품첨가물의 종류

분 류	종 류	사 용 용 도
보존료 (방부제)	데히드로초산, 데히드로초산 나트륨	버터, 마가린, 치즈
	소르빈산, 소르빈산 칼륨	식육, 어육제품, 팥 앙금
	안식향산, 안식향산 나트륨	청량음료, 간장
	프로피온산 나트륨, 프로피온산 칼슘	빵, 과자
살균제	차아염소산나트륨, 표백분	사용기준 없음
항산화제	BHT, BHA, 몰식자산프로필, 토코페롤 (천연항산화제)	유지, 버터
표백제	아황산나트륨, 차아황산나트륨, 과산화수소	당밀, 물엿
밀가루 개량제	브롬산칼륨, 아조디카본아마이드, 과산화벤조일, 이산화염소	밀가루의 표백 및 숙성
착색료	타르색소	① 사용할수 있는 식품 : 분말청량음료 ② 사용할수 없는 식품 : 젓갈류, 잼류 육가공품 (소시지 제외)
	비타르계 착색료(6품목)	일부 사용기준 없음
발색제	아질산나트륨, 질산나트륨	식육제품, 어육소시지
이형제	유동파라핀	제과 · 제빵에서 제품을 틀에서 쉽게 분리하기 위하여 틀에 바른다
소포제	규소수지	거품의 소멸, 억제
유화제	레시틴, 모노– 글리세리드	유화식품 (마가린, 생크림 등)
팽창제	탄산수소나트륨, 명반, 탄산암모늄	빵, 과자
인공감미료	사카린나트륨	식빵, 이유식, 설탕, 물엿에는 사용금지
	아스파탐	청량음료, 아이스크림, 주류
조미료	L–글루탄산나트륨	식품의 맛을 강화
강화제	식품의 영양강화를 목적으로 사용되는 것으로서 비타민, 무기염류, 아미노산 등의 강화제로 사용된다	
호료	식품의 점착성을 증가시켜 교질상의 미각을 증진	

1 식품위생관련법규

(1) 식품위생법의 목적

식품으로 인한 위생상의 위해를 방지하고 식품영양의 질적 향상을 도모함으로써
국민보건 증진에 이바지함

(2) 식품위생의 정의

식품, 식품첨가물, 기구, 용기·포장을 대상으로 하는 음식에 관한 위생

(3) 식품위생의 대상범위

식품, 식품첨가물, 기구, 용기·포장

(4) 식품위생법상 영업허가를 받아야 할 업종

① 식품첨가물제조업
② 식품조사처리업
③ 단란주점 영업 유흥주점 영업

(5) 식품위생법상 식품의약품안전처장에게 직접 영업신고를 하여야 하는 업종

식품 등 수입 판매업

(6) 시장, 군수, 구청장에게 영업신고를 하여야 하는 업종

① 식품제조가공업   ② 즉석식품제조가공업
③ 식품운반업   ④ 식품소분판매업
⑤ 식품냉동냉장업   ⑥ 용기포장류제조업
⑦ 휴게음식점영업   ⑧ 일반음식점영업
⑨ 위탁급식영업   ⑩ 제과점영업

(7) 식품위생법상 영업에 종사하지 못하는 질병

① 제1군 감염병
② 결핵
③ 피부병 기타 화농성균
④ 후천성면역결핍증

2 식품위생관리

(1) 건물구조

① 바닥 : 배수가 잘되어 배수구를 항상 깨끗하게 유지한다.

② 벽 : 내측벽은 바닥으로부터 1m 정도까지 타일이나 시멘트 등으로
방수성, 내열성, 방부성이 있어야 한다.

③ 천정 : 방우, 방충, 방서, 공중낙하균 방지가 가능하도록 한다.

(2) 채광, 조명

① 채광 : 창의 면적은 벽 면적의 70%, 바닥 면적의 30%

② 조명 : 포장 공정의 조명은 70~150ℓx

(3) 방충, 방서

방충, 방서용 금속망으로는 30mesh가 적당

(4) PL법(제조물 책임법)

① 목적
제조물 결함으로 인하여 발생한 손해에 대한 제조업자 등의 손해배상책임을 규정함으로
피해자의 보호를 도모하고 국민 생활의 안전향상과 국민경제의 건전한 발전에 기여함

② 제조물 책임
제조물의 결함으로 인하여 생명, 신체 또는 재산에 손해를 입은 자에게
제조업자가 그 손해를 배상하여야 하는 책임

③ 예방
- 제조물 책임에 대한 인식 전환
- 전사적 대응체제 구축
- 제품안전 대책 마련

(5) HACCP(Hazard Analysis and Critical Control Point)

① 의미 : 위해분석과 중요관리점이란 뜻으로 식품제조를 위한 위생관리 시스템

② 특징 : 여러 각도에서 위해(危害)를 분석하고 예측하여 결정적인 관리 포인트가 되는 단계를
관리하는 예방 중심의 시스템

③ HACCP 준비 5단계
- 해썹 팀 구성
- 제품설명서 작성
- 용도 확인
- 공정 흐름도 작성
- 공정 흐름도 현장 확인

④ HACCP 적용의 7원칙
- 위해요소분석
- 중요관리점(CCP) 결정
- CCP 한계 기준 설정
- CCP 모니터링 체계 확립
- 개선 조치 방법 수립
- 검증 절차 및 방법 수립
- 문서화, 기록유지 방법 설정

3 포장 및 용기 위생

(1) 포장

① 종이류
- 글라신 종이 : 황산으로 처리한 펄프를 원료 양과자, 빵 등에 사용
- 유산지 : 종이를 황산으로 가공한 것. 버터, 마가린 내장용
- 파라핀 종이 : 글라신 종이에 파라핀을 입힌 것. 캐러멜, 빵류

② 알루미늄박
고온살균 가능, 오염으로부터 식품보호역할이 크고,
광선 차단성 우수. 과자, 커피, 버터, 치즈, 마가린 등 포장

③ 셀로판

④ 아밀로오스 필름 : 포장 자체를 먹을 수 있음

⑤ 플라스틱

(2) 용기

① 금속제품 : 식품 조리용 기구나 용기로 사용

② 유리제품 : 액체식품의 용기

③ 도자기, 법랑 피복제 : 유약 중에 함유되어 있는 유해 금속의 용출이 문제

④ 플라스틱 용기가 구비해야 할 조건
- 무해하여야 한다.
- 유해물질이 용출되지 않아야 한다.
- 일정한 강도가 있어야 한다.

4 제품 저장유통

(1) 식품의 저장

식품의 변질요인을 제거하여 식품의 양적 손실, 영양가 파손,
안전성과 기호성의 저하를 최소화하려는 저장기술.

(2) 식품저장법
① 건조
② 절임법
③ 훈연법
④ 통조림법
⑤ 냉장냉동법
⑥ 공기조절법
⑦ 약품처리법
⑧ 방사선처리법

(3) 실온저장하기
식품첨가물공전상 표준온도는 20℃, 상온은 15~25℃,
실온은 1~35℃, 미온은 30~40℃라고 규정하고 있으며
실온저장이란 저장환경조건의 조절을 냉동기 등의 기계에 의하지 않고,
외기의 도입과 단열에 의해 행하는 방법으로 상온저장이라고 부르기도 한다.

(4) 냉장, 냉동저장하기
식품첨가물공전상 냉장저장은 0~10℃(과거에는 냉장은 0~5℃로 했으나
개정과정에서 식품위생법에서 요구하는 0~10℃로 완화),
냉동 저장은 -18℃ 이하로 정의하고 있음.

(5) 제품 유통하기
① 따로 보관방법을 명시하지 않은 제품은 실온에서 보관 및 유통하여야 한다.
② 냉장제품은 0~10℃에서 냉동제품은 -18℃ 이하에서 보관 및 유통하여야 한다.
③ 냉장제품을 실온에서 유통시켜서는 아니 된다(단, 과일·채소류 제외).
④ 냉동제품을 해동시켜 실온 또는 냉장제품으로 유통할 수 없다.
⑤ 유통기간의 산출은 포장완료(다만, 포장 후 제조공정을 거치는 제품은
　　최종공정 종료)시점으로 한다.

제1절	**식품의 변질**

01. 고온성 세균이 자랄 수 있는 온도는?

㉮ 35~40℃ ㉯ 55~70℃ ㉰ 70~80℃ ㉱ 80~90℃

02. 비병원성 미생물에 속하는 세균은?

㉮ 결핵균 ㉯ 이질균 ㉰ 젖산균 ㉱ 살모넬라균

03. 곰팡이의 독소가 아닌 것은?

㉮ 아플라톡신 ㉯ 오크라톡신 ㉰ 고시폴 ㉱ 파툴린

04. 비병원성 세균인 것은?

㉮ 살모넬라균 ㉯ 보툴리누스 ㉰ 대장균 ㉱ 유산균

05. 식품의 부패와 관계가 없는 것은?

㉮ 습도 ㉯ 온도 ㉰ 기압 ㉱ 공기

06. 식품의 위생검사와 가장 관계가 깊은 세균은?

㉮ 식초산균 ㉯ 젖산균 ㉰ 대장균 ㉱ 살모넬라균

07. 세균의 형태에 따른 3종류에 속하지 않는 것은?

㉮ 나선균 ㉯ 구균 ㉰ 간균 ㉱ 연쇄상구균

08. 부패 미생물이 번식할 수 있는 최저의 수분활성도(Aw)의 순서가 맞는 것은?

㉮ 세균>곰팡이>효모 ㉯ 세균>효모>곰팡이
㉰ 효모>곰팡이>세균 ㉱ 효모>세균>곰팡이

09. 미생물이 관여하는 현상이 아닌 것은?

㉮ 발효 ㉯ 변패 ㉰ 산패 ㉱ 부패

10. 육류가 부패할 때 pH는?

㉮ 중성 ㉯ 알칼리성 ㉰ 산성 ㉱ 관계없다.

11. 곰팡이의 대사생성물이 사람이나 동물에 어떤 질병이나 이상한 생리작용을 유발하는 것은?

㉮ 만성 감염병 ㉯ 급성 감염병

· 보충설명 ·

3. 고시폴은 면실유의 독성 물질이다.

5. 식품의 부패는 영양물질의 존재 하에 온도, 습도, 공기 등의 조건에 의해 좌우된다.

8. 수분활성도는 미생물의 생육과 밀접한 관계를 가지고 있다. 세균의 수분활성도는 0.94~0.99, 효모는 0.88, 곰팡이류는 0.80~0.88정도다.

9. 부패란 단백질이 미생물에 분해되어 변화되는 것을 말하는데 넓은 의미로는 식품에 미생물이 번식하여 먹을 수 없게 되는 것을 말한다.
발효는 탄수화물 등이 미생물의 분해작용으로 유기산, 알코올 등을 만드는 현상으로 인간에게 유익한 면이 부패와 구별된다.
변패는 탄수화물이나 지방이 미생물 등에 의한 변화를 받아 변질하는 현상을 말한다. 산패는 유지의 불포화지방산이 산소와 결합하여 산화되어 과산화물을 생성하는 현상을 말한다.

해답 1.㉯ 2.㉰ 3.㉰ 4.㉱ 5.㉰ 6.㉰ 7.㉱ 8.㉯ 9.㉰ 10.㉯ 11.㉱

㉠ 화학적 식중독　　　　　　㉢ 진균독중독

12. 다음 중 부패와 변질에 대해 바르게 설명한 것은?

㉮ 멸균포장된 우유라도 일단 개봉 후에는 변질되기 쉽다.
㉯ 가당연유가 무가당연유보다 변질되기 쉽다.
㉰ 햄, 소시지는 개봉하여 얇게 썰어두는 것이 변질이 느리다.
㉱ 육류는 잘게 다진 것보다 덩어리 상태의 것이 변질속도가 더 빠르다.

13. 미생물 발육조건으로 옳은 것은?

㉮ 수분, 온도, 영양물질
㉯ 공기, 수분, 기압
㉰ 수분, 온도, 삼투압
㉱ 온도, 영양물질, pH

14. 빵곰팡이라고 불리는 것은?

㉮ 리조푸스　　　　　　㉯ 뮤코
㉰ 페니실륨　　　　　　㉱ 아스퍼질러스

15. 식품의 부패에 관련된 미생물에 대해 바른 것은?

㉮ 식품을 냉동시키면 미생물이 사멸하여 부패를 완전히 막을 수 있다.
㉯ 냉동시킨 식품은 해동을 시켜도 미생물이 번식하지 않는다.
㉰ 어패류에는 고온균이 대부분을 차지한다.
㉱ 식품 중에는 수분과 영양분이 존재하기 때문에 온도에 좌우된다.

16. 식품에 미생물이 작용하여 부패시키는 과정에서 일반적으로 맨 처음 번식하여 부패한 냄새를 내는 미생물은?

㉮ 통성 혐기성 세균
㉯ 호기성 세균
㉰ 혐기성 세균
㉱ 무포자 호기성 세균

17. 곰팡이가 서식하기 어려운 것은?

㉮ 물　　　　　　㉯ 곡류식품　　　　　　㉰ 두류식품　　　　　　㉱ 토양

18. 식빵의 부패요인의 확인 방법이 아닌 것은?

㉮ 온도　　　　　　㉯ 습도　　　　　　㉰ 색　　　　　　㉱ 산도

19. 생유의 미생물 오염에 대한 변화를 설명한 것 중 잘못된 것은?

㉮ 대장균군의 오염이 있으면 거품을 일으키며 이상응고를 나타낸다.
㉯ 단백분해균 중 일부는 우유를 점질화시키거나 쓴맛을 주는 것도 있다.
㉰ 생유 중의 산생성균은 산도상승의 원인이 되어 선도를 저하시키기도 한다.
㉱ 냉장 중에는 우유에 변패를 일으키는 미생물이 증식하지 못한다.

14. 리조푸스(Rhizopus)는 거미줄곰팡이라고도 하며 곡류, 빵 등에 번식하여 부패의 원인이 된다.

16. 부패의 진행초기는 호기성 세균이 식품표면에 오염되어 증식한다.

19. 부패세균 중 저온세균은 0~20℃에서도 증식을 한다.

해답　**12.** ㉮　**13.** ㉮　**14.** ㉮　**15.** ㉱　**16.** ㉯　**17.** ㉮　**18.** ㉰　**19.** ㉱

20. 빵의 부패원인이 아닌 것은?

㉮ 곰팡이   ㉯ 온도

㉰ 빵의 모양   ㉱ 습도

21. 부패세균의 부패진행과정을 순서대로 설명한 것 중 잘못된 것은?

㉮ 초기에 호기성 세균에 표면에 오염되어 증식한다.

㉯ 호기성 세균이 증식하면서 분비하는 효소에 의해 식품성분의 변화를 가져온다.

㉰ 혐기성 세균에 식품내부 깊이 침입하여 부패가 완성된다.

㉱ 이와 같은 부패에 관여하는 세균은 대개 한 가지 종류이다.

22. 마이코톡신의 특징과 거리가 먼 것은?

㉮ 감염형이 아니다.

㉯ 탄수화물의 풍부한 곡류에서 많이 발생한다.

㉰ 원인식품의 세균이 분비하는 독성분이다.

㉱ 중독의 발생은 계절과 관계가 깊다.

23. 제과·제빵작업 중 제품의 내부온도가 99℃일 때도 생존할 수 있는 것은?

㉮ 대장균   ㉯ 살모넬라균

㉰ 로프균   ㉱ 리스테리아균

24. 대부분의 곰팡이가 생육할 수 있는 식품의 최적 수분 활성도는?

㉮ 0.80~0.89   ㉯ 0.06~0.69

㉰ 0.40~0.49   ㉱ 0.20~0.29

25. 미생물이 작용하여 식품을 흑변시켰다.
다음 중 흑변물질과 가장 관계가 깊은 것은?

㉮ 암모니아   ㉯ 메탄

㉰ 황화수소   ㉱ 아민

26. 부패의 화학적 판정 시 이용되는 지표물질은?

㉮ 염산   ㉯ 주석산

㉰ 염기성 암모니아   ㉱ 살리실산

27. 세균의 형태 중 관계가 먼 것은?

㉮ 사상균   ㉯ 나선균

㉰ 간균   ㉱ 구균

28. 대장균의 특성과 관계가 없는 것은?

㉮ 젖당을 발효한다.   ㉯ 그램양성이다.

㉰ 호기성 또는 통성 혐기성이다.   ㉱ 무아포 간균이다.

해답   **20.**㉰   **21.**㉱   **22.**㉰   **23.**㉰   **24.**㉮   **25.**㉰   **26.**㉰   **27.**㉮   **28.**㉯

21. 부패에는 수많은 세균이 관여하여 일어나는 것으로 그 변화는 복잡하게 일어난다.

22. 마이코톡신(mycotoxin)은 곰팡이의 대사생산물로 사람에게 어떤 질병이나 이상한 생리작용을 유발하는 물질을 말하며 곰팡이독이라고 한다.

23. 로프(Rope)균은 빵의 점조성이 원인이 되는 내열성 세균이다.

28. 세균의 식별이나 분류에 있어서 그램(Gram)염색에 의해서 염색되는 것을 그램양성균, 염색되지 않는 것은 그램음성균이라고 하는데 대장균은 그램음성균이다.

29. 식품의 수분을 생각할 때 통상의 수분함량(%) 이외에 식품의 보존성, 미생물 생육과 밀접한 관계를 갖고 있는 것은?
　　㉮ 수소이온농도　　　　　㉯ 수분활성
　　㉰ 비열　　　　　　　　㉱ 비중

30. 미생물이 성장하는데 필수적으로 필요한 요인이 아닌 것은?
　　㉮ 적당한 온도　　　　　㉯ 적당한 햇빛
　　㉰ 적당한 수분　　　　　㉱ 적당한 영양소

31. 조리빵의 부재료로 활용되는 육류가공품의 부패로 암모니아와 염기성 물질의 형성 시 pH는 다음 중 어느 쪽으로 기우는가?
　　㉮ 변화가 없음　　　　　㉯ 산성
　　㉰ 중성　　　　　　　　㉱ 알칼리성

31. 부패가 되면 최종적으로 아민, 황화수소, 암모니아 등이 생성되어 알칼리화 된다.

32. 식품과 미생물총(Microflora)과의 관계가 잘못 설명된 것은?
　　㉮ 통기성 식품에는 호기성균이 많이 번식한다.
　　㉯ 수분함량이 높은 식품에는 세균류가 우선적으로 번식한다.
　　㉰ 식품가공 중 2차 오염균이 번식할 수 있다.
　　㉱ 건조식품, 과일류에는 효모가 가장 잘 번식한다.

32. 미생물이 식품 중에서 증식할 수 있는 주요인자가 수분이기 때문에 식품을 건조시키면 미생물(곰팡이, 효모, 세균)은 번식할 수 없다.

33. 식품오염 미생물의 유래와 경로에 대한 설명이다. 토양미생물의 특징과 관계가 가장 적은 것은?
　　㉮ 가공 원료의 농후오염매개 주역이다.
　　㉯ 유기물의 분해에 관계한다.
　　㉰ 토양의 자정작용 주역이다.
　　㉱ 식품의 2차 오염 주역이다.

34. 식품의 부패방지와 모두 관계가 있는 항은?
　　㉮ 방사선, 조미료 첨가, 농축
　　㉯ 가열, 냉장, 중량
　　㉰ 탈수, 식염 첨가, 외관
　　㉱ 냉동, 보존료 첨가, 자외선 조사

35. 발효가 부패와 다른 점은?
　　㉮ 성분의 변화가 일어난다.
　　㉯ 미생물이 작용한다.
　　㉰ 가스가 발생한다.
　　㉱ 생산물을 식용으로 할 수 있다.

36. 다음 중 부패 진행의 순서로 옳은 것은?
　　㉮ 아미노산-펩티드-펩톤-아민, 황화수소, 암모니아
　　㉯ 아민-펩톤-아미노산-펩티드, 황화수소, 암모니아

해답　29.㉯　30.㉯　31.㉱　32.㉱　33.㉱　34.㉱　35.㉱　36.㉰

㉓ 펩톤–펩티드–아미노산–아민, 황화수소, 암모니아
　　㉑ 황화수소–아미노산–아민–펩티드, 펩톤, 암모니아

37. 다음 세균 중 부패세균이 아닌 것은?

　　㉮ 어위니아균(Erwina)
　　㉯ 슈도모나스균(Pseudomonas)
　　㉰ 고초균(Bacillus subtilis)
　　㉱ 티포이드균(Sallmonella typhi)

38. 세균의 오염 경로가 될 수 없는 환경은?

　　㉮ 상수도가 공급되지 않는 지역에서의 세척수나 음료수
　　㉯ 습도가 낮은 지역에서 냉동 보관 중인 식품
　　㉰ 어항이나 포구 주변에서 잡은 물고기
　　㉱ 분뇨처리가 미비한 농촌지역의 채소나 열매

39. 어패류의 비린내 원인이 되기도 하며 부패 시 그 양이 증가하는 성분은?

　　㉮ 암모니아　　　　　　　　㉯ 트리메틸아민
　　㉰ 요소　　　　　　　　　　㉱ 탄소

40. 미생물에 의해 주로 단백질이 변화되어 악취, 유해물질을 생성하는 현상은?

　　㉮ 발효(Fermentation)　　　　㉯ 부패(Puterifaction)
　　㉰ 변패(Deterioration)　　　　㉱ 산패(Rancidity)

41. 세균, 곰팡이, 효모, 바이러스의 일반적 성질에 대한 설명 중 옳은 것은?

　　㉮ 세균은 주로 출아법으로 그 수를 늘리며 술 제조에 많이 사용한다.
　　㉯ 효모는 주로 분열법으로 그 수를 늘리며 식품 부패에 가장 많이 관여하는 미생물이다.
　　㉰ 곰팡이는 주로 포자에 의하여 그 수를 늘리며 빵, 밥 등의 부패에 많이 관여하는 미생물이다.
　　㉱ 바이러스는 주로 출아법으로 그 수를 늘리며 효모와 유사하게 식품의 부패에 관여하는 미생물이다.

42. 식품의 부패 요인과 가장 거리가 먼 것은?

　　㉮ 습도　　　　　　　　　　㉯ 온도
　　㉰ 가열　　　　　　　　　　㉱ 공기

43. 식품 중의 대장균군을 위생학적으로 중요하게 다루는 주된 이유는?

　　㉮ 식중독균이기 때문에
　　㉯ 분변세균의 오염지표이기 때문에
　　㉰ 부패균이기 때문에
　　㉱ 대장염을 일으키기 때문에

해답　37.㉱　38.㉯　39.㉯　40.㉯　41.㉰　42.㉰　43.㉯

44. 여름철에 빵의 부패 원인균인 곰팡이 및 세균을 방지하기 위한 방법으로 부적당한 것은?

㉮ 작업자 및 기계, 기구를 청결히 하고 공장내부의 공기를 순환시킨다.
㉯ 이스트 첨가량을 늘리고 발효온도를 약간 낮게 유지하면서 충분히 굽는다.
㉰ 초산, 젖산 및 사워 등을 첨가하여 반죽의 pH를 낮게 유지한다.
㉱ 보존료인 소르빈산을 반죽에 첨가한다.

45. 식품을 방치해 두면 외관적, 내용적, 관능적으로 그 본래의 성질을 잃어서 식용할 수 없는 상태로 되는 것은 다음 중 어느 것인가?

㉮ 발효　　　　　　　　　㉯ 부패
㉰ 변질　　　　　　　　　㉱ 물리적 변화

46. 부패를 판정하는 방법으로 사람에 의한 관능검사를 실시할 때 검사하는 항목이 아닌 것은?

㉮ 색　　　　　　　　　　㉯ 맛
㉰ 냄새　　　　　　　　　㉱ 균수

47. 빵의 변질에 관한 주 오염균은?

㉮ 대장균　　　　　　　　㉯ 비브리오균
㉰ 곰팡이　　　　　　　　㉱ 살모넬라균

48. 일반 세균이 잘 자라는 pH 범위는?

㉮ 2.0 이하　　　　　　　㉯ 2.5~3.5
㉰ 4.5~5.5　　　　　　　㉱ 6.5~7.5

49. 식품의 부패를 판정하는 화학적 방법은?

㉮ 관능시험　　　　　　　㉯ 생균수 측정
㉰ 온도측정　　　　　　　㉱ TMA 측정

50. 다음 중 미생물의 증식에 대한 설명으로 틀린 것은?

㉮ 한 종류의 미생물이 많이 번식하면 다른 미생물의 번식이 억제될 수 있다.
㉯ 수분 함량이 낮은 저장 곡류에서도 미생물은 증식할 수 있다.
㉰ 냉장온도에서는 유해미생물이 전혀 증식할 수 없다.
㉱ 70℃에서도 생육이 가능한 미생물이 있다.

51. 식품의 부패방지와 관계가 있는 처리로만 나열된 것은?

㉮ 방사선 조사, 조미료 첨가, 농축
㉯ 실온 보관, 설탕 첨가, 훈연
㉰ 수분 첨가, 식염 첨가, 외관 검사
㉱ 냉동법, 보존료 첨가, 자외선 살균

52. 다음 중 아미노산이 분해되어 암모니아가 생성되는 반응은?

㉮ 탈아미노 반응

㉯ 혐기성 반응

㉰ 아민형성 반응

㉱ 탈탄산 반응

53. 유지산패도를 측정하는 방법이 아닌 것은?

㉮ 과산화물가(Peroxide value, POV)

㉯ 휘발성염기질소(Volatile basic nitrogen value, VBN)

㉰ 카르보닐가(Carbonyl value, CV)

㉱ 관능검사

54. 부패에 영향을 미치는 요인에 대한 설명으로 맞는 것은?

㉮ 중온균의 발육 적온은 46~60℃

㉯ 효모의 생육최적 pH는 10 이상

㉰ 결합수의 함량이 많을수록 부패가 촉진

㉱ 식품성분의 조직상태 및 식품의 저장환경

55. 대장균 O-157이 내는 독성물질은?

㉮ 베로톡신

㉯ 테트로도톡신

㉰ 삭시톡신

㉱ 베네루핀

56. 식품의 부패를 판정할 때 화학적 판정 방법이 아닌 것은?

㉮ TMA 측정 ㉯ ATP 측정

㉰ LD50 측정 ㉱ VBN 측정

57. 절대적으로 공기와의 접촉이 차단된 상태에서만 생존할 수 있어 산소가 있으면 사멸되는 균은?

㉮ 호기성균

㉯ 편성호기성균

㉰ 통성혐기성균

㉱ 편성혐기성균

· 보충설명 ·

53. 휘발성염기질소(VBN value)부패판정법으로 30~40mg%이면 초기부패이다.

56. 반수 치사량(Lethal Dose 50, LD50)은 피실험동물에 실험대상물질을 투여할 때 피실험동물의 절반이 죽게 되는 양을 말하는데, 이 수치가 적다는 것은 독성이 강하다는 것을 의미한다.

01. 파리가 옮기는 병이 아닌 것은?
- ㉮ 장티푸스
- ㉯ 파라티푸스
- ㉰ 이질
- ㉱ 발진티푸스

02. 질병 발생의 3대 요소가 아닌 것은?
- ㉮ 병인
- ㉯ 환경
- ㉰ 숙주
- ㉱ 항생제

03. 경구감염병이 아닌 것은?
- ㉮ 장티푸스
- ㉯ 콜레라
- ㉰ 이질
- ㉱ 뇌염

04. 쇠고기를 불충분하게 가열하여 섭취할 경우 감염되는 기생충은?
- ㉮ 민촌충
- ㉯ 갈고리촌충
- ㉰ 선모충
- ㉱ 간흡충

05. 폐디스토마의 제1중간 숙주는?
- ㉮ 참붕어
- ㉯ 다슬기
- ㉰ 민물고기
- ㉱ 게, 가재

06. 위달 반응은 다음 감염병 중 어느 감염병의 진단에 이용 하는가?
- ㉮ 장티프스
- ㉯ 콜레라
- ㉰ 이질
- ㉱ 디프테리아

07. 인축 공통 감염병이 아닌 것은?
- ㉮ 탄저병
- ㉯ 장티푸스
- ㉰ 결핵
- ㉱ 야토병

08. 다음 중 경구감염병이 아닌 것은?
- ㉮ 이질
- ㉯ 콜레라
- ㉰ 장티푸스
- ㉱ 말라리아

09. 인축 공통 감염병이 아닌 것은?
- ㉮ 광견병
- ㉯ 결핵
- ㉰ 흑사병
- ㉱ 유충이맹증

10. 음식물로 인해 걸린 병이 아닌 것은?
- ㉮ 광견병
- ㉯ 디스토마
- ㉰ 식중독
- ㉱ 두드러기

11. 세균에 의한 경구감염병인 것은?
- ㉮ 콜레라
- ㉯ 유행성간염
- ㉰ 뇌염
- ㉱ 장염

12. 파리에 의해 감염되는 것은?
- ㉮ 파상풍
- ㉯ 콜레라
- ㉰ 결핵
- ㉱ 이질

해답 1.㉱ 2.㉱ 3.㉱ 4.㉮ 5.㉯ 6.㉮ 7.㉯ 8.㉱ 9.㉱ 10.㉮ 11.㉮ 12.㉱

13. 인축 공통 감염병이 아닌 것은?

㉮ 유행성 출혈열   ㉯ 결핵   ㉰ 탄저병   ㉱ 광견병

14. 야채를 통해 감염되는 대표적인 기생충은?

㉮ 광절열두조충   ㉯ 선모충   ㉰ 회충   ㉱ 폐흡충

15. 경구감염병이 아닌 것은 ?

㉮ 콜레라   ㉯ 이질   ㉰ 장티푸스   ㉱ 장염 비브리오

16. 세균성 경구감염병은?

㉮ 콜레라   ㉯ 간염   ㉰ 소아마비   ㉱ 살모넬라

17. 다음 중 바이러스로 옮겨지는 병은?

㉮ 발진티부스   ㉯ 세균성 이질
㉰ 유행성 간염   ㉱ 브루셀라

18. 파리, 모기를 구제할 수 있는 가장 안정적인 방법은?

㉮ 살충제를 사용한다.   ㉯ 발생지를 제거한다.
㉰ 음식물을 냉장보관한다.   ㉱ 유충을 구제한다.

19. 파리의 전파와 관계가 먼 질병은?

㉮ 장티푸스   ㉯ 콜레라   ㉰ 이질   ㉱ 진균중독증

20. 다음 중 병원체가 바이러스인 질병은?

㉮ 소아마비   ㉯ 결핵   ㉰ 디프테리아   ㉱ 성홍열

21. 식품 등을 통해 감염되는 경구감염병의 특징과 거리가 먼 것은?

㉮ 원인 미생물은 세균, 바이러스 등이다.
㉯ 미량의 균량에서도 감염을 일으킨다.
㉰ 2차 감염이 빈번하게 일어난다.
㉱ 화학물질이 원인이 된다.

22. 경구감염병의 예방법으로 가장 부적당한 것은?

㉮ 식품을 냉장보관한다.
㉯ 감염원이나 오염물을 소독한다.
㉰ 보균자의 식품취급을 금한다.
㉱ 주위환경을 청결히 한다.

23. 다음 중 일반적으로 잠복기가 가장 긴 것은?

㉮ 유행성 간염   ㉯ 디프테리아
㉰ 페스트   ㉱ 세균성 이질

해답   13.㉮   14.㉰   15.㉱   16.㉮   17.㉰   18.㉯   19.㉱   20.㉮   21.㉱   22.㉮   23.㉮

24. 사람과 동물이 같은 병원체에 의하여 발생하는 질병 또는 감염 상태와 관련 있는 질병을 총칭하는 것은?

㉮ 법정 감염병 ㉯ 화학적 식중독
㉰ 인축 공통 감염병 ㉱ 진균독증

25. 다음 감염병 중 잠복기가 가장 짧은 것은?

㉮ 후천성 면역결핍증 ㉯ 광견병
㉰ 콜레라 ㉱ 매독

26. 원인균은 바실러스 안트라시스이며, 수육을 조리하지 않고 섭취하였거나 피부의 상처부위로 감염되기 쉬운 인축 공통 감염병은?

㉮ 야토병 ㉯ 탄저
㉰ 브루셀라병 ㉱ 돈단독

27. 인축 공통 감염병인 것은?

㉮ 탄저병 ㉯ 콜레라 ㉰ 이질 ㉱ 장티푸스

28. 세균성 식중독과 비교하여 볼 때 경구감염병의 특징으로 볼 수 없는 것은?

㉮ 적은 양의 균으로도 질병을 일으킬 수 있다.
㉯ 2차 감염이 된다.
㉰ 잠복기가 비교적 짧다.
㉱ 면역이 잘된다.

29. 폐디스토마의 제1중간 숙주는?

㉮ 쇠고기 ㉯ 배추 ㉰ 다슬기 ㉱ 붕어

30. 경구감염병의 예방대책 중 숙주(보균자)에 대한 대책으로 바르지 않은 것은?

㉮ 건강유지와 저항력의 향상에 노력한다.
㉯ 의식전환 운동, 계몽 활동, 위생교육 등을 정기적으로 실시한다.
㉰ 백신이 개발되어진 감염병은 반드시 예방접종을 실시한다.
㉱ 예방접종은 1회로 완료된다.

31. 증상은 장티푸스나 야토병과 비슷하나 주기적으로 반복되어 열이 나므로 파상열이라고 부르는 인축 공통 감염병은?

㉮ Q열 ㉯ 결핵
㉰ 브루셀라병 ㉱ 돈단독

32. 결핵의 특히 중요한 감염원이 될 수 있는 것은?

㉮ 토끼고기 ㉯ 양고기
㉰ 돼지고기 ㉱ 불완전 살균우유

해답 24.㉰ 25.㉰ 26.㉯ 27.㉮ 28.㉰ 29.㉰ 30.㉱ 31.㉰ 32.㉱

33. 경구감염병에 대한 다음 설명 중 잘못된 것은?

㉮ 2차 감염이 일어난다.

㉯ 미량의 균량으로도 감염을 일으킨다.

㉰ 장티푸스는 세균에 의하여 발생한다.

㉱ 이질, 콜레라는 바이러스에 의하여 발생한다.

34. 제과 · 제빵작업에 종사해도 무관한 질병은?

㉮ 이질　　　㉯ 약물 중독　　　㉰ 결핵　　　㉱ 변비

35. 제1군 감염병으로 소화기계 감염병은?

㉮ 결핵　　　㉯ 화농성 피부염　　　㉰ 장티푸스　　　㉱ 독감

36. 병원체가 음식물, 손, 식기, 완구, 곤충 등을 통하여 입으로 침입하여 감염을 일으키는 것 중 바이러스에 의한 것은?

㉮ 이질　　　㉯ 폴리오　　　㉰ 장티푸스　　　㉱ 콜레라

37. 장티푸스에 관한 사항으로 잘못된 것은?

㉮ 잠복기간은 7~14일이다.

㉯ 사망률을 10~20%이다.

㉰ 앓고 난 뒤 강한 면역이 생긴다.

㉱ 예방할 수 있는 백신은 개발되어 있지 않다.

38. 다음 중 사람과 동물이 같은 병원체에 의하여 발생되는 감염병과 가장 거리가 먼 것은?

㉮ 탄저병　　　㉯ 결핵　　　㉰ 동양모양선충　　　㉱ 브루셀라증

39. 다음 중 소화기계 감염병은?

㉮ 세균성 이질　　　　　　㉯ 디프테리아

㉰ 홍역　　　　　　　　　㉱ 인플루엔자

40. 감염병은 다음과 같은 감염과정을 거친다. ( )안에 가장 적당한 것은?

병원체 → 병원소 → 병원소에서 병원체 탈출 → (　　　　) → 숙주에 침입 → 숙주의 감염

㉮ 성숙　　　㉯ 분열　　　㉰ 전파　　　㉱ 합성

41. 다음 중 경구감염병이 아닌 것은?

㉮ 콜레라　　　㉯ 이질　　　㉰ 발진티푸스　　　㉱ 유행성 간염

42. 법정 감염병이 아닌 것은?

㉮ 세균성 이질　　　　　　㉯ 콜레라

㉰ 유행성 이하선염　　　　㉱ 유행성 감기

· 보충설명 ·

33. 이질, 콜레라는 세균성 경구 감염병이다.

36. 폴리오는 소아마비를 말하며 바이러스성 경구감염병이다.

38. 동양모양선충은 채소를 통하여 매개되는 기생충이다.

41. 발진티푸스는 고열과 발진이 주증세인 열성급성 감염병으로 '옷이'이라는 매개곤충에 의해 군대나 형무소, 전쟁터 등 환경이 나쁜 곳에서 의류나 몸이 더러울 때 발생하기 쉬운 법정 감염병이다.

42. 제1군 감염병은 콜레라·페스트·장티푸스·파라티푸스·세균성이질·장출혈성 대장균감염증이며, 제2군 감염병은 디프테리아·백일해·파상풍·홍역·유행성이하선염·풍진·폴리오·B형간염·일본뇌염이고, 제3군 감염병은 말라리아·결핵·한센병·성병·성홍열·수막구균성수막염·레지오넬라증·비브리오패혈증·발진티푸스·발진열·쓰쓰가무시병·렙토스피라증·브루셀라증·탄저·공수병·신증후군출혈열(유행성 출혈열)·인플루엔자·후천성면역결핍증(AIDS)이다. 제4군 감염병은 황열·뎅기열·마버그열·에볼라열·리싸열·리슈마니아증·바베시아증·아프리카수면병·크립토·스포리디움증·주혈흡충증·요우스·핀타 신종감염병증후군이다.

43. 다음의 조건과 같은 경구감염병은?

〈조건〉 1. 경구적으로 감염된다.
2. 2~3일의 잠복기 이후에 복통, 설사, 발열 등이 일어난다.
3. 10세 이하의 어린이가 최고의 이환율을 보인다.
4. 파리나 쥐가 매개체이다.

㉮ 이질　　　　㉯ 장티푸스　　　㉰ 파라티푸스　　　㉱ 콜레라

44. 다음 감염병 중 쥐를 매개체로 감염되는 질병이 아닌 것은?

㉮ 돈단독증　　　　　　　　㉯ 쯔쯔가무시증
㉰ 신증후군출혈열(유행성출혈열)　　㉱ 렙토스피라증

45. 야채를 통해 감염되는 대표적인 기생충은?

㉮ 광절열두조충　　㉯ 선모충　　㉰ 회충　　　　㉱ 폐흡충

46. 산양, 양, 돼지, 소에게 감염되면 유산을 일으키고, 인체 감염시 고열이 주기적으로 일어나는 인수공통감염병은?

㉮ 광우병　　　　　　　　㉯ 공수병
㉰ 파상열　　　　　　　　㉱ 신증후군출혈열

47. 다음 중 채소를 통해 감염되는 기생충은?

㉮ 광절열두조충　　㉯ 선모충　　㉰ 회충　　　　㉱ 폐흡충

48. 인체 유래 병원체에 의한 감염병의 발생과 전파를 예방하기 위한 올바른 개인위생관리로 가장 적합한 것은?

㉮ 식품 작업 중 화장실 사용 시 위생복을 착용한다.
㉯ 설사증이 있을 때에는 약을 복용한 후 식품을 취급한다.
㉰ 식품 취급 시 장신구는 순금제품을 착용한다.
㉱ 정기적으로 건강검진을 받는다.

49. 원인균이 내열성포자를 형성하기 때문에 병든 가축의 사체를 처리할 경우 반드시 소각처리 하여야 하는 인수 공통감염병은?

㉮ 돈단독　　　㉯ 결핵　　　　㉰ 파상열　　　　㉱ 탄저병

50. 다음 중 동종간의 접촉에 의한 감염성이 없는 것은?

㉮ 세균성 이질　　㉯ 조류독감　　㉰ 광우병　　　㉱ 구제역

51. 법정 감염병 중 전파속도가 빠르고 국민건강에 미치는 위해 정도가 커서 발생 즉시 방역대책을 수립해야 하는 감염병은?

㉮ 제1군 감염병　　　　　　㉯ 제2군 감염병
㉰ 제3군 감염병　　　　　　㉱ 제4군 감염병

44. 돈단독증은 돼지 등 가축의 장기로부터 매개된다.

45. 광절열두조충, 폐흡충은 어패류로부터 선모충은 포유류 동물로부터 감염된다.

해답 43.㉮ 44.㉮ 45.㉰ 46.㉰ 47.㉰ 48.㉱ 49.㉱ 50.㉰ 51.㉮

· 보충설명 ·

01. 식품 중에 자연적으로 생성되는 천연 유독성분에 대한 설명이 잘못된 것은?

㉮ 아몬드, 살구씨, 복숭아씨 등에는 아미그달린이라는 천연의 유독성분이 존재한다.

㉯ 천연 유독성분 중에는 사람에게 발암성, 돌연변이, 기형유발, 알레르기성, 영양장해 및 급성중독을 일으키는 것들이 있다.

㉰ 유독성분의 생성량은 동 · 식물체가 생육하는 계절과 환경 등에 따라 영향을 받는다.

㉱ 천연의 유독성분들은 모두 열에 불안정하여 100℃로 가열하면 독성이 분해되므로 인체에 무해하다.

02. 포도상구균의 독소는?

㉮ 솔라닌 ㉯ 테트로도톡신
㉰ 엔테로톡신 ㉱ 뉴로톡신

03. 신경 친화성인 식중독은?

㉮ 포도상구균에 의한 식중독 ㉯ 보툴리누스
㉰ 삭시톡신 ㉱ 솔라닌

04. 포도상구균과 가장 관계가 깊은 것은?

㉮ 식품 중의 녹색 곰팡이 ㉯ 조개에 의한 식중독
㉰ 식품취급자의 화농성 질환 ㉱ 해산물의 식중독

05. 설탕의 200배 감미가 있으며 살인당 또는 원폭당이라는 별명을 가진 감미료는?

㉮ 둘신 ㉯ 파라니트로 오르소 톨루이딘
㉰ 에틸렌 글리콜 ㉱ 사이클라메이트

06. 목화씨 속에 함유된 독성분은?

㉮ 아미노산 ㉯ 리시닌 ㉰ 고시폴 ㉱ 아코니틴

07. 테트로도톡신은 다음 어느 식중독의 원인물질인가?

㉮ 조개 식중독 ㉯ 버섯 식중독
㉰ 복어 식중독 ㉱ 감자 식중독

08. 가열에 의해 사멸되지 않는 식중독은?

㉮ 병원 대장균 ㉯ 살모넬라
㉰ 장염 비브리오 ㉱ 포도상구균

1. 천연 유독성분은 열에 대하여 비교적 안정하여 가열해도 잘 파괴되지 않는다.

8. 포도상구균에 의해 생성되는 엔테로톡신은 일단 독소가 생성되면 가열에 의해 예방되지 않는다.

해답 1.㉱ 2.㉰ 3.㉯ 4.㉰ 5.㉯ 6.㉰ 7.㉰ 8.㉱

09. 세균성 식중독의 설명으로 아닌 것은?

    ㉮ 다량 섭취   ㉯ 1차 감염

    ㉰ 잠복기가 짧다.   ㉱ 면역이 생긴다.

10. 다음 중 살모넬라균에 의한 식중독 증상과 가장 거리가 먼 것은?

    ㉮ 심한 설사   ㉯ 급격한 발열

    ㉰ 심한 복통   ㉱ 신경마비

11. 바닷물에 존재하는 세균은?

    ㉮ 바실루스   ㉯ 프로테우스

    ㉰ 비브리오   ㉱ 미크로코쿠스

12. 다음 중 감염형 식중독과 관계가 없는 것은?

    ㉮ 살모넬라   ㉯ 병원성 대장균

    ㉰ 포도상구균   ㉱ 장염 비브리오 식중독

13. 유해성 감미료가 아닌 것은?

    ㉮ Cyclamate   ㉯ Dulcin

    ㉰ D–sorbitol   ㉱ Peryllartine

14. 테트로도톡신은 다음 어느 식중독의 원인 물질인가?

    ㉮ 조개 식중독   ㉯ 버섯 식중독

    ㉰ 복어 식중독   ㉱ 감자 식중독

15. 손에 염증이 있는 사람이 만든 음식물을 섭취 시 나타나는 식중독은 ?

    ㉮ 포도상구균   ㉯ 솔라닌

    ㉰ 아플라톡신   ㉱ 살모넬라균

16. 다음 중 2차 감염이 일어날 수 있는 식중독이 아닌 것은?

    ㉮ 살모넬라   ㉯ 아리조나균

    ㉰ 장염 비브리오균   ㉱ 포도상구균

17. 식중독의 특징으로 잘못된 것은?

    ㉮ 폭발적으로 발생한다.

    ㉯ 환자의 발생이 계절적으로 다르다.

    ㉰ 지역적인 특성이 없다.

    ㉱ 사망하는 경우도 있다.

18. 다음 중 감염형 세균성 식중독에 속하는 것은?

    ㉮ 파라티푸스   ㉯ 보툴리누스

    ㉰ 포도상구균   ㉱ 장염 비브리오균

· 보충설명 ·

9. 세균성 식중독은 면역이 생기지 않는다.

11. 장염 비브리오는 호염성 세균으로 해수에서도 생존한다.

12. 포도상구균은 독소형 식중독이다.

17. 폭발적으로 발생하는 것은 감염병이다.

해답   9.㉱   10.㉱   11.㉰   12.㉰   13.㉰   14.㉰   15.㉮   16.㉱   17.㉮   18.㉱

19. 다음 중 식중독 종류가 아닌 것은?

㉮ 자연독 식중독   ㉯ 화학적 식중독

㉰ 세균성 식중독   ㉱ 부패성 식중독

20. 일반적으로 여름에 세균성 식중독이 많아 발생하는 가장 중요한 이유는?

㉮ 세균의 생육 Aw   ㉯ 세균의 생육 pH

㉰ 세균의 생육 영양원   ㉱ 세균의 생육 온도

21. 다음 중에서 세균성 식중독에 대해 가장 알맞게 설명한 것은?

㉮ 살모넬라는 독소형이다.

㉯ 포도상구균에 의한 식중독은 잠복기가 가장 빠르다.

㉰ 보툴리누스는 감염형이다.

㉱ 장염 비브리오는 우리나라의 식중독의 절반 이상이다.

22. 감자의 독소는 어느 부분에 많이 들어있나?

㉮ 껍질 부분   ㉯ 노란 부분

㉰ 싹튼 부분   ㉱ 속껍질 부분

23. 맥각을 먹고 걸릴 수 있는 식중독은?

㉮ 엔테로톡신   ㉯ 테트로도톡신

㉰ 솔라닌   ㉱ 에르고톡신

24. 살모넬라의 증상이 아닌 것은?

㉮ 시력감퇴   ㉯ 구토

㉰ 설사   ㉱ 복통

25. 먹은 지 4시간 만에 구토, 설사를 했다면 이때 걸린 식중독은?

㉮ 포도상구균   ㉯ 장염 비브리오균

㉰ 살모넬라   ㉱ 장티푸스

26. 독소형 식중독에 속하는 것은 다음 중 어느 것인가?

㉮ 포도상구균   ㉯ 장염 비브리오균

㉰ 병원성 대장균   ㉱ 살모넬라균

27. 바닷물에 존재하는 세균은 다음 중 어느 것인가?

㉮ 프로테우스균   ㉯ 비브리오균

㉰ 미크로코쿠스균   ㉱ 바실루스균

28. 1968년대 미강유사건(쌀겨의 기름)으로 발생된 사건의 원인은?

㉮ 유기수은   ㉯ 카드뮴

㉰ 납   ㉱ PCB

해답   **19.**㉱   **20.**㉱   **21.**㉯   **22.**㉰   **23.**㉱   **24.**㉮   **25.**㉮   **26.**㉮   **27.**㉯   **28.**㉱

29. 보툴리누스 식중독은 어디에 존재하는가?

    ㉮ 통조림과 병제품　　　　　　㉯ 어류

    ㉰ 육류　　　　　　　　　　　㉱ 우유

30. 독버섯을 먹었을 때 호흡곤란, 위장장애가 일어날 때의 원인독소는?

    ㉮ 고시폴　　㉯ 무스카린　　㉰ 솔라닌　　㉱ 베네루핀

31. 살모넬라 식중독의 예방대책으로 바르지 못한 것은?

    ㉮ 쥐, 파리, 바퀴의 구제

    ㉯ 쥐를 제거하기 위하여 고양이를 사육

    ㉰ 60℃ 이상에서 30분 이상 가열 조리 후 섭취

    ㉱ 감염된 식품재료의 사용금지

32. 식중독사고가 가장 많이 일어나는 계절은?

    ㉮ 봄　　　　　㉯ 여름　　　　　㉰ 가을　　　　　㉱ 겨울

33. 보툴리누스의 설명 중 틀린 것은?

    ㉮ 통조림에서 발생한다.　　　㉯ 산소를 좋아한다.

    ㉰ 치사율이 가장 높다.　　　　㉱ 독소형 식중독이다.

34. 세균성 식중독 예방법과 거리가 먼 것은?

    ㉮ 조리장 청결　　　　　　　　㉯ 조리기 소독

    ㉰ 유독한 부위 세척　　　　　　㉱ 신선한 재료 사용

35. 유해금속과 식품용기의 관계이다. 잘못 연결된 것은?

    ㉮ 주석-유리식기　　　　　　　㉯ 구리-놋그릇

    ㉰ 카드뮴-법랑　　　　　　　　㉱ 납-도자기

36. 세균형식중독의 적정 증식온도는?

    ㉮ 5~10℃　　㉯ 12~23℃　　㉰ 27~32℃　　㉱ 38~45℃

37. 해수(海水)세균의 일종으로 식염농도 3%에서 잘 생육하며 어패류을 생식할 경우 중독발생이 쉬운 균은?

    ㉮ 보툴리누스균　　　　　　　㉯ 장염 비브리오균

    ㉰ 웰치균　　　　　　　　　　㉱ 살모넬라균

38. 포도상구균에 의한 식중독 예방책으로 가장 부적당한 것은?

    ㉮ 조리장을 깨끗이 한다.

    ㉯ 섭취 전에 60℃ 정도로 가열한다.

    ㉰ 멸균된 기구를 사용한다.

    ㉱ 화농성 질환자의 조리업무를 금지한다.

· 보충설명 ·

29. 보툴리누스균은 혐기성(산소를 싫어하는 성질) 세균으로 밀폐된 통조림이나 병조림 등에서 증식한다.

35. 주석은 주로 통조림식품 등에서 용출되어 중독된다.

해답　**29.**㉮　**30.**㉯　**31.**㉯　**32.**㉯　**33.**㉯　**34.**㉰　**35.**㉮　**36.**㉰　**37.**㉯　**38.**㉯

39. 버섯중독의 원인 독소가 아닌 것은?

㉮ 무스카린(Muscarine) ㉯ 콜린(Choline)
㉰ 파린(Phaline) ㉭ 시큐톡신(Cicutoxin)

40. 경구감염병과 비교할 때 세균성 식중독의 특징은?

㉮ 2차 감염이 잘 일어난다.
㉯ 경구감염병보다 잠복기가 길다.
㉰ 발병 후 면역이 생긴다.
㉭ 경구감염병보다 많은 양의 균으로 발병한다.

41. 다음 중 식중독관련 세균의 생육에 최적인 식품의 수분활성도는?

㉮ 0.30~0.39 ㉯ 0.50~0.59
㉰ 0.70~0.79 ㉭ 0.90~1.00

42. 정제가 불충분한 기름 중에 남아 식중독을 일으키는 물질인 고시폴은 어느 기름에서 유래하는가?

㉮ 피마자유 ㉯ 콩기름
㉰ 면실유 ㉭ 미강유

43. 화학적 식중독에서 나타나는 일반적 증상과 가장 거리가 먼 것은?

㉮ 두통 ㉯ 구토
㉰ 복통 ㉭ 고열

44. 병원 미생물(식중독균)에 속하는 것은?

㉮ 장염 비브리오균 ㉯ 제빵용 효모
㉰ 누룩곰팡이 ㉭ 발효유용 젖산균

45. 자연독 식중독과 그 독성물질을 잘못 연결한 것은?

㉮ 무스카린 – 버섯중독
㉯ 베네루핀 – 모시조개중독
㉰ 솔라닌 – 맥각중독
㉭ 테트로도톡신 – 복어중독

46. 뉴로톡신이란 균체의 독소를 생산하는 식중독균은?

㉮ 포도상구균 ㉯ 보툴리누스균
㉰ 장염 비브리오균 ㉭ 병원성 대장균

47. 장염 비브리오균에 감염되었을 경우 주요증상은?

㉮ 급성장염 질환 ㉯ 피부농포
㉰ 신경마비 증상 ㉭ 간경변 증상

· 보충설명 ·

39. 시큐톡신은 독미나리의 독성분이다.

45. 솔라닌은 감자의 발아부위에 있는 독성분이고 맥각(보리껍질)중독의 독성분은 에르고톡신이다.

해답 39.㉭ 40.㉭ 41.㉭ 42.㉰ 43.㉭ 44.㉮ 45.㉰ 46.㉯ 47.㉮

48. 화학물질에 의한 식중독 원인이 아닌 것은?

㉮ 유해한 중금속염 ㉯ 농약
㉰ 불량 첨가물 ㉱ 에탄올

49. 화학적 식중독과 관련된 설명이 잘못된 것은?

㉮ 유해색소의 경우 급성독성은 문제되나 소량씩 연속적으로 섭취할 경우 만성 독성의 문제는 없다.
㉯ 인공감미료 중 사이클라메이트는 발암성이 문제되어 사용이 금지되어 있다.
㉰ 유해성 보존료인 포르말린은 식품에 첨가할 수 없으며 플라스틱 용기로부터 식품 중에 용출되는 것도 규제되고 있다.
㉱ 유해성 표백제인 롱가리트를 사용하면 포르말린이 오래도록 식품에 잔류할 가능성이 있으므로 위험하다.

50. 다음 중 미나마타병을 발생시키는 것은?

㉮ 카드뮴(Cd) ㉯ 구리(Cu)
㉰ 수은(Hg) ㉱ 납(Pb)

51. 일반적으로 화농성 질환 또는 식중독의 원인이 되는 병원성 포도상구균은?

㉮ 백색 포도상구균
㉯ 적색 포도상구균
㉰ 황색 포도상구균
㉱ 표피 포도상구균

52. 식중독을 일으키는 세균 중 잠복기가 가장 짧은 것은?

㉮ 웰치균 ㉯ 보툴리누스균
㉰ 살모넬라균 ㉱ 포도상구균

53. 미나마타병은 중금속에 오염된 어패류를 먹고 발생되는데 그 원인이 되는 금속은?

㉮ Hg ㉯ Cd
㉰ Pb ㉱ Zn

54. 살모넬라(Salmonella)균의 특성이 아닌 것은?

㉮ 그램(Gram)음성간균이다.
㉯ 발육최적pH는 7~8, 온도는 37℃이다.
㉰ 60℃에서 20분 정도의 가열로 사멸한다.
㉱ 독소를 생산하며 식중독을 일으킨다.

55. 다음 중 곰팡이독이 아닌 것은?

㉮ 아플라톡신 ㉯ 오크라톡신
㉰ 삭시톡신 ㉱ 파툴린

해답 **48.**㉱ **49.**㉮ **50.**㉰ **51.**㉰ **52.**㉱ **53.**㉮ **54.**㉱ **55.**㉰

56. 일본에서 공장폐수로 인해 오염된 식품을 섭취하고 이타이이타이병이 발생하여 식품공해를 일으킨 예가 있다. 이와 관계되는 유해성 금속화합물은?

㉮ 카드뮴(Cd)　　　　㉯ 수은(Hg)

㉰ 납(Pb)　　　　㉱ 비소(As)

57. 메틸알코올의 중독 증상이 아닌 것은?

㉮ 두통　　　　㉯ 구토

㉰ 실명　　　　㉱ 환각

58. 아플라톡신을 생산하는 미생물은?

㉮ 효모　　　　㉯ 세균

㉰ 바이러스　　　　㉱ 곰팡이

59. 식중독 발생 시의 조치 사항 중 잘못된 것은?

㉮ 환자의 상태를 메모한다.

㉯ 보건소에 신고한다.

㉰ 식중독 의심이 있는 환자는 의사의 진단을 받게 한다.

㉱ 먹던 음식물은 전부 버린다.

60. 다음 중 감미가 강한 유해 감미료는?

㉮ 붕산

㉯ 아황산

㉰ 페릴라틴

㉱ 산분해 물엿

61. 면실유의 정제가 불충분할 때 남아서 중독을 일으키는 물질은?

㉮ 고시폴

㉯ 리신

㉰ 아미그달린

㉱ 솔라닌

62. 밀가루 등으로 오인하여 많은 식중독을 유발하며 습진성 피부질환 등의 증상을 보이는 것은?

㉮ 수은　　　　㉯ 비소

㉰ 납　　　　㉱ 아연

63. 알레르기성 식중독의 주된 원인 식품은?

㉮ 오징어　　　　㉯ 꽁치

㉰ 갈치　　　　㉱ 광어

· 보충설명 ·

60. 페릴라틴은 설탕의 2000배 감미를 갖고 있는 유해인공감미료이다.

해답 56.㉮ 57.㉱ 58.㉱ 59.㉱ 60.㉰ 61.㉮ 62.㉯ 63.㉯

64. 다음과 같은 특징을 갖는 독소형 식중독은?

- 균은 혐기성 간균
- 독소는 80℃에서 30분 정도 가열로 파괴
- 증상은 시력저하, 동공확대, 신경마비
- 원인 식품은 햄, 소시지, 통조림 등

㉮ 보툴리누스균에 의한 식중독
㉯ 장염 비브리오균에 의한 식중독
㉰ 병원성 대장균에 의한 식중독
㉱ 포도상구균에 의한 식중독

65. 독소형 식중독에 속하는 것은 다음 중 어느 것인가?

㉮ 포도상구균   ㉯ 장염 비브리오균
㉰ 병원성 대장균   ㉱ 살모넬라균

66. 비교적 내열성이 강하여 100℃에서 6시간 정도의 가열 시 겨우 살균될 수 있는 식중독 원인균으로 불충분하게 살균된 통조림식품에서 유래될 수 있는 것은?

㉮ 병원 대장균   ㉯ 살모넬라균
㉰ 장염 비브리오균   ㉱ 보툴리누스균

67. 아플라톡신은 다음 중 어느 것과 가장 관계가 있는가?

㉮ 감자독   ㉯ 효모독
㉰ 세균독   ㉱ 곰팡이독

68. 주로 냉동된 육류 등 저온에서도 생존력이 강하고 수막염이나 임신부의 자궁 내 패혈증 등을 일으키는 식중독균은?

㉮ 대장균   ㉯ 살모넬라균
㉰ 리스테리아균   ㉱ 포도상구균

69. 유해성 감미료는?

㉮ 물엿   ㉯ 자당
㉰ 사이클라메이트   ㉱ 아스파탐

70. 크림빵, 김밥, 도시락, 찹쌀떡이 주 원인식품으로 조리사의 화농병소와 관련이 있으며 봄·가을철에 많이 발생하는 독소형 식중독은?

㉮ 살모넬라 식중독   ㉯ 포도상구균 식중독
㉰ 장염 비브리오 식중독   ㉱ 보툴리누스 식중독

71. 호염성 세균으로서 어패류를 통하여 가장 많이 발생하는 식중독은?

㉮ 살모넬라 식중독   ㉯ 장염 비브리오 식중독
㉰ 병원성 대장균 식중독   ㉱ 포도상구균 식중독

· 보충설명 ·

65. 장염 비브리오균, 살모넬라균, 병원성 대장균은 감염형 식중독균이다.

69. 사이클라메이트는 설탕의 40배 감미를 가진 발암성 유해인공감미료이다.

해답   64.㉮   65.㉮   66.㉱   67.㉱   68.㉰   69.㉰   70.㉯   71.㉯

72. 살모넬라균의 주요 감염원은?

㉮ 육류 및 육류가공품 ㉯ 고래고기
㉰ 민물고기 ㉱ 바다고기의 회

73. 다음 세균성 식중독균 중 가장 내열성이 강한 것은?

㉮ 살모넬라균 ㉯ 장염 비브리오균
㉰ 포도상구균 ㉱ 보툴리누스균

74. 다음 중 유해 표백제는?

㉮ 페릴라틴, P—니트로—O—톨루이딘
㉯ 롱가리트, 삼염화질소
㉰ 오라민, 로다민 B
㉱ 둘신, 사이클라메이트

75. 식품에 세균이 오염되어 증식시 이들이 생성한 유독물질에 의해 발생되는 생리적   이상현상은?

㉮ 감염형 세균성 식중독 ㉯ 독소형 세균성 식중독
㉰ 화학적 식중독 ㉱ 동물성 식중독

76. 세균성 식중독을 예방하는 방법과 가장 거리가 먼 것은?

㉮ 조리장의 청결 유지 ㉯ 조리기구의 소독
㉰ 유독한 부위 세척 ㉱ 신선한 재료의 사용

77. 곰팡이의 대사생산물이 사람이나 동물에 어떤 질병이나 이상한 생리 작용을 유발하는 것은?

㉮ 만성 감염병 ㉯ 급성 감염병
㉰ 화학적 식중독 ㉱ 진균독 식중독

78. 적혈구의 혈색소 감소, 체중 감소 및 신장 장애, 칼슘대사 이상과 호흡 장애를 유발하는 유해성 금속물질은?

㉮ 구리(Cu) ㉯ 아연(Zn)
㉰ 카드뮴(Cd) ㉱ 납(Pb)

79. 유해금속을 사용한 통조림용 관에서 주로 용출되는 유해성 금속 물질은?

㉮ 요소, 왁스 ㉯ 납, 주석
㉰ 카드뮴, 크롬 ㉱ 수은, 유황

80. 감자 조리 시 아크릴아마이드를 줄일 수 있는 방법이 아닌 것은?

㉮ 냉장고에 보관하지 않는다.
㉯ 튀기거나 굽기 직전에 감자의 껍질을 벗긴다.
㉰ 물에 침지 시켰을 경우는 건조 후 조리한다.
㉱ 튀길 때 180℃ 이상의 고온에서 조리한다.

해답 72.㉮ 73.㉱ 74.㉯ 75.㉯ 76.㉰ 77.㉱ 78.㉱ 79.㉯ 80.㉱

81. 노로바이러스 식중독에 대한 설명으로 틀린 것은?

㉮ 완치되면 바이러스를 방출하지 않으므로 임상증상이 나타나지 않으면 바로 일
상생활로 복귀한다.

㉯ 주요증상은 설사, 복통, 구토 등이다.

㉰ 양성환자의 분변으로 오염된 물로 씻은 채소류에 의해 발생할 수 있다.

㉱ 바이러스는 물리, 화학적으로 안정하며 일반 환경에서 생존이 가능하다.

82. 식중독 발생의 주요 경로인 배설물–구강–오염경로(fecal–oral route)를 차단하기 위한 방법으로 가장 적합한 것은?

㉮ 손 씻기 등 개인위생 지키기

㉯ 음식물 철저히 가열하기

㉰ 조리 후 빨리 섭취하기

㉱ 남은 음식물 냉장 보관하기

83. 다음 중 냉장온도에서도 증식이 가능하여 육류, 가금류 외에도 열처리
하지 않은 우유나 아이스크림, 채소 등을 통해서도 식중독을 일으키며
태아나 임신부에 치명적인 식중독 세균은?

㉮ 캠필로박터균(Campylobacter jejuni)

㉯ 바실러스균(Bacilluscereus)

㉰ 리스테리아균(Listeria monocytogenes)

㉱ 비브리오 패혈증균(Vibrio vulnificus)

84. 저장미에 발생한 곰팡이가 원인이 되는 황변미 현상을 방지하기 위한
수분 함량은?

㉮ 13 이하   ㉯ 14~15%

㉰ 15~17%   ㉱ 17% 이상

85. 노로바이러스에 대한 설명으로 틀린 것은?

㉮ 이중나선구조 RNA 바이러스이다.

㉯ 사람에게 급성장염을 일으킨다.

㉰ 오염음식물을 섭취하거나 감염자와 접촉하면 감염된다.

㉱ 환자가 접촉한 타월이나 구토물 등은 바로 세탁하거나 제거하여야 한다.

86. 탄수화물이 많이 든 식품을 고온에서 가열하거나 튀길 때 생성되는 발
암성 물질은?

㉮ 니트로사민(Nitrosamine)

㉯ 다이옥신(Dioxins)

㉰ 벤조피렌(Benzopyrene)

㉱ 아크릴 아마이드(Acrylamide)

01. 식품 첨가물의 사용량 결정에 고려하는 ADI란?

㉮ 반수 치사량　　　　　　㉯ 1일섭취허용량

㉰ 최대 무작용량　　　　　　㉱ 안전계수

02. 다음 중 산화 방지제가 아닌 것은?

㉮ BHA　　　　　　　　　　㉯ BHT

㉰ 몰식자산프로필　　　　　　㉱ 비타민 A

03. 식품 보존 시 위생상 틀리는 것은?

㉮ 미생물이 번식 못하게 말려서 보관

㉯ 냉동보관

㉰ 끓여서 상온에 보관

㉱ 살균하여 진공 포장

04. 타르색소를 사용하는 것은?

㉮ 육류가공품　　　　　　　　㉯ 청량음료수

㉰ 젓갈　　　　　　　　　　　㉱ 잼

05. 육류가공품 가공 시 고기의 본색을 나타나도록 하기 위한 사용 첨가물은?

㉮ 발색제　　　　　　　　　　㉯ 착색제

㉰ 강화제　　　　　　　　　　㉱ 식용색소

06. 보존료의 이상적인 조건으로 맞지 않는 것은?

㉮ 독성이 없거나 적어야 한다.　　㉯ 사용하기가 쉬워야 한다.

㉰ 미량 사용으로 효과가 있다.　　㉱ 다량 사용으로 효과가 있다.

07. 식품 첨가물이란?

㉮ 화학적 합성품만을 말한다.

㉯ 천연품만을 말한다.

㉰ 화학성분은 약국에서만 판매한다.

㉱ 허용된 식품에만 적정량 사용하며 천연품, 합성품이 있다.

08. 방부제 조건이 아닌 것은?

㉮ 미생물 발육 저지력이 강하고 지속적이어야 한다.

㉯ 인체에 무해하거나 독성이 낮아야한다.

㉰ 적은 양으로 효과가 있어야 한다.

㉱ 사용량의 제한이 없다.

해답　1.㉯　2.㉱　3.㉰　4.㉯　5.㉮　6.㉱　7.㉱　8.㉱

09. 첨가물의 설명으로 틀리는 것은?

㉮ 원재료 외에 넣는 것으로 보존성, 기호성을 향상시킨다.
㉯ 비의도적으로 첨가된 것이다.
㉰ 천연, 화학적 합성품을 모두 포함한다.
㉱ 식품의 품질을 개량한다.

10. 식품 첨가물의 가장 중요한 성질은?

㉮ 맛   ㉯ 향   ㉰ 안전성   ㉱ 영양성

11. 식빵에 넣을 수 없는 것은?

㉮ 합성 착색료   ㉯ 합성 보존료
㉰ 착향료   ㉱ 인공 감미료

12. 빵에서 사용할 수 있는 보존료는?

㉮ 프로피온산 칼슘   ㉯ 사카린 나트륨
㉰ 부틸히드록신 아니졸   ㉱ 몰식자산프로필

13. 함유된 첨가물의 명칭과 그 함량을 표시하지 않아도 좋은 것은?

㉮ 합성 보존료   ㉯ 합성 살균제
㉰ 착향료   ㉱ 발색제

14. 산화 방지제로 쓰이는 물질이 아닌 것은?

㉮ DHA   ㉯ BHT   ㉰ BHA   ㉱ PG

15. 착색효과와 영양 강화의 효과를 동시에 갖는 첨가물은?

㉮ 식용적색 2호   ㉯ β-Carotene
㉰ Riboflavin   ㉱ 아스코르빈산

16. 보존료에 대해 맞지 않는 것은?

㉮ 무미, 무색, 무취이며 제품에 영향을 주지 않아야 한다.
㉯ 값이 싸고 사용이 용이해야 한다.
㉰ 독성이 없거나 장기적으로 사용해도 인체에 해가 없어야 한다.
㉱ 첨가한 제품의 보존기간이 길어야 하고 오래 남아 있어야 한다.

17. 제과산업에서 밀가루 표백제로 사용하여 문제가 된 것은?

㉮ 사카린   ㉯ 타르색소
㉰ 롱가리트   ㉱ 둘신

18. 식품제조 공정에서 거품을 없애는 용도로 사용되는 첨가제는?

㉮ 글리세린   ㉯ 실리콘(규소)수지
㉰ 퍼퍼로닐부륵사이드   ㉱ 프로필렌글리콜

· 보충설명 ·

14. DHA는 dehydroacetic acid (데히드로 초산)의 약칭으로 보존료로 사용된다.

15. β-Carotene(베타-카로틴)은 식물계에 존재하는 색소물질로 마가린 등의 식품에 착색료로 사용되며 이것을 섭취하면 인체 내에서 분해되어 비타민 A로 변한다.

17. 롱가리트(rongalit)는 유해표백제이다.

해답   9.㉯   10.㉰   11.㉱   12.㉮   13.㉰   14.㉮   15.㉯   16.㉱   17.㉰   18.㉯

19. 팥 앙금 제조 시 사용하는 보존료는?

㉮ 프로피온산 칼슘
㉯ 안식향산나트륨
㉰ 솔빈산 칼륨
㉱ 리폭시타아제

20. 착색료에 대한 설명 중 잘못된 것은?

㉮ 천연색소는 인공색소에 비해 불투명하고 값이 비싸다.
㉯ 타르색소는 카스텔라에 사용이 허용되어 있다.
㉰ 인공색소는 색깔이 다양하고 선명하다.
㉱ 단무지에 타르색소를 사용해서는 안 된다.

21. 식품첨가물 중 유화제에 대한 설명이 잘못된 것은?

㉮ 물과 기름의 경계면에 작용하는 힘을 저하시켜 물과 기름을 분산시키는 작용을 한다.
㉯ 기름 중에 물을 분산시키며 분산된 입자가 다시 응집하지 않도록 안정화시키는 작용을 한다.
㉰ 식품에 사용할 수 있는 종류가 지정되어 있다.
㉱ 지정된 유화제들은 식품의 종류에 관계없이 모두 동일한 유화효과를 가진다.

22. 식품첨가물의 규격과 사용기준은 누가 지정하는가?

㉮ 식품의약품 안전청장
㉯ 국립보건원장
㉰ 시 · 도 보건연구소장
㉱ 시 · 군 보건소장

23. 어떤 첨가물의 LD$_{50}$의 값이 적다는 것은 무엇을 의미하는가?

㉮ 독성이 크다.
㉯ 독성이 적다.
㉰ 저장성이 적다.
㉱ 안전성이 크다.

24. 식용유의 산화방지에 사용되는 것은?

㉮ 비타민 E
㉯ 비타민 A
㉰ 니코틴산
㉱ 비타민 K

25. 식품 첨가물 중 표백제가 아닌 것은?

㉮ 소르빈산
㉯ 과산화수소
㉰ 산성아황산나트륨
㉱ 차아황산나트륨

26. 다음 중 이형제를 가장 잘 설명한 것은?

㉮ 가수분해에 사용된 산제의 중화에 사용되는 첨가물이다.
㉯ 제과 · 제빵에서 구울때 형틀에서 제품의 분리를 용이하게 하는 첨가물이다.
㉰ 거품을 소멸 억제하기 위해 사용하는 첨가물이다.
㉱ 원료가 덩어리지는 것을 방지하기 위해 사용하는 첨가물이다.

· 보충설명 ·

19. 프로피온산칼슘은 빵·과자제품, 안식향산나트륨은 청량음료, 리폭시타아제는 필수 지방산을 산화시키는 효소이다.

21. 유화제는 유화능력, 유화형태 등이 차이가 있기 때문에 유화식품에 따라 선택하여 사용된다.

23. LD$_{50}$(Lethal dose, 치사량)은 실험동물의 50%를 치사시키는 양을 말하며 LD$_{50}$값이 적을수록 독성이 강하다.

25. 소르빈산은 보존료이다.

해답 **19.**㉰ **20.**㉯ **21.**㉱ **22.**㉮ **23.**㉮ **24.**㉮ **25.**㉮ **26.**㉯

27. 식품의 제조, 가공 또는 보존을 함에 있어 식품에 첨가, 혼합, 침윤 기타의 방법에 의하여 사용되는 물질은 다음 중 어느 것인가?

㉮ 식품 첨가물   ㉯ 식품 영양제
㉰ 식품 보조제   ㉱ 식품 가공약품

28. 밀가루의 표백과 숙성에 사용되는 첨가물의 종류는?

㉮ 개량제   ㉯ 발색제   ㉰ 피막제   ㉱ 소포제

29. 다음 첨가물 중 합성보존료가 아닌 것은?

㉮ 데히드로 초산   ㉯ 소르빈산
㉰ 차아염소산나트륨   ㉱ 프로피온산 나트륨

30. 과산화수소의 주 사용 목적은?

㉮ 보존료   ㉯ 표백제   ㉰ 살균제   ㉱ 산화방지제

31. 일명 점착제로 식품의 점착성을 증가시켜 미각을 증진시키는 효과를 갖는 첨가물은?

㉮ 팽창제   ㉯ 호료
㉰ 용제   ㉱ 유화제

32. 빵 및 생과자류에 사용할 수 없는 유해성 보존료와 거리가 먼 것은?

㉮ 붕산   ㉯ 포름알데히드
㉰ 승홍   ㉱ 프로피온산 염류

33. 식물성 색소가 아닌 것은?

㉮ 플라보노이드 색소   ㉯ 식용색소 적색 제40호
㉰ 엽록소   ㉱ 안토시아닌 색소

34. 합성 보존료와 거리가 먼 것은?

㉮ 안식향산   ㉯ 소르빈산
㉰ 부틸히드록시아니졸(BHA)   ㉱ 데히드로초산(DHA)

35. 빵의 제조과정에서 빵 반죽을 분할기에서 분할할 때 달라붙지 않게 하는 첨가물은?

㉮ 호료(Thickening agent)   ㉯ 피막제(Coating agent)
㉰ 용제(Solvents)   ㉱ 이형제(Release agent)

36. 밀가루를 제조한 후 사용하며 표백과 숙성기간을 단축시키는데 사용하는 화학물질은?

㉮ 밀가루 착색료   ㉯ 밀가루 개량제
㉰ 밀가루 팽창제   ㉱ 밀가루 표백제

· 보충설명 ·

29. 차아염소산나트륨은 살균제이다.

34. BHA는 산화방지제이다.

해답   27.㉮   28.㉮   29.㉰   30.㉯   31.㉯   32.㉱   33.㉯   34.㉰   35.㉱   36.㉯

37. 식품에 첨가하면 매끈하고 점성이 커지며 그 외에 분산 안정제, 결착보수제 등의 역할을 하는 첨가물은?

㉮ 유화제　　　　　　　　㉯ 강화제
㉰ 피막제　　　　　　　　㉱ 호료

38. 다음 중 유해성 타르색소와 가장 관계가 먼 것은?

㉮ 연속적으로 소량씩 섭취할 경우에는 중독증상이 문제되지 않는다.
㉯ 일반적으로 장기, 혈액, 신경계에 유해한 영향을 준다.
㉰ 소량씩 연속적으로 섭취할 경우 특히 발암성이 문제된다.
㉱ 특히 간장과 신장에 대하여 독성을 나타내는 공통점을 갖고 있다.

39. 식품에 손실된 영양분의 보충이나 함유되어 있지 않은 영양분을 첨가하는데 사용되는 식품첨가물은?

㉮ 산미료　　　　　　　　㉯ 착향료
㉰ 감미료　　　　　　　　㉱ 강화제

40. 식품첨가물 중에서 보존제의 사용목적이 아닌 것은?

㉮ 식품의 변질 방지　　　　㉯ 식품의 영양가 보존
㉰ 수분감소 방지　　　　　㉱ 신선도 유지

41. 팥앙금류, 잼, 케찹, 식육 가공품에 사용하는 보존료는?

㉮ 소르빈산(염)　　　　　㉯ 데히드로초산(염)
㉰ 프로피온산(염)　　　　㉱ 파라옥시 안식향산 부틸

42. 밀가루 개량제가 아닌 것은?

㉮ 염소　　　　　　　　　㉯ 과산화벤조일
㉰ 염화칼슘　　　　　　　㉱ 이산화염소

43. 빵을 제조하는 과정에서 반죽 후 분할기로부터 분할할 때나 구울 때 달라붙지 않게 할 목적으로 허용되어 있는 첨가물은?

㉮ 글리세린　　　　　　　㉯ 프로필렌 글리콜
㉰ 초산 비닐수지　　　　　㉱ 유동 파라핀

44. 팥앙금류, 잼, 케첩, 식품 가공품에 사용하는 보존료는?

㉮ 소르빈산　　　　　　　㉯ 데히드로초산
㉰ 프로피온산　　　　　　㉱ 파라옥시 안식향산 부틸

45. 식품첨가물공정상 표준온도는?

㉮ 20℃　　　㉯ 25℃　　　㉰ 30℃　　　㉱ 35℃

해답　37.㉱　38.㉮　39.㉱　40.㉰　41.㉮　42.㉰　43.㉱　44.㉮　45.㉮

01. 빵을 포장하는 프로필렌 포장지에 의하여 방지할 수 없는 현상은?

㉮ 수분증발의 억제로 노화 지연
㉯ 빵의 풍미성분 손실 지연
㉰ 포장 후 미생물 오염 최소화
㉱ 빵의 로프균(Bacillus subtilis) 오염 방지

02. 우유 살균법으로 적당하지 않는 것은?

㉮ 초고온 순간 살균법   ㉯ 저온 살균법
㉰ 고온 장시간 살균법   ㉱ 고온 단시간 살균법

03. 저온 살균이란?

㉮ 71℃, 15초간 가열
㉯ 61~65℃, 30분간 가열
㉰ 130~150℃, 1초간 가열
㉱ 95~120℃, 30~60분간 가열

04. 식품 위생법 중 식품 영업이 아닌 것은?

㉮ 인삼 제조법   ㉯ 음료수 제조법
㉰ 식품첨가물 제조법   ㉱ 식품 소분업

05. 식중독의 최종보고는 누구에게 하는가?

㉮ 상공부 장관   ㉯ 국립보건원장
㉰ 보건복지부장관   ㉱ 검역 소장

06. 식품첨가물 제조업 허가는 누가 해주나?

㉮ 보건복지부장관   ㉯ 시 · 도지사
㉰ 구청장   ㉱ 교육청장

07. 포장 시 표시사항이 아닌 것은?

㉮ 허가번호   ㉯ 중량
㉰ 용도   ㉱ 성분

08. 식품 위생법에서 식품위생의 대상물이 아닌 것은?

㉮ 식품첨가물   ㉯ 기구, 용기
㉰ 포장   ㉱ 제조방법

09. 플라스틱 용기의 독성물질로 문제가 되는 것은?

㉮ 레타놀   ㉯ 카드늄
㉰ 포르말린   ㉱ 철

2. 우유의 살균법으로 다음의
3가지 방법이 있다.
초고온 순간 살균법 (UHT)
: 130~150℃, 1~2초
고온 단시간 살균법 (HTST)
: 71~75℃, 15초
저온 살균법 (LTLT)
: 61~65℃, 30분

해답   1.㉱   2.㉰   3.㉯   4.㉮   5.㉰   6.㉮   7.㉰   8.㉱   9.㉰

10. 식품 위생 관리인이 필요 없는 곳은?

㉮ 과자점 영업 ㉯ 당류 제조업
㉰ 첨가물 제조업 ㉱ 차류 제조업

11. 미생물 소독방법으로 틀리는 것은?

㉮ 죽이거나 병원성을 약화시켜 감염력을 없앤다.
㉯ 태워서 없앤다.
㉰ 끓이거나 삶는다.
㉱ 햇볕에 말린다.

12. 식품영업에 종사할 수 있는 자는?

㉮ 알코올중독자 ㉯ 화농성 질환
㉰ 간염 ㉱ 위장병

13. 식품을 보존하는 방법 중 위생상 가장 부적당한 것은?

㉮ 균이 자랄 수 없도록 말려서 보관한다.
㉯ 냉동 보관한다.
㉰ 끓여서 상온에 보관한다.
㉱ 완전 살균하여 진공 포장한다.

14. 식품 영업에 종사해도 무방한 질병은?

㉮ 이질 ㉯ 콜레라
㉰ 결핵 ㉱ 골절상

15. 방충막의 규격은?

㉮ 10메시 ㉯ 20메시
㉰ 30메시 ㉱ 40메시

16. 식품 위생에 속하지 않는 것은?

㉮ 세균성 식중독 ㉯ 비타민 결핍증
㉰ 복어 중독 ㉱ 부패 중독

17. 작업장에서 창문 면적은 위생상 벽 면적의 몇 %인가?

㉮ 40% ㉯ 50% ㉰ 70% ㉱ 90%

18. 소독할 때 크레졸 농도는 ?

㉮ 1% ㉯ 3% ㉰ 7% ㉱ 10%

19. 제품의 유통기간 연장을 위해서 포장에 이용되는 불활성 가스는?

㉮ 산소 ㉯ 질소
㉰ 수소 ㉱ 염소

· 보충설명 ·

16. 비타민결핍증은 식품위생의 문제가 아니라 영양적 문제이다.

18. 크레졸은 3% 정도의 농도로 배설물 소독에 이용된다.

해답 10.㉮ 11.㉯ 12.㉱ 13.㉰ 14.㉱ 15.㉰ 16.㉯ 17.㉰ 18.㉯ 19.㉯

20. 다음 소독약의 일반적인 사용농도의 연결이 잘못된 것은?

   ㉮ 알코올 3%   ㉯ 크레졸 3%

   ㉰ 석탄산 3%   ㉱ 과산화수소 3%

21. 포장 후 화학적 식중독이 감염되는 용기로 유해하지 않는 것은?

   ㉮ 형광물질이 함유된 종이물질   ㉯ 착색된 비닐포장재

   ㉰ 페놀수지제품   ㉱ 알루미늄박제품

22. 작업장의 살균방법으로 옳은 것은?

   ㉮ 자외선살균   ㉯ 적외선살균

   ㉰ 가시광선살균   ㉱ 자연살균

23. 방사성 강하물 중에 식품 위생상 가장 문제가 되는 것은?

   ㉮ Sr^{90}, Cs^{137} ㉯ Co^{60}, Fe^{55}

   ㉰ Zn^{65}, Ca^{45} ㉱ Ra^{225}, I^{131}

24. 위생동물은 식품자체의 피해와 인체에 대한 영향이 매우 크다. 다음 중 위생해충의 특성과 거리가 먼 것은?

   ㉮ 식성범위가 넓다.

   ㉯ 쥐, 진드기류, 파리, 바퀴 등이 속한다.

   ㉰ 병원미생물은 식품에 감염시키는 것도 있다.

   ㉱ 일반적으로 발육기간이 길다.

25. −20℃로 저장하는 법은?

   ㉮ 냉동법   ㉯ 냉각법

   ㉰ 동결건조법   ㉱ 냉장법

26. 소독제로 사용되는 알코올의 농도는?

   ㉮ 30%   ㉯ 50%   ㉰ 70%   ㉱ 100%

27. 소독력이 매우 강한 일종의 표면활성제로 공장의 소독, 종업원의 손을 소독할 때또는 용기 및 기구의 소독제로 맞는 것은?

   ㉮ 석탄산액   ㉯ 과산화수소

   ㉰ 역성비누   ㉱ 크레졸

28. 일반적으로 식품의 저온 살균온도로 가장 적합한 것은?

   ㉮ 20~30℃   ㉯ 60~70℃

   ㉰ 100~110℃   ㉱ 130~140℃

29. 식기소독 시 어느 것을 사용하는 것이 가장 좋은가?

   ㉮ 중성세제   ㉯ 30%알코올   ㉰ 온수   ㉱ 염소제

· 보충설명 ·

21. 알루미늄박은 오염으로부터 식품을 보호하는 역할이 크고 광선을 차단하는 성질이 있어 자외선에 변질되는 식품포장에 좋다.

23. 핵분열생성물 중 식품에 문제가 되는 핵종은 생성율이 비교적 크고 반감기가 긴 스트론튬90(Sr^{90})과 세슘137(Cs^{137})이다.

24. 위생동물은 발육기간이 짧고 번식이 왕성하다.

해답 **20.**㉮ **21.**㉱ **22.**㉮ **23.**㉮ **24.**㉱ **25.**㉮ **26.**㉰ **27.**㉰ **28.**㉯ **29.**㉱

30. 우유의 살균에는 여러 가지 방법이 있는데 고온 단시간 살균법으로 가장 적당한 조건은?

㉮ 72℃에서 15초 처리 후 냉각

㉯ 75℃ 이상에서 15분 열처리

㉰ 130℃에서 2~3초 이내 처리

㉱ 62~65℃에서 30분 처리

31. 소독이란 다음 중 어느 것을 뜻하는가?

㉮ 모든 미생물을 전부 사멸시키는 것

㉯ 물리 또는 화학적 방법으로 병원체를 파괴시키는 것

㉰ 병원성 미생물을 죽여서 감염의 위험성을 제거하는 것

㉱ 오염된 물질을 깨끗이 닦아 내는 것

32. 식품 위생의 대상과 가장 거리가 먼 것은?

㉮ 영양 결핍증 환자 ㉯ 세균성 식중독

㉰ 농약에 의한 식품 오염 ㉱ 방사능에 의한 식품 오염

33. 식품 중의 미생물 수를 줄이기 위한 방법으로 가장 부적당 한 것은?

㉮ 방사선 조사 ㉯ 냉장

㉰ 열탕 ㉱ 자외선 처리

34. HACCP에 대한 설명 중 틀린 것은?

㉮ 식품위생의 수준을 향상 시킬 수 있다.

㉯ 원료부터 유통의 전 과정에 대한 관리이다.

㉰ 종합적인 위생관리체계이다.

㉱ 사후처리의 완벽을 추구 한다.

35. 식품취급에서 교차오염을 예방하기 위한 행위 중 옳지 않은 것은?

㉮ 칼, 도마를 식품별로 구분하여 사용한다.

㉯ 고무장갑을 일관성 있게 하루에 하나씩 사용한다.

㉰ 조리 전의 육류와 채소류는 접촉되지 않도록 구분한다.

㉱ 위생복을 식품용과 청소용으로 구분하여 사용한다.

36. 다음 중 HACCP 적용의 7가지 원칙에 해당하지 않는 것은?

㉮ 위해요소분석 ㉯ HACCP 팀 구성

㉰ 한계기준설정 ㉱ 기록유지 및 문서관리

37. 식자재의 교차오염을 예방하기 위한 보관방법으로 잘못된 것은?

㉮ 원재료와 완성품 구분하여 보관

㉯ 바닥과 벽으로부터 일정거리를 띄워 보관

㉰ 뚜껑이 있는 청결한 용기에 덮개를 덮어서 보관

㉱ 식자재와 비식자재를 함께 식품창고에 보관

· 보충설명 ·

31. 소독이란 병원성 미생물을 죽이거나 그것의 병원성을 약화시켜 감염력을 없애는 조작으로 비병원성 미생물은 남아 있어도 무방하다는 개념이다.

34. HACCP(Hazard Analysis and Critical Control Points : 위해 요소 중점 관리 기준)는 생산-제조-유통의 전과정에서 식품의 위생에 해로운 영향을 미칠 수 있는 위해요소를 분석하고, 이러한 위해 요소를 제거하거나 안전성을 확보할수 있는 단계에 중요관리점을 설정하여 과학적이고 체계적으로 식품의 안전을 관리하는 제도이다.

36. 원칙1. 위해요인을 분석한다.
원칙2. 중요 관리점(CCP)을 설정한다.
원칙3. CCP 관리 기준을 설정한다. 허용 한계(CL)를 설정하는 것이 대부분이다.
원칙4. CCP의 측정(모니터링) 방법을 확립한다.
원칙5. 허용한계를 벗어났을 때 개선조치를 확립한다.
원칙6. HACCP 시스템의 검증 방법을 확립한다.
원칙7. 기록을 적어서 보관하는 시스템을 확립한다.

해답 30.㉮ 31.㉰ 32.㉮ 33.㉯ 34.㉱ 35.㉯ 36.㉯ 37.㉱

제 **6** 장

공정점검
및 관리

제1절 | 공장설비 관련 사항

1 공장의 구조

내부구조는 사용하기 편리하여 작업능률을 향상시킬 수 있는 구조로 배수가 잘되고 위생적이어야 한다.

2 채광, 환기

공장 내부는 밝아야 하고 환기를 위해 창이나 팬(Fan) 등을 설치하여야 한다.

3 방충, 방서망을 설치한다.

4 세척대 및 수세설비를 시설한다.

5 기구 배치

청소, 청결유지, 작업능률에 적합한 위치에 배치한다.

6 급수

식품관계 시설에서 사용되는 물은 상수도를 이용하거나 사용할 수 없는 경우는
공공기관에서 실시한 검사를 합격한 것을 사용한다.

7 화장실

화장실의 위치는 조리장소에서 가급적 멀리 떨어져 작업장에 영향이 없는 위치에 설치하고
가능한 한 수세식으로 한다.

8 제과 · 제빵 작업시 적합 조도

작 업	표준조도(lux)	한계조도(lux)
마무리 · 장식(수작업)	500	300~700
계량 · 반죽 · 성형	200	150~300
발효	100	70~150
굽기 · 포장 · 장식(기계작업)	50	30~70

1 시설배치의 원칙

① 유연성– 관리운영의 융통성 원칙

② 조정성(Moudularity)

③ 단순성(Simplicity)

④ 식재료 및 종사원들간의 이동의 효율성

⑤ 위생관리의 용이성

⑥ 공간 활용의 효율성

⑦ 조화의 원칙(Integration)

⑧ 안전 만족감의 원칙

⑨ 최단거리 운반의 원칙

2 수행순서

① 작업대
  - 작업대 주변정리 40℃정도의 온수로 3회 세척
  - 스폰지에 중성세제나 알칼리세제를 묻혀 골고루 문지름
  - 음용수로 세제를 닦아내고 완전 건조
  - 2.70%알코올 분무 또는 이와 동등한 효과가 있는 방법으로 살균

② 냉동·냉장기기
  - 냉동실 –18℃이하, 냉장실 5℃이하 유지
  - 1일 1회 또는 1주 1회 등 사용정도에 따라 청소와 소독

③ 믹싱기 : 사용 후 변속기와 몸체 청소, 볼과 부속품은 중성세제나 약알칼리세제로 세정 후 건조

④ 발효기 : 사용 후 습기제거 건조, 정기적 청소

⑤ 오븐 : 크리너 사용 그을림 제거, 부패 방지를 위해 주2회 이상 청소

⑥ 파이롤러 : 사용 후 솔로 이물질 제거, 청소 철저히 하여 세균번식 차단

⑦ 튀김기 : 따뜻한 비눗물을 팬에 부어 10분간 끓여 내부 세정.이물질 방지위해 뚜껑을 덮어둠

⑧ 기타 기구·설비 : 사용 시마다 세척 소독, 완전 건조, 유해요소와 분리 보관

제1절 공장설비 관련 사항

01. 케이크 믹서의 용량은 다음 어느 것을 기준으로 하는가?

㉮ 볼(Bowl)의 부피   ㉯ 볼(Bowl)의 높이
㉰ 믹서의 무게   ㉱ 믹서의 높이

02. 제과공장 설계 시 환경에 대한 조건으로 알맞지 않은 것은?

㉮ 바다 가까운 곳에 위치하여야 한다.
㉯ 환경 및 주위가 깨끗한 곳이어야 한다.
㉰ 양질의 물을 충분히 얻을 수 있어야 한다.
㉱ 폐수 및 폐기물 처리에 편리한 곳이어야 한다.

03. 다음 기계 설비 중 대량 생산업체에서 사용하는 설비로 가장 알맞은 것은?

㉮ 터널 오븐   ㉯ 데크 오븐
㉰ 전자렌지   ㉱ 생크림용 탁상믹서

04. 다음 중 조도한계가 70~150ℓx 의 범위에서 작업해야 하는 공정은?

㉮ 포장   ㉯ 계량   ㉰ 성형   ㉱ 발효

05. 일반적인 제과작업장의 기준으로 알맞지 않은 것은?

㉮ 조명은 50ℓx 이하가 좋다.
㉯ 방충, 방서용 금속망은 30메쉬가 적당하다.
㉰ 벽면은 매끄럽고 청소하기 편리하여야 한다.
㉱ 창의 면적은 바닥면적을 기준하여 30% 정도가 좋다.

06. 공장 주방설비 중 작업의 효율성을 높이기 위한 작업테이블의 위치는?

㉮ 오븐 옆에 설치한다.   ㉯ 냉장고 옆에 설치한다.
㉰ 발효실 옆에 설치한다.   ㉱ 주방의 중앙부에 설치한다.

07. 주방의 설계와 시공 시 조치사항으로 잘못된 것은?

㉮ 환기장치는 대형의 1개보다 소형의 여러 개가 효과적이다.
㉯ 주방 내의 천정은 낮을수록 좋다.
㉰ 바닥의 배수구는 측면에 설치한다.
㉱ 냉장고와 발열기구는 가능한 멀리 배치한다.

08. 제과용 기계 설비로 알맞지 않은 것은?

㉮ 오븐   ㉯ 라운더
㉰ 에어 믹서   ㉱ 데포지터

· 보충설명 ·

1. 믹서의 용량은 쿼터(Quar ter)또는 리터(liter)단위로 나타내며 믹서볼의 부피를 기준으로 한다.

8. 라운더(Rounder)는 제빵용 기계로 둥글리기를 하는 기계이다.

해답   1.㉮   2.㉮   3.㉮   4.㉮   5.㉮   6.㉱   7.㉯   8.㉯

09. 오븐을 열원에 따라 분류했을 때 사용치 않는 열원은?

㉮ 석탄 오븐

㉯ 가스 오븐

㉰ 전기 오븐

㉱ 오일 오븐

10. 다음중 제과용 믹서로 알맞지 않은 것은?

㉮ 에어 믹서

㉯ 버티컬 믹서

㉰ 연속식 믹서

㉱ 스파이럴 믹서

11. 파이롤러(Pie roller)는 반죽을 롤러에 의해 평균적으로 늘리는 기계인데, 주로 유지가 많은 반죽에 사용한다. 다음 중 파이롤러를 사용하지 않는 제품은?

㉮ 데니시 페이스트리

㉯ 케이크 도넛

㉰ 쿠키

㉱ 롤 케이크

12. 제과 · 제빵 공정상 작업 내용에 따라 조도 기준을 달리한다면 표준조도를 가장 높게 하여야 할 작업 내용은?

㉮ 마무리 작업

㉯ 계량, 반죽 작업

㉰ 굽기, 포장 작업

㉱ 발효 작업

13. 공장 설비 중 제품의 생산능력은 어떤 설비가 가장 기준이 되는가?

㉮ 오븐

㉯ 발효기

㉰ 믹서

㉱ 작업 테이블

14. 오븐의 생산능력은 무엇으로 계산하는가?

㉮ 소모되는 전력량

㉯ 오븐의 크기

㉰ 오븐의 단열정도

㉱ 오븐내 매입 철판 수

15. 초콜릿의 품온이 32℃라면 초콜릿을 굳히기 위한 실내 온도로 가장 알맞은 것은?

㉮ 20℃

㉯ 28℃

㉰ 32℃

㉱ 45℃

16. 제과용 기계 설비와 거리가 먼 것은?

㉮ 오븐

㉯ 라운더

㉰ 에어믹서

㉱ 데포지터

17. 공장 설비 중 제품의 생산능력은 어떤 설비가 가장 중요한 기준이 되는가?

㉮ 오븐

㉯ 발효기

㉰ 믹서

㉱ 작업 테이블

18. 공장설비구성의 설명으로 적합하지 않은 것은?

㉮ 공장시설설비는 인간을 대상으로 하는 공학이다.

㉯ 공장시설은 식품조리과정의 다양한 작업을 여러 조건에 따라 합리적으로 수행하기 위한 시설이다.

· 보충설명 ·

9. 제과·제빵산업 초기에는 석탄을 이용한 오븐이 있었으나 현재는 사용하고 있지 않다.

15. 초콜릿 작업 시 적정 실내온도는 18~20℃이다.

16. 라운더는 제빵용 기계설비이다.

해답   9.㉮ 10.㉱ 11.㉱ 12.㉯ 13.㉮ 14.㉱ 15.㉮ 16.㉯ 17.㉮ 18.㉱

④ 설계디자인은 공간의 할당. 물리적 시설. 구조의 생김새, 설비가 갖춰진 작업장을 나타내 준다.

④ 각 시설은 그 시설이 제공하는 서비스의 형태에 기본적인 어떤 기능을 지니고 있지 않다.

19. 공장주방설비 중 작업의 효율성을 높이기 위한 작업테이블의 위치로 가장 적당한 것은?

㉮ 오븐 옆에 설치한다.

㉯ 냉장고 옆에 설치한다.

㉰ 발효실 옆에 설치한다.

㉱ 주방의 중앙부에 설치한다.

20. 일반적인 제과작업장의 시설 설명으로 잘못된 것은?

㉮ 조명은 50ℓx이하가 좋다.

㉯ 방충 · 방서용 금속망은 30메쉬(mesh)가 적당하다.

㉰ 벽면은 매끄럽고 청소하기 편리하여야 한다.

㉱ 창의 면적은 바닥면적을 기준하여 30% 정도가 좋다.

21. 주방설계에 있어 주의할 점이 아닌 것은?

㉮ 가스를 사용하는 장소에는 환기시설을 갖춘다.

㉯ 주방 내의 여유 공간을 확보한다.

㉰ 종업원의 출입구와 손님용 출입구는 별도로 하여 재료의 반입은 종업원 출입구로 한다.

㉱ 주방의 환기는 소형의 것을 여러 개 설치하는 것보다 대형의 환기장치 1개를 설치하는 것이 좋다.

22. 공장 설비시 배수관의 최소 내경으로 알맞은 것은?

㉮ 5cm   ㉯ 7cm   ㉰ 10cm   ㉱ 15cm

23. 제빵공정의 4대 중요관리항목에 속하지 않는 것은?

㉮ 시간관리   ㉯ 온도관리   ㉰ 공정관리   ㉱ 영양관리

24. 냉장고의 위생적 관리방법으로 적합한 것은

㉮ 최대한 많은 양의 식품이나 재료를 보관한다.

㉯ 최대한 오래동안 식재료나 완제품을 저장한다.

㉰ 완제품 저장 온도를 0~5℃가 되도록 한다.

㉱ 냉장고는 10℃이상, 냉동고는 −18℃이하로 유지한다.

25. 수평형 믹서를 청소하는 방법으로 올바르지 않은 것은?

㉮ 청소 시작 전 전원 차단

㉯ 작업이 종료된 직 후 청소 실시

㉰ 물을 가득 채워 회전시켜 청소

㉱ 금속 스크레퍼로 긁어 반죽 및 오물 제거

20. 제과작업장의 적정 조명은 70~150ℓx가 이상적이다.

해답   19.㉱   20.㉮   21.㉱   22.㉰   23.㉱   24.㉰   25.㉱

제 **7** 장

제과제빵산업기사 대비
제과점 관리

1 생산관리

(1) 생산관리의 3대 요소

사람(Man), 재료(Material), 자금(Money)

※방법(Method), 시간(Mimute), 기계(Machine), 시장(Market)까지 포함하여 7요소라 하기로 한다.

(2) 생산관리의 목표

공정관리, 품질관리, 원가관리, 재고관리, 구매관리 등

(3) 생산관리의 기능

① 품질 보증 기능   ② 적시 · 적량 기능   ③ 원가 조절 기능

(4) 생산관리의 일일 점검항목

① 생산수량 및 금액   ② 출근상황   ③ 원재료비율   ④ 설비가동율   ⑤ 불량율

(5) 생산가치

① 생산가치 = 생산금액−원 · 부재료비−(제조경비+인건비+감가상각비)

② 1인당 생산가치 $= \dfrac{\text{생산가치}}{\text{생산인원수}}$

③ 노동 분배율(%) $= \dfrac{\text{인건비}}{\text{생산가치}} \times 100$

④ 노동 생산성 $= \dfrac{\text{총생산금액}}{\text{소요인원수(공수)}}$

⑤ 가치생산성 $= \dfrac{\text{생산가치(부가가치)}}{\text{인원수}}$

⑥ 개당 제품의 노무비 $= \dfrac{\text{사람수}\times\text{시간}\times\text{시간당 노무비}}{\text{제품의 총 생산 갯수}}$

⑦ 제품회전율 $= \dfrac{\text{매출액}}{\text{평균재고액}} \times 100$

※ 작업 인원시수 : 인원수와 작업시간을 곱한 단위로 공수라고도 함. 500H/인은 500명이 1시간, 50명이 10시간, 5명이 100시간 작업할 양을 뜻함

2 생산비용관리

(1) 고정비 – 매출액 증감에 관계없이 발생하는 경비

(2) 변동비 – 매출액 증감에 따라 비례적으로 증감하는 비용

(3) 손익분기점 – 손실과 이익의 분기점이 되는 매출액

3 원가관리

(1) 원가구성요소

① 직접비 = 재료비+직접노무비+직접 경비

② 제조원가 = 직접비+제조간접비

③ 제조원가요소 = 재료비, 노무비, 제조경비

④ 매출원가 = 판매비+일반관리비

⑤ 총원가 = 제조원가 + 판매비 + 일반관리비

⑥ 제품의 판매가격 = 총원가 + 이익

(2) 원가관리의 목적

① 가격 결정의 목적　　② 원가 계산의 목적

③ 예산 편성의 목적　　④ 재무제표 작성의 목적

(3) 원가절감체계

① 구매부의 원가절감 : 구입단가, 결제방법의 합리화

② 생산부서의 원가절감 : 생산수율향상, 불량률감소, 품질관리철저, 노무비절감

③ 판매부서의 원가절감 : 판매비 및 관리비의 절감

(5) 작업시간 분석

① 우발적 요소를 5% 이하로 관리

② 여유율이 25%가 넘지 않도록 한다.

③ 여유율(%) = (여유시간 ÷ 정규시간) × 100

4 신제품 개발

(1) 신제품 개발의 필요성

① 매출액 증가　　② 이익률 상승　　③ 고객 확보 가능

④ 상품수준 향상　　⑤ 기술력, 연구력 향상

(2) 신제품 개발 방향

① 소비자의 니즈(요구)에 맞을 것

② 독창성을 심을 것

③ 특색 있는 제품 개발

④ 대기업 제품과의 경합 회피

⑤ 대상 소비자층을 파악하여 신제품 개발에 참고

1 품질 관리

(1) 품질관리의 원칙
① 예방의 원칙
②스태프(staff)조언의 원칙
③전원참여의 원칙
④ 과학적 관리의 원칙

(2) 품질관리의 5S
① 정리(sort)
② 정돈(setin order)
③ 청소(shine)
④ 청결유지(standardize)
⑤ 품질관리 생활화(sustain)

2 식재료 관리

(1) 식재료 관리의 중요성
원가의 중요성, 시간적(납기)중요성, 수량의 중요성, 완제품 품질의 중요성

(2) 식재료 관리의 구성
구매관리, 검수관리, 저장관리, 출고관리, 재고관리

(3) 구매관리
① 구매방법 ┌ 시기별 : 집중구매, 분산구매, 정기구매, 수시구매
          └ 루트별 : 시장구매, 투자적구매, 일괄위탁구매, 공동구매
② 구매가격의 종류 : 경쟁가격, 관리가격, 통제가격, 공정가격
③ 구매 후 검수방법 : 전수검수법, 발췌검수법

(4) 저장관리
① 건조물품 저장고 : 온도 10℃, 상대습도 50~60% 이하. 채광 및 통풍 양호한 서늘한 장소

② 냉장 저장고 : 온도 0~4℃, 상대습도 75~85%, 미생물 성장 억제나 지연 가능하도록 유지

③ 냉동 저장고 : 장기보존목적, 온도 −23~−18℃, 지나친 장기보관은 냉해, 탈수, 오염 유발

(5) 재고관리

① 재고 관리의 목적 : 최대 · 최소 관리방법, 비율법, 확률적 통계 방법

② 재고 관리 비용 : 주문 비용, 재고유지 비용, 재고부족 비용, 폐기로 인한 비용

③ 출고 방법 : 선입선출법 선호

3 마케팅 관리

(1) 마케팅 전략

① SWOT분석 : 전략목표설정 → 시장세분화 → 목표설정선정 → 포지셔닝 → 마케팅믹스관리

② 마케팅 믹스관리 : 제품관리, 가격관리, 촉진관리, 입지관리, 서비스 프로세스관리,
서비스 물적 증거관리, 서비스 종업원관리

③ 마케팅 믹스(4C) : 고객가치(Consumer), 고객비용(Customer Cost),
편리성(Convenience), 커뮤니케이션(Communication)

4 고객관리

(1) 고객 만족의 3요소

하드웨어적 요소, 소프트웨어적 요소, 휴먼웨어적 요소

(2) 고객응대 기본원칙

고객우선, 고객평등, 선객우선, 일인일객

(3) 접객시 4대 금지사항

말다툼, 지적, 부정적 표정, 지시어, 명령어, 부정어사용

※ CRM : 고객 관계 관리

5 인력관리

(1) 인력계획의 과정

수요예측, 공급방안 수립, 공급방안 시행, 인력계획 평가

(2) 인력배치의 원칙

적재적소주의, 능력주의, 인재육성주의, 균형주의

제1절   생산관리

01. 제과제빵 공장에서 생산을 관리하는데 매일 점검할 사항이 아닌 것은?

㉮ 제품당 평균 단가   ㉯ 설비 가동율

㉰ 원재료율   ㉱ 출근율

02. 제빵생산의 원가관리라고 하는 것은 원가의 표준을 설정하고 원가발생의 책임과 제품의 생산비용을 줄이기 위함이다. 원가의 요소는?

㉮ 재료비, 노무비, 경비   ㉯ 재료비, 용역비, 감가상각비

㉰ 판매비, 노동비, 월급   ㉱ 광열비, 월급, 생산비

03. 다음 중 일반적인 상품의 표준 생산시간을 설정하는 목적이 아닌 것은?

㉮ 소비자의 구매동기 자료   ㉯ 원가 결정의 기초자료

㉰ 제품을 만드는 시간과 능력 파악   ㉱ 기술자 배치와 조정의 기초자료

04. 제빵의 생산 시 고려해야 할 원가요소에서 가장 거리가 먼 것은?

㉮ 재료비   ㉯ 노무비

㉰ 경비   ㉱ 학술비

05. 원가관리의 개념에서 식품을 저장하고자 할 때 저장온도로 부적합한 것은?

㉮ 상온식품은 15~20℃에서 저장한다.

㉯ 보냉식품은 10~15℃에서 저장한다.

㉰ 냉장식품은 5℃ 전후에서 저장한다.

㉱ 냉동식품은 −40℃ 이하로 저장한다.

06. 다음 중 생산의 목표는?

㉮ 재고, 출고, 판매의 관리   ㉯ 재고, 납기, 출고의 관리

㉰ 납기, 재고, 품질의 관리   ㉱ 공정, 원가, 품질의 관리

07. 효과적인 원가관리를 위한 3단계 협조체계가 아닌 것은?

㉮ 생산부서의 절약   ㉯ 구매부의 원가절감

㉰ 소비자의 구매유도   ㉱ 판매원의 원가절감

08. 외부가치 7,100만원, 생산가치 3,000만원, 인건비 1,400만원인 회사의 노동 분배율은 대략 어느 정도인가?

㉮ 약 20%   ㉯ 약 42%

㉰ 약 47%   ㉱ 약 237%

· 보충설명 ·

1. 제품당 평균단가는 영업사항으로 생산관리항목이 아니다.

5. 냉동식품은 -18℃ 이하로 저장한다. -40℃ 이하로 저장하는 것은 비생산적인 방법이다.

8. 노동분배율 = $\dfrac{인건비}{생산가치} \times 100$

     = $\dfrac{1,400만}{3,000만} \times 100 ≒ 47\%$

해답   1.㉮   2.㉮   3.㉮   4.㉱   5.㉱   6.㉱   7.㉰   8.㉰

09. 생산관리의 3대 요소가 아닌것은?

㉮ 사람(Man)   ㉯ 재료(Material)
㉰ 방법(Method)   ㉱ 자금(Money)

10. 원가의 절감방법이 아닌 것은?

㉮ 구매 관리를 엄격히 한다.
㉯ 제조 공정 설계를 최적으로 한다.
㉰ 창고의 재고를 최대로 한다.
㉱ 불량률을 최소화한다.

11. 1인당 생산가치는 전체 생산가치를 무엇으로 나누어 계산하는가?

㉮ 인원수   ㉯ 시간
㉰ 임금   ㉱ 원재료비

12. 조직의 원칙에 해당하지 않는 것은?

㉮ 권한과 책임의 원칙   ㉯ 명령의 원칙
㉰ 직무할당의 원칙   ㉱ 감독범위의 원칙

13. 총원가는 어떻게 구성되는가?

㉮ 제조원가 + 판매비 + 일반관리비
㉯ 직접재료비 + 직접노무비 + 판매비
㉰ 제조원가 + 이익
㉱ 직접원가 + 일반관리비

14. 제빵 공장에서 3명의 작업자가 10시간에 식빵 400개, 케이크 50개, 모카빵 200개를 만들고 있다. 1시간에 직원 1인에게 지급되는 비용이 1,000원이라 할 때, 평균적으로 제품의 개당 노무비는 약 얼마인가?

㉮ 약 46원   ㉯ 약 54원
㉰ 약 60원   ㉱ 약 73원

15. 인건비를 생산가치로 나눈 것은 무엇인가?

㉮ 노동분배율   ㉯ 생산가치율
㉰ 가치적 생선성   ㉱ 물량적 생산성

16. 어떤 제품의 가격이 600원일 때 이것의 제조원가는 얼마인가?(단, 손실율은 10%이고, 이익률(마진율)은 15%, 부가가치세 10%를 포함한 가격이다.)

㉮ 431원   ㉯ 444원   ㉰ 474원   ㉱ 545원

17. 제품의 판매가격은 어떻게 결정하는가?

㉮ 총원가+이익   ㉯ 제조원가+이익
㉰ 직접재료비+직접경비   ㉱ 직접경비+이익

해답 9.㉰ 10.㉰ 11.㉮ 12.㉯ 13.㉮ 14.㉮ 15.㉮ 16.㉮ 17.㉮

18. 노무비를 절감하는 방법이 아닌 것은?

㉮ 표준화　　　㉯ 단순화　　　㉰ 설비 휴무　　　㉱ 공정시간 단축

19. 정규시간이 50분이고 여유시간이 10분일 때 여유율은?

㉮ 10%　　　㉯ 12%　　　㉰ 15%　　　㉱ 20%

20. 다음 중 총원가에 포함되지 않는 것은?

㉮ 제조설비의 감가상각비　　　㉯ 매출원가
㉰ 직원의 급료　　　㉱ 판매이익

21. 제품의 생산원가를 계산하는 목적에 해당하지 않는 것은?

㉮ 이익 계산　　　㉯ 판매가격 결정
㉰ 원, 부재료 관리　　　㉱ 설비 보수

22. 10명의 인원이 50초당 70개의 과자를 만들 때 7시간에는 몇 개를 생산하는가?

㉮ 3528개　　　㉯ 35280개　　　㉰ 24500개　　　㉱ 245000개

23. 제품의 판매가격이 1000원일 때 생산원가는 약 얼마인가? (단, 손실율 10%, 이익율20%, 부가가치세10%가 포함된 가격이다.)

㉮ 580원　　　㉯ 689원　　　㉰ 758원　　　㉱ 909원

24. 생산액이 2,000,000원, 외부가치가 1,000,000원, 생산가치가 500,000원, 인건비가 800,000원일 때 생산가치율은?

㉮ 20%　　　㉯ 25%　　　㉰ 35%　　　㉱ 40%

25. 데커레이션케이크 100개를 1명이 아이싱할 때 5시간이 필요하다면, 1400개를 7시간 안에 아이싱하는데 필요한 인원수는? (단, 작업의 능률은 동일하다.)

㉮ 10명　　　㉯ 12명　　　㉰ 14명　　　㉱ 16명

26. 기업경영의 3요소(3M)가 아닌 것은?

㉮ 사람(Man)　　　㉯ 자본(Money)　　　㉰ 재료(Material)　　　㉱ 방법(Method)

27. 생산관리의 기능과 거리가 먼 것은?

㉮ 품질보증기간　　　㉯ 적시 · 적량기능
㉰ 원가조절기능　　　㉱ 글루텐 응고

28. 생산된 소득 중에서 인건비와 관련된 부분은?

㉮ 노동분배율　　　㉯ 생산가치율
㉰ 가치적 생산성　　　㉱ 물량적 생산성

· 보충설명 ·

19. 여유율(%) =
[여유시간÷정규시간]×100 =
[10÷50]×100 = 20%

20. 총원가 = 제조원가+판매비+
일반관리비
제조원가 = 재료비+노무비
+경비(직접경비,
제조간접비)

22. 70개÷50초
= 1.4개(초당 생산갯수),
7시간은 25,200초이므로
25,200×1.4 = 35,280개

23. 1) 부가가치세를 제외한 가격
: 1,000÷(1+0.1) = 909.1원
2) 이익율을 제외한 원가
: 909.1÷(1+0.2) = 757.6원
3) 손실율을 제외한 원가
: 757.6÷(1+0.1) = 688.7원
(689원)

24. 생산가치율 =
[생산가치÷생산금액]×100 =
[500,000÷2,000,000]×100 =
25%

25. 1명이 7시간에 아이싱할 수 있는 개수는 (7÷5)×100개 = 140개, 1,400개를 아이싱하려면
1,400÷140 = 10명

28. 노동 분배율 = $\dfrac{\text{인건비}}{\text{생산가치}}$ ×100

해답　18.㉰　19.㉱　20.㉱　21.㉱　22.㉯　23.㉯　24.㉯　25.㉮　26.㉱　27.㉱　28.㉮

제2절 베이커리 경영(제과점 관리)

01. 생산관리의 목표가 아닌 것은?

㉮ 품질보증기능　　　　　㉯ 적시적량기능
㉰ 마케팅관리기능　　　　　㉱ 원가조절기능

02. 기업 활동의 핵심기능은?

㉮ 재무기능　　　　　㉯ 제조기능
㉰ 인사관리기능　　　　　㉱ 마케팅 기능

03. 품질관리 원칙이 아닌 것은?

㉮ 예방의원칙　　　　　㉯ 스태프 조언의 원칙
㉰ 단일부서참여원칙　　　　　㉱ 과학적 관리원칙

04. 원가의 종류에 해당하지 않는 것은?

㉮ 재료비　　　　　㉯ 기타경비
㉰ 시설비　　　　　㉱ 인건비

05. 일정기간 경영성과를 나타내는 것은 다음 중 무엇인가?

㉮ 재무제표　　　　　㉯ 손익계산서
㉰ 총매출　　　　　㉱ 총수입

06. 기업 활동의 구성요소중 제2차 관리에 해당하는 것은?

㉮ 사람　　　㉯ 재료　　　㉰ 자금　　　㉱ 기계

07. 기업의 원가 분석 목적과 관계없는 것은?

㉮ 제품의 판매가 결정　　　　　㉯ 원가관리의 기초자료로 이용
㉰ 예산편성의 기초자료로 이용　　　　　㉱ 구매 및 검수표 작성

08. 예측의 속성에 대한 설명으로 옳은 것은?

㉮ 과거의 인과관계가 미래에는 존재하지 않을 것으로 가정한다.
㉯ 예측은 반드시 정확해야 한다.
㉰ 예측기간을 넓게 예측하는 것이 개별적이고 부분적으로 예측하는 것보다
　정확하지 않다
㉱ 예측기간이 길수로 정확도는 떨어진다.

09. 수요예측 원칙으로 틀린 설명은?

㉮ 적시성원칙　　　　　㉯ 신뢰성 원칙
㉰ 문서화 원칙　　　　　㉱ 검증의 원칙

해답　1.㉰　2.㉯　3.㉰　4.㉰　5.㉯　6.㉱　7.㉱　8.㉱　9.㉱

10. 독립변수와 종속 변수의 관계를 방정식으로 표현함으로써 미래의 수요를 예측하는 방법은?

㉮ 회귀분석법 ㉯ 델파이기법
㉰ 지수평활법 ㉱ 가중이동평균법

11. 생산 공장시설의 효율적 배치에 대한 설명 주 적합하지 않은 것은?

㉮ 작업용 바닥면적은 그 장소를 이용하는 사람들의 수에 따라 달라진다.
㉯ 판매장소와 공장의 면적배분(판매3:공장1)의 비율로 구성되는 것이 바람직하다.
㉰ 공장의 소요면적은 주방설비의 설치면적과 생산자의 작업을 위한 공간면적으로 이루어진다.
㉱ 공장의 모든 업무가 효과적으로 진행되기 위한 기본은 주방의 위치와 규모에 대한 설계이다.

12. 베이커리 장비 선택 시 고려해야 할 사항은?

㉮ 필요성 여부 ㉯ 규정된 성능
㉰ 모양과 디자인 최우선고려 ㉱ 구입비용

13. 위생관리의 대상으로 가장 거리가 먼 것은?

㉮ 종사원 ㉯ 식품자체 ㉰ 공기 ㉱ 시설. 장비

14. 입지선정에 대한 설명 중 옳지 않은 것은?

㉮ 접근성과 가시성이 있어야 한다.
㉯ 통행량은 최소 1주일 이상 통행량을 조사 해야한다.
㉰ 경쟁업체가 있으면 무조건 배제한다.
㉱ 입지선정에서 주차여건은 중요하다.

15. 베이커리 진열대의 조명으로 가장 적합한 것은?

㉮ 200Lux ㉯ 300Lux ㉰ 400Lux ㉱ 500Lux

16. 소형베이커리 판매촉진 전략으로 가장 거리가 먼 것은?

㉮ 제품의 인지도이용 ㉯ 고객에 대한 서비스
㉰ TV매스컴을 이용한 홍보 ㉱ 장외개척

17. 마케팅믹스 4P에 해당하지 않은 것은?

㉮ 제품 ㉯ 서비스 ㉰ 입지 ㉱ 촉진

18. 피터드랙커(P.F. Drucker)가 주장한 기업이 '존속하기 위해 필요하고 사회적으로 용인될 수 있는 최저 이익'에 대한 설명으로 거리가 먼 것은?

㉮ 미래원가 ㉯ 제품원가
㉰ 미래 확장원가 ㉱ 사회원가

해답 10.㉮ 11.㉯ 12.㉰ 13.㉰ 14.㉰ 15.㉱ 16.㉰ 17.㉯ 18.㉯

19. 직원의 적재적소 배치의 장점으로 틀린 설명은?

㉮ 개인의 능력 최대발휘
㉯ 이직률 증가
㉰ 식재료원가절감 효과
㉱ 단위면적당 생산성 향상

20. 직원의 순환배치에서 고려해야 할 점으로 가장거리가 먼 것은?

㉮ 개인의 적성고려
㉯ 개인 능력을 고려
㉰ 업장 간 효율성
㉱ 개인의 취향

21. 작업계획서를 작성하는데 고려해야 할 사항으로 가장 거리가 먼 것은?

㉮ 생산량 결정
㉯ 제품공급장소
㉰ 생산인원
㉱ 제품완료시간

22. 인건비 절감의 방법으로 틀린 것은?

㉮ 표준화
㉯ 단순화
㉰ 자동화
㉱ 수작업화

23. 물리적인 작업환경과 거리가 먼 것은?

㉮ 작업의 질과 양
㉯ 작업시간
㉰ 상사와 관계
㉱ 작업속도

24. 불량률을 감소시켜 생산성을 향상하기 위한 방법으로 가장 거리가 먼 것은?

㉮ 작업을 표준화하고 작업 지시서에 따른다.
㉯ 주기적으로 전문가를 초청하여 교육한다.
㉰ 검사담당자가 검사기준에 따라 관리한다.
㉱ 생산담당자가 스스로 알아서 관리한다.

25. 제과공장 설계 시 환경에 대한 조건으로 알맞지 않은 것은?

㉮ 바다 가까운 곳에 위치하여야 한다.
㉯ 환경 및 주위가 깨끗한 곳이어야 한다.
㉰ 양질의 물을 충분히 얻을 수 있어야 한다.
㉱ 폐수 및 폐기물 처리에 편리한 곳이어야 한다.

26. 경영의 목표로 거리가 먼 것은?

㉮ 소비자 봉사
㉯ 지역사회봉사
㉰ 이윤 창출
㉱ 상호부조

27. 경영자 유형에 대한 설명으로 틀린 것은?

㉮ 소유경영자: 소유와 경영 분리
㉯ 전문경영자: 소유와 경영 실질적 분리
㉰ 고용경영자: 소유와경영의 형식적 분리
㉱ 소유경영자: 소유와 경영 비분리

해답 19.㉯ 20.㉱ 21.㉯ 22.㉱ 23.㉰ 24.㉱ 25.㉮ 26.㉱ 27.㉮

28. 베이커리산업의 외부환경요인으로 거리가 먼 것은?

　㉮ 사회. 문화적인 요인　　　㉯ 자연적인 요인
　㉰ 상품과 관련된 요인　　　　㉭ 경제적인 요인

29. 직원의 적재적소 배치로 얻을 수 있는 효과와 거리가 먼 것은?

　㉮ 개인의 능력 최대발휘　　㉯ 식재료원가 절감
　㉰ 생산성 저하　　　　　　　㉭ 부서간 유기적인 유대관계형성

30. 재료비 원가절감 방법으로 거리가 먼 것은?

　㉮ 합리적인 구매관리　　　　㉯ 선입선출 준수
　㉰ 무조건 낮은 가격의 재료구매　㉭ 불량률 감소

31. 수익에 해당하지 않는 항목은?

　㉮ 매출액　　　　　　　　　　㉯ 영업외수익
　㉰ 고정자산 처분이익　　　　㉭ 지급이자

32. 변동비에 해당하는 것은?

　㉮ 재료비　　　　　　　　　　㉯ 월급
　㉰ 임대료　　　　　　　　　　㉭ 감가상각

33. 제과제빵 시설에 대한 설명으로 옳지 않은 것은?

　㉮ 공장 배수구 경사는 1/100이상이 바람직하다.
　㉯ 열을 배출할 경우 환기시설은 40회/초 바람직하다
　㉰ 빵 진열대의 조명은 100룩스(Lux)가 좋다
　㉭ 배수구의 폭은 20cm가 가장 바람직하다.

34. 서비스의 특성으로 틀린 것은?

　㉮ 소멸성　　　　　　　　　　㉯ 분리성
　㉰ 이질성　　　　　　　　　　㉭ 무형성

35. 인사에 대한설명으로 잘못된 것은?

　㉮ 목례는 상체를 15도정도 숙여 인사
　㉯ 보통례 – 상체를 30도정도 숙여 인사
　㉰ 정중례 – 상체를 45도정도 숙여 인사
　㉭ 목례 – 가장 일반적인 인사 이다

36. 베이커리 작업장의 조명 밝기로 가장 적합한 것은?

　㉮ 100Lux　　　　　　　　　　㉯ 200Lux
　㉰ 400Lux　　　　　　　　　　㉭ 500Lux

· 보충설명 ·

해답　28.㉰　29.㉰　30.㉰　31.㉭　32.㉮　33.㉰　34.㉯　35.㉭　36.㉯

37. 제과제빵공장 내부 벽면재료로서 가장 적합한 것은?

- ㉮ 타일
- ㉯ 합판
- ㉰ 무늬목
- ㉱ 벽돌

38. 원가 계산하는 목적에 대한 설명으로 옳은 것은?

- ㉮ 이익산출
- ㉯ 판매 가격결정
- ㉰ 예산편성
- ㉱ 손익분기점 파악

39. 어떤 한 기간 동안의 매출액이 총비용과 일치하는 점은 무엇이라 하는가?

- ㉮ 재무재표
- ㉯ 손익분기점
- ㉰ 총비용
- ㉱ 이익

40. 원가에 대한 설명 중 틀린 것은?

- ㉮ 기초 원가는 직접 노무비, 직접 재료비를 말한다.
- ㉯ 직접원가는 기초원가에 직접 경비를 더한 것이다.
- ㉰ 제조원가는 간접비를 포함한 것으로 보통 제품의 원가라고 한다.
- ㉱ 총원가는 제조원가에서 판매비용을 뺀 것이다.

최단기 합격을 위한

제과제빵기능사

2017년도 이전 **기출문제**

01. 아이스크림 제조에서 오버런(over-run)이란?

　가. 교반에 의해 크림의 체적이 몇 % 증가하는가를 나타낸 수치

　나. 생크림 안에 들어 있는 유지방이 응집해서 완전히 액체로부터 분리된 것

　다. 살균 등의 가열 조작에 의해 불안정하게 된 유지의 결정을 적온으로 해서 안정화시킨 숙성 조작

　라. 생유 안에 들어 있는 큰 지방구를 미세하게 해서 안정화하는 공정

　🎩 **해설** 오버런이란 휘핑 전후 크림 체적의 증가 상태를 백분율(%)로 나타낸 것으로,
　　오버런이 100%라는 것은 체적이 2배로 증가됨을 나타냄.

02. 반죽의 비중에 대한 설명으로 맞는 것은?

　가. 같은 무게의 반죽을 구울 때 비중이 높을수록 부피가 증가한다.

　나. 비중이 너무 낮으면 조직이 거칠고 큰 기포를 형성한다.

　다. 비중의 측정은 비중컵의 중량을 반죽의 중량으로 나눈 값으로 한다.

　라. 비중이 높으면 기공이 열리고 가벼운 반죽이 얻어진다.

03. 스펀지케이크 제조 시 더운 믹싱방법을 사용할 때 계란과 설탕의 중탕 온도로 가장 적합한 것은?

　가. 23℃ 　　　　　　　　　　　　　　나. 43℃

　다. 63℃ 　　　　　　　　　　　　　　라. 83℃

04. 도넛 설탕 아이싱을 사용할 때의 온도로 적합한 것은?

　가. 20℃ 전후 　　　　　　　　　　　　나. 25℃ 전후

　다. 40℃ 전후 　　　　　　　　　　　　라. 60℃ 전후

05. 비스킷을 제조할 때 유지보다 설탕을 많이 사용하면 어떤 결과가 나타나는가?

　가. 제품의 촉감이 단단해진다. 　　　　　나. 제품이 부드러워진다.

　다. 제품의 퍼짐이 작아진다. 　　　　　　라. 제품의 색깔이 엷어진다.

06. 퍼프 페이스트리의 휴지가 종료되었을 때 손으로 살짝 누르게 되면 다음 중 어떤 현상이 나타나는가?

　가. 누른 자국이 남아 있다. 　　　　　　나. 누른 자국이 원상태로 올라온다.

　다. 누른 자국이 유동성 있게 움직인다. 　라. 내부의 유지가 흘러나온다.

07. 일반적인 제과작업장의 시설 설명으로 잘못된 것은?

　가. 조명은 50𝓁x 이하가 좋다.

　나. 방충·방서용 금속망은 30메쉬(mesh)가 적당하다.

　다. 벽면은 매끄럽고 청소하기 편리하여야 한다.

　라. 창의 면적은 바닥 면적을 기준하여 30% 정도가 좋다.

　🎩 **해설** 제과작업장의 이상적 조명은 70∼150𝓁x이다.

08. 포장된 제과 제품의 품질 변화 현상이 아닌 것은?

    가. 전분의 호화   나. 향의 변화

    다. 촉감의 변화   라. 수분의 이동

09. 스펀지케이크에 사용되는 필수 재료가 아닌 것은?

    가. 계란   나. 박력분

    다. 설탕   라. 베이킹파우더

    🎓 **해설** 스펀지케이크에는 베이킹파우더를 사용하지 않음.

10. 반죽 무게를 이용하여 반죽의 비중 측정 시 필요한 것은?

    가. 밀가루 무게   나. 물 무게

    다. 용기 무게   라. 설탕 무게

    🎓 **해설** 비중 = 반죽의 무게÷물의 무게

11. 다음 제품 중 거품형 케이크는?

    가. 스펀지케이크   나. 파운드케이크

    다. 데블스 푸드 케이크   라. 화이트 레이어 케이크

12. 파운드케이크 반죽을 가로 5㎝, 세로 12㎝, 높이 5㎝의 소형 파운드 팬에 100개 패닝하려고 한다. 총 반죽의 무게로 알맞은 것은? (단, 파운드케이크의 비용적은 2.40㎤/g이다.)

    가. 11kg   나. 11.5kg

    다. 12kg   라. 12.5kg

    🎓 **해설** 팬 용적=5㎝×12㎝×5㎝=300㎤

          반죽 무게= 팬 용적÷비용적이므로 1개당 반죽 무게=300㎤÷2.4㎤/g=125g

          100개이므로 총 반죽무게는 12,500g, ∴약 12.5kg

13. 슈(choux)의 제조공정상 구울 때 주의할 사항 중 잘못된 것은?

    가. 220℃ 정도의 오븐에서 바삭한 상태로 굽는다.

    나. 너무 빠른 껍질 형성을 막기 위해 처음에 윗불을 약하게 한다.

    다. 굽는 중간 오븐 문을 자주 여닫아 수증기를 제거한다.

    라. 너무 빨리 오븐에서 꺼내면 찌그러지거나 주저앉기 쉽다.

14. 파운드케이크의 표피를 터지지 않게 하려고 할 때 오븐의 조작 중 가장 좋은 방법은?

    가. 뚜껑은 처음부터 덮어 굽는다.   나. 10분간 굽기를 한 후 뚜껑을 덮는다.

    다. 20분간 굽기를 한 후 뚜껑을 덮는다.   라. 뚜껑을 덮지 않고 굽는다.

15. 도넛의 튀김 온도로 가장 적당한 것은?

    가. 140~156℃   나. 160~176℃

    다. 180~196℃   라. 220~236℃

16. 제품이 오븐에서 갑자기 팽창하는 오븐 스프링의 요인이 아닌 것은?

    가. 탄산가스   나. 알코올   다. 가스압   라. 단백질

    🎓 **해설** 오븐 스프링은 용해탄산가스의 방출, 알코올의 기화 등 가스의 열팽창에 의한 가스압과 수증기압으로 일어난다.

17. 오븐에서 나온 빵을 냉각하여 포장하는 온도로 가장 적합한 것은?
     가. 0~5℃   나. 15~20℃
     다. 35~40℃   라. 55~60℃

18. 다음 발효과정 중 손실에 관계되는 사항과 가장 거리가 먼 것은?
     가. 반죽 온도   나. 기압
     다. 발효 온도   라. 소금

19. 어린 반죽으로 만든 제품의 특징과 거리가 먼 것은?
     가. 내상의 색상이 검다.   나. 쉰 냄새가 난다.
     다. 부피가 작다.   라. 껍질의 색상이 진하다.

     🎓 해설 쉰 냄새는 지친 반죽으로 만들 때 일어남

20. 제빵에서 탈지분유를 1% 증가시킬 때 추가되는 물의 양으로 가장 적합한 것은?
     가. 1%   나. 5.2%
     다. 10%   라. 15.5%

21. 프랑스빵 제조 시 굽기를 실시할 때 스팀을 너무 많이 주입했을 때의 대표적인 현상은?
     가. 질긴 껍질   나. 두꺼운 표피
     다. 표피에 광택 부족   라. 밑면이 터짐

22. 빵의 품질 평가에 있어서 외부평가 기준이 아닌 것은?
     가. 굽기의 균일함   나. 조직의 평가
     다. 터짐과 찢어짐   라. 껍질의 성질

     🎓 해설 조직의 평가는 내부평가 기준

23. 팬기름의 사용에 대한 설명으로 거리가 먼 것은?
     가. 발연점이 높아야 한다.
     나. 산패에 강해야 한다.
     다. 반죽 무게의 3~4%를 사용한다.
     라. 기름이 과다하면 바닥 껍질이 두껍고 색이 어둡다.

     🎓 해설 팬기름은 반죽 무게의 0.1~0.2% 정도 사용

24. 식빵 제조 시 수돗물 온도 10℃, 실내온도 28℃, 밀가루 온도 30℃, 마찰계수 23일 때
     반죽 온도를 27℃로 하려면 몇 ℃의 물을 사용해야 하는가?
     가. 0℃   나. 5℃
     다. 12℃   라. 17℃

     🎓 해설 사용 물 온도=희망 반죽 온도×3−(실내온도+밀가루 온도+마찰계수)= 27×3−(28+30+23)=0℃

25. 식빵 제조 시 1차 발효실의 적합한 온도는?
     가. 24℃   나. 27℃
     다. 34℃   라. 37℃

26. 냉동반죽법에서 동결방식으로 적합한 것은?

    가. 완만동결법   나. 지연동결법

    다. 오버나이트법   라. 급속동결법

27. 산화제와 환원제를 함께 사용하여 믹싱시간과 발효시간을 감소시키는 제빵법은?

    가. 스트레이트법   나. 노타임법

    다. 비상 스펀지법   라. 비상 스트레이트법

28. 식빵 반죽 표피에 수포가 생긴 이유로 적합한 것은?

    가. 2차 발효실 상대습도가 높았다.   나. 2차 발효실 상대습도가 낮았다.

    다. 1차 발효실 상대습도가 높았다.   라. 1차 발효실 상대습도가 낮았다.

29. 제빵 제조공정의 4대 중요 관리항목에 속하지 않는 것은?

    가. 시간 관리   나. 온도 관리

    다. 공정 관리   라. 영양 관리

30. 대량생산 공장에서 많이 사용되는 오븐으로 반죽이 들어가는 입구와 제품이 나오는 출구가 서로 다른 오븐은?

    가. 데크 오븐   나. 터널 오븐

    다. 로터리 래크 오븐   라. 컨벡션 오븐

31. 모노글리세리드(monoglyceride)와 디글리세리드(diglyceride)는 제과에 있어 주로 어떤 역할을 하는가?

    가. 유화제   나. 항산화제

    다. 감미제   라. 필수영양제

32. 글루테닌과 글리아딘이 혼합된 단백질은?

    가. 알부민   나. 글루텐

    다. 글로부린   라. 프로테오스

33. 캐러멜화를 일으키는 것은?

    가. 비타민   나. 지방

    다. 단백질   라. 당류

    🎩 **해설** 당류를 가열하면 적갈색으로 변색되는데 이 변화를 캐러멜화라 한다.

34. 다음 중 이당류가 아닌 것은?

    가. 포도당   나. 맥아당

    다. 설탕   라. 유당

    🎩 **해설** 포도당은 단당류

35. 제과, 제빵에서 계란의 역할로만 묶인 것은?

    가. 영양가치 증가, 유화 역할, pH 강화   나. 영양가치 증가, 유화 역할, 조직 강화

    다. 영양가치 증가, 조직 강화, 방부 효과   라. 유화 역할, 조직 강화, 발효시간 단축

36. 다음 중 유지의 경화 공정과 관계가 없는 물질은?

　가. 불포화지방산　　　　　　　　　　나. 수소
　다. 콜레스테롤　　　　　　　　　　　라. 촉매제

　🎓 **해설** 콜레스테롤은 고등동물의 세포 성분으로 널리 존재하는 지방의 일종인 스테로이드 화합물이다.

37. 젤라틴(gelatin)에 대한 설명 중 틀린 것은?

　가. 동물성 단백질이다.
　나. 응고제로 주로 이용된다.
　다. 물과 섞으면 용해된다.
　라. 콜로이드 용액의 젤 형성 과정은 비가역적인 과정이다.

　🎓 **해설** 젤라틴의 젤 형성 과정은 가역적 과정이다.

38. 제빵용 물로 가장 적합한 것은?

　가. 연수(1~60ppm)　　　　　　　　나. 아연수(61~120ppm)
　다. 아경수(121~180ppm)　　　　　라. 경수(180ppm 이상)

39. 퐁당 크림을 부드럽게 하고 수분 보유력을 높이기 위해 일반적으로 첨가하는 것은?

　가. 한천, 젤라틴　　　　　　　　　나. 물, 레몬
　다. 소금, 크림　　　　　　　　　　라. 물엿, 전화당 시럽

40. 바닐라 에센스가 우유에 미치는 영향은?

　가. 생취를 감소시킨다.
　나. 마일드한 감을 감소시킨다.
　다. 단백질의 영양가를 증가시키는 강화제 역할을 한다.
　라. 색감을 좋게 하는 착색료 역할을 한다.

41. 베이킹파우더 사용량이 과다할 때의 현상이 아닌 것은?

　가. 기공과 조직이 조밀하다.　　　　나. 주저앉는다.
　다. 같은 조건일 때 건조가 빠르다.　라. 속결이 거칠다.

　🎓 **해설** 기공과 조직이 조밀한 경우는 베이킹파우더 등 팽창제 사용량이 적을 때 일어난다.

42. [H_3O^+]의 농도가 다음과 같을 때 가장 강산인 것은?

　가. 10^{-2} mol/l　　　　　　　　　나. 10^{-3} mol/l
　다. 10^{-4} mol/l　　　　　　　　　라. 10^{-5} mol/l

　🎓 **해설** 수소이온 농도가 10^{-2} mol/l는 pH2에 해당되므로 강산성이다.

43. 밀가루의 점도 변화를 측정함으로써 알파-아밀라아제 효과를 판정할 수 있는 기기는?

　가. 아밀로그래프(Amylograph)　　　나. 믹소그래프(Mixograph)
　다. 알베오그래프(Alveograph)　　　라. 믹서트론(Mixertron)

44. 효모의 대표적인 증식방법은?

　가. 분열법　　　　　　　　　　　　나. 출아법
　다. 유포자 형성　　　　　　　　　　라. 무성포자 형성

45. 과자와 빵에 우유가 미치는 영향이 아닌 것은?

　　가. 영양을 강화시킨다.
　　나. 보수력이 없어서 노화를 촉진시킨다.
　　다. 겉껍질 색깔을 강하게 한다.
　　라. 이스트에 의해 생성된 향을 착향시킨다.

46. 체내에서 물의 역할을 설명한 것으로 틀린 것은?

　　가. 물은 영양소와 대사물질을 운반한다.
　　나. 땀이나 소변으로 배설되며 체온 조절을 한다.
　　다. 영양소 흡수로 세포막에 농도 차가 생기면 물이 바로 이동한다.
　　라. 변으로 배설될 때는 물의 영향을 받지 않는다.

47. 카제인이 많이 들어있는 식품은?

　　가. 빵　　　　　　　　　　　　　　나. 우유
　　다. 밀가루　　　　　　　　　　　　라. 콩

48. 다음의 단팥빵 영양가 표를 참고하여 단팥빵 200g의 열량을 구하면 얼마인가?

	탄수화물	단백질	지방	칼슘	비타민 B₁
영양소 100g 중 함유량	20g	5g	10g	2mg	0.12mg

　　가. 190kcal　　　　　　　　　　　나. 300kcal
　　다. 380kcal　　　　　　　　　　　라. 460kcal

　　🍳 **해설** 영양소 100g 중 열량=(20g+5g)×4kcal+10g×9kcal=190kcal
　　　　　　그런데 단팥빵이 200g이기 때문에 총열량은 190kcal×2=380kcal

49. 무기질의 기능이 아닌 것은?

　　가. 우리 몸의 경조직 구성성분이다.　　　나. 열량을 내는 열량 급원이다.
　　다. 효소의 기능을 촉진시킨다.　　　　　라. 세포의 삼투압 평형유지 작용을 한다.

50. 혈당의 저하와 가장 관계가 깊은 것은?

　　가. 인슐린　　　　　　　　　　　　나. 리파아제
　　다. 프로테아제　　　　　　　　　　라. 펩신

　　🍳 **해설** 인슐린은 췌장에서 분비되는 혈당량을 조절하는 호르몬이다.

51. 다음 법정감염병 중 제2군 감염병은?

　　가. 파라티푸스　　　　　　　　　　나. 풍진
　　다. 발진티푸스　　　　　　　　　　라. 한센병

　　🍳 **해설** 파라티푸스는 제1군, 발진티푸스와 한센병은 제3군 감염병이다.

52. 다음 중 식품접객업에 해당되지 않은 것은?

　　가. 식품냉동 냉장업　　　　　　　　나. 유흥주점 영업
　　다. 위탁급식 영업　　　　　　　　　라. 일반음식점 영업

53. 다음 중 세균성 식중독 예방을 위한 일반적인 원칙이 아닌 것은?

　가. 먹기 전에 가열 처리할 것
　나. 가급적 조리 직후에 먹을 것
　다. 설사 환자나 화농성 질환이 있는 사람은 식품을 취급하지 않도록 할 것
　라. 실온에서 잘 보관하여 둘 것

54. 식중독의 예방 원칙으로 올바른 것은?

　가. 장기간 냉장보관
　나. 주방의 바닥 및 벽면의 충분한 수분 유지
　다. 잔여 음식의 폐기
　라. 날 음식, 특히 어패류는 생식할 것

55. 다음 중 허가된 천연유화제는?

　가. 구연산　　　　　　　　　　　　　　나. 고시폴
　다. 레시틴　　　　　　　　　　　　　　라. 세사몰

56. 다음 중 아플라톡신을 생산하는 미생물은?

　가. 효모　　　　　　　　　　　　　　　나. 세균
　다. 바이러스　　　　　　　　　　　　　라. 곰팡이

　🧑‍🍳 **해설** 아플라톡신은 곰팡이 독소물질이다.

57. 소독력이 강한 양이온 계면활성제로서 종업원의 손을 소독할 때나 용기 및 기구의 소독제로 알맞은 것은?

　가. 석탄산　　　　　　　　　　　　　　나. 과산화수소
　다. 역성비누　　　　　　　　　　　　　라. 크레졸

58. 어패류의 생식과 가장 관계 깊은 식중독 세균은?

　가. 프로테우스균　　　　　　　　　　　나. 장염 비브리오균
　다. 살모넬라균　　　　　　　　　　　　라. 바실러스균

59. 알레르기성 식중독의 원인이 될 수 있는 가능성이 가장 높은 식품은?

　가. 오징어　　　　　　　　　　　　　　나. 꽁치
　다. 갈치　　　　　　　　　　　　　　　라. 광어

60. 밀가루의 표백과 숙성에 사용되는 첨가물의 종류는?

　가. 개량제　　　　　　　　　　　　　　나. 발색제
　다. 피막제　　　　　　　　　　　　　　라. 소포제

제 **2** 회 | 제과기능사 기출문제

⏱ 제한 시간 : 60분

01. 초콜릿 케이크에서 우유 사용량을 구하는 공식은?

가. 설탕+30−(코코아×1.5)+전란
나. 설탕−30−(코코아×1.5)−전란
다. 설탕+30+(코코아×1.5)−전란
라. 설탕−30+(코코아×1.5)+전란

02. 파운드 케이크를 구울 때 윗면이 자연적으로 터지는 경우가 아닌 것은?

가. 반죽 내의 수분이 불충분한 경우
나. 반죽 내에 녹지 않은 설탕입자가 많은 경우
다. 팬에 분할한 후 오븐에 넣을 때까지 장시간 방치하여 껍질이 마른 경우
라. 오븐 온도가 낮아 껍질이 서서히 마를 경우

03. 커스터드 푸딩은 틀에 몇 % 정도 채우는가?

가. 55%
나. 75%
다. 95%
라. 115%

04. 반죽의 비중이 제품에 미치는 영향 중 관계가 가장 적은 것은?

가. 제품의 부피
나. 제품의 조직
다. 제품의 점도
라. 제품의 기공

05. 빵의 포장 재료가 갖추어야 할 조건이 아닌 것은?

가. 방수성일 것
나. 위생적일 것
다. 상품가치를 높일 수 있을 것
라. 통기성일 것

🧑‍🍳 **해설** 포장재료의 조건 − 방수성이 있고 통기성이 없어야 한다.

06. 일반적으로 슈 반죽에 사용되지 않는 재료는?

가. 밀가루
나. 계란
다. 버터
라. 이스트

🧑‍🍳 **해설** 슈 반죽의 재료 − 유지, 밀가루, 계란, 소금, 물

07. 반죽의 희망온도가 27℃이고, 물 사용량은 10kg, 밀가루의 온도가 20℃, 실내온도가 26℃, 수돗물 온도가 18℃, 결과온도가 30℃일 때 얼음의 양은 약 얼마인가?

가. 0.4kg
나. 0.6kg
다. 0.81kg
라. 0.92kg

🧑‍🍳 **해설** ① 마찰계수= 30×3−(26+20+18)=26
② 사용할 물 온도=27×3−[20+26+26(마찰계수)]=9℃
③ 얼음량= 10kg×[18−9(사용할 물 온도)]÷(80+18)=0.92kg

08. 슈 제조시 반죽표면을 분무 또는 침지시키는 이유가 아닌 것은?

　가. 껍질을 얇게 한다.　　　　　　　　나. 팽창을 크게 한다.
　다. 기형을 방지한다.　　　　　　　　라. 제품의 구조를 강하게 한다.

09. 퍼프 페이스트리의 팽창은 주로 무엇에 기인하는가?

　가. 공기 팽창　　　　　　　　　　　나. 화학 팽창
　다. 증기압 팽창　　　　　　　　　　라. 이스트 팽창

10. 제과/제빵공장에서 생산관리시 매일 점검할 사항이 아닌 것은?

　가. 제품당 평균 단가　　　　　　　　나. 설비 가동률
　다. 원재료율　　　　　　　　　　　라 . 출근율

11. 일반적인 도넛의 가장 적당한 튀김온도 범위는?

　가. 170~176℃　　　　　　　　　　나. 180~195℃
　다. 200~210℃　　　　　　　　　　라. 220~230℃

12. 도넛의 설탕이 수분을 흡수하여 녹는 현상을 방지하기 위한 방법으로 잘못된 것은?

　가. 도넛에 묻는 설탕의 양을 증가시킨다.
　나. 튀김시간을 증가시킨다.
　다. 포장용 도넛의 수분은 38% 전후로 한다.
　라. 냉각 중 환기를 더 많이 시키면서 충분히 냉각한다.

　해설 포장용 도넛의 수분 함량은 21~25%로 한다.

13. 케이크 반죽에 있어 고율배합 반죽의 특성을 잘못 설명한 것은?

　가. 화학팽창제의 사용은 적다.
　나. 구울 때 굽는 온도를 낮춘다.
　다. 반죽하는 동안 공기와의 혼합은 양호하다.
　라. 비중이 높다.

　해설 고율배합은 반죽에 공기가 많으므로 비중이 낮다.

14. 다음 제품 제조시 2차 발효실의 습도를 가장 낮게 유지 하는 것은?

　가. 풀먼 식빵　　　　　　　　　　　나. 햄버거빵
　다. 과자빵　　　　　　　　　　　　라. 빵 도넛

15. 데니시 페이스트리 반죽의 적정 온도는?

　가. 18~22℃　　　　　　　　　　　나. 26~31℃
　다. 35~39℃　　　　　　　　　　　라. 45~49℃

16. 도넛을 글레이즈할 때 글레이즈의 적정한 품온은?

　가. 24~27℃　　　　　　　　　　　나. 28~32℃
　다. 33~36℃　　　　　　　　　　　라. 43~49℃

17. 분할을 할 때 반죽의 손상을 줄일 수 있는 방법이 아닌 것은?

　가. 스트레이트법보다 스펀지법으로 반죽한다.
　나. 반죽온도를 높인다.
　다. 단백질 양이 많은 질 좋은 밀가루로 만든다.
　라. 가수량이 최적인 상태의 반죽을 만든다.

18. 식빵의 옆면이 쑥 들어간 원인으로 옳은 것은?

　가. 믹서의 속도가 너무 높았다.　　　나. 팬 용적에 비해 반죽양이 너무 많았다.
　다. 믹싱시간이 너무 길었다.　　　　라. 2차 발효가 부족했다.

19. 빵 발효에서 다른 조건이 같을 때 발효 손실에 대한 설명으로 틀린 것은?

　가. 반죽 온도가 낮을수록 발효손실이 크다.
　나. 발효 시간이 길수록 발효손실이 크다.
　다. 소금, 설탕 사용량이 많을수록 발효손실이 적다.
　라. 발효실 온도가 높을수록 발효손실이 크다.

　🧑‍🍳 **해설** 반죽온도가 낮을수록 발효손실이 적다.

20. 다음 중 거품형 쿠키로 전란을 사용하는 제품은?

　가. 스펀지 쿠키　　　　　　　　　　나. 머랭 쿠키
　다. 스냅 쿠키　　　　　　　　　　　라. 드롭 쿠키

21. 다음 중 제품의 가치에 속하지 않는 것은?

　가. 교환가치　　　　　　　　　　　나. 귀중가치
　다. 사용가치　　　　　　　　　　　라. 재고가치

22. 다음 중 어린 반죽에 대한 설명으로 옳은 것은?

　가. 속색이 무겁고 어둡다.　　　　　나. 향이 강하다.
　다. 부피가 작다.　　　　　　　　　라. 모서리가 예리하다.

23. 단과자빵 제조에서 일반적인 이스트의 사용량은?

　가. 0.1~1%　　　　　　　　　　　나. 3~7%
　다. 8~10%　　　　　　　　　　　라. 12~14%

24. 일반적인 빵반죽(믹싱)의 최적 반죽 단계는?

　가. 픽업 단계　　　　　　　　　　　나. 클린업 단계
　다. 발전 단계　　　　　　　　　　　라. 최종 단계

25. 냉동반죽의 특성에 대한 설명 중 틀린 것은?

　가. 냉동반죽에는 이스트 사용량을 늘인다.
　나. 냉동반죽에는 당, 유지 등을 첨가하는 것이 좋다.
　다. 냉동 중 수분의 손실을 고려하여 될 수 있는 대로 진 반죽이 좋다.
　라. 냉동반죽은 분할량을 적게 하는 것이 좋다.

　🧑‍🍳 **해설** 냉동반죽은 조금 되게 하는 것이 좋다.

26. 제빵시 팬기름의 조건으로 적합하지 않은 것은?

    가. 발연점이 낮을 것   나. 무취일 것
    다. 무색일 것   라. 산패가 잘 안될 것

    해설 팬 기름은 발연점이 높을수록 좋다.

27. 빵을 포장할 때 가장 적합한 빵의 온도와 수분함량은?

    가. 30℃, 30%   나. 35℃, 38%
    다. 42℃, 45%   라. 48℃, 55%

28. 믹서(Mixer)의 구성에 해당되지 않는 것은?

    가. 믹서볼(Mixer Bowl)   나. 휘퍼(Whipper)
    다. 비터(Beater)   라. 배터(Batter)

    해설 배터(Batter): 흐를 정도의 반죽으로, 반죽형 케이크 반죽을 말함

29. 굽기 과정 중 일어나는 현상에 대한 설명 중 틀린 것은?

    가. 오븐 팽창과 전분호화 발생   나. 단백질 변성과 효소의 불활성화
    다. 빵 세포 구조 형성과 향의 발달   라. 캐러멜화 갈변 반응의 억제

    해설 굽기 중에는 캐러멜화와 갈변반응이 일어난다.

30. 최종제품의 부피가 정상보다 클 경우의 원인이 아닌 것은?

    가. 2차 발효의 초과   나. 소금 사용량 과다
    다. 분할량 과다   라. 낮은 오븐온도

    해설 소금 사용량이 많으므로 어린 반죽이 되어 부피가 작아진다.

31. 실내온도 25℃, 밀가루온도 25℃, 설탕온도 20℃, 유지온도 22℃, 계란온도 20℃, 마찰계수가 12일 때 희망온도를 22℃로 맞추려 한다. 사용할 물의 온도는?

    가. 7   나. 8
    다. 9   라. 15

    해설 사용할 물 온도= 22×6−(25+25+20+22+20+12)=8℃

32. 달걀의 가식부에서 전란의 고형질은 얼마인가?

    가. 12% 정도   나. 25% 정도
    다. 50% 정도   라. 75% 정도

33. 호밀에 관한 설명으로 틀린 것은?

    가. 호밀 단백질은 밀가루 단백질에 비하여 글루텐을 형성하는 능력이 떨어진다.
    나. 밀가루에 비하여 펜토산 함량이 낮아 반죽이 끈적거린다.
    다. 제분율에 따라 백색, 중간색, 흑색 호밀가루로 분류한다.
    라. 호밀분에 지방함량이 높으면 저장성이 나빠진다.

    해설 호밀가루는 밀가루에 비하여 펜토산 함량이 높다.

34. 물 중의 기름을 분산시키고 또 분산된 입자가 응집하지 않도록 안정화 시키는 작용을 하는 것은?

　가. 팽창제　　　　　　　　　　　　　　나. 유화제
　다. 강화제　　　　　　　　　　　　　　라. 개량제

35. 분당(Powdered sugar)의 고형화를 방지하기 위하여 첨가하는 물질은?

　가. 검류　　　　　　　　　　　　　　　나. 전분
　다. 비타민 C　　　　　　　　　　　　　라. 분유

　🛡 **해설** 분당에는 고화방지를 위해 전분 3% 정도를 첨가한다.

36. 간이시험법으로 밀가루의 색상을 알아보는 시험법은?

　가. 페카시험　　　　　　　　　　　　　나. 킬달법
　다. 침강시험　　　　　　　　　　　　　라. 압력계시험

37. 다음 중 일반적인 제품의 비용적이 틀린 것은?

　가. 파운드 케이크 : 2.40cm³/g　　　　나. 엔젤 푸드 케이크 : 4.71cm³/g
　다. 레이어 케이크 : 5.05cm³/g　　　　라. 스펀지 케이크 : 5.08cm³/g

　🛡 **해설** 레이어 케이크: 2.96㎤/g

38. 지방의 산패를 촉진하는 인자와 거리가 먼 것은?

　가. 질소　　　　　　나. 산소　　　　　　다. 동　　　　　　라. 자외선

39. 단순 단백질인 알부민에 대한 설명으로 옳은 것은?

　가. 물이나 묽은 염류용액에 녹고 열에 의해 응고된다.
　나. 물에는 불용성이나 묽은 염류용액에 가용성이고 열에 의해 응고된다.
　다. 중성 용매에는 불용성이나 묽은 산, 염기에는 가용성이다.
　라. 곡식의 낟알에만 존재하며 밀의 글루테닌이 대표적이다.

40. 제빵 시 소금 사용량이 적량보다 많을 때 나타나는 현상이 아닌 것은?

　가. 부피가 작다.　　　　　　　　　　　나. 과발효가 일어난다.
　다. 껍질색이 검다.　　　　　　　　　　라. 발효 손실이 적다.

　🛡 **해설** 소금 사용량이 많으면 과발효가 일어나 지친 반죽이 된다.

41. 이스트에 질소 등의 영양을 공급하는 제빵용 이스트푸드의 성분은?

　가. 칼슘염　　　　　　　　　　　　　　나. 암모늄염
　다. 브롬염　　　　　　　　　　　　　　라. 요오드염

42. 탈지분유 구성 중 50% 정도를 차지하는 것은?

　가. 수분　　　　　　　　　　　　　　　나. 지방
　다. 유당　　　　　　　　　　　　　　　라. 회분

43. 건조 글루텐(Dry gluten) 중에 가장 많은 성분은?

　가. 단백질　　　　　　　　　　　　　　나. 전분
　다. 지방　　　　　　　　　　　　　　　라. 회분

44. 제빵 제조시 물의 기능이 아닌 것은?

가. 글루텐 형성을 돕는다.   나. 반죽온도를 조절한다.
다. 이스트 먹이 역할을 한다.   라. 효소활성화에 도움을 준다.

45. 이스트에 함유되어 있지 않은 효소는?

가. 인버타아제   나. 말타아제
다. 지마아제   라. 아밀라아제

👨‍🍳 **해설** 아밀라아제는 밀가루에 함유되어 있다.

46. 다음 중 맥아당이 가장 많이 함유되어 있는 식품은?

가. 우유   나. 꿀
다. 설탕   라. 식혜

47. 비타민 B_1의 특징으로 옳은 것은?

가. 단백질의 연소에 필요하다.
나. 탄수화물 대사에서 조효소로 작용한다.
다. 결핍증은 펠라그라(Pellagra) 이다.
라. 인체의 성장인자이며 항빈혈작용을 한다.

48. 난백이 교반에 의해 머랭으로 변하는 현상을 무엇이라고 하는가?

가. 단백질 변성   나. 단백질 평형
다. 단백질 강화   라. 단백질 변패

49. 췌장에서 생성되는 지방 분해효소는?

가. 트립신   나. 아밀라아제
다. 펩신   라. 리파아제

50. 20대 한 남성의 하루 열량 섭취량을 2500 kcal 로 했을 때 가장 이상적인 1일 지방 섭취량은?

가. 약 10~40g   나. 약 40~70g
다. 약 70~100g   라. 약 100~130g

👨‍🍳 **해설** 지방 섭취 권장량은 총 섭취열량의 15~20%이므로 2500kcal의 15~20%는 375~500kcal.
지방은 9kcal/g 이므로 375÷9=41.7g, 500÷9=55.6g
* 1일 지방 섭취량은 40~70g이면 이상적임.

51. 다음 중 냉장온도에서도 증식이 가능하여 육류, 가금류 외에도 열처리 하지 않은 우유나 아이스크림, 채소 등을 통해서도 식중독을 일으키며 태아나 임신부에 치명적인 식중독 세균은?

가. 캠필로박터균(Campylobacter jejuni)
나. 바실러스균(Bacilluscereus)
다. 리스테리아균(Listeria monocytogenes)
라. 비브리오 패혈증균(Vibrio vulnificus)

52. 장염 비브리오균에 의한 식중독이 가장 일어나기 쉬운 식품은?

가. 식육류   나. 우유제품
다. 야채류   라. 어패류

53. 식품시설에서 교차오염을 예방하기 위하여 바람직한 것은?

    가. 작업장은 최소한의 면적을 확보함
    나. 냉수 전용 수세 설비를 갖춤
    다. 작업 흐름을 일정한 방향으로 배치함
    라. 불결 작업과 청결 작업이 교차하도록 함

54. 식품의 부패방지와 관계가 있는 처리로만 나열된 것은?

    가. 방사선 조사, 조미료 첨가, 농축
    나. 실온 보관, 설탕 첨가, 훈연
    다. 수분 첨가, 식염 첨가, 외관 검사
    라. 냉동법, 보존료 첨가, 자외선 살균

55. 탄저, 브루셀라증과 같이 사람과 가축의 양쪽에 이환되는 감염병은?

    가. 법정감염병   나. 경구감염병
    다. 인수공통감염병   라. 급성감염병

56. 세균이 분비한 독소에 의해 감염을 일으키는 것은?

    가. 감염형 세균성 식중독   나. 독소형 세균성 식중독
    다. 화학성 식중독   라. 진균독 식중독

57. 다음 중 아미노산이 분해되어 암모니아가 생성되는 반응은?

    가. 탈아미노 반응   나. 혐기성 반응
    다. 아민형성 반응   라. 탈탄산 반응

58. 경구감염병에 대한 설명 중 잘못된 것은?

    가. 2차 감염이 일어난다.
    나. 미량의 균량으로도 감염을 일으킨다.
    다. 장티푸스는 세균에 의하여 발생한다.
    라. 이질, 콜레라는 바이러스에 의하여 발생한다.

    해설 이질과 콜레라는 세균에 의해 발생한다.

59. 과자, 비스킷, 카스텔라 등을 부풀게 하기 위한 팽창제로 사용되는 식품첨가물이 아닌 것은?

    가. 탄산수소나트륨   나. 탄산암모늄
    다. 중조   라. 안식향산

    해설 안식향산은 보존료이다.

60. 보툴리누스 식중독에서 나타날 수 있는 주요 증상 및 증후가 아닌 것은?

    가. 구토 및 설사   나. 호흡곤란
    다. 출혈   라. 사망

01. 다음 제품 중 비중이 가장 낮은 것은?

가. 젤리 롤 케이크

나. 버터 스펀지 케이크

다. 파운드 케이크

라. 옐로 레이어 케이크

02. 퍼프페이스트리 굽기 후 결점과 원인으로 틀린 것은?

가. 수축 : 밀어펴기 과다, 너무 높은 오븐온도

나. 수포 생성 : 단백질 함량이 높은 밀가루로 반죽

다. 충전물 흘러 나옴 : 충전물량 과다, 봉합 부적절

라. 작은 부피 : 수분이 없는 경화 쇼트닝을 충전용 유지로 사용

03. 흰자를 이용한 머랭 제조시 좋은 머랭을 얻기 위한 방법이 아닌 것은?

가. 사용 용기 내에 유지가 없어야 한다.

나. 머랭의 온도를 따뜻하게 한다.

다. 노른자를 첨가한다.

라. 주석산 크림을 넣는다.

04. 공장 설비시 배수관의 최소 내경으로 알맞은 것은?

가. 5cm

나. 7cm

다. 10cm

라. 15cm

05. 설탕 공예용 당액 제조시 고농도화된 당의 결정을 막아주는 재료는?

가. 중조

나. 주석산

다. 포도당

라. 베이킹파우더

06. 실내온도 25℃, 밀가루 온도 25℃, 설탕온도 25℃, 유지온도 20℃, 달걀온도 20℃, 수돗물온도 23℃, 마찰계수 21, 반죽 희망온도가 22℃라면 사용할 물의 온도는?

가. −4℃

나. −1℃

다. 0℃

라. 8℃

🧑‍🍳 **해설** 사용할 물온도＝희망반죽온도 x 6−(실내온도+밀가루온도+설탕온도+유지온도+달걀온도+마찰계수)

= 22 x 6−(25+25+25+20+20+21)=−4℃

07. 스펀지 케이크 400g짜리 완제품을 만들 때 굽기 손실이 20%라면 분할 반죽의 무게는?

가. 600g

나. 500g

다. 400g

라. 300g

🧑‍🍳 **해설** 분할 반죽 무게 = 400g÷(1−0.2) = 500g

08. 소프트 롤을 말 때 겉면이 터지는 경우 조치사항이 아닌 것은?

　가. 팽창이 과도한 경우 팽창제 사용량을 감소시킨다.
　나. 설탕의 일부를 물엿으로 대치한다.
　다. 저온 처리하여 말기를 한다.
　라. 덱스트린의 점착성을 이용한다.

09. 다음 제품 중 냉과류에 속하는 제품은?

　가. 무스케이크　　　　　　　　　　　나. 젤리 롤 케이크
　다. 소프트 롤 케이크　　　　　　　　라. 양갱

10. 도넛을 튀길 때 사용하는 기름에 대한 설명으로 틀린 것은?

　가. 기름이 적으면 뒤집기가 쉽다.
　나. 발연점이 높은 기름이 좋다.
　다. 기름이 너무 많으면 온도를 올리는 시간이 길어진다.
　라. 튀김 기름의 평균 깊이는 12~15cm 정도가 좋다.

11. 케이크 도넛의 껍질색을 진하게 내려고 할 때 설탕의 일부를 무엇으로 대치하여 사용하는가?

　가. 물엿　　　　　나. 포도당　　　　　다. 유당　　　　　라. 맥아당

12. 퍼프 페이스트리 제조 시 다른 조건이 같을 때 충전용 유지에 대한 설명으로 틀린 것은?

　가. 충전용 유지가 많을수록 결이 분명해진다.
　나. 충전용 유지가 많을수록 밀어 펴기가 쉬워진다.
　다. 충전용 유지가 많을수록 부피가 커진다.
　라. 충전용 유지는 가소성 범위가 넓은 파이용이 적당하다.

　🧑‍🍳 **해설** 충전용 유지가 많을수록 밀어펴기가 어려워진다.

13. 시폰 케이크 제조시 냉각 전에 팬에서 분리되는 결점이 나타났을 때의 원인과 거리가 먼 것은?

　가. 굽기 시간이 짧다.　　　　　　　　나. 밀가루 양이 많다.
　다. 반죽에 수분이 많다.　　　　　　　라. 오븐 온도가 낮다

14. 아이싱에 사용하는 안정제 중 적정한 농도의 설탕과 산이 있어야 쉽게 굳는 것은?

　가. 한천　　　　　　　　　　　　　　나. 펙틴
　다. 젤라틴　　　　　　　　　　　　　라. 로커스트 빈 검

15. 튀김에 기름을 반복 사용할 경우 일어나는 주요한 변화 중 틀린 것은?

　가. 중합의 증가　　　　　　　　　　나. 변색의 증가
　다. 점도의 증가　　　　　　　　　　라. 발연점의 상승

　🧑‍🍳 **해설** 튀김 기름을 반복 사용하면 산폐되어 발연점이 점점 낮아진다.

16. 빵 90g짜리 520개를 만들기 위해 필요한 밀가루 양은? (제품 배합률 180%, 발효 및 굽기 손실은 무시)

　가. 10kg　　　　　나. 18kg　　　　　다. 26kg　　　　　라. 31kg

　🧑‍🍳 **해설** 완제품 총중량 = 90g x 520개 = 46.8kg, 발표 및 굽기 손실을 무시하므로 총반죽 무게도 46.8kg이 된다.

　　∴밀가루 양 = $46.8kg \times \dfrac{100}{180} = 26kg$

17. 노무비를 절감하는 방법으로 바람직하지 않은 것은?

    가. 표준화   나. 단순화
    다. 설비 휴무   라. 공정시간 단축

18. 발효가 지나친 반죽으로 빵을 구웠을 때의 제품 특성이 아닌 것은?

    가. 빵 껍질색이 밝다.   나. 신 냄새가 있다.
    다. 체적이 적다.   라. 제품의 조직이 고르다.

19. 다음 중 굽기 과정에서 일어나는 변화로 틀린 것은?

    가. 글루텐이 응고된다.   나. 반죽의 온도가 90℃일 때 효소의 활성이 증가한다.
    다. 오븐 팽창이 일어난다.   라. 향이 생성된다.

    🎩 해설 빵 내부 온도가 60℃에 도달하면 이스트 사멸, 효소의 불활성이 일어난다.

20. 제빵의 일반적인 스펀지 반죽방법에서 가장 적당한 스펀지 온도는?

    가. 12~15℃   나. 18~20℃
    다. 23~25℃   라. 29~32℃

21. 비용적의 단위로 옳은 것은?

    가. cm^3/g 나. cm^2/g 다. $cm^3/m\ell$ 라. $cm^2/m\ell$

22. 연속식 제빵법에 관한 설명으로 틀린 것은?

    가. 액체 발효법을 이용하여 연속적으로 제품을 생산한다.
    나. 발효 손실 감소, 인력 감소 등의 이점이 있다.
    다. 3~4기압의 디벨로퍼로 반죽을 제조하기 때문에 많은 양의 산화제가 필요하다.
    라. 자동화 시설을 갖추기 위해 설비공간의 면적이 많이 소요된다.

23. 다음 제빵 공정 중 시간보다 상태로 판단하는 것이 좋은 공정은?

    가. 포장   나. 분할
    다. 2차 발효   라. 성형

24. 중간 발효에 대한 설명으로 틀린 것은?

    가. 중간발효는 온도 32℃ 이내, 상대습도 75% 전후에서 실시한다.
    나. 반죽의 온도, 크기에 따라 시간이 달라진다.
    다. 반죽의 상처회복과 성형을 용이하게 하기 위함이다.
    라. 상대습도가 낮으면 덧가루 사용량이 증가한다.

25. 제빵공정 중 패닝 시 틀(팬)의 온도로 가장 적합한 것은?

    가. 20℃   나. 32℃   다. 55℃   라. 70℃

26. 이스트 2%를 사용했을 때 150분 발효시켜 좋은 결과를 얻었다면,
    100분 발효시켜 같은 결과를 얻기 위해 얼마의 이스트를 사용하면 좋을까?

    가. 1%   나. 2%   다. 3%   라. 4%

    🎩 해설 변경할 이스트양 = (정상이스트양 x 정상발표시간)÷변경할 발효시간 = (2 x 150)÷100 = 3%

27. 다음 중 반죽 10kg을 혼합할 때 가장 적합한 믹서의 용량은?

　가. 8kg　　　　　　　나. 10kg　　　　　　　다. 15kg　　　　　　　라. 30kg

28. 제빵 냉각법 중 적합하지 않은 것은?

　가. 급속냉각　　　　　　　　　　　　　나. 자연냉각
　다. 터널식 냉각　　　　　　　　　　　라. 에어컨디션식 냉각

29. 냉동반죽에 사용되는 재료와 제품의 특성에 대한 설명 중 틀린 것은?

　가. 일반 제품보다 산화제 사용량을 증가시킨다.
　나. 저율배합인 프랑스빵이 가장 유리하다.
　다. 유화제를 사용하는 것이 좋다.
　라. 밀가루는 단백질의 함량과 질이 좋은 것을 사용한다.

　🧑‍🍳 **해설** 냉동반죽은 저율배합일수록 온도에 대한 충격을 많이 받아 품질유지가 어렵다.

30. 오버베이킹에 대한 설명으로 옳은 것은?

　가. 높은 온도의 오븐에서 굽는다.　　　　　나. 짧은 시간 굽는다.
　다. 제품의 수분 함량이 많다　　　　　　　라. 노화가 빠르다

31. 술에 대한 설명으로 틀린 것은?

　가. 달걀 비린내, 생크림의 비린 맛 등을 완화시켜 풍미를 좋게 한다.
　나. 양조주란 곡물이나 과실을 원료로 하여 효모로 발효시킨 것이다
　다. 증류주란 발효시킨 양조주를 증류한 것이다.
　라. 혼성주란 증류주를 기본으로 하여 정제당을 넣고 과실 등의 추출물로 향미를 낸 것으로
　　　대부분 알코올 농도가 낮다

　🧑‍🍳 **해설** 혼성주는 알코올 농도가 높다.

32. 맥아에 함유되어 있는 아밀라아제를 이용하여 전분을 당화시켜 엿을 만든다.
　이 때 엿에 주로 함유되어 있는 당류는?

　가. 포도당　　　　　　　　　　　　　나. 유당
　다. 과당　　　　　　　　　　　　　　라. 맥아당

33. 식염이 반죽의 물성 및 발효에 미치는 영향에 대한 설명으로 틀린 것은?

　가. 흡수율이 감소한다.　　　　　　　　나. 반죽시간이 길어진다.
　다. 껍질 색상을 더 진하게 한다.　　　　라. 프로테아제의 활성을 증가시킨다.

34. 다음 중 코팅용 초콜릿이 갖추어야 하는 성질은?

　가. 융점이 항상 낮은 것　　　　　　　　　　나. 융점이 항상 높은 것
　다. 융점이 겨울에는 높고, 여름에는 낮은 것　라. 융점이 겨울에는 낮고, 여름에는 높은 것

35. 어떤 밀가루에서 젖은 글루텐을 채취하여 보니 밀가루 100g에서 36g이 되었다. 이때 단백질 함량은?

　가. 9%　　　　　　　나. 12%　　　　　　　다. 15%　　　　　　　라. 18%

　🧑‍🍳 **해설** 젖은 글루텐(%) = $\dfrac{\text{젖은 글루텐 무게}}{\text{밀가루 무게}} \times 100 = \dfrac{36}{100} \times 100 = 36\%$

　　　건조 글루텐(%) = 젖은 글루텐(%) ÷ 3 = 36 ÷ 3 = 12%

36. 다음 중 효소에 대한 설명으로 틀린 것은?

가. 생체내의 화학반응을 촉진시키는 생체 촉매이다.
나. 효소반응은 온도, ph, 기질농도 등에 영향을 받는다.
다. β-아밀라아제를 액화효소, α-아밀라아제를 당화효소라 한다.
라. 효소는 특정기질에 선택적으로 작용하는 기질 특이성이 있다.

37. 동물의 가죽이나 뼈 등에서 추출하며 안정제로 사용되는 것은?

가. 젤라틴　　　　　　나. 한천　　　　　　다. 펙틴　　　　　　라. 카라기난

38. 제빵에 가장 적합한 물은?

가. 경수　　　　　　　　　　　　나. 연수
다. 아경수　　　　　　　　　　　라. 알칼리수

39. 생이스트의 구성 비율이 올바른 것은?

가. 수분 8%, 고형분 92% 정도　　　　나. 수분 92%, 고형분 8% 정도
다. 수분 70%, 고형분 30% 정도　　　　라. 수분 30%, 고형분 70% 정도

40. 커스터드 크림에서 계란은 주로 어떤 역할을 하는가?

가. 쇼트닝 작용　　　　　　　　　나. 결합제
다. 팽창제　　　　　　　　　　　라. 저장성

41. 다음 중 유지의 산패와 거리가 먼 것은?

가. 온도　　　　　　　　　　　　나. 수분
다. 공기　　　　　　　　　　　　라. 비타민 E

🎓 **해설** 비타민 E는 천연항산화제

42. 버터를 쇼트닝으로 대치하려 할 때 고려해야 할 재료와 거리가 먼 것은?

가. 유지 고형질　　　　　　　　　나. 수분
다. 소금　　　　　　　　　　　　라. 유당

43. 믹서 내에서 일어나는 물리적 성질을 파동 곡선 기록기로 기록하여 밀가루의 흡수율, 믹싱 시간, 믹싱 내구성 등을 측정하는 기계는?

가. 패리노그래프　　　　　　　　나. 익스텐소그래프
다. 아밀로그래프　　　　　　　　라. 분광분석기

44. 휘핑용 생크림에 대한 설명 중 틀린 것은?

가. 유지방 40% 이상의 진한 생크림을 쓰는 것이 좋음
나. 기포성을 이용하여 제조함
다. 유지방이 기포 형성의 주체임
라. 거품의 품질 유지를 위해 높은 온도에서 보관함

45. 단당류 2~10개로 구성된 당으로, 장내의 비피더스균 증식을 활발하게 하는 당은?

가. 올리고당　　　　나. 고과당　　　　다. 물엿　　　　라. 이성화당

46. 식빵에 당질 50%, 지방 5%, 단백질 9%, 수분 24%, 회분 2%가 들어 있다면 식빵을 100g 섭취하였을 때 열량은?

가. 281kcal
나. 301kcal
다. 326kcal
라. 506kcal

🎓 **해설** 식빵 100g의 열량 = {(50g+9g) x 4}+(5g x 9) = 281kcal

47. 단백질의 가장 주요한 기능은?

가. 체온유지
나. 유화작용
다. 체조직 구성
라. 체액의 압력조절

48. 수분의 필요량을 증가시키는 요인이 아닌 것은?

가. 장기간의 구토, 설사, 발열
나. 지방이 많은 음식을 먹은 경우
다. 수술, 출혈, 화상
라. 알코올 또는 카페인의 섭취

49. 불포화지방산에 대한 설명 중 틀린 것은?

가. 불포화지방산은 산패되기 쉽다.
나. 고도 불포화지방산은 성인병을 예방한다.
다. 이중결합 2개 이상의 불포화지방산은 모두 필수 지방산이다.
라. 불포화지방산이 많이 함유된 유지는 실온에서 액상이다.

50. 글리코겐이 주로 합성되는 곳은?

가. 간, 신장
나. 소화관, 근육
다. 간, 혈액
라. 간, 근육

51. 식품위생법에서 식품 등의 공전은 누가 작성, 보급하는가?

가. 보건복지부장관
나. 식품의약품안전청장
다. 국립보건원장
라. 시, 도지사

52. 변질되기 쉬운 식품을 생산지로부터 소비자에게 전달하기까지 저온으로 보존하는 시스템은?

가. 냉장유통체계
나. 냉동유통체계
다. 저온유통체계
라. 상온유통체계

53. 식중독 발생 현황에서 발생 빈도가 높은 우리나라 3대 식중독 원인 세균이 아닌 것은?

가. 살모넬라균
나. 포도상구균
다. 장염 비브리오균
라. 바실러스 세레우스

54. 어육이나 식육의 초기부패를 확인하는 화학적 검사방법으로 적합하지 않은 것은?

가. 휘발성 염기질소량의 측정
나. ph의 측정
다. 트리메틸아민 양의 측정
라. 탄력성의 측정

55. 아래에서 설명하는 식중독 원인균은?

> - 미호기성 세균이다.
> - 발육온도는 약 30~46℃ 정도이다.
> - 원인식품은 오염된 식육 및 식육가공품, 우유 등이다.
> - 소아에서는 이질과 같은 설사 증세를 보인다.

가. 캄필로박터 제주니   나. 바실러스 세레우스
다. 장염비브리오   라. 병원성 대장균

56. 산화방지제와 거리가 먼 것은?

가. 부틸히드록시아니솔(BHA)
나. 디부틸히드록시톨루엔(BHT)
다. 몰식자산프로필 (propyl gallate)
라. 비타민 A

57. 식품첨가물에 의한 식중독으로 규정되지 않는 것은?

가. 허용되지 않은 첨가물의 사용
나. 불순한 첨가물의 사용
다. 허용된 첨가물의 과다 사용
라. 독성물질을 식품에 고의로 첨가

58. 황색포도상구균 식중독의 특징으로 틀린 것은?

가. 잠복기가 다른 식중독균보다 짧으며 회복이 빠르다
나. 치사율이 다른 식중독균보다 낮다
다. 그람 양성균으로 장내독소를(enterotoxin) 생산한다.
라. 발열이 24~48시간 정도 지속된다.

59. 병원체가 음식물, 손, 식기, 완구, 곤충 등을 통하여 입으로 침입하여 감염을 일으키는 것 중 바이러스에 의한 것은?

가. 이질   나. 폴리오
다. 장티푸스   라. 콜레라

60. 오염된 우유를 먹었을 때 발생할 수 있는 인수공통감염병이 아닌 것은?

가. 파상열   나. 결핵
다. Q-열   라. 야토병

제 **4** 회 | 제과기능사 기출문제

01. 머랭 제조에 대한 설명으로 옳은 것은?

　가. 기름기나 노른자가 없어야 튼튼한 거품이 나온다.
　나. 일반적으로 흰자 100에 대하여 설탕 50의 비율로 만든다.
　다. 저속으로 거품을 올린다.
　라. 설탕을 믹싱 초기에 첨가하여야 부피가 커진다.

02. 다음 중 쿠키의 과도한 퍼짐 원인이 아닌 것은?

　가. 반죽의 되기가 너무 묽을 때 　　　　　　　나. 유지함량이 적을 때
　다. 설탕 사용량이 많을 때 　　　　　　　　　라. 굽는 온도가 너무 낮을 때

03. 반죽형 케이크의 반죽 제조법에 대한 설명이 틀린 것은?

　가. 크림법 : 유지와 설탕을 넣어 가벼운 크림상태로 만든 후 계란을 넣는다.
　나. 블렌딩법 : 밀가루와 유지를 넣고 유지에 의해 밀가루가 가볍게 피복되도록 한 후 건조, 액체 재료를 넣는다.
　다. 설탕물법 : 건조 재료를 혼합한 후 설탕 전체를 넣어 포화용액을 만드는 방법이다.
　라. 1단계법 : 모든 재료를 한꺼번에 넣고 믹싱하는 방법이다.

04. 일반적으로 초콜릿은 코코아와 카카오 버터로 나누어져 있다.
　　초콜릿 56%를 사용할 때 코코아의 양은 얼마인가?

　가. 35% 　　　　　　　나. 37% 　　　　　　　다. 38% 　　　　　　　라. 41%

　　해설 코코아 = 초콜릿 $\times \dfrac{5}{8} = 56 \times \dfrac{5}{8} = 35\%$

05. 반죽온도 조절을 위한 고려사항으로 적절하지 않은 것은?

　가. 마찰계수를 구하기 위한 필수적인 요소는 반죽결과 온도, 원재료온도, 작업장 온도,
　　　사용되는 물온도, 작업장 상대습도이다.
　나. 기준되는 반죽온도보다 결과온도가 높다면 사용하는 물(배합수) 일부를 얼음으로 사용하여
　　　희망하는 반죽온도를 맞춘다.
　다. 마찰계수란 일정량의 반죽을 일정한 방법으로 믹싱할 때 반죽온도에 영양을 미치는 마찰열을
　　　실질적인 수치로 환산한 것이다.
　라. 계산된 사용수 온도가 56℃ 이상일 때는 뜨거운 물을 사용할 수 없으며,
　　　영하로 나오더라도 절대치의 차이라는 개념에서 얼음계산법을 적용한다.

　　해설 마찰계수를 구할 때 작업장 상대습도는 필요하지 않다.

06. 파운드 케이크를 패닝할 때 밑면의 껍질 형성을 방지하기 위한 팬으로 가장 적합한 것은?

　가. 일반팬 　　　　　　　　　　　　　나. 이중팬
　다. 은박팬 　　　　　　　　　　　　　라. 종이팬

07. 유화제를 사용하는 목적이 아닌 것은?

가. 물과 기름이 잘 혼합되게 한다.
나. 빵이나 케이크를 부드럽게 한다.
다. 빵이나 케이크가 노화되는 것을 지연시킬 수 있다.
라. 달콤한 맛이 나게 하는데 사용한다.

08. 케이크 제품의 굽기 후 제품 부피가 기준보다 작은 경우의 원인이 아닌 것은?

가. 틀의 바닥에 공기나 물이 들어갔다.
나. 반죽의 비중이 높았다.
다. 오븐의 굽기 온도가 높았다.
라. 반죽을 패닝한 후 오래 방치했다.

09. 도넛 글레이즈가 끈적이는 원인과 대응방안으로 틀린 것은?

가. 유지 성분과 수분의 유화 평형 불안정 – 원재료 중 유화제 함량을 높임
나. 온도, 습도가 높은 환경 – 냉장 진열장 사용 또는 통풍이 잘되는 장소 선택
다. 안정제, 농후화제 부족 – 글레이즈 제조시 첨가된 검류의 함량을 높임
라. 도넛 제조 시 지친 반죽, 2차 발효가 지나친 반죽 사용 – 표준 제조 공정 준수

10. 도넛 튀김용 유지로 가장 적당한 것은?

가. 라드
나. 유화쇼트닝
다. 면실유
라. 버터

11. 초콜릿 제품을 생산하는데 필요한 도구는?

가. 디핑 포크(Dipping forks)
나. 오븐(oven)
다. 파이 롤러(pie roller)
라. 워터 스프레이(water spray)

12. 화이트 레이어 케이크의 반죽 비중으로 가장 적합한 것은?

가. 0.90~1.0
나. 0.45~0.55
다. 0.60~0.70
라. 0.75~0.85

13. 케이크 반죽이 30ℓ 용량의 그릇 10개에 가득 차 있다. 이것으로 분할 반죽 300g짜리 600개를 만들었다. 이 반죽의 비중은?

가. 0.8
나. 0.7
다. 0.6
라. 0.5

🎓 **해설** 비중 $= \dfrac{\text{반죽 무게}}{\text{물의 무게}}$ 반죽 무게 $= 300g \times 600$개 $= 180,000g$, 물의 무게 $= 30l(30,000g) \times 10$개 $= 300,000g$

∴비중 $= \dfrac{180,000g}{300,000g} = 0.6$

14. 퍼프 페이스트리의 휴지가 종료되었을 때 손으로 살짝 누르게 되면 다음 중 어떤 현상이 나타나는가?

가. 누른 자국이 남아 있다.
나. 누른 자국이 원상태로 올라온다.
다. 누른 자국이 유동성 있게 움직인다.
라. 내부의 유지가 흘러나온다.

15. 다음 중 제과제빵 재료로 사용되는 쇼트닝(shortening)에 대한 설명으로 틀린 것은?

가. 쇼트닝을 경화유라고 말한다.
나. 쇼트닝은 불포화 지방산의 이중결합에 촉매 존재 하에 수소를 첨가하여 제조한다.
다. 쇼트닝성과 공기포집 능력을 갖는다.
라. 쇼트닝은 융점(melting point)이 매우 낮다.

16. 다음 중 발효시간을 연장시켜야 하는 경우는?

가. 식빵 반죽온도가 27℃이다.
나. 발효실 온도가 24℃이다.
다. 이스트푸드가 충분하다.
라. 1차 발효실 상대 습도가 80%이다.

17. 제빵 시 굽기 단계에서 일어나는 반응에 대한 설명으로 틀린 것은?

가. 반죽온도가 60℃로 오르기 까지 효소의 작용이 활발해지고 휘발성 물질이 증가한다.
나. 글루텐은 90℃부터 굳기 시작하여 빵이 다 구워질 때까지 천천히 계속 된다.
다. 반죽온도가 60℃에 가까워지면 이스트가 죽기 시작한다. 그와 함께 전분이 호화하기 시작한다.
라. 표피부분이 160℃를 넘어서면 당과 아미노산이 마이야르 반응을 일으켜 멜라노이드를 만들고, 당의 캐러멜화 반응이 일어나고 전분이 덱스트린으로 분해된다.

18. 어느 제과점의 이번 달 생산예상 총액이 1000만원인 경우, 목표 노동 생산성은 5000원/시/인, 생산 가동 일수가 20일, 1일 작업시간 10시간인 경우 소요인원은?

가. 4명
나. 6명
다. 8명
라. 10명

🎓 **해설** 1인 1일 생산총액 : 5,000원 x 10시간 = 50,000원, 1인 월생산총액 : 50,000원 x 20일 = 1,000,000원
그런데 1,000만원이 목표총액이므로 10명이 필요함

19. 냉각으로 인한 빵 속의 수분 함량으로 적당한 것은?

가. 약 5%
나. 약 15%
다. 약 25%
라. 약 38%

20. 다음 제품 중 2차 발효실의 습도를 가장 높게 설정해야 되는 것은?

가. 호밀빵
나. 햄버거빵
다. 프랑스빵
라. 빵도넛

21. 노타임 반죽법에 사용되는 산화, 환원제의 종류가 아닌 것은?

가. ADA(azodicarbonamide)
나. L-시스테인
다. 소르브산
라. 요오드칼슘

22. 80% 스펀지에서 전체 밀가루가 2000g, 전체 가수율이 63%인 경우, 스펀지에 55%의 물을 사용하였다면 본반죽에 사용할 물량은?

가. 380g
나. 760g
다. 1,140g
라. 1,260g

🎓 **해설** 전체 가수량 : 2,000g x 0.63 = 1,260g, 스펀지 반죽의 가수량 : (2,000g x 0.8) x 0.55 = 880g
∴ 본반죽의 가수량 : 1,260g−880g = 380g

23. 어린 반죽(발효가 덜 된 반죽)으로 제조를 할 경우 중간발효시간은 어떻게 조절되는가?

가. 길어진다.
나. 짧아진다.
다. 같다.
라. 판단할 수 없다.

24. 다음 중 식빵에서 설탕이 과다할 경우 대응책으로 가장 적합한 것은?

가. 소금 양을 늘린다.
나. 이스트 양을 늘린다.
다. 반죽온도를 낮춘다.
라. 발효시간을 줄인다.

25. 둥글리기의 목적과 거리가 먼 것은?

　　가. 공 모양의 일정한 모양을 만든다.
　　나. 큰 가스는 제거하고 작은 가스는 고르게 분산시킨다.
　　다. 흐트러진 글루텐을 재정렬한다.
　　라. 방향성 물질을 생성하여 맛과 향을 좋게 한다.

26. 냉동반죽의 해동을 높은 온도에서 빨리 할 경우 반죽의 표면에서 물이 나오는 드립(drip)현상이 발생하는데 그 원인이 아닌 것은?

　　가. 얼음결정이 반죽의 세포를 파괴 손상　　　나. 반죽내 수분의 빙결분리
　　다. 단백질의 변성　　　　　　　　　　　　　라. 급속냉동

27. 제빵 생산의 원가를 계산하는 목적으로만 연결된 것은?

　　가. 순이익과 총매출의 계산　　　　　　　　나. 이익계산, 가격결정, 원가관리
　　다. 노무비, 재료비, 경비산출　　　　　　　라. 생산량관리, 재고관리, 판매관리

28. 다음 중 빵의 냉각방법으로 가장 적합한 것은?

　　가. 바람이 없는 실내에서 냉각　　　　　　나. 강한 송풍을 이용한 급냉
　　다. 냉동실에서 냉각　　　　　　　　　　　라. 수분분사 방식

29. 식빵 제조 시 수돗물 온도 $20℃$, 사용할 물 온도 $10℃$, 사용물 양 $4kg$일 때 사용할 얼음 양은?

　　가. 100g　　　　　　　　　　　　　　　　나. 200g
　　다. 300g　　　　　　　　　　　　　　　　라. 400g

　　🎓 **해설** 얼음사용량 $= \dfrac{\text{총사용물량} \times (\text{수돗물온도} - \text{사용할 물온도})}{80 + \text{수돗물온도}} = \dfrac{4,000 \times (20-10)}{80+20} = 400g$

30. 건포도식빵 제조 시 2차 발효에 대한 설명으로 틀린 것은?

　　가. 최적의 품질을 위해 2차 발효를 짧게 한다.
　　나. 식감이 가볍고 잘 끊어지는 제품을 만들 때는 2차 발효를 약간 길게 한다.
　　다. 밀가루의 단백질의 질이 좋은 것일수록 오븐 스프링이 크다.
　　라. 100% 중종법보다 70% 중종법이 오븐스프링이 좋다.

31. 밀가루 중에 손상전분이 제빵 시에 미치는 영향으로 옳은 것은?

　　가. 반죽 시 흡수가 늦고 흡수량이 많다.　　나. 반죽 시 흡수가 빠르고 흡수량이 적다.
　　다. 발효가 빠르게 진행된다.　　　　　　　라. 제빵과 아무 관계가 없다.

32. 다음 중 밀가루에 함유되어 있지 않은 색소는?

　　가. 카로틴　　　　　　　　　　　　　　　나. 멜라닌
　　다. 크산토필　　　　　　　　　　　　　　라. 플라본

33. 일반적으로 신선한 우유의 pH는?

　　가. 4.0~4.5　　　　　　　　　　　　　　나. 3.0~4.
　　다. 5.5~6.0　　　　　　　　　　　　　　라. 6.5~6.7

34. 글리세린(glycerin, glycerol)에 대한 설명으로 틀린 것은?

가. 무색, 무취한 액체이다.
나. 3개의 수산기(-OH)를 가지고 있다.
다. 색과 향의 보존을 도와준다.
라. 탄수화물의 가수분해로 얻는다.

35. 제빵에 있어 일반적으로 껍질을 부드럽게 하는 재료는?

가. 소금
나. 밀가루
다. 마가린
라. 이스트푸드

36. 전분을 효소나 산에 의해 가수분해시켜 얻은 포도당액을 효소나 알칼리 처리로 포도당과 과당으로 만들어 놓은 당의 명칭은?

가. 전화당
나. 맥아당
다. 이성화당
라. 전분당

37. 빵 반죽의 이스트 발효 시 주로 생성되는 물질은?

가. 물 + 이산화탄소
나. 알코올 + 이산화탄소
다. 알코올 + 물
라. 알코올 + 글루텐

38. 직접반죽법에 의한 발효 시 가장 먼저 발효되는 당은?

가. 맥아당 (maltose)
나. 포도당 (glucose)
다. 과당 (fructose)
라. 갈락토오스(galactose)

39. 제빵 시 경수를 사용할 때 조치사항이 아닌 것은?

가. 이스트 사용량 증가
나. 맥아 첨가
다. 이스트푸드양 감소
라. 급수량 감소

40. 달걀의 특징적 성분으로 지방의 유화력이 강한 성분은?

가. 레시틴(lecithin)
나. 스테롤(sterol)
다. 세팔린(cephalin)
라. 아비딘(avidin)

41. 다음 당류 중 감미도가 가장 낮은 것은?

가. 유당
나. 전화당
다. 맥아당
라. 포도당

42. 다음 중 밀가루 제품의 품질에 가장 크게 영향을 주는 것은?

가. 글루텐의 함유량
나. 빛깔, 맛, 향기
다. 비타민 함유량
라. 원산지

43. 유화제에 대한 설명으로 틀린 것은?

가. 계면활성제라고도 한다.
나. 친유성기와 친수성기를 각 50%씩 갖고 있어 물과 기름의 분리를 막아준다.
다. 레시틴, 모노글리세라이드, 난황 등이 유화제로 쓰인다.
라. 빵에서는 글루텐과 전분사이로 이동하는 자유수의 분포를 조절하여 노화를 방지한다.

44. 비터 초콜릿(Bitter Chocolate) 32% 중에서 코코아가 약 얼마 정도 함유되어 있는가?

　가. 8%　　　　　　　나. 16%　　　　　　　다. 20%　　　　　　　라. 24%

　🧑‍🍳 **해설** 코코아 = 초콜릿 $\times \dfrac{5}{8} = 32 \times \dfrac{5}{8} = 20\%$

45. 검류에 대한 설명으로 틀린 것은?

　가. 유화제, 안정제, 점착제 등으로 사용된다.　　　나. 낮은 온도에서도 높은 점성을 나타낸다.
　다. 무기질과 단백질로 구성되어 있다.　　　　　　라. 친수성 물질이다.

46. 아미노산의 성질에 대한 설명 중 옳은 것은?

　가. 모든 아미노산은 선광성을 갖는다.
　나. 아미노산은 융점이 낮아서 액상이 많다.
　다. 아미노산은 종류에 따라 등전점이 다르다.
　라. 천연단백질을 구성하는 아미노산은 주로 D형이다.

47. 무기질에 대한 설명으로 틀린 것은?

　가. 나트륨은 결핍증이 없으며 소금, 육류 등에 많다.
　나. 마그네슘 결핍증은 근육약화, 경련 등이며 생선, 견과류 등에 많다.
　다. 철은 결핍 시 빈혈증상이 있으며 시금치, 두류 등에 많다.
　라. 요오드 결핍 시에는 갑상선종이 생기며 유제품, 해조류 등에 많다.

48. 단백질의 소화, 흡수에 대한 설명으로 틀린 것은?

　가. 단백질은 위에서 소화되기 시작한다.
　나. 펩신은 육류 속 단백질일부를 폴리펩티드로 만든다.
　다. 십이지장에서 췌장에서 분비된 트립신에 의해 더 작게 분해된다.
　라. 소장에서 단백질이 완전히 분해되지는 않는다.

49. 우유 1컵 (200mL)에 지방이 6g이라면 지방으로부터 얻을 수 있는 열량은?

　가. 6kcal　　　　　　나. 24kcal　　　　　　다. 54kcal　　　　　　라. 120kcal

　🧑‍🍳 **해설** 열량 = 6g × 9 = 54kcal

50. 혈당의 저하와 가장 관계가 깊은 것은?

　가. 인슐린　　　　　　　　　　　　　　　　나. 리파아제
　다. 프로테아제　　　　　　　　　　　　　　라. 펩신

51. 식자재의 교차오염을 예방하기 위한 보관방법으로 잘못된 것은?

　가. 원재료와 완성품을 구분하여 보관
　나. 바닥과 벽으로부터 일정거리를 띄워 보관
　다. 뚜껑이 있는 청결한 용기에 덮개를 덮어서 보관
　라. 식자재와 비식자재를 함께 식품 창고에 보관

52. 경구감염병과 거리가 먼 것은?

　가. 유행성 간염　　　　　　　　　　　　　　나. 콜레라
　다. 세균성이질　　　　　　　　　　　　　　라. 일본뇌염

53. 마시는 물 또는 식품을 매개로 발생하고 집단 발생의 우려가 커서 발생 또는 유행 즉시 방역대책을 수립하여야 하는 감염병은?

가. 제1군 감염병
나. 제2군 감염병
다. 제3군 감염병
라. 제4군 감염병

54. 세균이 분비한 독소에 의해 감염을 일으키는 것은?

가. 감염형 세균성 식중독
나. 독소형 세균성 식중독
다. 화학성 식중독
라. 진균독 식중독

55. 식품첨가물의 사용에 대한 설명 중 틀린 것은?

가. 식품첨가물 공전에서 식품첨가물의 규격 및 사용기준을 제한하고 있다.
나. 식품첨가물은 안전성이 입증된 것으로 최대사용량의 원칙을 적용한다.
다. GRAS란 역사적으로 인체에 해가 없는 것이 인정된 화합물을 의미한다.
라. ADI란 일일섭취허용량을 의미한다.

56. 위해요소중점관리기준(HACCP)을 식품별로 정하여 고시하는 자는?

가. 보건복지부장관
나. 식품의약품안전청장
다. 시장, 군수, 또는 구청장
라. 환경부장관

57. 경구감염병에 관한 설명 중 틀린 것은?

가. 미량의 균으로 감염이 가능하다.
나. 식품은 증식매체이다.
다. 감염환이 성립된다.
라. 잠복기가 길다.

58. 주기적으로 열이 반복되어 나타나므로 파상열이라고 불리는 인수공통감염병은?

가. Q열
나. 결핵
다. 브루셀라병
라. 돈단독

59. 메틸알코올의 중독 증상과 거리가 먼 것은?

가. 두통
나. 구토
다. 실명
라. 환각

60. 보툴리누스 식중독에서 나타날 수 있는 주요 증상 및 증후가 아닌 것은?

가. 구토 및 설사
나. 호흡곤란
다. 출혈
라. 사망

01. 도넛 제조 시 수분이 적을 때 나타나는 결점이 아닌 것은?

　　가. 팽창이 부족하다.
　　나. 혹이 튀어나온다.
　　다. 형태가 일정하지 않다.
　　라. 표면이 갈라진다.

　　🎓 **해설** 도넛 제조 시 수분이 많을 때 혹이 튀어나온다.

02. 반죽형 케이크의 믹싱방법 중 제품에 부드러움을 주기 위한 목적으로 사용하는 것은?

　　가. 크림법　　　　　　　　　　　　나. 블렌딩법
　　다. 설탕/물법　　　　　　　　　　　라. 1단계법

03. 일반적인 과자 반죽의 패닝 시 주의점이 아닌 것은?

　　가. 종이 깔개를 사용한다.
　　나. 철판에 넣은 반죽은 두께가 일정하게 되도록 펴준다.
　　다. 팬기름을 많이 바른다.
　　라. 패닝 후 즉시 굽는다.

　　🎓 **해설** 팬기름은 반죽 무게의 0.1~0.2% 사용

04. 찜을 이용한 제품에 사용되는 팽창제의 특성으로 알맞은 것은?

　　가. 지속성　　　　　　　　　　　　나. 속효성
　　다. 지효성　　　　　　　　　　　　라. 이중팽창

05. 커스터드 크림의 재료에 속하지 않는 것은?

　　가. 우유　　　　　　　　　　　　　나. 계란
　　다. 설탕　　　　　　　　　　　　　라. 생크림

06. 파이의 일반적인 결점 중 바닥 크러스트가 축축한 원인이 아닌 것은?

　　가. 오븐 온도가 높음　　　　　　　　나. 충전물 온도가 높음
　　다. 파이 바닥 반죽이 고율배합　　　　라. 불충분한 바닥열

07. 소맥분 온도 25℃, 실내온도 26℃, 수돗물 온도 18℃, 결과 온도 30℃, 희망 온도 27℃, 사용 물의 양이 10kg일 때 마찰계수는?

　　가. 21　　　　　　　　　　　　　　나. 26
　　다. 31　　　　　　　　　　　　　　라. 45

　　🎓 **해설** 마찰계수=반죽 결과 온도×3−(실내온도+밀가루 온도+수돗물 온도)=30×3−(26+25+18)=21

08. 젤리 롤 케이크를 마는데 표피가 터질 때 조치할 사항으로 적합하지 않은 것은?

    가. 노른자를 증가시킨다.   나. 팽창제 사용량을 감소시킨다.

    다. 설탕의 일부를 물엿으로 대치한다.   라. 덱스트린의 점착성을 이용한다.

    🎖 **해설** 표피 터짐을 막으려면 노른자 사용량을 감소시킨다.

09. 퍼프 페이스트리를 정형할 때 수축하는 경우는?

    가. 반죽이 질었을 경우   나. 휴지시간이 길었을 경우

    다. 반죽 중 유지 사용량이 많았을 경우   라. 밀어펴기 중 무리한 힘을 가했을 경우

10. 제품의 생산원가를 계산하는 목적에 해당하지 않는 것은?

    가. 이익 계산   나. 판매가격 결정

    다. 원·부재료 관리   라. 설비 보수

11. 다음 중 일정한 용적 내에서 팽창이 가장 큰 제품은?

    가. 파운드케이크   나. 스펀지케이크

    다. 레이어 케이크   라. 엔젤 푸드 케이크

12. 반죽형 쿠키 중 전란의 사용량이 많아 부드럽고 수분이 가장 많은 쿠키는?

    가. 스냅 쿠키   나. 머랭 쿠키

    다. 드롭 쿠키   라. 스펀지 쿠키

13. 흰자 100에 대하여 설탕 180의 비율로 만든 머랭으로서 구웠을 때 표면에 광택이 나고 하루쯤 두었다가 사용해도 무방한 머랭은?

    가. 냉제 머랭(cold meringue)   나. 온제 머랭(hot meringue)

    다. 이탈리안 머랭(italian meringue)   라. 스위스 머랭(swiss meringue)

14. 소금이 제과에 미치는 영향이 아닌 것은?

    가. 향을 좋게 한다.   나. 잡균의 번식을 억제한다.

    다. 반죽의 물성을 좋게 한다.   라. pH를 조절한다.

15. 다음 중 고온에서 굽는 제품은?

    가. 파운드케이크   나. 시폰 케이크

    다. 퍼프 페이스트리   라. 과일 케이크

16. 다음 중 포장 전 빵의 온도가 너무 낮을 때는 어떤 현상이 일어나는가?

    가. 노화가 빨라진다.   나. 썰기(slice)가 나쁘다.

    다. 포장지에 수분이 응축된다.   라. 곰팡이, 박테리아의 번식이 용이하다.

17. 오버헤드 프루퍼(overhead proofer)는 어떤 공정을 행하기 위해 사용하는 것인가?

    가. 분할   나. 둥글리기

    다. 중간발효   라. 정형

18. 성형에서 반죽의 중간발효 후 밀어펴기하는 과정의 주된 효과는?

    가. 글루텐 구조의 재정돈   나. 가스를 고르게 분산

    다. 부피의 증가   라. 단백질의 변성

19. 총원가는 어떻게 구성되는가?

    가. 제조원가 + 판매비 + 일반관리비   나. 직접재료비 + 직접노무비 + 판매비

    다. 제조원가 + 이익   라. 직접원가 + 일반관리비

20. 발효에 직접적으로 영향을 주는 요소와 가장 거리가 먼 것은?

    가. 반죽 온도   나. 계란의 신선도

    다. 이스트의 양   라. 반죽의 pH

    🎩 **해설** 발효에 영향을 주는 요소는 이스트 양, 반죽 온도, 반죽의 pH, 이스트푸드, 삼투압 등이 있다.

21. 빵 제품의 평가항목 설명으로 틀린 것은?

    가. 외관 평가는 부피, 겉껍질 색상이다.

    나. 내관 평가는 기공, 속색, 조직이다.

    다. 종류 평가는 크기, 무게, 가격이다.

    라. 빵의 식감 특성은 냄새, 맛, 입 안에서의 감촉이다.

22. 식빵 제조에 있어서 소맥분의 4%에 해당하는 탈지분유를 사용할 때 제품에 나타나는 영향으로 틀린 것은?

    가. 빵 표피 색이 연해진다.   나. 영양가치를 높인다.

    다. 맛이 좋아진다.   라. 제품 내상이 좋아진다.

    🎩 **해설** 제빵에서 탈지분유는 빵의 표피 색을 진하게 한다.

23. 다음 중 가스 발생량이 많아져 발효가 빨라지는 경우가 아닌 것은?

    가. 이스트를 많이 사용할 때   나. 소금을 많이 사용할 때

    다. 반죽에 약산을 소량 첨가할 때   라. 발효실 온도를 약간 높일 때

    🎩 **해설** 소금을 과다 사용하면 발효가 느려진다.

24. 같은 크기의 틀에 넣어 같은 체적의 제품을 얻으려고 할 때 반죽의 분할량이 가장 적은 제품은?

    가. 밀가루 식빵   나. 호밀 식빵

    다. 옥수수 식빵   라. 건포도 식빵

    🎩 **해설** 제품의 팽창이 클수록 분할량이 적어진다.

25. 냉동생지법에 적합한 반죽의 온도는?

    가. 18~22℃   나. 26~30℃

    다. 32~36℃   라. 38~42℃

26. 스트레이트법으로 일반 식빵을 만들 때 믹싱 후 반죽의 온도로 가장 이상적인 것은?

    가. 20℃   나. 27℃

    다. 34℃   라. 41℃

27. 굽기 손실이 가장 큰 제품은?

    가. 식빵
                  나. 바게트
    다. 단팥빵
                  라. 버터롤

    🎩 **해설** 굽기 손실은 저배합일수록 크다(빵류 중 바게트가 가장 저배합).

28. 다음 중 빵의 노화 속도가 가장 빠른 온도는?

    가. −18~−1℃
              나. 0~10℃
    다. 20~30℃
              라. 35~45℃

29. 다음은 식빵 배합표이다. (   )안에 적합한 것은?

강력분	100%	1500g
설탕	(①)%	75g
이스트	3%	(②)g
소금	2%	30g
버터	5%	75g
이스트푸드	(③)%	1.5g
탈지분유	2%	30g
물	70%	1,050cc

    가. ① 5, ② 45, ③ 0.01
          나. ① 5, ② 45, ③ 0.1
    다. ① 0.5 , ② 4.5 , ③ 0.01
       라. ① 50, ② 450 , ③ 1

    🎩 **해설** ①은 75g ÷ 15 = 5(%), ②는 3% × 15 = 45(g), ③은 1.5g ÷ 15 = 0.1(%)

30. 오랜 시간 발효과정을 거치지 않고 배합 후 정형하여 2차 발효를 하는 제빵법은?

    가. 재반죽법
              나. 스트레이트법
    다. 노타임법
              라. 스펀지법

31. 제빵에서 사용하는 물로 가장 적합한 것은?

    가. 연수
              나. 아연수
    다. 아경수
              라. 경수

32. 젤리화의 요소가 아닌 것은?

    가. 유기산류
             나. 염류
    다. 당분류
             라. 펙틴류

33. 케이크, 쿠키, 파이, 페이스트리용 밀가루의 제과적성 및 점성을 측정하는 기구는?

    가. 아밀로그래프(Amylograph)
    나. 패리노그래프(Farinograph)
    다. 애그트론(Agtron)
    라. 맥미카엘 점도계(Macmichael Viscosimeter)

34. 맥아당을 분해하는 효소는?

    가. 말타아제   나. 락타아제

    다. 리파아제   라. 프로테아제

35. 우유의 성분 중 제품의 껍질 색을 개선시켜주는 것은?

    가. 수분   나. 유지방

    다. 유당   라. 칼슘

36. 피자 제조 시 많이 사용하는 향신료는?

    가. 넛메그   나. 오레가노

    다. 박하   라. 계피

37. 빵 제품이 단단하게 굳는 현상을 지연시키기 위하여 유지에 첨가하는 유화제가 아닌 것은?

    가. 모노-디 글리세리드(mono-di-glyceride)

    나. 레시틴(lecithin)

    다. 유리지방산

    라. 에스에스엘(SSL : sodium stearoyl-2-lactylate)

38. 글루텐을 형성하는 밀가루의 주요 단백질로 그 함량이 가장 많은 것은?

    가. 글루테닌   나. 글리아딘

    다. 글로불린   라. 메소닌

39. 믹서 내에서 일어나는 물리적 성질을 파동 곡선 기록기로 기록하여 밀가루의 흡수율, 믹싱 시간, 믹싱 내구성 등을 측정하는 기계는?

    가. 패리노그래프(Farinograph)   나. 익스텐소그래프(Extensograph)

    다. 아밀로그래프(Amylograph)   라. 분광분석기(Spectrophotometer)

40. 다음 중 전분당이 아닌 것은?

    가. 물엿   나. 설탕

    다. 포도당   라. 이성화당

    🍳 **해설** 설탕은 전분에서 얻어지는 당류가 아니고 사탕수수, 사탕무로부터 얻는다.

41. 다음 중 식물계에는 존재하지 않는 당은?

    가. 과당   나. 유당

    다. 설탕   라. 맥아당

    🍳 **해설** 유당은 우유에 존재하는 동물성 당류

42. 케이크 반죽을 하기 위해 계란 노른자 500g이 필요하다. 몇 개의 계란이 준비되어야 하는가? (계란 1개 중량 52g, 껍질 12%, 노른자 33%, 흰자 55%)

    가. 26개   나. 30개   다. 34개   라. 38개

    🍳 **해설** 계란 1개당 노른자의 양=$52g \times \dfrac{33}{100}$=17.16g

        준비해야 할 계란 개수=500g÷17.16g=29.14 ∴약 30개

43. 모노 디 글리세리드는 어느 반응에서 생성되는가?

　가. 비타민의 산화　　　　　　　　　나. 전분의 노화
　다. 지방의 가수분해　　　　　　　　라. 단백질의 변성

44. 효모에 대한 설명으로 틀린 것은?

　가. 당을 분해하여 산과 가스를 생성한다.
　나. 출아법(budding)으로 증식한다.
　다. 제빵용 효모의 학명은 Saccharomyces s(c)erevisiae이다.
　라. 산소의 유무에 따라 증식과 발효가 달라진다.

　🧑‍🍳 **해설** 이스트(효모)는 당류를 최종적으로 알코올과 이산화탄소를 분해한다.

45. 다음 중 향신료를 사용하는 목적이 아닌 것은?

　가. 냄새 제거　　　　　　　　　　　나. 맛과 향 부여
　다. 영양분 공급　　　　　　　　　　라. 식욕 증진

46. 하루 섭취한 2,700kcal 중 지방은 20%, 탄수화물은 65%, 단백질은 15% 비율이었다.
　　지방, 탄수화물, 단백질은 각각 약 몇 g을 섭취하였는가?

　가. 지방 135g, 탄수화물 438.8g, 단백질 45g　　나. 지방 540g, 탄수화물 1,775.2g, 단백질 405.2g
　다. 지방 60g, 탄수화물 438.8g, 단백질 101.3g　　라. 지방 135g, 탄수화물 195g, 단백질 101.3g

　🧑‍🍳 **해설** 하루 섭취량 2,700kcal 중 지방으로 2,700kcal× $\frac{20}{100}$ =540kcal,
　　　탄수화물로 2,700kcal× $\frac{65}{100}$ =1,755kcal, 단백질로 2,700kcal× $\frac{15}{100}$ =405kcal가 필요하므로
　　　섭취량=지방=540÷9=60g
　　　　　　탄수화물=1,755÷4=438.75g　∴약 438.8g
　　　　　　단백질=405÷4=101.25g　　∴약 101.3g

47. 다음 중 비타민 K와 관계가 있는 것은?

　가. 근육 긴장　　　　　　　　　　　나. 혈액 응고
　다. 자극 전달　　　　　　　　　　　라. 노화 방지

48. 아미노산의 성질에 대한 설명 중 맞는 것은?

　가. 모든 아미노산은 선광성을 갖는다.
　나. 아미노산은 융점이 낮아서 액상이 많다.
　다. 아미노산은 종류에 따라 등전점이 다르다.
　라. 천연단백질을 구성하는 아미노산은 주로 D형이다.

49. 설탕의 구성성분은?

　가. 포도당과 과당　　　　　　　　　나. 포도당과 갈락토오스
　다. 포도당 2분자　　　　　　　　　라. 포도당과 맥아당

50. 리놀레산(linoleic acid) 결핍 시 발생할 수 있는 장애가 아닌 것은?

　가. 성장 지연　　　　　　　　　　　나. 시각기능장애
　다. 생식장애　　　　　　　　　　　라. 호흡장애

51. 아플라톡신은 다음 중 어디에 속하는가?

    가. 감자독   나. 효모독   다. 세균독   라. 곰팡이독

52. 식품첨가물의 구비 조건이 아닌 것은?

    가. 인체에 유해한 영향을 미치지 않을 것   나. 식품의 영양가를 유지할 것
    다. 식품에 나쁜 이화학적 변화를 주지 않을 것   라. 소량으로는 충분한 효과가 나타나지 않을 것

    🛡 **해설** 식품첨가물의 구비 조건은 미량으로 효과가 있어야 한다.

53. 미생물의 증식에 의해서 일어나는 식품의 부패나 변패를 방지하기 위하여 사용되는 식품첨가물은?

    가. 보존료   나. 착색료
    다. 산화방지제   라. 표백제

54. 식품위생법 상의 식품위생의 대상이 아닌 것은?

    가. 식품   나. 식품첨가물
    다. 조리방법   라. 기구와 용기·포장

55. 정제가 불충분한 기름 중에 남아 식중독을 일으키는 고시폴(gossypol)은 어느 기름에서 유래하는가?

    가. 피마자유   나. 콩기름
    다. 면실유   라. 미강유

56. 위생동물의 일반적인 특성이 아닌 것은?

    가. 식성 범위가 넓다.
    나. 음식물과 농작물에 피해를 준다.
    다. 병원미생물을 식품에 감염시키는 것도 있다
    라. 발육기간이 길다.

    🛡 **해설** 위생동물은 발육기간이 짧고 번식이 왕성하다.

57. 다음 중 인수공통감염병은?

    가. 탄저병   나. 콜레라
    다. 세균성 이질   라. 장티푸스

58. 포도상구균에 의한 식중독 예방책으로 부적합한 것은?

    가. 조리장을 깨끗이 한다.   나. 섭취 전에 60℃ 정도로 가열한다.
    다. 멸균된 기구를 사용한다.   라. 화농성 질환자의 조리업무를 금지한다.

    🛡 **해설** 포도상구균 식중독은 가열조리로는 예방이 되지 않는다.

59. 경구감염병과 거리가 먼 것은?

    가. 유행성 간염   나. 콜레라   다. 세균성 이질   라. 일본뇌염

60. 주로 단백질 식품이 혐기성균의 작용에 의해 본래의 성질을 잃고 악취를 내거나
유해물질을 생성하여 먹을 수 없게 되는 현상은?

    가. 발효   나. 부패   다. 갈변   라. 산패

제 **1** 회 │ 제빵기능사 기출문제

01. 10kg의 베이킹 파우더에 28%의 전분이 들어 있고 중화가가 80이라면 중조의 함량은?

가. 3.2kg
나. 4.0kg
다. 4.8kg
라. 7.2kg

> 🧑‍🍳 **해설** B.P=중조+산염+전분 = 10Kg
> 전분이 28%이므로 전분량은 10kg×28/100 = 2.8kg
> 그러므로 중조+산염 = 7.2kg (식①)이 된다.
> 중화란 중조/산염×100이므로 중조/산염×100 = 80 (식②)
> 식①과 식②로 중조의 양을 계산한다.
> 식②를 정리하면 중조/산염 = 0.8 → 중조 = 0.8×산염 (식③)
> 식③을 식①에 대입하면 0.8×산염 + 산염
> = 7.2kg → 1.8산염 = 7.2kg → 산염 = 7.2/1.8 = 4kg
> 그러므로 중조의 양은 3.2kg

02. 과자반죽의 믹싱완료 정도를 파악할 때 사용되는 항목으로 적합하지 않은 것은?

가. 반죽의 비중
나. 글루텐의 발전 정도
다. 반죽의 점도
라. 반죽의 색

03. 다음 중 케이크 도넛의 튀김 온도로 가장 적합한 것은?

가. 140~160℃
나.180~190℃
다. 217~227℃
라. 230℃이상

04. 밀가루 100%, 계란 166%, 설탕 166% 소금 2%인 배합률은 어떤 케이크 제조에 적당한가?

가. 파운드 케이크
나. 옐로 레이어 케이크
다. 스펀지 케이크
라. 엔젤푸드 케이크

05. 거품형 케이크는?

가. 파운드 케이크
나. 스펀지 케이크
다. 데블스 푸드 케이크
라. 초콜릿 케이크

> 🧑‍🍳 **해설** 파운드 케이크, 데블스 푸드 케이크, 초콜릿 케이크는 반죽형 케이크

06. 과일 파이의 충전물이 끓어 넘치는 이유가 아닌 것은?

가. 충전물의 온도가 낮다.
나. 껍질에 구멍을 뚫지 않았다.
다. 충전물에 설탕량이 너무 많다.
라. 오븐 온도가 낮다.

> 🧑‍🍳 **해설** 충전물의 온도가 높으면 오븐에서 충전물이 끓어 넘친다.

07. 도넛에 기름이 많이 흡수되는 이유에 대한 설명으로 틀린 것은?

　가. 믹싱이 부족하다.　　　　　　　　　　나. 반죽에 수분이 많다.
　다. 배합에 설탕과 팽창제가 많다.　　　　라. 튀김 온도가 높다.

　🎩 **해설** 튀김온도가 낮을 경우 기름이 많이 흡유된다.

08. 다음 중 버터크림 당액 제조시 설탕에 대한 물 사용량으로 알맞은 것은?

　가. 25%　　　　　　나. 80%　　　　　　다. 100%　　　　　　라 125%

09. 다음 제품 중 이형제로 팬에 물을 분무하여 사용하는 제품은?

　가. 슈　　　　　　　　　　　　　　　　나. 시폰 케이크
　다. 오렌지 케이크　　　　　　　　　　　라. 마블 파운드 케이크

10. 제품의 팽창 형태가 화학적 팽창에 해당하지 않는 것은?

　가. 와플　　　　　　　　　　　　　　　나. 팬케이크
　다. 비스킷　　　　　　　　　　　　　　라. 잉글리쉬 머핀

　🎩 **해설** 잉글리쉬머핀은 이스트 팽창

11. 제과공장 설계시 환경에 대한 조건으로 알맞지 않은 것은?

　가. 바다 가까운 곳에 위치하여야 한다.
　나. 환경 및 주위가 깨끗한 곳이어야 한다.
　다. 양질의 물을 충분히 얻을 수 있어야 한다.
　라. 폐수 및 폐기물 처리에 편리한 곳이어야 한다.

12. 열원으로 찜(수증기)을 이용했을 때의 주 열전달 방식은?

　가. 대류　　　　　　　　　　　　　　　나. 전도
　다. 초음파　　　　　　　　　　　　　　라. 복사

13. 거품형 케이크를 만들 때 녹인 버터는 언제 넣어야 하는가?

　가. 처음부터 다른 재료와 함께 넣는다.　　나. 밀가루와 섞어 넣는다.
　다. 설탕과 섞어 넣는다.　　　　　　　　라. 반죽의 최종단계에 넣는다.

14. 포장된 케이크류에서 변패의 가장 중요한 원인은?

　가. 흡습　　　　　　　　　　　　　　　나. 고온
　다. 저장기간　　　　　　　　　　　　　라. 작업자

15. 다음 중 파이롤러를 사용하지 않는 제품은?

　가. 데니시 페이스트리　　　　　　　　　나. 케이크 도넛
　다. 퍼프 페이스트리　　　　　　　　　　라. 롤 케이크

16. 일반적으로 식빵에 사용되는 설탕은 스트레이트 법에서 몇% 정도일때 이스트 작용을 지연시키는가?

　가. 1%　　　　　　나. 2%　　　　　　다. 4%　　　　　　라. 7%

　🎩 **해설** 제빵에서 설탕은 5% 이상이 되면 이스트 작용을 억제한다.

17. 600g짜리 빵 10개를 만들려고 할 때 발효 손실 2%, 굽기 및 냉각 손실이 12%이면 반죽해야할 반죽의 총 무게는 약 얼마인가?

가. 6.17kg　　　　　　나. 6.42kg　　　　　　다. 6.96kg　　　　　　라. 7.36kg

> **해설** 완제품의 중량 600g × 10개 = 6,000g =6kg
> 굽기 전 반죽의 중량 6kg ÷ (1−0.12) = 6.82kg
> 반죽의 무게 6.82kg ÷ (1−0.02) = 6.96kg

18. 냉동제품의 해동 및 재가열 목적으로 주로 사용하는 오븐은?

가. 적외선 오븐　　　　　　　　　　　　나. 릴 오븐
다. 데크 오븐　　　　　　　　　　　　　라. 대류식 오븐

19. 반죽의 온도가 25℃일 때 반죽의 흡수율이 61%인 조건에서 반죽의 온도를 30℃로 조정하면 흡수율은 얼마가 되는가?

가. 55%　　　　　　나. 58%　　　　　　다. 62%　　　　　　라. 65%

> **해설** 반죽온도가 5℃ 높으면 흡수율은 3%감소하므로 61%−3% = 58%

20. 2차 발효시 3가지 기본적 요소가 아닌 것은?

가. 온도　　　　　　나. ph　　　　　　다. 습도　　　　　　라. 시간

21. 건포도 식빵을 구울 때 건포도에 함유된 당의 영향을 고려하여 주의할 점은?

가. 윗불을 약간 약하게 한다.　　　　　　나. 굽는 시간을 늘린다.
다. 굽는 시간을 줄인다.　　　　　　　　라. 오븐 온도를 높게 한다.

22. 1차 발효실의 상대습도는 몇 %로 유지하는 것이 좋은가?

가. 55~65%　　　　　　　　　　　　　나. 65~75%
다. 75~85%　　　　　　　　　　　　　다. 85~95%

23. 노화에 대한 설명으로 틀린 것은?

가. α화 전분이 β화 전분으로 변하는 것　　나. 빵의 속이 딱딱해지는 것
다. 수분이 감소하는 것　　　　　　　　　라. 빵의 내부에 곰팡이가 피는 것

24. 저율배합의 특징으로 옳은 것은?

가. 저장성이 짧다.　　　　　　　　　　　나. 제품이 부드럽다.
다. 저온에서 굽기한다.　　　　　　　　　라. 대표적인 제품으로 브리오슈가 있다.

> **해설** 저율배합은 제품이 딱딱하고 고온에서 구워야 하며 대표적으로 바게트가 있다.

25. 빵제품의 제조공정에 대한 설명으로 올바르지 않은 것은?

가. 반죽은 무게 또는 부피에 의하여 분할한다.
나. 둥글리기에서 과다한 덧가루를 사용하면 제품에 줄무늬가 생성된다.
다. 중간발효시간은 보통 10~20분이며, 27~29℃에서 실시한다.
라. 성형은 반죽을 일정한 형태로 만드는 1단계 공정으로 이루어져 있다.

> **해설** 성형공정은 5단계(분할−둥글리기−중간발효−정형−패닝)로 되어 있다.

26. 빵이 팽창하는 원인이 아닌 것은?

    가. 이스트에 의한 발효 활동 생성물에 의한 팽창
    나. 효소와 설탕, 소금에 의한 팽창
    다. 탄산가스, 알코올, 수증기에 의한 팽창
    라. 글루텐의 공기 포집에 의한 팽창

27. 산형식빵의 비용적으로 가장 적합한 것은?

    가. 1.5~1.8
    나. 1.7~2.6
    다. 3.2~3.5
    라. 4.0~4.5

28. 냉동 반죽법에서 믹싱 후 1차 발효시간으로 가장 적합한 것은?

    가. 0~20분
    나. 50~60분
    다. 80~90분
    라. 110~120분

29. 냉각 손실에 대한 설명 중 틀린 것은?

    가. 식히는 동안 수분 증발로 무게가 감소한다.
    나. 여름철보다 겨울철이 냉각 손실이 크다.
    다. 상대 습도가 높으면 냉각 손실이 작다.
    라. 냉각 손실은 5%정도가 적당하다.

    🎩 **해설** 제빵의 냉각손실은 약 2% 정도이다.

30. 기업경영의 3요소(3M)가 아닌 것은?

    가. 사람(man)
    나. 자본(money)
    다. 재료(material)
    라. 방법(method)

31. 설탕의 전체 고형질을 100%로 볼 때 포도당과 물엿의 고형질 함량은?

    가. 포도당은 91%, 물엿은 80%
    나. 포도당은 80%, 물엿은 20%
    다. 포도당은 80%, 물엿은 50%
    라. 포도당은 80%, 물엿은 5%

32. 계란이 오래되면 어떠한 현상이 나타나는가?

    가. 비중이 무거워진다.
    나. 점도가 감소한다.
    다. ph가 떨어져 산패된다.
    라. 기실이 없어진다.

    🎩 **해설** 계란이 오래되면 비중이 가벼워지고 점도가 감소하며 pH가 증가하고 기실이 증가한다.

33. 다음 중 ph가 중성인 것은?

    가. 식초
    나. 수산화나트륨 용액
    다. 중조
    라. 증류수

34. 10%이상의 단백질 함량을 가진 밀가루로 케이크를 만들었을 때 나타나는 결과가 아닌 것은?

    가. 제품이 수축되면서 딱딱하다.
    나. 형태가 나쁘다.
    다. 제품의 부피가 크다.
    라. 제품이 질기며 속결이 좋지 않다.

    🎩 **해설** 단백질함량이 많은 밀가루로 케이크를 만들면 제품이 부피가 작아진다.

35. 다음 중 코팅용 초콜릿이 갖추어야 하는 성질은?

    가. 융점이 항상 낮은 것
    나. 융점이 항상 높은 것
    다. 융점이 겨울에는 높고, 여름에는 낮은 것
    라. 융점이 겨울에는 낮고, 여름에는 높은 것

36. 글루텐을 형성하는 단백질 중 수용성 단백질은?

　가. 글리아딘　　　　　　　　　　　　나. 글루테닌
　다. 메소닌　　　　　　　　　　　　　라 글로불린

37. 다음 중 우유 단백질이 아닌 것은?

　가. 카제인(casein)　　　　　　　　　나. 락토알부민(lactoalbumin)
　다. 락토글로불린(lactoglobulin)　　　라. 락토오스(lactose)

　🎩**해설** 락토오스는 유당으로 우유에 함유된 단백질이 아니고 탄수화물이다.

38. 다음 당류 중 일반적인 제빵용 이스트에 의하여 분해되지 않는 것은?

　가. 설탕　　　　　　　　　　　　　　나. 맥아당
　다. 과당　　　　　　　　　　　　　　라. 유당

39. 50g의 밀가루에서 15g의 젖은 글루텐을 채취했다면, 이 밀가루의 건조 글루텐 함량은?

　가. 10%　　　　　　　　　　　　　　나. 20%
　다. 30%　　　　　　　　　　　　　　라. 40%

　🎩**해설** 젖은 글루텐 함량은 15g/50g × 100 = 30%, 건조글루텐 함량은 30%÷3 = 10%

40. 강력분의 특징과 거리가 먼 것은?

　가. 초자질이 많은 경질소맥으로 제분한다.　　나. 제분율을 높여 고급 밀가루를 만든다.
　다. 상대적으로 단백질 함량이 높다　　　　　라. 믹싱과 발효 내구성이 크다.

　🎩**해설** 제분율이 높을수록 밀기울의 혼입량이 많아진다.

41. 기본적인 유화쇼트닝은 모노-디 글리세리드 역가를 기준으로 유지에 대하여
얼마를 첨가하는 것이 가장 적당한가?

　가. 1~2%　　　　　　　　　　　　　나. 3~4%
　다. 6~8%　　　　　　　　　　　　　라. 10~12%

42. 물에 대한 설명으로 틀린 것은?

　가. 물은 경도에 따라 크게 연수와 경수로 나뉜다.
　나. 경수는 물 100ml 중 칼슘, 마그네슘 등의 염이 10~20mg 정도 함유된 것이다.
　다. 연수는 물 100ml 중 칼슘, 마그네슘 등의 염이 10mg 이하 함유된 것이다.
　라. 일시적인 경수란 물을 끓이면 물속의 무기물이 불용성 탄산염으로 침전되는 것이다.

　🎩**해설** 경수는 120ppm 이상이므로 물 100ml에 12mg이상의 염류가 함유되어 있어야 하고
　　　　연수는 120ppm이하이므로 물 100ml에 12mg이하의 염류가 함유되어 있어야 한다.

43. 술에 대한 설명으로 틀린 것은?

　가. 제과, 제빵에서 술을 사용하면 바람직하지 못한 냄새를 없앨 수 없다.
　나. 양조주란 곡물이나 과실을 원료로 하여 효모로 발효시킨 것이다.
　다. 증류주란 발효시킨 양조주를 증류한 것이다.
　라. 혼성주란 증류주를 기본으로 하여 정제당을 넣고 과실등의 추출물로 향미를 낸 것으로
　　　대부분 알코올 농도가 낮다.

　🎩**해설** 혼성주는 알코올 농도가 높다.

44. 식물성 안정제가 아닌 것은?

　가. 젤라틴　　　　　　　　　　　　나. 한천
　다. 로커스트빈검　　　　　　　　　　라. 펙틴

　🐷 **해설** 젤라틴은 동물성 안정제

45. 반죽의 물리적 성질을 시험하는 기기가 아닌 것은?

　가. 페리노그래프(Farinograph)　　　나. 수분 활성도 측정기(Water activity analyzer)
　다. 익스텐소그래프(Extensograph)　　라. 폴링 넘버(Falling number)

46. 노인의 경우 필수지방산의 흡수를 위하여 다음 중 어떤 종류의 기름을 섭취하는 것이 좋은가?

　가. 콩기름　　　　　나. 닭기름　　　　　다. 돼지기름　　　　　라. 쇠기름

47. 1일 2,000kcal를 섭취하는 성인의 경우 탄수화물의 적절한 섭취량은?

　가. 1,100~1,400g　　　　　　　　　나. 850~1,050g
　다. 500~725g　　　　　　　　　　　라. 275~350g

　🐷 **해설** 탄수화물의 적절한 섭취량은 총 열량(2,000kcal)의 60~70%이므로 1,200~1,400kcal가 필요한데
　　　　탄수화물은 1g당 4kcal의 열량을 내므로 300g~350g의 탄수화물이 필요하다.

48. "태양광선 비타민"이라고도 불리며 자외선에 의해 체내에서 합성되는 비타민은?

　가. 비타민 A　　　　　　　　　　　나. 비타민 B
　다. 비타민 C　　　　　　　　　　　라. 비타민 D

49. 지질의 대사산물이 아닌 것은?

　가. 물　　　　　　　　　　　　　　나. 수소
　다. 이산화탄소　　　　　　　　　　라. 에너지

50. 각 식품별 부족한 영양소의 연결이 틀린 것은?

　가. 콩류 − 트레오닌　　　　　　　　나. 곡류 − 리신
　다. 채소류 − 메티오닌　　　　　　　라. 옥수수 − 트립토판

51. 소독제로 가장 많이 사용되는 알코올의 농도는?

　가. 30%　　　　　나. 50%　　　　　다. 70%　　　　　라. 100%

52. 곰팡이의 대사생산물이 사람이나 동물에 어떤 질병이나 이상한 생리작용을 유발하는 것은?

　가. 만성 감염병　　　　　　　　　　나. 급성 감염병
　다. 화학적식중독　　　　　　　　　　라. 진균독식중독

53. 식품첨가물에 대한 설명 중 틀린 것은?

　가. 성분규격은 위생적인 품질을 확보하기 위한 것이다.
　나. 모든 품목은 사용대상 식품의 종류 및 사용량에 제한을 받지 않는다.
　다. 조금씩 사용하더라도 장기간 섭취할 경우 인체에 유해할 수도 있으므로 사용에 유의한다.
　라. 용도에 따라 보존료, 산화 방지제 등이 있다.

　🐷 **해설** 식품첨가물의 모든 품목은 사용대상 식품의 종류 및 사용량에 대해서 제한을 두고 있다.

54. 기구, 용기 또는 포장 제조에 함유될 수 있는 유해금속과 거리가 먼 것은?

    가. 납   나. 카드뮴

    다. 칼슘   라. 비소

55. 균체의 독소중 뉴로톡신(neurotoxin)을 생산하는 식중독 균은?

    가. 포도상구균   나. 클로스트리디움 보툴리늄균

    다. 장염 비브리오균   라. 병원성 대장균

56. 식품첨가물에 관한 설명 중 틀린 것은?

    가. 식품의 조리 가공에 있어 상품적, 영양적, 위생적 가치를 향상시킬 목적으로 사용한다.

    나. 식품에 의도적으로 미량 첨가되는 물질이다.

    다. 자연의 동, 식물에서 추출된 천연식품첨가물은 식품의약품안전청장의 허가 없이도 사용이 가능하다.

    라. 식품에 첨가, 혼합, 침윤, 기타의 방법에 의해 사용되어진다.

57. 부패를 판정하는 방법으로 사람에 의한 관능검사를 실시할 때 검사하는 항목이 아닌 것은?

    가. 색   나. 맛

    다. 냄새   라. 균수

58. 경구감염병 중 바이러스에 의해 감염되어 발병되는 것은?

    가. 성홍열   나. 장티푸스

    다. 홍역   라. 아메바성 이질

59. 경구감염병의 예방대책으로 잘못된 것은?

    가. 환자 및 보균자의 발견과 격리   나. 음료수의 위생 유지

    다. 식품 취급자의 개인위생 관리   라. 숙주 감수성 유지

60. 급성 감염병을 일으키는 병원체로 포자는 내열성이 강하며 생물학전이나 생물테러에 사용될 수 있는 위험성이 높은 병원체는?

    가. 브루셀라균   나. 탄저균

    다. 결핵균   라. 리스테리아균

01. 프랑스빵의 2차 발효실 습도로 가장 적합한 것은?

가. 65~70%
나. 75~80%
다. 80~85%
라. 85~90%

02. 일반적으로 이스트 도넛의 가장 적당한 튀김 온도는?

가. 100~115℃
나. 150~165℃
다. 180~195℃
라. 230~245℃

03. 다음 중 패닝에 대한 설명으로 틀린 것은?

가. 반죽의 이음매가 틀의 바닥으로 놓이게 한다.
나. 철판의 온도를 60℃로 맞춘다.
다. 반죽은 적정 분할량을 넣는다.
라. 비용적의 단위는 ㎤/g이다.

🧢 **해설** 패닝 시 철판의 적정온도는 32℃이다.

04. 액체발효법(액종법)에 대한 설명으로 옳은 것은?

가. 균일한 제품 생산이 어렵다.
나. 발효 손실에 따른 생산 손실을 줄일 수 있다.
다. 공간 확보와 설비가 많이 든다.
라. 한 번에 많은 양을 발효시킬 수 없다.

05. 다음 중 반죽 발효에 영향을 주지 않는 재료는?

가. 쇼트닝
나. 설탕
다. 이스트
라. 이스트푸드

06. 제빵 시 성형(make-up)의 범위에 들어가지 않는 것은?

가. 둥글리기
나. 분할
다. 정형
라. 2차 발효

🧢 **해설** 제빵 시 성형 공정은 분할-둥글리기-중간발효-정형-패닝

07. 스펀지 도우법으로 반죽을 만들 때 스펀지 반죽 온도로 적정한 것은?

가. 24℃
나. 27℃
다. 26℃
라. 28℃

08. 반죽의 신장성에 대한 저항을 측정하는 방법은?

가. 믹소그래프
나. 익스텐소그래프
다. 레오그래프
라. 패리노그래프

09. 완제품 50g짜리 식빵 100개를 만들려고 한다. 발효 손실 2%, 굽기 손실 12%, 총배합률 180%일 때 이 반죽의 분할 당시 반죽 무게는?

　가. 4.68kg 　　　　　　　　　　　　　나. 5.68kg
　다. 6.68kg 　　　　　　　　　　　　　라. 7.68kg

　🎩 **해설** 분할 당시 반죽 무게는 발효를 한 후이기 때문에 굽기 손실만 감안해서 계산한다.
　　　분할 당시 반죽 무게=(50g×100개)÷(1−0.12)=5.68kg

10. 믹싱의 효과로 거리가 먼 것은?

　가. 원료의 균일한 분산 　　　　　　　나. 반죽의 글루텐 형성
　다. 이물질 제거 　　　　　　　　　　　라. 반죽에 공기 혼입

11. 제품을 생산하는데 생산 원가 요소는?

　가. 재료비, 노무비, 경비 　　　　　　나. 재료비, 용역비, 감가상각비
　다. 판매비, 노동비, 월급 　　　　　　라. 광열비, 월급, 생산비

12. 빵의 제품 평가에서 브레이크와 슈레드 부족 현상의 이유가 아닌 것은?

　가. 발효시간이 짧거나 길었다. 　　　　나. 오븐의 온도가 높았다.
　다. 2차 발효실의 습도가 낮았다. 　　　라. 오븐의 증기가 너무 많았다.

13. 빵의 노화를 지연시키는 경우가 아닌 것은?

　가. 저장 온도를 −18℃ 이하로 유지한다. 　나. 21~35℃에서 보관한다.
　다. 고율배합으로 한다. 　　　　　　　　　라. 냉장고에서 보관한다.

　🎩 **해설** 빵의 노화는 −7~16℃에서 가장 빠르게 진행된다.

14. 냉동반죽 제품의 장점이 아닌 것은?

　가. 계획생산이 가능하다. 　　　　　　나. 인당 생산량이 증가한다.
　다. 이스트의 사용량이 감소된다. 　　　라. 반죽의 저장성이 향상된다.

15. 식빵의 포장에 가장 적합한 온도는?

　가. 20~24℃ 　　　　　　　　　　　　나. 25~29℃
　다. 30~34℃ 　　　　　　　　　　　　라. 35~40℃

16. 팽창제에 대한 설명 중 틀린 것은?

　가. 가스를 발생시키는 물질이다. 　　　나. 반죽을 부풀게 한다.
　다. 제품에 부드러운 조직을 부여해준다. 　라. 제품에 질긴 성질을 준다.

17. 일반적으로 유화 쇼트닝은 모노−디−글리세리드가 얼마나 함유된 것이 좋은가?

　가. 1~3% 　　　　　　　　　　　　　나. 4~5%
　다. 6~8% 　　　　　　　　　　　　　라. 9~11%

18. 글루텐을 형성하는 단백질은?

　가. 알부민, 글리아딘 　　　　　　　　나. 알부민, 글로불린
　다. 글루테닌, 글리아딘 　　　　　　　라. 글루테닌, 글로불린

19. 밀가루와 밀의 현탁액을 일정한 온도로 균일하게 상승시킬 때 일어나는 점도의 변화를 계속적으로 자동기록하는 장치는?

　가. 아밀로그래프(Amylograph)
　나. 모세관 점도계(Capillary viscometer)
　다. 피서 점도계(Fisher viscometer)
　라. 브룩필드 점도계(Brookfield viscometer)

20. 유당에 대한 설명으로 틀린 것은?

　가. 우유에 함유된 당으로 입상형, 분말형, 미분말형 등이 있다.
　나. 감미도는 설탕 100에 대하여 16 정도이다.
　다. 환원당으로 아미노산의 존재 시 갈변반응을 일으킨다.
　라. 포도당이나 자당에 비하여 용해도가 높고 결정화가 느리다.

　🎓 **해설** 유당은 포도당이나 자당보다 용해도가 낮고 결정이 빠르다.

21. 다음의 당류 중에서 상대적 감미도가 두 번째로 큰 것은?

　가. 과당
　나. 설탕
　다. 포도당
　라. 맥아당

　🎓 **해설** 과당 〉 설탕 〉 포도당 〉 맥아당

22. 초콜릿의 코코아와 코코아버터 함량으로 옳은 것은?

　가. 코코아 3/8, 코코아버터 5/8
　나. 코코아 2/8, 코코아버터 6/8
　다. 코코아 5/8, 코코아버터 3/8
　라. 코코아 4/8, 코코아버터 4/8

23. 계란 흰자의 약 13%를 차지하며 철과의 결합 능력이 강해서 미생물이 이용하지 못하는 항세균 물질은?

　가. 오브알부민(ovalbumin)
　나. 콘알부민(conalbumin)
　다. 오보뮤코이드(ovomucoid)
　라. 아비딘(avidin)

　🎓 **해설** 계란 흰자의 약 13%가 아니고 계란 흰자 단백질의 약 13%가 콘알부민이다.

24. 이스트에 대한 설명 중 옳지 않은 것은?

　가. 제빵용 이스트는 온도 20~25℃에서 발효력이 최대가 된다.
　나. 주로 출아법에 의해 증식한다.
　다. 생이스트의 수분 함유율은 70~75%이다.
　라. 엽록소가 없는 단세포 생물이다.

　🎓 **해설** 이스트는 35~40℃에서 발효력이 최대가 된다.

25. 감미만을 고려할 때 설탕 100g을 포도당으로 대치한다면 약 얼마를 사용하는 것이 좋은가?

　가. 75g
　나. 100g
　다. 130g
　라. 170g

　🎓 **해설** 포도당의 감미도는 설탕의 75%에 해당되므로 100÷0.75=133.3g ∴약 130g

26. 빵 제조 시 설탕의 사용효과와 거리가 가장 먼 것은?

　가. 효모의 영양원
　나. 빵의 노화 지연
　다. 글루텐 강화
　라. 빵의 색택 부여

　🎓 **해설** 제빵 시 소금, 탈지분유가 글루텐을 강화시킨다.

27. 제빵에 적합한 물의 경도는?

　　가. 0~60ppm　　　　　　　　　　　　나. 60~120ppm

　　다. 120~180ppm　　　　　　　　　　라. 180ppm 이상

28. 전분의 종류에 따른 중요한 물리적 성질과 가장 거리가 먼 것은?

　　가. 냄새　　　　　　　　　　　　　　나. 호화 온도

　　다. 팽윤　　　　　　　　　　　　　　라. 반죽의 점도

29. 생크림 보존 온도로 가장 적합한 것은?

　　가. −18℃ 이하　　　나. −5~−1℃ 이하　　　다. 0~10℃　　　라. 15~18℃

30. 우유 중에 함유되어 있는 유당의 평균 함량은?

　　가. 0.8%　　　　　　나. 4.8%　　　　　　다. 10.8%　　　　　라. 15.8%

31. 다당류에 속하지 않는 것은?

　　가. 섬유소　　　　　　나. 전분　　　　　　다. 글리코겐　　　　　라. 맥아당

　　🍳 **해설** 맥아당은 이당류

32. 생리기능의 조절작용을 하는 영양소는?

　　가. 탄수화물, 지방질　　　　　　　　나. 탄수화물, 단백질

　　다. 지방질, 단백질　　　　　　　　　라. 무기질, 비타민

33. 다음 중 단일불포화지방산은?

　　가. 올레산　　　　　　나. 팔미트산　　　　다. 리놀렌산　　　　라. 아라키돈산

34. 하루 2,400kcal를 섭취하는 사람의 이상적인 탄수화물의 섭취량은 약 얼마인가?

　　가. 140~150g　　　　　　　　　　　나. 200~230g

　　다. 260~320g　　　　　　　　　　　라. 330~420g

　　🍳 **해설** 사람의 이상적 탄수화물 섭취 권장량은 총 섭취열량의 55~70%이므로
　　　　2,400kcal×0.55=1,320kcal, 2,400kcal×0.7=1,680kcal
　　　　∴ 1,320kcal÷4kcal=330g, 1,680kcal÷4kcal=420g

35. 다음 중 단백질의 소화효소가 아닌 것은?

　　가. 리파아제(lipase)　　　　　　　　나. 카이모트립신(chymotrypsin)

　　다. 아미노펩티다아제(amino peptidase)　　라. 펩신(pepsin)

　　🍳 **해설** 리피아제는 지방분해효소

36. 식품첨가물 사용 시 유의할 사항 중 잘못된 것은?

　　가. 사용 대상 식품의 종류를 잘 파악한다.

　　나. 첨가물의 종류에 따라 사용량을 지킨다.

　　다. 첨가물의 종류에 따라 사용 조건은 제한하지 않는다.

　　라. 보존방법이 명시된 것은 보존 기준을 지킨다.

　　🍳 **해설** 첨가물은 종류에 따라 사용 조건이 제한적이다.

37. 살균이 불충분한 육류 통조림으로 인해 식중독이 발생했을 경우, 가장 관련이 깊은 식중독균은?
　　가. 살모넬라균　　　　　　　　　　　　　　나. 시겔라균
　　다. 황색 포도상구균　　　　　　　　　　　　라. 보툴리누스균

38. 인수공통감염병에 대한 설명으로 틀린 것은?
　　가. 인간과 척추동물 사이에 전파되는 질병이다.
　　나. 인간과 척추동물이 같은 병원체에 의하여 발생되는 감염병이다.
　　다. 바이러스성 질병으로 발진열, Q열 등이 있다.
　　라. 세균성 질병으로 탄저, 브루셀라증, 살모넬라증 등이 있다.

39. 인수공통감염병으로만 짝지어진 것은?
　　가. 폴리오, 장티푸스　　　　　　　　　　　　나. 탄저, 리스테리아증
　　다. 결핵, 유행성 간염　　　　　　　　　　　　라. 홍역, 브루셀라증

40. 다음 중 부패세균이 아닌 것은?
　　가. 어위니아균(Erwinia)　　　　　　　　　　나. 슈도모나스균(Pseudomonas)
　　다. 고초균(Bacillus subtilis)　　　　　　　　라. 티포이드균(Sallmonella typhi)

　　🎓 **해설** 티포이드균은 식중독균

41. 사람과 동물이 같은 병원체에 의하여 발생되는 감염병과 거리가 먼 것은?
　　가. 탄저병　　　　　　　　　　　　　　　　나. 결핵
　　다. 동양모양선충　　　　　　　　　　　　　라. 브루셀라증

42. 부패에 영향을 미치는 요인에 대한 설명으로 맞는 것은?
　　가. 중온균의 발육적온은 46～60℃　　　　나. 효모의 생육최적 pH는 10 이상
　　다. 결합수의 함량이 많을수록 부패가 촉진　　라. 식품 성분의 조직상태 및 식품의 저장환경

43. 빵을 제조하는 과정에서 반죽 후 분할기로부터 분할할 때나 구울 때 달라붙지 않게 할 목적으로 허용되어 있는 첨가물은?
　　가. 글리세린　　　　　　　　　　　　　　　나. 프로필렌 글리콜
　　다. 초산 비닐수지　　　　　　　　　　　　　라. 유동 파라핀

　　🎓 **해설** 제빵 시 이형제로서 유동 파라핀의 사용이 허용된다.

44. 복어의 독소 성분은?
　　가. 엔테로톡신(enterotoxin)　　　　　　　　나. 테트로도톡신(tetrodotoxin)
　　다. 무스카린(muscarine)　　　　　　　　　　라. 솔라닌(solanine)

45. 다음 중 독소형 세균성 식중독의 원인균은?
　　가. 황색 포도상구균　　　　　　　　　　　　나. 살모넬라균
　　다. 장염비브리오균　　　　　　　　　　　　라. 대장균

46. 쿠키에 사용하는 재료로서 퍼짐에 중요한 영향을 주는 당류는?
　　가. 분당　　　　　　나. 설탕　　　　　　다. 포도당　　　　　　라. 물엿

47. 아이싱에 사용하여 수분을 흡수하므로, 아이싱이 젖거나 묻어나는 것을 방지하는 흡수제로 적당하지 않은 것은?

가. 밀 전분　　　　　　　　　　　나. 옥수수 전분
다. 설탕　　　　　　　　　　　　　라. 타피오카 전분

48. 케이크 굽기 시의 캐러멜화 반응은 어느 성분의 변화로 일어나는가?

가. 당류　　　　　　　　　　　　　나. 단백질
다. 지방　　　　　　　　　　　　　라. 비타민

49. 케이크 제조 시 제품의 부피가 크게 팽창했다가 가라앉는 원인이 아닌 것은?

가. 물 사용량의 증가　　　　　　　나. 밀가루 사용의 부족
다. 분유 사용량의 증가　　　　　　라. 베이킹파우더 증가

50. 생산공장 시설의 효율적 배치에 대한 설명 중 적합하지 않은 것은?

가. 작업용 바닥 면적은 그 장소를 이용하는 사람들의 수에 따라 달라진다.
나. 판매 장소와 공장의 면적 배분(판매 3 : 공장 1)의 비율로 구성되는 것이 바람직하다.
다. 공장의 소요 면적은 주방설비의 설치 면적과 기술자의 작업을 위한 공간 면적으로 이루어진다.
라. 공장의 모든 업무가 효과적으로 진행되기 위한 기본은 주방의 위치와 규모에 대한 설계이다.

51. 파운드케이크 제조 시 이중 팬을 사용하는 목적이 아닌 것은?

가. 제품 바닥의 두꺼운 껍질 형성을 방지하기 위하여
나. 제품 옆면의 두꺼운 껍질 형성을 방지하기 위하여
다. 제품의 조직과 맛을 좋게 하기 위하여
라. 오븐에서의 열전도 효율을 높이기 위하여

52. 판 젤라틴을 전처리하기 위한 물의 온도로 알맞은 것은?

가. 10~20℃　　　　　　　　　　나. 30~40℃
다. 60~70℃　　　　　　　　　　라. 80~90℃

53. 아이싱이나 토핑에 사용하는 재료의 설명으로 틀린 것은?

가. 중성쇼트닝은 첨가하는 재료에 따라 향과 맛을 살릴 수 있다.
나. 분당은 아이싱 제조 시 끓이지 않고 사용할 수 있는 장점이 있다.
다. 생우유는 우유의 향을 살릴 수 있어 바람직하다.
라. 안정제는 수분을 흡수하여 끈적거림을 방지한다.

54. 퍼프 페이스트리 반죽의 휴지 효과에 대한 설명으로 틀린 것은?

가. 글루텐을 재정돈시킨다.　　　　나. 밀어펴기가 용이해진다.
다. CO_2가스를 최대한 발생시킨다.　라. 절단 시 수축을 방지한다.

55. 다음 제품의 반죽 중에서 비중이 가장 낮은 것은?

가. 레이어 케이크　　　　　　　　나. 파운드케이크
다. 데블스 푸드 케이크　　　　　　라. 스펀지케이크

56. 밀가루와 유지를 믹싱한 후 다른 건조 재료와 액체 재료 일부를 투입하여 믹싱하는 것으로, 유연감을 우선으로 하는 제품에 많이 사용하는 믹싱법은?

　가. 크림법　　　　　　　　　　　　　　　나. 블렌딩법
　다. 설탕/물법　　　　　　　　　　　　　　라. 1단계법

57. 파이나 퍼프 페이스트리는 무엇에 의하여 팽창되는가?

　가. 화학적인 팽창　　　　　　　　　　　　나. 중조에 의한 팽창
　다. 유지에 의한 팽창　　　　　　　　　　　라. 이스트에 의한 팽창

58. 파이 반죽을 냉장고에 넣어 휴지시키는 이유가 아닌 것은?

　가. 밀가루의 수분흡수를 함　　　　　　　　나. 유지를 적당하게 굳힘
　다. 퍼짐을 좋게 함　　　　　　　　　　　　라. 끈적거림을 방지함

59. 설탕공예용 당액 제조 시 설탕의 재결정을 막기 위해 첨가하는 재료는?

　가. 중조　　　　　　　　　　　　　　　　　나. 주석산
　다. 포도당　　　　　　　　　　　　　　　　라. 베이킹파우더

60. 화이트 레이어 케이크에서 설탕 130%, 유화쇼트닝 60%를 사용한 경우 흰자 사용량은?

　가. 약 60%　　　　　　　　　　　　　　　나. 약 66%
　다. 약 78%　　　　　　　　　　　　　　　라. 약 86%

　🛡 **해설** 흰자 사용량=쇼트닝×1.43=60×1.43=85.8 ∴약 86%

제 3 회 제빵기능사 기출문제

01. 로-마지팬(raw mazipan)에서 '아몬드 : 설탕'의 적합한 혼합비율은?

가. 1 : 0.5

나. 1 : 1.5

다. 1 : 2.5

라. 1 : 3.5

👨‍🍳 **해설** 로-마지팬은 아몬드와 설탕 비율이 2:1로 배합용으로 사용된다.

02. 다음 중 달걀에 대한 설명이 틀린 것은?

가. 노른자의 수분함량은 약 50% 정도이다.

나. 전란(흰자와 노른자) 의 수분함량은 75%정도이다.

다. 노른자에는 유화기능을 갖는 레시틴이 함유되어 있다.

라. 달걀은 −5〜−10℃로 냉동 저장하여야 품질을 보장할 수 있다.

👨‍🍳 **해설** 일반적으로 계란은 냉장보관으로도 품질 유지가 가능하다.

03. 같은 용적의 팬에 같은 무게의 반죽을 패닝 하였을 경우 부피가 가장 작은 제품은?

가. 시폰 케이크

나. 레이어 케이크

다. 파운드 케이크

라. 스펀지 케이크

👨‍🍳 **해설** 반죽의 비중이 무거울수록 부피가 작아지는 것은 파운드 케이크이다.

04. 다크 초콜릿을 템퍼링(Tempering) 할 때 맨 처음 녹이는 공정의 온도 범위로 가장 적합한 것은?

가. 10〜20℃

나. 20〜30℃

다. 30〜40℃

라. 40〜50℃

05. 도넛에서 발한을 제거하는 방법은?

가. 도넛에 묻히는 설탕의 양을 감소시킨다.

나. 기름을 충분히 예열시킨다.

다. 결착력이 없는 기름을 사용한다.

라. 튀김 시간을 증가시킨다.

👨‍🍳 **해설** 도넛에 묻히는 설탕량을 증가시키고 점착력이 있는 기름으로 튀겨야 발한 방지가 가능하다.

06. 다음 중 케이크의 아이싱에 주로 사용되는 것은?

가. 마지팬

나. 프랄린

다. 글레이즈

라. 휘핑크림

07. 충전물 또는 젤리가 롤케이크에 축축하게 스며드는 것을 막기 위해 조치해야 할 사항으로 틀린 것은?

가. 굽기 조정

나. 물 사용량 감소

다. 반죽시간 증가

라. 밀가루 사용량 감소

👨‍🍳 **해설** 껍데기에 구멍이 없으면 수증기가 빠져 나갈 곳이 없어 충전물이 끓어 넘친다.

08. 비중컵의 무게 40g, 물을 담은 비중컵의 무게 240g, 반죽을 담은 비중컵의 무게 180g일 때 반죽의 비중은?

가. 0.2 　　　　　　　　　　　　　　　　　　나. 0.4
다. 0.6 　　　　　　　　　　　　　　　　　　라. 0.7

🎩 **해설** 비중 = $\dfrac{180-40}{240-40}$ = 0.7

09. 다음 믹싱 방법 중 먼저 유지와 설탕을 섞는 방법으로 부피를 우선으로 할 때 사용하는 방법은?

가. 크림법 　　　　　　　　　　　　　　　나. 1단계법
다. 블렌딩법 　　　　　　　　　　　　　　라. 설탕/물법

10. 쿠키 포장지의 특성으로 적합하지 않은 것은?

가. 내용물의 색, 향이 변하지 않아야 한다. 　　나. 독성 물질이 생성되지 않아야한다.
다. 통기성이 있어야 한다. 　　　　　　　　　라. 방습성이 있어야 한다.

🎩 **해설** 포장지의 조건으로 통기성은 없어야 한다.

11. 열원으로 찜(수증기)을 이용했을 때의 주 열전달 방식은?

가. 대류 　　　　　　　　　　　　　　　　나. 전도
다. 초음파 　　　　　　　　　　　　　　　라. 복사

12. 쇼트 브레드 쿠키 제조 시 휴지를 시킬 때 성형을 용이하게 하기 위한 조치는?

가. 반죽을 뜨겁게 한다. 　　　　　　　　　나. 반죽을 차게 한다.
다. 휴지 전 단계에서 오랫동안 믹싱한다. 　　라. 휴지 전 단계에서 짧게 믹싱한다.

13. 찜(수증기)을 이용하여 만들어진 제품이 아닌 것은?

가. 소프트 롤 　　　　　　　　　　　　　나. 찜 케이크
다. 중화 만두 　　　　　　　　　　　　　라. 호빵

14. 다음 굽기 중 과일 충전물이 끓어 넘치는 원인으로 점검할 사항이 아닌 것은 ?

가. 배합의 부정확 여부를 확인한다.
나. 충전물 온도가 높은지 점검한다.
다. 바닥 껍질이 너무 얇지는 않은지를 점검한다.
라. 껍데기에 구멍이 없어야 하고, 껍질 사이가 잘 봉해져 있는지의 여부를 확인한다.

15. 스펀지 젤리롤을 만들 때 겉면이 터지는 결점에 대한 조치사항으로 올바르지 않은 것은?

가. 설탕의 일부를 물엿으로 대치한다. 　　　나. 팽창제 사용량을 감소시킨다.
다. 계란 노른자를 감소시킨다. 　　　　　　라. 반죽의 비중을 증가시킨다.

16. 2차 발효에 대한 설명으로 틀린 것은?

가. 이산화탄소를 생성시켜 최대한의 부피를 얻고 글루텐을 신장시키는 과정이다.
나. 2차 발효실의 온도는 반죽의 온도보다 같거나 높아야 한다.
다. 2차 발효실의 습도는 평균 75~90% 정도이다.
라. 2차 발효실의 습도가 높을 경우 겉껍질이 형성되고 터짐 현상이 발생한다.

🎩 **해설** 2차 발효실의 습도가 너무 낮을 경우 겉껍질이 형성되고 터짐 현상이 생긴다.

17. 빵을 포장하려 할 때 가장 적합한 빵의 중심온도와 수분 함량은?

　가. 30℃ , 30%　　　　　　　　　　나. 35℃, 38%

　다. 42℃, 45%　　　　　　　　　　라. 48℃, 55%

18. 둥글리기가 끝난 반죽을 성형하기 전에 짧은 시간 동안 발효시키는 목적으로 적합하지 않은 것은?

　가. 가스 발생으로 반죽의 유연성을 회복시키기 위해

　나. 가스 발생력을 키워 반죽을 부풀리기 위해

　다. 반죽표면에 얇은 막을 만들어 성형할 때 끈적거리지 않도록 하기 위해

　라. 분할, 둥글리기 하는 과정에서 손상된 글루텐 구조를 재 정돈하기 위해

19. 냉동빵 혼합(Mixing)시 흔히 사용하고 있는 제법으로, 환원제로 시스테인(cysteine) 등을 사용하는 제법은?

　가. 스트레이트법　　　　　　　　　나. 스펀지법

　다. 액체발효법　　　　　　　　　　라. 노타임법

20. 식빵 껍질 표면에 물집이 생긴 이유가 아닌 것은?

　가. 반죽이 질었다.　　　　　　　　나. 2차 발효실의 습도가 높았다.

　다. 발효가 과하였다.　　　　　　　라. 오븐의 윗 열이 너무 높았다.

　🎓 **해설** 발효가 부족하면 식빵 껍질 표면에 물집이 생긴다.

21. 빵의 품질평가 방법 중 내부 특성에 대한 평가항목이 아닌 것은?

　가. 기공　　　　　　　　　　　　　나. 속색

　다. 조직　　　　　　　　　　　　　라. 껍질의 특성

　🎓 **해설** 껍질의 특성은 외부평가이다.

22. 팬 오일의 조건이 아닌 것은?

　가. 발연점이 130℃ 정도 되는 기름을 사용한다.　　나. 산패되기 쉬운 지방산이 적어야 한다.

　다. 보통 반죽 무게의 0.1~0.2%를 사용한다.　　　라. 면실유, 대두유등의 기름이 이용된다.

　🎓 **해설** 팬 오일은 발연점이 210℃ 이상이 되어야 한다.

23. 다음 중 반죽이 매끈해지고 글루텐이 가장 많이 형성되어 탄력성이 강한 것이 특징이며, 프랑스 빵 반죽의 믹싱 완료시기인 단계는?

　가. 클린업 단계　　　　　　　　　　나. 발전단계

　다. 최종단계　　　　　　　　　　　라. 렛다운 단계

24. 분할된 반죽을 둥그렇게 말아 하나의 피막을 형성되도록 하는 기계는?

　가. 믹서(mixer)　　　　　　　　　　나. 오버헤드 프루퍼(overhead proofer)

　다. 정형기(moulder)　　　　　　　　라. 라운더(rounder)

25. 식빵을 만드는데 실내온도 15℃, 수돗물 온도 10℃, 밀가루 온도 13℃일 때 믹싱 후의 반죽온도가 21℃가 되었다면 이 때 마찰계수는?

　가. 5　　　　　　　나. 10　　　　　　　다. 20　　　　　　　라. 25

　🎓 **해설** 마찰계수= 21X3-(13+15+10)=25

26. 빵의 생산시 고려해야 할 원가요소와 가장 거리가 먼 것은?

가. 재료비
나. 노무비
다. 경비
라. 학술비

🎓 **해설** 생산원가= 재료비+노무비+제조경비

27. 더운 여름에 얼음을 사용하여 반죽온도 조절시 계산 순서로 적합한 것은?

가. 마찰 계수→물 온도 계산→얼음 사용량
나. 물 온도 계산→얼음 사용량→마찰계수
다. 얼음 사용량→마찰계수→물 온도 계산
라. 물 온도 계산→마찰 계수→얼음 사용량

28. 굽기 과정에서 일어나는 변화로 틀린 것은?

가. 당의 캐러멜화와 갈변반응으로 껍질색이 진해지며 특유의 향을 발생한다.
나. 굽기가 완료되면 모든 미생물이 사멸하고 대부분의 효소도 불활성화가 된다.
다. 전분 입자는 팽윤과 호화의 변화를 일으켜 구조형성으로 한다.
라. 빵의 외부 층에 있는 전분이 내부 층의 전분보다 호화가 덜 진행된다.

🎓 **해설** 빵의 외부층에 있는 전분은 내부의 전분보다 높은 온도에 더 오래 노출되므로 호화가 더 진행된다.

29. 대형공장에서 사용되고, 온도조절이 쉽다는 장점이 있는 반면에 넓은 면적이 필요하고 열손실이 큰 결점인 오븐은?

가. 회전식 오븐(rack oven)
나. 데크오븐(deck oven)
다. 터널식오븐(tunnel oven)
라. 릴 오븐(reel oven)

30. 액체 발효법에서 액종 발효시 완충제 역할을 하는 재료는?

가. 탈지분유
나. 설탕
다. 소금
라. 쇼트닝

31. 제빵에 가장 적합한 물의 광물질 함량은?

가. 1~60ppm
나. 60~120ppm
다. 120~180ppm
라. 180ppm 이상

🎓 **해설** 제빵에는 아경수인 120~180ppm의 물이 적합하다.

32. 아밀로그래프의 기능이 아닌 것은?

가. 전분의 점도 측정
나. 아말라아제의 효소능력 측정
다. 점도를 B.U 단위로 측정
라. 전분의 다소(多小) 측정

🎓 **해설** 아밀로오스는 청색반응, 아밀로펙틴은 적자색 반응

33. 다음 중 유지를 구성하는 분자가 아닌 것은?

가. 질소
나 . 수소
다 . 탄소
라. 산소

34. 코코아(cocoa)에 대한 설명 중 옳은 것은?

가. 초콜릿 리큐어(chocolate liquor)를 압착 건조한 것이다.
나. 코코아 버터(cocoa butter)를 만들고 남은 박(press cake)을 분쇄한 것이다.
다. 카카오 니브스(cacao nibs)를 건조한 것이다.
라. 비터 초콜릿(butter chocolate)을 건조 분쇄한 것이다.

35. 다음 중 환원당이 아닌 당은?

　가. 포도당 　　　　　　　　　　　　나. 과당
　다. 자당 　　　　　　　　　　　　　라. 맥아당

36. 유지의 크림성이 가장 중요한 제품은?

　가. 케이크 　　　　　　　　　　　　나. 쿠키
　다. 식빵 　　　　　　　　　　　　　라. 단과자빵

37. 제과제빵에서 안정제의 기능이 아닌 것은?

　가. 파이 충전물의 증점제(thickening agent) 역할을 한다.
　나. 제품의 수분흡수율을 감소시킨다.
　다. 아이싱의 끈적거림을 방지한다.
　라. 토핑물을 부드럽게 만든다.

　해설 안정제는 제품의 수분흡수를 증가시킨다.

38. 계란의 흰자 540g을 얻으려고 한다. 계란 한 개의 평균 무게가 60g이라면 몇 개의 계란이 필요한가?

　가. 10개　　　　　나. 15개　　　　　다. 20개　　　　　라. 25개

　해설 계란 한 개 중 흰자량은 $60g \times \dfrac{60}{100} = 36g$ 　　　∴ 필요 계란 개수는 540g÷36g=15개

39. 다음 당류 중 일반적인 제빵용 이스트에 의하여 분해되지 않는 것은?

　가. 설탕 　　　　　　　　　　　　　나. 맥아당
　다. 과당 　　　　　　　　　　　　　라. 유당

　해설 제빵용 이스트에는 유당을 분해하는 락타아제가 함유되어 있지 않다.

40. 빵반죽의 특성인 글루텐을 형성하는 밀가루의 단백질 중 탄력성과 가장 관계가 깊은 것은?

　가. 알부민(albumin) 　　　　　　　　나. 글로불린(globulin)
　다. 글루테닌(glutenin) 　　　　　　　라. 글리아딘(gliadin)

　해설 글루테닌은 탄력성, 글리아딘은 신장성

41. 아밀로펙틴이 요오드 정색 반응에서 나타나는 색은?

　가. 적자색 　　　　　　　　　　　　나. 청색
　다. 황색 　　　　　　　　　　　　　라. 흑색

　해설 아밀로오스는 청색 반응, 아밀로펙틴은 적자색 반응

42. 설탕을 포도당과 과당으로 분해하는 효소는?

　가. 인버타아제(Invertase) 　　　　　나. 지마아제(Zymase)
　다. 말타아제(Maltase) 　　　　　　　라. 알파 아밀라아제(α−amylase)

43. 다음 유제품 중 일반적으로 100g 당 열량을 가장 많이 내는 것은?

　가. 요구르트 　　　　　　　　　　　나. 탈지분유
　다. 가공치즈 　　　　　　　　　　　라. 시유

44. 패리노 그래프의 기능이 아닌 것은?

　가. 산화제 첨가 필요량 측정　　　　　나. 밀가루의 흡수율 측정
　다. 믹싱시간 측정　　　　　　　　　　라. 믹싱내구성 측정

　👮 **해설** 산화제 첨가 필요량 측정은 익스텐소 그래프로 가능

45. 다음 중 식물성 검류가 아닌 것은?

　가. 젤라틴　　　　　　　　　　　　　나. 펙틴
　다. 구아검　　　　　　　　　　　　　라. 아라비아검

　👮 **해설** 젤라틴은 동물의 껍질이나 연골 속의 콜라겐 성분

46. 팔미트산(16:0)이 모두 아세틸 CoA로 분해되려면 ß−산화를 몇 번 반복하여야 하나?

　가. 5번　　　　　　　　　　　　　　나. 6번
　다. 7번　　　　　　　　　　　　　　라. 8번

47. 비타민의 결핍 증상이 잘못 짝지어진 것은?

　가. 비타민 B_1 − 각기병　　　　　　　나. 비타민 C − 괴혈병
　다. 비타민 B_2 − 야맹증　　　　　　　라. 나이아신 − 펠라그라

　👮 **해설** 비타민 B_2 결핍증상은 구각염, 설염

48. 질병에 대한 저항력을 지닌 항체를 만드는데 꼭 필요한 영양소는?

　가. 탄수화물　　　　　　　　　　　　나. 지방
　다. 칼슘　　　　　　　　　　　　　　라. 단백질

　👮 **해설** 항체는 면역글로불린으로 당단백질이다.

49. 다음 중 포화지방산을 가장 많이 함유하고 있는 식품은?

　가. 올리브유　　　　　　　　　　　　나. 버터
　다. 콩기름　　　　　　　　　　　　　라. 홍화유

　👮 **해설** 동물성 지방에는 식물성 지방보다 포화지방산 함량이 높다.

50. 다음 중 단당류가 아닌 것은?

　가. 갈락토오스　　　　　　　　　　　나. 포도당
　다. 과당　　　　　　　　　　　　　　라. 맥아당

　👮 **해설** 맥아당은 이당류

51. 주로 단백질이 세균에 의해 분해되어 악취, 유해물질을 생성하는 현상은?

　가. 발효　　　　　　　　　　　　　　나. 부패
　다. 변패　　　　　　　　　　　　　　라. 산패

52. 탄수화물이 많이 든 식품을 고온에서 가열하거나 튀길 때 생성되는 발암성 물질은?

　가. 니트로사민(nitrosamine)　　　　　나. 다이옥신(dioxins)
　다. 벤조피렌(benzopyrene)　　　　　　라. 아크릴아마이드(acrylamide)

53. 우리나라의 식품위생법에서 정하고 있는 내용이 아닌 것은?

    가. 건강기능식품의 검사
    나. 건강진단 및 위생교육
    다. 조리사 및 영양사의 면허
    라. 식중독에 관한 조사보고

54. 다음 식품첨가물 중에서 보존제로 허용되지 않은 것은?

    가. 소르빈산칼륨
    나. 말라카이트 그린
    다. 데히드로초산
    라. 안식향산나트륨

    🛡 **해설** 말라카이트그린은 주로 섬유, 목재, 종이 등을 염색하는 염색제이며, 식품에는 발암성 물질로 사용이 금지되어 있다.

55. 작업장의 방충, 방서용 금서망의 그물로 적당한 크기는?

    가. 5mesh
    나. 15mesh
    다. 20mesh
    라. 30mesh

56. 병원성 대장균 식중독의 가장 적합한 예방책은?

    가. 곡류의 수분을 10% 이하로 조정한다.
    나. 어류의 내장을 제거하고 충분히 세척한다.
    다. 어패류는 민물로 깨끗이 씻는다.
    라. 건강보균자나 환자의 분변 오염을 방지한다.

57. 다음 중 제 1군 법정감염병은?

    가. 결핵
    나. 디프테리아
    다. 장티푸스
    라. 말라리아

58. 클로스트리디움 보툴리눔 식중독과 관련 있는 것은?

    가. 화농성 질환의 대표균
    나. 저온살균 처리로 예방
    다. 내열성 포자 형성
    라. 감염형 식중독

59. 병원성대장균 식중독의 원인균에 관한 설명으로 옳은 것은?

    가. 독소를 생산하는 것도 있다.
    나. 보통의 대장균과 똑같다.
    다. 혐기성 또는 강한 혐기성이다.
    라. 장내 상재균총의 대표격이다.

60. 다음 중 감염병과 관련 내용이 바르게 연결되지 않은 것은?

    가. 콜레라 – 외래 감염병
    나. 파상열 – 바이러스성 인수공통감염병
    다. 장티푸스 – 고열 수반
    라. 세균성 이질 – 점액성 혈변

    🛡 **해설** 파상열은 세균성 인수공통감염병이다.

01. 나가사끼 카스테라 제조 시 굽기 과정에서 휘젓기를 하는 이유가 아닌 것은?

가. 반죽온도를 균일하게 한다.　　　　　　　　나. 껍질표면을 매끄럽게 한다.
다. 내상을 균일하게 한다.　　　　　　　　　　라. 팽창을 원활하게 한다.

02. 다음 중 스펀지 케이크 반죽을 팬에 담을 때 팬 용적의 어느 정도가 가장 적당한가?

가. 약 10~20%　　　　　　　　　　　　　　나. 약 30~40%
다. 약 70~80%　　　　　　　　　　　　　　라. 약 50~60%

03. 코코아 20%에 해당하는 초콜릿을 사용하여 케이크를 만들려고 할 때 초콜릿 사용량은?

가. 16%　　　　　　　　　　　　　　　　　　나. 20%
다. 28%　　　　　　　　　　　　　　　　　　라. 32%

　👨‍🍳 **해설** 초콜릿 $= 코코아 \times \dfrac{8}{5} = 20 \times \dfrac{8}{5} = 32\%$

04. 40g의 계량컵에 물을 가득 채웠더니 240g이었다. 과자반죽을 넣고 달아보니 220g이 되었다면 이 반죽의 비중은 얼마인가?

가. 0.85　　　　　　　　　　　　　　　　　　나. 0.9
다. 0.92　　　　　　　　　　　　　　　　　　라. 0.95

　👨‍🍳 **해설** 비중 $= \dfrac{(과자반죽+계량컵\ 무게)-계량컵\ 무게}{(물+계량컵\ 무게)-계량컵\ 무게} = \dfrac{220-40}{240-40} = 0.9$

05. 직접배합에 사용하는 물의 온도로 반죽온도 조절이 편리한 제품은?

가. 젤리 롤 케이크　　　　　　　　　　　　　나. 과일 케이크
다. 퍼프 페이스트리　　　　　　　　　　　　　라. 버터 스펀지 케이크

06. 롤 케이크를 말 때 표면이 터지는 결점을 방지하기 위한 조치 방법이 아닌 것은?

가. 덱스트린을 적당량 첨가한다.　　　　　　　나. 노른자를 줄이고 전란을 증가시킨다.
다. 오버 베이킹이 되도록 한다.　　　　　　　라. 설탕의 일부를 물엿으로 대체한다.

07. 일반 파운드 케이크와는 달리 마블 파운드 케이크에 첨가하여 색상을 나타내는 재료는?

가. 코코아　　　　　　　　　　　　　　　　　나. 버터
다. 밀가루　　　　　　　　　　　　　　　　　라. 계란

08. 커스터드 푸딩을 컵에 채워 몇 ℃의 오븐에서 중탕으로 굽는 것이 가장 적당한가?

가. 160~170℃　　　　　　　　　　　　　　나. 190~200℃
다. 201~220℃　　　　　　　　　　　　　　라. 230~240℃

09. 케이크 반죽의 혼합 완료 정도는 무엇으로 알 수 있는가?

가. 반죽의 온도
나. 반죽의 점도
다. 반죽의 비중
라. 반죽의 색상

10. 퍼프 페이스트리 반죽의 휴지 효과에 대한 설명으로 틀린 것은?

가. 글루텐을 재정돈시킨다.
나. 밀어 펴기가 용이해진다.
다. CO_2 가스를 최대한 발생시킨다.
라. 절단 시 수축을 방지한다.

11. 튀김기름의 품질을 저하시키는 요인으로만 나열된 것은?

가. 수분, 탄소, 질소
나. 수분, 공기, 철
다. 공기, 금속, 토코페롤
라. 공기, 탄소, 세사몰

12. 퐁당(fondant)에 대한 설명으로 가장 적합한 것은?

가. 시럽을 214℃까지 끓인다.
나. 40℃ 전후로 식혀서 휘 젓는다.
다. 굳으면 설탕 1 : 물 1로 만든 시럽을 첨가한다.
라. 유화제를 사용하면 부드럽게 할 수 있다.

13. 쿠키가 잘 퍼지지(spread) 않은 이유가 아닌 것은?

가. 고운 입자의 설탕 사용
나. 과도한 믹싱
다. 알칼리 반죽 사용
라. 너무 높은 굽기 온도

🐸 **해설** 쿠키반죽이 산성이면 퍼짐결핍현상이 생긴다.

14. 머랭(meringue) 중에서 설탕을 끓여서 시럽으로 만들어 제조하는 것은?

가. 이탈리안 머랭
나. 스위스 머랭
다. 냉제 머랭
라. 온제 머랭

15. 다음 중 제과 생산관리에서 제1차 관리 3대 요소가 아닌 것은?

가. 사람(Man)
나. 재료(material)
다. 방법(metaod)
라. 자금(Money)

16. 제빵시 2차 발효의 목적이 아닌 것은?

가. 성형공정을 거치면서 가스가 빠진 반죽을 다시 부풀리기 위해
나. 발효산물 중 유기산과 알코올이 글루텐의 신장성과 탄력성을 높여 오븐 팽창이 잘 일어나도록 하기 위해
다. 온도와 습도를 조절하여 이스트의 활성을 촉진시키기 위해
라. 빵의 향에 관계하는 발효산물인 알코올 유기산 및 그 밖의 방향성 물질을 날려 보내기 위해

17. 분할기에 의한 식빵 분할은 최대 몇 분 이내에 완료하는 것이 가장 적합한가?

가. 20분
나. 30분
다. 40분
라. 50분

18. 어떤 과자점에서 여름에 반죽 온도를 24℃로 하여 빵을 만들려고 한다. 사용수 온도는 10℃, 수돗물의 온도는 18℃, 사용수 양은 3kg, 얼음 사용량이 900g일 때 조치사항으로 옳은 것은?

가. 믹서에 얼음만 900g을 넣는다.
나. 믹서에 수돗물만 3kg을 넣는다.
다. 믹서에 수돗물 3kg과 얼음 900g을 넣는다.
라. 믹서에 수돗물 2.1kg과 얼음 900g을 넣는다.

19. 어느 제과점의 지난 달 생산실적이 다음과 같은 경우 노동분배율은?

(외부가치 600만원, 생산가치 3000만원, 인건비 1500만원, 총인원 10명)

가. 50%　　　　　　　나. 45%　　　　　　　다. 55%　　　　　　　라. 60%

해설 노동배분율(%) = $\dfrac{인건비}{생산가치} \times 100 = \dfrac{1,500만원}{3,000만원} \times 100 = 50\%$

20. 빵 발효에 영향을 주는 요소에 대한 설명으로 틀린 것은?

가. 사용하는 이스트의 양이 많으면 발효시간은 감소된다.
나. 삼투압이 높으면 발효가 지연된다.
다. 제빵용 이스트는 약알칼리성에서 가장 잘 발효된다.
라. 적정량의 손상된 전분은 발효성 탄수화물을 공급한다.

해설 이스트는 pH4.5~4.9의 약산성에서 가장 잘 발효된다.

21. 다음 중 제품의 특성을 고려하여 혼합 시 반죽을 가장 많이 발전시키는 것은?

가. 프랑스빵　　　　　　　　　　　나. 햄버거빵
다. 과자빵　　　　　　　　　　　　라. 식빵

22. 수평형 믹서를 청소하는 방법으로 올바르지 않은 것은?

가. 청소하기 전에 전원을 차단한다.
나. 생산 직후 청소를 실시한다
다. 물을 가득 채워 회전시킨다.
라. 금속으로 된 스크레이퍼를 이용하여 반죽을 긁어낸다.

23. 성형한 식빵 반죽을 팬에 넣을 때 이음매의 위치는 어느 쪽이 가장 좋은가?

가. 위　　　　　　　　　　　　　　나. 아래
다. 좌측　　　　　　　　　　　　　라. 우측

24. 빵 포장의 목적으로 부적합한 것은?

가. 빵의 저장성 증대　　　　　　　나. 빵의 미생물오염 방지
다. 수분증발 촉진　　　　　　　　　라. 상품의 가치 향상

25. 냉동 반죽법에 적합한 반죽의 온도는?

가. 18~22℃　　　　　　나. 26~30℃　　　　　　다. 32~36℃　　　　　　라. 38~42℃

26. 완제품 중량이 400g인 빵 200개를 만들고자 한다. 발효 손실이 2%이고 굽기 및 냉각손실이 12%라고 할 때 밀가루 중량은? (단, 총 배합율은 180%이며, 소수점 이하는 반올림한다.)

가. 51,536g　　　　　　　　　　　나. 54,725g
다. 61,320g　　　　　　　　　　　라. 61,940g

해설 완제품 총중량 = 400g × 200 = 80,000g, 굽기 전 반죽중량 = 80,000÷(1−0.12) = 90,909g

발효 전 반죽중량 = 90,909÷(1−0.02) = 92,764g, 밀가루 중량 = 92,764 × $\dfrac{100}{180}$ = 51,536g

27. 빵의 제품평가에서 브레이크와 슈레드 부족현상의 이유가 아닌 것은?

가. 발효시간이 짧거나 길었다.　　　나. 오븐의 온도가 높았다.
다. 2차 발효실의 습도가 낮았다　　　라. 오븐의 증기가 너무 많았다.

28. 스펀지법에 비교해서 스트레이크법의 장점은?

　가. 노화가 느리다.
　나. 발효에 대한 내구성이 좋다.
　다. 노동력이 감소된다.
　라. 기계에 대한 내구성이 증가한다.

29. 다음 중 빵 굽기의 반응이 아닌 것은?

　가. 이산화탄소의 방출과 노화를 촉진시킨다.
　나. 빵의 풍미 및 색깔을 좋게 한다.
　다. 제빵 제조 공정의 최종 단계로 빵의 형태를 만든다.
　라. 전분의 호화로 식품의 가치를 향상시킨다.

30. 진한 껍질색의 빵에 대한 대책으로 적합하지 못한 것은?

　가. 설탕, 우유 사용량 감소
　나. 1차 발효 감소
　다. 오븐 온도 감소
　라. 2차 발효 습도 조절

31. 반추위 동물의 위액에 존재하는 우유 응유 효소는?

　가. 펩신
　나. 트립신
　다. 레닌
　라. 펩티다아제

32. 다음 혼성주 중 오렌지 성분을 원료로 하여 만들지 않는 것은?

　가. 그랑 마르니에(Grand Marnier)
　나. 마라스키노(Maraschino)
　다. 쿠앵트로(Cointreau)
　라. 큐라소(Curacao)

🖐 **해설** 마라스키노는 마라스카체리로 만든 혼성주

33. 전분의 노화에 대한 설명 중 틀린 것은?

　가. −18℃ 이하의 온도에서는 잘 일어나지 않는다.
　나. 노화된 전분은 소화가 잘 된다.
　다. 노화란 α−전분이 β−전분으로 되는 것을 말한다.
　라. 노화된 전분은 향이 손실된다.

34. 다음 중 중화가를 구하는 식은?

　가. $\dfrac{\text{중조의 양}}{\text{산성제의 양}} \times 100$
　나. $\dfrac{\text{중조의 양}}{\text{산성제의 양}}$

　다. $\dfrac{\text{중조의 산성제의 양} \times \text{중조의 양}}{100}$
　라. 산성제의 양 × 중조의 양

35. 일시적 경수에 대한 설명으로 맞는 것은?

　가. 가열시 탄산염으로 되어 침전된다.
　나. 끓여도 경도가 제거되지 않는다.
　다. 황산염에 기인한다.
　라. 제빵에 사용하기에 가장 좋다.

36. 생크림 보존온도로 가장 적합한 것은?

　가. −18℃ 이하
　나. −5～−1℃
　다. 0～10℃
　라. 15～18℃

37. 제과에서 유지의 기능이 아닌 것은?

　가. 연화작용
　나. 공기포집 기능
　다. 보존성 개선 기능
　라. 노화촉진 기능

38. 제과 · 제빵용 건조 재료와 팽창제 및 유지 재료를 알맞은 배합률로 균일하게 혼합한 원료는?

　가. 프리믹스 　　　　　　　　　　　　　나. 팽창제
　다. 향신료 　　　　　　　　　　　　　　라. 밀가루 개량제

39. 반죽의 신장성과 신장에 대한 저항성을 측정하는 기기는?

　가. 패리노그래프 　　　　　　　　　　　나. 레오퍼멘토에터
　다. 믹서트론 　　　　　　　　　　　　　라. 익스텐소그래프

40. 전화당을 설명한 것 중 틀린 것은?

　가. 설탕의 1.3배의 감미를 갖는다.
　나. 설탕을 가수분해시켜 생긴 포도당과 과당의 혼합물이다.
　다. 흡습성이 강해서 제품의 보존기간을 지속시킬 수 있다.
　라. 상대적인 감미도는 맥아당보다 낮으나 쿠키의 광택과 촉감을 위해 사용한다.

41. 커스타드 크림에서 달걀의 주요 역할은?

　가. 영양가를 높이는 역할 　　　　　　　나. 결합제의 역할
　다. 팽창제의 역할 　　　　　　　　　　라. 저장성을 높이는 역할

42. 우유에 대한 설명으로 옳은 것은?

　가. 시유의 비중은 1.3 정도이다. 　　　　나. 우유 단백질 중 가장 많은 것은 카제인이다.
　다. 우유의 유당은 이스트에 의해 쉽게 분해된다. 　라. 시유의 현탁액은 비타민 B_2에 의한 것이다.

43. 안정제의 사용 목적이 아닌 것은?

　가. 흡수제로 노화 지연 효과 　　　　　　나. 머랭의 수분 배출 유도
　다. 아이싱이 부서지는 것 방지 　　　　　라. 크림 토핑의 거품 안정

44. 카카오버커의 결정이 거칠어지고 설탕의 결정이 석출되어 초콜릿의 조직이 노화하는 현상은?

　가. 템퍼링(tempering) 　　　　　　　　나. 블룸(bloom)
　다. 콘칭(conching) 　　　　　　　　　　라. 페이스트(paste)

45. 과실이 익어감에 따라 어떤 효소의 작용에 의해 수용성 펙틴이 생성되는가?

　가. 펙틴리가아제 　　　　　　　　　　　나. 아밀라아제
　다. 프로토펙틴 가수분해효소 　　　　　　라. 브로멜린

46. 소화기관에 대한 설명으로 틀린 것은?

　가. 위는 강알칼리의 위액을 분비한다. 　　나. 이자(체장)는 당대사호르몬의 내분비선이다.
　다. 소장은 영양분을 소화, 흡수한다. 　　라. 대장은 수분을 흡수하는 역할을 한다.

　🧑‍🍳 **해설** 위는 강산의 위액을 분비한다.

47. 한 개의 무게가 50g인 과자가 있다. 이 과자 100g 중에 탄수화물 70g, 단백질 5g, 지방 15g, 무기질 4g, 물 6g이 들어 있다면 이 과자 10개를 먹을 때 얼마의 열량을 낼 수 있는가?

　가. 1,230kcal 　　　　나. 2,175kcal 　　　　다. 2,750kcal 　　　　라. 1,800kcal

　🧑‍🍳 **해설** 과자 10개의 무게는 500g이고, 탄수화물 350g, 단백질 25g, 지방 75g이 함유되어 있으므로,
　　총열량 = {(350g+25g) × 4}+(75g × 9) = 2,175kcal

48. 비타민과 관련된 결핍증의 연결이 틀린 것은?

    가. 비타민 A – 야맹증   나. 비타민 B_1 – 구내염

    다. 비타민 C – 괴혈병   라. 비타민 D – 구루병

   🖐 **해설** 비타민 B의 결핍증은 각기병

49. 적혈구, 뇌세포, 신경세표의 주요 에너지원으로 혈당을 형성하는 당은?

    가. 과당   나. 설탕

    다. 유당   라. 포도당

50. 다음 중 수소를 첨가하여 얻는 유지류는?

    가. 쇼트닝   나. 버터

    다. 라드   라. 양기름

51. 장염비브리오 식중독을 일으키는 주요 원인식품은?

    가. 달걀   나. 어패류

    다. 채소류   라. 육류

52. 빵을 제조하는 과정에서 반죽 후 분할기로부터 분할할 때나 구울 때 달라붙지 않게 할 목적으로 허용되어 있는 첨가물은?

    가. 글리세린   나. 프로필렌 글리콜

    다. 초산 비닐수지   라. 유동 파라핀

53. 밀가루의 표백과 숙성을 위하여 사용하는 첨가물은?

    가. 개량제   나. 유황제

    다. 정착제   라. 팽창제

54. 부패를 판정하는 방법으로 사람에 의한 관능검사를 실시할 때 검사하는 항목이 아닌 것은?

    가. 색   나. 맛

    다. 냄새   라. 균수

55. 위생동물의 일반적인 특성이 아닌 것은?

    가. 식성 범위가 넓다.   나. 음식물과 농작물에 피해를 준다.

    다. 병원미생물을 식품에 감염시키는 것도 있다.   라. 발육기간이 길다.

56. 물수건의 소독방법으로 가장 적합한 것은?

    가. 비누로 세척한 후 건조한다.

    나. 삶거나 차아염소산 소독 후 일광 건조한다.

    다. 3%과산화수소로 살균 후 일광 건조한다.

    라. 크레졸(cresol) 비누액으로 소독하고 일광 건조한다.

57. 결핵의 주요한 감염원이 될 수 있는 것은?

    가. 토끼고기   나. 양고기

    다. 돼지고기   라. 불완전 살균우유

58. 살모넬라균에 의한 식중독 증상과 가장 거리가 먼 것은?

    가. 심한 설사
                      나. 급격한 발열
    다. 심한 복통
                      라. 신경마비

59. 급성감염병을 일으키는 병원체로 포자는 내열성이 강하며 생물학전이나 생물테러에 사용될 수 있는 위험성이 높은 병원체는?

    가. 브루셀라균
                      나. 탄저균
    다. 결핵균
                      라. 리스테리아균

60. 세균성 식중독에 관한 사항 중 옳은 내용으로만 짝지은 것은?

> 1. 황색포도상구균(Staphylococcus aureus) 식중독은 치사율이 아주 높다.
> 2. 보틀리누스균(Clostridium botulinum)이 생산하는 독소는 열에 아주 강하다.
> 3. 장염 비브리오균(Vibrio parahaemolyticus)은 감염형 식중독이다.
> 4. 여시니아균(Yersinia enterocolitica)은 냉장온도와 진공 포장에서도 증식한다.

    가. 1, 2
           나. 2, 3
           다. 2, 4
           라. 3, 4

01. 도넛 제조 시 수분이 적을 때 나타나는 결점이 아닌 것은?

　가. 팽창이 부족하다.
　다. 형태가 일정하지 않다.
　나. 혹이 튀어 나온다.
　라. 표면이 갈라진다.

02. 파운드케이크의 패닝은 틀 높이의 몇 % 정도까지 반죽을 채우는 것이 가장 적당한가?

　가. 50%　　　　　나. 70%　　　　　다. 90%　　　　　라. 100%

03. 쿠키의 제조 방법에 따른 분류 중 계란흰자와 설탕으로 만든 머랭 쿠키는?

　가. 짜서 성형하는 쿠키
　다. 프랑스식 쿠키
　나. 밀어 펴서 성형하는 쿠키
　라. 마카롱 쿠키

04. 구워낸 케이크 제품이 너무 딱딱한 경우 그 원인으로 틀린 것은?

　가. 배합비에서 설탕의 비율이 높을 때
　다. 높은 오븐 온도에서 구웠을 때
　나. 밀가루의 단백질 함량이 너무 많을 때
　라. 장시간 굽기 했을 때

05. 다음 재료들을 동일한 크기의 그릇에 측정하여 중량이 가장 높은 것은?

　가. 우유　　　　　나. 분유　　　　　다. 쇼트닝　　　　　라. 분당

　해설 우유는 비중이 1.030~1.032로 물보다 무겁다.

06. 생산공장시설의 효율적 배치에 대한 설명 중 적합하지 않은 것은?

　가. 작업용 바닥면적은 그 장소를 이용하는 사람들의 수에 따라 달라진다.
　나. 판매장소와 공장의 면적배분(판매 3 : 공장 1)의 비율로 구성되는 것이 바람직하다.
　다. 공장의 소요면적은 주방설비의 설치면적과 기술자의 작업을 위한 공간면적으로 이루어진다.
　라. 공장의 모든 업무가 효과적으로 진행되기 위한 기본은 주방의 위치와 규모에 대한 설계이다.

07. 열원으로 찜(수증기)을 이용했을 때의 주 열전달 방식은?

　가. 대류　　　　　나. 전도　　　　　다. 초음파　　　　　라. 복사

08. 반죽의 온도가 정상보다 높을 때, 예상되는 결과는?

　가. 기공이 밀착된다.
　다. 표면이 터진다.
　나. 노화가 촉진된다.
　라. 부피가 작다.

09. 다음 중 비중이 제일 작은 케이크는?

　가. 레이어 케이크
　다. 시폰 케이크
　나. 파운드 케이크
　라. 버터 스펀지 케이크

10. 다음 중 반죽형 케이크에 대한 설명으로 틀린 것은?

　　가. 밀가루, 계란, 분유 등과 같은 재료에 의해 케이크의 구조가 형성된다.
　　나. 유지의 공기 포집력, 화학적 팽창제에 의해 부피가 팽창하기 때문에 부드럽다.
　　다. 레이어 케이크, 파운드 케이크, 마들렌 등이 반죽형 케이크에 해당된다.
　　라. 제품의 특징은 해면성(海面性)이 크고 가볍다.

11. 베이킹파우더(baking powder)에 대한 설명으로 틀린 것은?

　　가. 소다가 기본이 되고 여기에 산을 첨가하여 중화가를 맞추어 놓은 것이다.
　　나. 베이킹파우더의 팽창력은 이산화탄소에 의한 것이다.
　　다. 케이크나 쿠키를 만드는 데 많이 사용된다.
　　라. 과량의 산은 반죽의 ph를 높게, 과량의 중조는 ph를 낮게 만든다.

12. 젤리 롤 케이크 반죽을 만들어 패닝하는 방법으로 틀린 것은?

　　가. 넘치는 것을 방지하기 위하여 팬 종이는 팬 높이보다 2cm 정도 높게 한다.
　　나. 평평하게 패닝하기 위해 고무주걱 등으로 윗부분을 마무리한다.
　　다. 기포가 꺼지므로 패닝은 가능한 빨리 한다.
　　라. 철판에 패닝하고 보울에 남은 반죽으로 무늬반죽을 만든다.

13. 젤리 롤 케이크 반죽 굽기에 대한 설명으로 틀린 것은?

　　가. 두껍게 편 반죽은 낮은 온도에서 굽는다.　　나. 구운 후 철판에서 꺼내지 않고 냉각시킨다.
　　다. 양이 적은 반죽은 높은 온도에서 굽는다.　　라. 열이 식으면 압력을 가해 수평을 맞춘다.

14. 도넛을 글레이즈 할 때 글레이즈의 적정한 품온은?

　　가. 24~27℃　　　　　　나. 28~32℃　　　　　　다. 33~36℃　　　　　　라. 43~49℃

15. 다음 중 케이크 제품의 부피 변화에 대한 설명이 틀린 것은?

　　가. 계란은 혼합 중 공기를 보유하는 능력을 가지고 있으므로 계란이 부족한 반죽은 부피가 줄어든다.
　　나. 크림법으로 만드는 반죽에 사용하는 유지의 크림성이 나쁘면 부피가 작아진다.
　　다. 오븐 온도가 높으면 껍질 형성이 빨라 팽창에 제한을 받아 부피가 작아진다.
　　라. 오븐 온도가 높으면 지나친 수분의 손실로 최종 부피가 커진다.

　　🎓 **해설** 오븐 온도가 높으면 언더베이킹현상이 일어나 수분 손실이 작아서 내부에 수분이 많이 남게 된다.

16. 다음 무게에 관한 것 중 옳은 것은?

　　가. 1kg은 10g이다.　　　　　　　　　　나. 1kg은 100g이다.
　　다. 1kg은 1,000g이다.　　　　　　　　라. 1kg은 10,000g이다.

17. 빵과자 배합표의 자료 활용법으로 적당하지 않은 것은?

　　가. 빵의 생산기준 자료　　　　　　　　나. 재료 사용량 파악 자료
　　다. 원가 산출　　　　　　　　　　　　라. 국가별 빵의 종류 파악 자료

18. 빵을 구웠을 때 갈변이 되는 것은 어떤 반응에 의한 것인가?

　　가. 비타민 C의 산화에 의하여
　　나. 효모에 의한 갈색반응에 의하여
　　다. 마이야르(maillard) 반응과 캐러멜화 반응이 동시에 일어나서
　　라. 클로로필(chlorophyll)이 열에 의해 변성되어서

19. 제빵 시 적절한 2차 발효점은 완제품 용적의 몇 %가 가장 적당한가?

　가. 40~45%　　　　　　　　　　　나. 50~55%
　다. 70~80%　　　　　　　　　　　라. 90~95%

20. 냉동 반죽법에서 혼합 후 반죽의 결과온도로 가장 적합한 것은?

　가. 0℃　　　　　나. 10℃　　　　　다. 20℃　　　　　라. 30℃

21. 다음 발효 중 일어나는 생화학적 생성 물질이 아닌 것은?

　가. 덱스트린　　　　　　　　　　　나. 맥아당
　다. 포도당　　　　　　　　　　　　라. 이성화당

22. 오븐에서 구운 빵을 냉각할 때 평균 몇 %의 수분 손실이 추가적으로 발생하는가?

　가. 2%　　　　　나. 4%　　　　　다. 6%　　　　　라. 8%

23. 스펀지/도법에서 스펀지 밀가루 사용량을 증가시킬 때 나타나는 결과가 아닌 것은?

　가. 도 제조시 반죽시간이 길어짐　　　　　나. 완제품의 부피가 커짐
　다. 도 발효시간이 짧아짐　　　　　　　　라. 반죽의 신장성이 좋아짐

🐾 **해설** 스펀지 밀가루 사용량을 증가시키면 도 제조시 반죽시간이 짧아진다.

24. 단과자빵의 껍질에 흰 반점이 생긴 경우 그 원인에 해당되지 않는 것은?

　가. 반죽온도가 높았다.　　　　　　　　　나. 발효하는 동안 반죽이 식었다.
　다. 숙성이 덜 된 반죽을 그대로 정형하였다.　라. 2차 발효 후 찬 공기를 오래 쐬었다.

25. 다음 중 중간발효에 대한 설명으로 옳은 것은?

　가. 상대습도 85% 후로 시행한다.
　나. 중간발효 중 습도가 높으면 껍질이 형성되어 빵 속에 단단한 소용돌이가 생성된다.
　다. 중간발효 온도는 27~29℃가 적당하다.
　라. 중간발효가 잘되면 글루텐이 잘 발달된다.

26. 2% 이스트로 4시간 발효했을 때 가장 좋은 결과를 얻는다고 가정할 때, 발효시간을 3시간으로 감소시키려면 이스트의 양은 얼마로 해야 하는가? (단, 소수 첫째 자리에서 반올림하시오)

　가. 2.16%　　　　　나. 2.67%　　　　　다. 3.16%　　　　　라. 3.67%

🐾 **해설** 변경할 이스트양 = (정상이스트양 x 정상발효시간)÷변경할 발효시간 = (2 x 4)÷3 = 2.67%

27. 안치수가 그림과 같은 식빵 철판의 용적은?

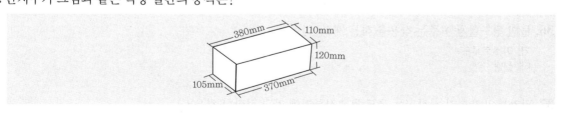

　가. 4,662㎤　　　　나. 4,837.5㎤　　　　다. 5,018.5㎤　　　　라. 5,218.5㎤

🐾 **해설** 팬용적 = {(38cm+37cm)÷2} x {(10.5cm+11cm)÷2} x 12cm = 37.5cm x 10.75cm x 12cm = 4,837.5㎤

28. 반죽제조 단계 중 렛다운(Let Down) 상태까지 믹싱하는 제품으로 적당한 것은?

가. 옥수수식빵, 밤식빵　　　　　　　　나. 크림빵, 앙금빵
다. 바게트, 프랑스빵　　　　　　　　　라. 잉글리시 머핀, 햄버거빵

29. 다음 중 분할에 대한 설명으로 옳은 것은?

가. 1배합당 식빵류는 30분 내에 하도록 한다.
나. 기계분할은 발효과정의 진행과는 무관하여 분할 시간에 제한을 받지 않는다.
다. 기계분할은 손 분할에 비해 약한 밀가루로 만든 반죽분할에 유리하다.
라. 손 분할은 오븐스프링이 좋아 부피가 양호한 제품을 만들 수 있다.

30. 실내온도 23℃, 밀가루 온도 23℃, 수돗물온도 20℃, 마찰계수 20℃일 때 희망하는 반죽온도를 28℃로 만들려면 사용해야 될 물의 온도는?

가. 16℃　　　　　나. 18℃　　　　　다. 20℃　　　　　라. 23℃

🤖 **해설** 사용할 물온도 = 희망반죽온도 x 3－(실내온도+밀가루온도+마찰계수) = 28 x 3－(23+23+20) = 18℃

31. 유지의 기능 중 크림성의 기능은?

가. 제품을 부드럽게 한다.　　　　　　나. 산패를 방지한다.
다. 밀어 펴지는 성질을 부여한다.　　　라. 공기를 포집하여 부피를 좋게 한다.

32. 일반적으로 시유의 수분 함량은?

가. 58% 정도　　　　　　　　　　　나. 65% 정도
다. 88% 정도　　　　　　　　　　　라. 98% 정도

33. 우유를 ph4.6으로 유지하였을 때, 응고되는 단백질은?

가. 카세인(casein)　　　　　　　　　나. α-락트알부민(lactalbumin)
다. β-락토글로불린(lactoglobulin)　　라. 혈청알부민(serum albumin)

34. 유지에 유리 지방산이 많을수록 어떠한 변화가 나타나는가?

가. 발연점이 높아진다.　　　　　　　나. 발연점이 낮아진다.
다. 융점이 높아진다.　　　　　　　　라. 산가가 낮아진다.

35. 바게트 배합률에서 비타민 C를 30ppm 사용하려고 할 때 이 용량을 %로 올바르게 나타낸 것은?

가. 0.3%　　　　　　　　　　　　　나. 0.03%
다. 0.003%　　　　　　　　　　　　라. 0.0003%

🤖 **해설** ppm은 백만분율로 $30ppm = \dfrac{30}{1,000,000} \times 100 = 0.003\%$

36. 물의 경도를 높여주는 작용을 하는 재료는?

가. 이스트푸드　　　　　　　　　　　나. 이스트
다. 설탕　　　　　　　　　　　　　　라. 밀가루

37. 밀가루의 호화가 시작되는 온도를 측정하기에 가장 적합한 것은?

가. 레오그래프　　　　　　　　　　　나. 아밀로그래프
다. 믹사트론　　　　　　　　　　　　라. 패리노그래프

38. 퐁당 크림을 부드럽게 하고 수분 보유력을 높이기 위해 일반적으로 첨가하는 것은?

가. 한천, 젤라틴　　　　　　　　　　　나. 물, 레몬

다. 소금, 크림　　　　　　　　　　　　라. 물엿, 전화당 시럽

39. 달걀껍질을 제외한 전란의 고형질 함량은 일반적으로 약 몇 %인가?

가. 7%　　　　　　　　　　　　　　　나. 12%

다. 25%　　　　　　　　　　　　　　라. 50%

40. 빈 컵의 무게가 120g이었고, 이 컵에 물을 가득 넣었더니 250g이 되었다.
물을 빼고 우유를 넣었더니 254g이 되었을 때 우유의 비중은 약 얼마인가?

가. 1.03　　　　　　　　　　　　　　나. 1.07

다. 2.15　　　　　　　　　　　　　　라. 3.05

🍳 **해설**　비중 $= \dfrac{(우유+컵의\ 무게)-컵의\ 무게}{(물+컵의\ 무게)-컵의\ 무게} = \dfrac{254g-120g}{250g-120g} = \dfrac{134g}{130g} = 1.03$

41. 이스트에 존재하는 효소로 포도당을 분해하여 알코올과 이산화탄소를 발생시키는 것은?

가. 말타아제(maltase)　　　　　　　　나. 리파아제(lipase)

다. 지마아제(zymase)　　　　　　　　라. 인버타아제(invertase)

42. 다음 중 글리세린(glycerin)에 대한 설명으로 틀린 것은?

가. 무색, 무취로 시럽과 같은 액체이다.　　　나. 지방의 가수분해 과정을 통해 얻어진다.

다. 식품의 보습제로 이용된다.　　　　　　라. 물보다 비중이 가벼우며, 물에 녹지 않는다.

43. 다음 중 설탕을 포도당과 과당으로 분해하여 만든 당으로 감미도와 수분 보유력이 높은 당은?

가. 정백당　　　　　　　　　　　　　나. 빙당

다. 전화당　　　　　　　　　　　　　라. 황설탕

44. 유지 산패와 관계없는 것은?

가. 금속 이온(철, 구리 등)　　　　　　나. 산소

다. 빛　　　　　　　　　　　　　　　라. 항산화제

45. 다음 중 숙성한 밀가루에 대한 설명으로 틀린 것은?

가. 밀가루의 황색색소가 공기 중의 산소에 의해 더욱 진해진다.

나. 환원성 물질이 산화되어 반죽의 글루텐 파괴가 줄어든다.

다. 밀가루의 ph가 낮아져 발효가 촉진된다.

라. 글루텐의 질이 개선되고 흡수성을 좋게 한다.

46. 빵, 과자 중에 많이 함유된 탄수화물이 소화, 흡수되어 수행하는 기능이 아닌 것은?

가. 에너지를 공급한다.　　　　　　　나. 단백질 절약 작용을 한다.

다. 뼈를 자라게 한다.　　　　　　　라. 분해되면 포도당이 생성된다.

47. 단당류의 성질에 대한 설명 중 틀린 것은?

가. 선광성이 있다.　　　　　　　　　나. 물에 용해되어 단맛을 가진다.

다. 산화되어 다양한 알코올을 생성한다.　　라. 분자내의 카르보닐기에 의하여 환원성을 가진다.

48. 생체 내에서 지방의 기능으로 틀린 것은?

　가. 생체기관을 보호한다.
　다. 효소의 주요 구성 성분이다.

　나. 체온을 유지한다.
　라. 주요한 에너지원이다.

49. 트립토판 360mg은 체내에서 니아신 몇 mg으로 전환 되는가?

　가. 0.6mg
　다. 36mg

　나. 6mg
　라. 60mg

50. 다음 중 체중 1kg당 단백질 권장량이 가장 많은 대상으로 옳은 것은?

　가. 1~2세 유아
　다. 15~19세 남자

　나. 9~11세 여자
　라. 65세 이상 노인

51. 원인균이 내열성포자를 형성하기 때문에 병든 가축의 사체를 처리할 경우
반드시 소각처리 하여야 하는 인수공통감염병은?

　가. 돈단독
　다. 파상열

　나. 결핵
　라. 탄저병

52. 해수세균의 일종으로 식염농도 3%에서 잘 생육하며 어패류를 생식할 경우 중독될 수 있는 균은?

　가. 보툴리누스균
　다. 웰치균

　나. 장염 비브리오균
　라. 살모넬라균

53. 다음 중 유지의 산화방지를 목적으로 사용되는 산화 방지제는?

　가. Vitamin B
　다. Vitamin E

　나. Vitamin D
　라. Vitamin K

54. 다음 중 사용이 허가되지 않은 유해감미료는?

　가. 사카린(Saccharin)
　다. 소프비톨(Sorbitol)

　나. 아스파탐(Aspartame)
　라. 둘신(Dulcin)

55. 화농성 질병이 있는 사람이 만든 제품을 먹고 식중독을 일으켰다면 가장 관계가 깊은 원인균은?

　가. 장염비브리오균
　다. 보툴리누스균

　나. 살모넬라균
　라. 황색포도상구균

56. 미나마타병은 어떤 중금속에 오염된 어패류의 섭취 시 발생되는가?

　가. 수은
　다. 납

　나. 카드뮴
　라. 아연

57. 세균의 대표적인 3가지 형태분류에 포함되지 않는 것은?

　가. 구균(coccus)
　다. 간균(bacillus)

　나. 나선균(spirillum)
　라. 페니실린균(penicillium)

58. 경구감염병의 예방법으로 부적합한 것은?

　가. 모든 식품을 일광 소독한다.
　다. 보균자의 식품취급을 금한다.

　나. 감염원이나 오염물을 소독한다.
　라. 주위환경을 청결히 한다.

59. 질병 발생의 3대 요소가 아닌 것은?

　가. 병인
　다. 숙주

　나. 환경
　라. 항생제

60. 다음 중 조리사의 직무가 아닌 것은?

　가. 집단급식소에서의 식단에 따른 조리 업무
　다. 집단급식소의 운영일지 작성

　나. 구매식품의 검수 지원
　라. 급식설비 및 기구의 위생, 안전 실무

제과기능사 기출문제 해답

제 1 회 | 제과기능사 해답 `p.318~p.324`

01 가	02 나	03 나	04 다	05 가
06 가	07 가	08 가	09 라	10 나
11 가	12 라	13 다	14 가	15 다
16 라	17 다	18 나	19 나	20 가
21 가	22 나	23 다	24 가	25 나
26 라	27 나	28 가	29 라	30 나
31 가	32 나	33 라	34 가	35 나
36 다	37 라	38 다	39 라	40 가
41 가	42 가	43 가	44 나	45 나
46 라	47 나	48 다	49 나	50 가
51 나	52 가	53 라	54 다	55 다
56 라	57 다	58 나	59 나	60 가

제 2 회 | 제과기능사 해답 `p.325~p.331`

01 다	02 라	03 다	04 다	05 라
06 라	07 라	08 라	09 다	10 가
11 나	12 다	13 라	14 라	15 가
16 라	17 나	18 나	19 가	20 가
21 라	22 가,다,라	23 나	24 라	25 다
26 가	27 나	28 라	29 라	30 나
31 나	32 나	33 나	34 나	35 나
36 가	37 다	38 가	39 가	40 나
41 나	42 다	43 가	44 다	45 라
46 라	47 나	48 가	49 라	50 나
51 다	52 라	53 다	54 라	55 다
56 나	57 가	58 라	59 라	60 다

제 3 회 | 제과기능사 해답 `p.332~p.338`

01 가	02 나	03 다	04 다	05 나
06 가	07 나	08 다	09 가	10 가
11 나	12 나	13 나	14 나	15 라
16 다	17 다	18 라	19 나	20 다
21 가	22 라	23 다	24 라	25 나
26 다	27 다	28 가	29 나	30 라
31 라	32 라	33 라	34 라	35 나
36 다	37 가	38 다	39 다	40 나
41 라	42 라	43 가	44 라	45 가
46 가	47 다	48 나	49 다	50 라
51 나	52 다	53 라	54 라	55 가
56 라	57 라	58 라	59 나	60 라

제 4 회 | 제과기능사 해답 `p.339~p.345`

01 가	02 나	03 다	04 가	05 가
06 나	07 라	08 가	09 가	10 다
11 가	12 라	13 다	14 가	15 라
16 나	17 나	18 라	19 라	20 나
21 라	22 가	23 가	24 나	25 라
26 라	27 나	28 가	29 라	30 라
31 다	32 나	33 라	34 라	35 다
36 다	37 나	38 나	39 라	40 가
41 가	42 가	43 나	44 다	45 다
46 다	47 나	48 라	49 다	50 가
51 라	52 라	53 가	54 나	55 나
56 나	57 나	58 다	59 라	60 다

제 5 회 | 제과기능사 해답 `p.346~p.352`

01 나	02 나	03 다	04 나	05 라
06 가	07 가	08 가	09 라	10 라
11 나	12 다	13 라	14 라	15 다
16 가	17 다	18 나	19 가	20 나
21 다	22 가	23 나	24 가	25 가
26 나	27 나	28 나	29 나	30 다
31 다	32 나	33 라	34 가	35 다
36 나	37 다	38 나	39 가	40 나
41 나	42 나	43 다	44 가	45 다
46 다	47 나	48 다	49 가	50 라
51 라	52 라	53 가	54 다	55 다
56 라	57 가	58 나	59 라	60 나

제빵기능사 기출문제 해답

제 1 회 | 제빵기능사 해답 p.353~p.359

01 가	02 나	03 나	04 다	05 나
06 가	07 라	08 가	09 나	10 라
11 가	12 가	13 라	14 가	15 라
16 라	17 다	18 가	19 나	20 나
21 가	22 다	23 라	24 가	25 라
26 나	27 다	28 가	29 라	30 라
31 가	32 나	33 라	34 다	35 라
36 라	37 라	38 라	39 가	40 나
41 다	42 나	43 라	44 가	45 나
46 가	47 라	48 라	49 나	50 가
51 다	52 라	53 나	54 다	55 나
56 다	57 라	58 다	59 라	60 나

제 4 회 | 제빵기능사 해답 p.374~p.380

01 라	02 라	03 라	04 나	05 다
06 다	07 가	08 가	09 다	10 다
11 나	12 나	13 다	14 가	15 다
16 라	17 가	18 라	19 가	20 다
21 나	22 라	23 나	24 다	25 가
26 가	27 라	28 다	29 가	30 나
31 다	32 나	33 나	34 가	35 가
36 다	37 라	38 가	39 라	40 라
41 나	42 나	43 나	44 나	45 다
46 가	47 나	48 나	49 라	50 다
51 나	52 라	53 가	54 라	55 라
56 나	57 라	58 라	59 나	60 라

제 2 회 | 제빵기능사 해답 p.360~p.366

01 나	02 다	03 나	04 나	05 가
06 라	07 가	08 나	09 나	10 다
11 가	12 라	13 라	14 다	15 라
16 라	17 다	18 다	19 가	20 라
21 나	22 다	23 나	24 가	25 다
26 다	27 다	28 가	29 다	30 나
31 라	32 라	33 가	34 라	35 가
36 다	37 라	38 다	39 나	40 라
41 다	42 라	43 라	44 나	45 가
46 나	47 다	48 가	49 다	50 나
51 라	52 가	53 다	54 다	55 라
56 나	57 다	58 다	59 나	60 라

제 5 회 | 제빵기능사 해답 p.381~p.387

01 나	02 나	03 라	04 가	05 가
06 나	07 가	08 나	09 다	10 라
11 라	12 가	13 나	14 라	15 라
16 다	17 라	18 나	19 다	20 다
21 라	22 가	23 가	24 가	25 다
26 나	27 나	28 라	29 라	30 나
31 라	32 다	33 가	34 나	35 다
36 가	37 나	38 라	39 다	40 가
41 다	42 라	43 다	44 라	45 가
46 다	47 다	48 다	49 나	50 가
51 라	52 나	53 다	54 라	55 라
56 가	57 라	58 가	59 라	60 다

제 3 회 | 제빵기능사 해답 p.367~p.373

01 가	02 라	03 다	04 라	05 라
06 라	07 라	08 라	09 가	10 다
11 가	12 나	13 가	14 라	15 라
16 라	17 나	18 나	19 라	20 다
21 라	22 가	23 나	24 라	25 라
26 라	27 가	28 라	29 다	30 가
31 다	32 라	33 가	34 나	35 다
36 가	37 나	38 나	39 라	40 다
41 가	42 가	43 다	44 가	45 가
46 다	47 다	48 라	49 나	50 라
51 나	52 라	53 가	54 나	55 라
56 라	57 다	58 다	59 가	60 나

워밍업 20분

과목별 상시시험

2017~2022년도

기출분석문제

기초 재료 과학

01. 다음의 문항 중 밀알의 구조를 크게 3부분으로 나누었을 때 여기에 해당되지 않는 것은?

㉮ 배아　　　　　　㉯ 세포
㉰ 내배유　　　　　㉱ 껍질부위

02. 다음 중 밀의 내배유 비율은?

㉮ 2~3%　　　　　㉯ 14%
㉰ 70%　　　　　　㉱ 83%

03. 제과용 밀가루의 단백질 함량은?

㉮ 7~9%　　　　　㉯ 9~10%
㉰ 11~12%　　　　㉱ 13% 이상

04. 강력분의 특징으로 틀린 것은?

㉮ 박력, 중력보다 단백질함유량이 많다.
㉯ 경질소맥으로 만든다.
㉰ 연질소맥으로 만든다.
㉱ 박력보다 황함유아미노산이 약간 많다.

05. 밀가루에 함유된 회분이 의미하는 것과 가장 거리가 먼 것은?

㉮ 광물질은 껍질에 많다.
㉯ 정제 정도를 알 수 있다.
㉰ 경질소맥이 연질소맥보다 회분량이 높은 것이 일반적이다.
㉱ 제빵 적성을 대변한다.

06. 밀가루의 등급은 무엇을 기준으로 하는가?

㉮ 회분　　　　　　㉯ 단백질
㉰ 지방　　　　　　㉱ 탄수화물

07. 박력분의 설명으로 옳은 것은?

㉮ 경질소맥을 제분한다.
㉯ 연질소맥을 제분한다.
㉰ 글루텐의 함량이 12~14%이다.
㉱ 빵이나 국수를 만들 때 사용한다.

08. 밀의 제분율이 낮을수록 커지는 성분은?

㉮ 탄수화물　　　　㉯ 단백질
㉰ 지질　　　　　　㉱ 비타민 및 회분

09. 밀가루를 용도별로 나눌 때 일반적으로 회분 함량이 가장 낮은 것은?

㉮ 제빵용　　　　　㉯ 제과용
㉰ 페이스트리용　　㉱ 크래커용

10. 밀알을 껍질 부위, 배아 부위, 배유 부위로 분류할 때 배유에 대한 설명으로 틀리는 것은?

㉮ 밀알의 대부분으로 무게비로 약 83%를 차지한다.
㉯ 전체 단백질의 약 90%를 구성하며 무게비에 대한 단백질 함량이 높다.
㉰ 회분 함량은 0.3% 정도로 낮은 편이다.
㉱ 무질소물은 다른 부위에 비하여 많은 편이다.

11. 전화당에 대한 설명으로 틀린 것은?

㉮ 포도당과 과당이 50%씩 함유되어 있다.
㉯ 설탕을 분해해서 만든다.
㉰ 포도당과 과당이 혼합된 이당류이다.
㉱ 수분이 함유된 것이 전화당 시럽이다.

12. 제빵에서 당의 중요한 기능은?

㉮ 껍질색을 낸다.　　㉯ 글루텐을 질기게 한다.
㉰ 완충 작용을 한다.　㉱ 유화 작용을 한다.

13. 제과에서 설탕의 기능이 아닌 것은?

㉮ 감미제
㉯ 수분 보유력으로 노화지연
㉰ 알코올 발효의 탄수화물 급원
㉱ 밀가루 단백질의 연화

14. 상대적 감미도가 순서대로 나열된 것은?

㉮ 과당〉전화당〉설탕〉포도당〉맥아당〉유당
㉯ 설탕〉과당〉전화당〉포도당〉유당〉맥아당

해답　1.㉯　2.㉱　3.㉮　4.㉰　5.㉱　6.㉮　7.㉯　8.㉮　9.㉯　10.㉯　11.㉰　12.㉮　13.㉰　14.㉮

ⓓ 유당〉설탕〉포도당〉맥아당〉과당〉전화당
ⓔ 전화당〉설탕〉포도당〉과당〉맥아당〉유당

15. 설탕류가 제빵에 미치는 공통적인 기능 중 잘 못 기술된 것은?

ⓐ 수분 보유력이 강해 제품에 수분을 많이 남게 한다.
ⓝ 반죽에 탄성을 주어 오븐 팽창이 커진다.
ⓓ 저장 시간을 연장시키고 수율을 높인다.
ⓔ 휘발성산, 알데히드 등의 화합물을 생성한다.

16. 버터와 마가린의 차이는?

ⓐ 지방 함량이 다르다.
ⓝ 버터에는 소금이 없다.
ⓓ 지방의 종류가 다르다.
ⓔ 수분 함량이 다르다.

17. 다음 100g 중 수분 함량이 가장 적은 것은?

ⓐ 마가린
ⓝ 밀가루
ⓓ 버터
ⓔ 쇼트닝

18. 표면장력을 변화시켜 빵과 과자의 부피와 조직을 개선하고 노화를 지연시키기 위해 사용하는 것은?

ⓐ 계면활성제
ⓝ 팽창제
ⓓ 산화방지제
ⓔ 감미료

19. 빵의 노화 방지를 위해 사용하는 첨가물은?

ⓐ 모노-글리세리드
ⓝ 탄산암모늄
ⓓ 이스트 푸드
ⓔ 산성탄산나트륨

20. 우유의 단백질 중에서 열에 응고되기 쉬운 단백질은?

ⓐ 카세인
ⓝ 락토알부민
ⓓ 리포프로테인
ⓔ 글리아딘

21. 우유에 들어있는 카세인의 설명으로 틀린 것은?

ⓐ 우유 단백질의 75~80%이다.
ⓝ 산에 응유하는 성질이 있다.
ⓓ 열에 응유하는 성질이 적다.
ⓔ 버터 향을 내는 성분이다.

22. 우유 100g 대신 물과 분유를 사용하려 할 때 분유의 양은?

ⓐ 10g
ⓝ 20g
ⓓ 30g
ⓔ 40g

23. 우유의 특성에 대한 설명 중 틀린 것은?

ⓐ 유지방 함량은 보통 3~4% 정도이다.
ⓝ 당으로는 글루코오스가 가장 많이 존재한다.
ⓓ 주요 단백질은 카세인이다.
ⓔ 우유의 비중은 평균 1.032이다.

24. 달걀의 구성 비율로 알맞은 것은?

ⓐ 껍질 10.3%, 흰자 59.4%, 노른자 30.3%
ⓝ 껍질 10.3%, 흰자 30.3%, 노른자 59.4%
ⓓ 껍질 30.3%, 흰자 59.4%, 노른자 10.3%
ⓔ 껍질 59.4%, 흰자 30.3%, 노른자 10.3%

25. 다음 중 신선한 달걀은?

ⓐ 표면이 매끈하다.
ⓝ 깼을 때 노른자가 풀린다.
ⓓ 광택이 없고 거칠거칠하다.
ⓔ 냄새가 난다.

26. 다음 그림과 같이 달걀의 신선도를 검사하기 위하여 소금물(8% 정도)에 달걀을 넣었을 때 가장 신선한 것은?

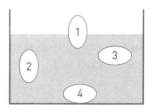

ⓐ 1
ⓝ 2
ⓓ 3
ⓔ 4

27. 이스트에 들어있지 않은 효소는?

ⓐ 락타아제
ⓝ 인베르타아제
ⓓ 치마아제
ⓔ 리파아제

28. 베이킹 파우더의 구성 재료는?

㉮ 탄산수소나트륨

㉯ 아스파탐

㉰ 산성제+염화암모늄

㉱ 탄산수소나트륨+산작용제+전분

29. 드라이 이스트를 생이스트로 대체할 때?

㉮ 1배   ㉯ 2배

㉰ 3배   ㉱ 4배

30. 압착 이스트의 고형분의 함량은?

㉮ 10~20%   ㉯ 30~35%

㉰ 40~50%   ㉱ 60~80%

31. 이스트 발육의 최적온도는?

㉮ 20~25℃   ㉯ 28~32℃

㉰ 35~40℃   ㉱ 45~50℃

32. 제빵용 배합수로 가장 적합한 물은?

㉮ 연수   ㉯ 아경수

㉰ 일시적 경수   ㉱ 영구적 경수

33. 물이 반죽에 미치는 영향에 대한 다음의 설명 중 맞는 것은?

㉮ 경수로 배합할 경우 발효속도가 빠르다.

㉯ 연수로 배합할 경우 글루텐을 더욱 단단하게 한다.

㉰ 연수로 배합 시 이스트 푸드를 약간 늘리는 것이 바람직하다.

㉱ 경수로 배합을 하면 글루텐이 부드럽게 되고 믹서볼에 잘 붙는 반죽이 된다.

34. 이스트 푸드에 대한 설명 중 틀린 것은?

㉮ 반죽의 물리적 성질을 조절한다.

㉯ 물의 경도를 조절한다.

㉰ 산화제의 작용을 한다.

㉱ 반죽의 pH를 높인다.

35. 초콜릿을 템퍼링할 때 처음 높이는 공정의 온도 범위에 적합한 것은?

㉮ 30~32℃   ㉯ 38~40℃

㉰ 45~47℃   ㉱ 52~54℃

36. 초콜릿의 슈거 블룸이 생기는 원인 중 틀리는 것은?

㉮ 습도가 높은 실내에서 작업 및 보존할 경우

㉯ 냉각시킨 초콜릿을 더운 실내에서 보존할 경우

㉰ 습기가 초콜릿표면에 붙어 녹아 다시 증발한 경우

㉱ 냉각시킨 초콜릿을 추운 실내에서 보존할 경우

37. 초콜릿을 템퍼링한 효과에 대한 설명 중 틀린 것은?

㉮ 입안에서의 용해성은 나쁘다.

㉯ 광택이 좋고 내부 조직이 조밀하다.

㉰ 팻 블룸(Fat bloom)이 일어나지 않는다.

㉱ 안정한 결정이 많고 결정형이 일정하다.

38. 다음과 같은 조건에서 나타나는 현상과 밑줄 친 물질을 바르게 연결한 것은?

> 초콜릿의 보관방법이 적절치 않아 공기 중의 수분이 표면에 부착한 뒤 그 수분이 증발해 버려 어떤 물질이 결정형태로 남아 흰색이 나타났다.

㉮ 펫브룸(Fat bloom) − 카카오메스

㉯ 펫브룸(Fat bloom) − 글리세린

㉰ 슈거브룸(Sugar bloom) − 카카오버터

㉱ 슈거브룸(Sugar bloom) − 설탕

39. 술에 관한 설명 중 틀린 것은?

㉮ 제과제빵에서 술을 사용하는 이유 중의 하나는 바람직하지 못한 냄새를 없애주는 것이다.

㉯ 양조주란 곡물이나 과실을 원료로 하여 효모로 발효시킨 것으로 알코올 농도가 낮다.

㉰ 증류주란 발효시킨 양조주를 증류한 것으로 알코올 농도가 높다.

㉱ 혼성주란 증류주를 기본으로 하여 정제당을 넣고 과실 등의 추출물로 향미를 내게 한 것으로 알코올 농도가 낮다.

40. 과즙, 향료를 사용하여 만드는 젤리의 응고를 위한 원료 중 맞지 않는 것은?

㉮ 젤라틴   ㉯ 펙틴

㉰ 레시틴   ㉱ 한천

해답   28.㉱   29.㉯   30.㉯   31.㉯   32.㉯   33.㉰   34.㉱   35.㉰   36.㉱   37.㉮   38.㉱   39.㉱   40.㉰

41. 한천에 이용되는 것은?

㉮ 우뭇가사리   ㉯ 펙틴
㉰ 콜라겐   ㉱ 전분

42. 동물의 결체조직에 존재하는 단백질로 콜라 겐을 부분적으로 가수분해하여 얻어지는 유 도 단백질은?

㉮ 알부민   ㉯ 한천
㉰ 젤라틴   ㉱ 트레오닌

43. 젤리 형성의 3요소가 아닌 것은?

㉮ 당분   ㉯ 유기산
㉰ 펙틴   ㉱ 염

해답   41.㉮   42.㉰   43.㉱

재료의 영양학적 특성

01. 빵 제품의 노화에 관한 설명 중 틀린 것은?

㉮ 노화는 제품이 오븐에서 나온 후부터 서서히 진행된다.

㉯ 노화가 일어나면 소화흡수에 영향을 준다.

㉰ 노화로 인하여 내부 조직이 단단해진다.

㉱ 노화를 지연하기 위하여 냉장고에 보관하는 것이 좋다.

02. 설탕을 100으로 할 때 포도당의 감미도는?

㉮ 16 ㉯ 32

㉰ 75 ㉱ 130

03. 아밀로오스에 대한 설명으로 틀리는 것은?

㉮ 요오드 용액에 의하여 적자색 반응

㉯ 베타 아밀라아제에 의해 거의 맥아당으로 분해

㉰ 직쇄구조로 포도당 단위가 알파1.4 결합으로 되어있다.

㉱ 퇴화의 경향이 아밀로펙틴에 비하여 빠르다.

04. 아밀로펙틴에 대한 설명으로 틀리는 것은?

㉮ 측쇄의 포도당 단위는 알파1.6 결합으로 연결되어있다.

㉯ 알파 아밀라아제에 의해 덱스트린으로 바뀐다.

㉰ 보통 1,000,000 이상의 분자량을 가졌다.

㉱ 보통 곡물에는 17~28%의 아밀로펙틴이 들어있다.

05. 과당 시럽의 다음 설명 중 틀리는 것은?

㉮ 감미도가 크다. ㉯ 용해도가 크다.

㉰ 점도가 크다. ㉱ 흡습성이 크다.

06. 전분의 호화 시작온도는?

㉮ 10℃ ㉯ 60℃

㉰ 70℃ ㉱ 80℃

07. 빵의 노화가 가장 빠르게 일어나는 온도는?

㉮ −18℃ ㉯ 3℃

㉰ 20℃ ㉱ 30℃

08. 당의 가수분해 생성물 중 연결이 잘못된 것은?

㉮ 자당→포도당+과당

㉯ 유당→포도당+갈락토오스

㉰ 맥아당→포도당+포도당

㉱ 과당→포도당+자당

09. 전분의 노화에 대한 설명 중 틀린 것은?

㉮ 노화는 −18℃에서 잘 일어나지 않는다.

㉯ 노화된 전분은 소화가 잘된다.

㉰ 노화란 α전분이 β전분으로 되는 것을 말한다.

㉱ 노화는 전분분자끼리의 결합이 전분과 물분자의 결합보다 크기 때문에 일어난다.

10. 유지에 대한 설명으로 옳은 것은?

㉮ 알코올과 글리세린의 결합체

㉯ 글리세린과 지방산의 에스테르

㉰ 글리세린과 포도당의 이중결합체

㉱ 글리세린과 수소의 에스테르

11. 글리세롤은 지방산 몇 개와 합쳐 지방을 이루는가?

㉮ 1개 ㉯ 2개

㉰ 3개 ㉱ 4개

12. 유지의 산패 원인이 아닌 것은?

㉮ 고온으로 가열한다.

㉯ 햇빛이 잘 드는 곳에 보관한다.

㉰ 토코페롤을 첨가한다.

㉱ 수분이 많은 식품을 넣고 튀긴다.

13. 다음 글리세린에 대한 설명 중 틀린 것은?

㉮ 시럽과 같은 액체로 물보다 가볍다.

㉯ 물과 잘 혼합한다.

㉰ 수분의 보유제로 응용된다.

㉱ 케이크 제품의 색과 향을 보존해 준다.

해답 1.㉱ 2.㉰ 3.㉮ 4.㉱ 5.㉰ 6.㉯ 7.㉯ 8.㉱ 9.㉯ 10.㉯ 11.㉰ 12.㉰ 13.㉮

14. 지방의 산패를 촉진하는 인자와 거리가 먼 것은?

㉮ 질소의 존재 ㉯ 산소의 존재
㉰ 동의 존재 ㉱ 자외선의 존재

15. 단백질 분해효소는?

㉮ 치마아제 ㉯ 말타아제
㉰ 프로테아제 ㉱ 인베르타아제

16. α−아밀라아제와 관계없는 것은?

㉮ 당화효소 ㉯ 액화효소
㉰ 내부효소 ㉱ 텍스트린

17. 일반적으로 제빵용 이스트에 의한 기질과 작용 효소와 분해 생성물의 관계가 틀리는 것은?

㉮ 설탕 – 인베르타아제 → 포도당 + 과당
㉯ 맥아당 – 말타아제 → 포도당 + 포도당
㉰ 유당 – 락타아제 → 과당 + 갈락토오스
㉱ 과당 – 치마아제 → 이산화탄소 + 알코올

18. α−아밀라아제에 대한 β−아밀라아제의 설명으로 틀리는 항목은?

㉮ 전분이나 덱스트린을 맥아당으로 만든다.
㉯ 아밀로오스의 말단에서 시작하여 포도당 2분자씩을 끊어가면서 분해한다.
㉰ 전분의 구조가 아밀로펙틴인 경우 약 52%까지만 가수분해한다.
㉱ 액화효소 또는 내부 아밀라아제라고도 한다.

19. 설탕을 포도당과 과당으로 분해하는 효소는?

㉮ 인베르타아제 ㉯ 치마아제
㉰ 말타아제 ㉱ α−아밀라아제

20. 다음 설명 중 옳은 것은?

㉮ 이스트는 전분을 분해할 수 있다.
㉯ 소맥분이 숙성하는 동안 β−아밀라아제 활성은 증가하나 α−아밀라아제 활성은 낮다.
㉰ 리파아제는 손상되지 않은 전분에도 작용한다.
㉱ 말타아제에 의해 분해된 당은 이스트를 이용하기 어렵다.

21. 효소의 성질에 대한 설명 중 틀린 것은?

㉮ 효소는 어느 특정한 기질에만 반응하는 선택성이 있다.
㉯ 효소의 온도에 따라 영향을 받는다.
㉰ 효소는 반응 혼합물의 pH에 따라 영향을 받는다.
㉱ 효소는 10℃ 상승에 따라 활성은 4배가 된다.

22. ppm이란?

㉮ g당 중량 백분율 ㉯ g당 중량 만분율
㉰ g당 중량 십만분율 ㉱ g당 중량 백만분율

23. 탄수화물을 과다 섭취 시 잔량분을 체내에서 어떤 모양으로 축적되는가?

㉮ 글리코겐 ㉯ 지방
㉰ 탄수화물 ㉱ 글리세린

24. 전분은 체내에서 주로 어떠한 기능을 하는가?

㉮ 열량을 공급한다.
㉯ 피와 살을 합성한다.
㉰ 대사작용을 조절한다. ㉱ 뼈를 튼튼하게 한다.

25. 탄수화물은 체내에서 주로 어떤 작용을 하는가?

㉮ 골격을 형성한다. ㉯ 혈액을 구성한다.
㉰ 체작용을 조절한다. ㉱ 열량을 공급한다.

26. 필수 지방산이 아닌 것은?

㉮ 스테아르산 ㉯ 리놀렌산
㉰ 리놀레산 ㉱ 아라키돈산

27. 지방질의 영양학적 중요성과 관계없는 것은?

㉮ 에너지원으로 중요하다.
㉯ 지용성 비타민의 흡수를 돕는다.
㉰ 피하 지방질은 체온의 손실을 방지한다.
㉱ 수용성 비타민의 공급원이다.

28. 콜레스테롤에 관한 설명 중 잘못된 것은?

㉮ 담즙의 성분이다.
㉯ 비타민 D_3의 전구체가 된다.
㉰ 탄수화물 중 다당류에 속한다.
㉱ 다량 섭취 시 동맥경화의 원인물질이 된다.

해답 14.㉮ 15.㉰ 16.㉮ 17.㉰ 18.㉱ 19.㉮ 20.㉯ 21.㉱ 22.㉱ 23.㉯ 24.㉮ 25.㉱ 26.㉮ 27.㉱ 28.㉰

29. 단백질의 기능이 아닌 것은?

㉮ 성장 및 체구성 성분이다.
㉯ 항체구성의 성분이다.
㉰ 지용성 비타민의 흡수를 돕는다.
㉱ 열량을 생성한다.

30. 생물가의 기준인 것은?

㉮ 필수 아미노산
㉯ 섭취된 질소량
㉰ 보유된 질소량
㉱ 제한된 아미노산

31. 필수 아미노산이 아닌 것은?

㉮ 트레오닌　　㉯ 이소류신
㉰ 발린　　㉱ 알라닌

32. 다음 중 단백질에 대한 설명으로 틀린 것은?

㉮ 우유의 카세인, 노른자의 비테린은 복합단백질 중 인단백질에 속한다.
㉯ 단백질의 주된 구성성분은 탄소, 산소, 질소이고 이 중 가장 큰 비율을 차지하는 것이 질소이다.
㉰ 밀단백질 중의 하나인 글루테닌은 단순단백질 중 글루테린에 속한다.
㉱ 핵단백질은 동·식물의 세포에 모두 존재한다.

33. 영양소의 기능이 맞게 연결된 것은?

㉮ 단백질, 무기질–구성영양소
㉯ 지방, 비타민–체온조절
㉰ 탄수화물, 무기질–열량조절물질
㉱ 지방, 무기질–열량조절물질

34. 지용성 비타민과 관계있는 물질은?

㉮ L–ascorbic acid　㉯ β–carotene
㉰ Niacin　　㉱ Thiamine

35. 비타민 D의 기능이 아닌 것은?

㉮ 칼슘, 인의 흡수를 도와준다.
㉯ 혈액 내 인의 양을 일정하게 유지시킨다.
㉰ 부족 시 어린이는 구루병, 어른은 골연화증에 걸리기 쉽다.
㉱ 시홍의 생성에 관여한다.

36. 다음 중 수용성 비타민인 것은?

㉮ 비타민 A　　㉯ 비타민 C
㉰ 비타민 D　　㉱ 비타민 E

37. 지용성 비타민은?

㉮ 비타민 A　　㉯ 비타민 B_2
㉰ 비타민 C　　㉱ 비타민 B_{12}

38. 칼슘의 기능이 아닌 것은?

㉮ 갑상선 비대증의 원인
㉯ 골격형성
㉰ 근육의 수축이완
㉱ 혈액응고

39. 비타민의 기능이 아닌 것은?

㉮ 대사촉진
㉯ 체온조절
㉰ 영양소의 완전연소
㉱ 호르몬의 분비촉진 및 억제

40. 우리 몸을 구성하는 무기질이 차지하는 비율은?

㉮ 체중의 5% 정도　㉯ 체중의 20% 정도
㉰ 체중의 35% 정도　㉱ 체중의 50% 정도

41. 무기질의 영양상 기능이 아닌 것은?

㉮ 우리 몸의 경조직 성분이다.
㉯ 열량을 내는 열량 급원이다.
㉰ 효소의 기능을 촉진시킨다.
㉱ 세포간의 삼투압 평형유지 작용을 한다.

42. 다음 비타민에 관한 설명 중 옳지 않은 것은?

㉮ 비타민 A는 결핍 시에 야맹증에 걸리고 주요 급원은 소간, 생선간유 등이다.
㉯ 비타민 C는 결핍 시에 괴혈병에 걸리고 주요 급원은 딸기, 감귤류, 토마토, 양배추 등이다.
㉰ 비타민 D는 결핍 시에 구루병에 걸리며 칼슘과 인의 대사와 관계가 깊다.
㉱ 니아신의 결핍 시에는 빈혈에 걸리며 적혈구 형성과 관계가 깊다.

해답　29.㉰　30.㉰　31.㉱　32.㉯　33.㉮　34.㉯　35.㉱　36.㉯　37.㉮　38.㉮　39.㉯　40.㉮　41.㉯　42.㉱

43. 체내에서 물의 기능은?

㉮ 노폐물의 체외배설　㉯ 신경계조절
㉰ 열량조절　　　　　㉱ 영양소의 연소

44. 담즙산과 관계없는 것은?

㉮ 주로 탄수화물을 소화하는데 쓰인다.
㉯ 황갈색의 쓴맛을 내는 액체이다.
㉰ Na. K와 함께 담즙산염을 만든다.
㉱ 간에서 만들어진다.

45. 입속의 침(타액)에서 분비되는 전분 당화 효소는?

㉮ 펩신　　　　　㉯ 프티알린
㉰ 리파아제　　　㉱ 트립신

46. 다음 중 효소와 기질명이 서로 맞지 않는 것은?

㉮ 리파아제–지방질
㉯ 아밀라아제–섬유소
㉰ 펩신–단백질
㉱ 말타아제–맥아당

47. 기초 신진 대사량은 신체구성 성분 중 무엇과 관계있나?

㉮ 골격의 양　　　㉯ 혈액의 양
㉰ 근육의 양　　　㉱ 피하지방의 양

48. 기초 대사량과 정비례하는 것은?

㉮ 체표면적　　　㉯ 체중
㉰ 신장　　　　　㉱ 흉위

49. 영양소의 소화흡수에 대한 설명이 잘못된 것은?

㉮ 일부 소화효소는 불활성 전구체로 분비되어 소화관내에서 활성화된다.
㉯ 영양소의 분해하는 과정은 여러 종류의 효소가 단계적으로 작용하여 이루어진다.
㉰ 최종 흡수되는 영양소는 모두 문맥계를 통하여 유입된다.
㉱ 위액의 분비는 반사조건적인 영향도 많이 받는다.

50. 소화란 어떠한 과정인가?

㉮ 물을 흡수하여 팽윤하는 과정이다.
㉯ 열에 의하여 변성되는 과정이다.
㉰ 여러 영양소를 흡수하기 쉬운 형태로 변화시키는 과정이다.
㉱ 지방을 생합성하는 과정이다.

51. 소장에서 흡수되는 당류의 흡수속도가 바르게 된 것은?

㉮ 포도당 〉 과당 〉 갈락토오스 〉 자일로스
㉯ 포도당 〉 갈락토오스 〉 과당 〉 자일로스
㉰ 갈락토오스 〉 포도당 〉 과당 〉 자일로스
㉱ 갈락토오스 〉 과당 〉 포도당 〉 자일로스

52. 단백질의 분해효소로 췌액에 존재하는 것은?

㉮ 프로테아제　　　㉯ 펩신
㉰ 트립신　　　　　㉱ 레닌

53. 식품의 열량(kcal) 계산공식으로 맞는 것은? (단, 각 영양소 양의 기준은 g으로 한다.)

㉮ (탄수화물의 양+단백질의 양)×4+(지방의 양×9)
㉯ (탄수화물의 양+지방의 양)×4+(단백질의 양×9)
㉰ (지방의 양+단백질의 양)×4+(탄수화물의 양×9)
㉱ (탄수화물의 양+지방의 양)×9+(단백질의 양×4)

해답 43.㉮ 44.㉮ 45.㉯ 46.㉯ 47.㉰ 48.㉮ 49.㉰ 50.㉰ 51.㉰ 52.㉰ 53.㉮

빵류 제조 이론

01. 비상 반죽법에서 선택적 조치사항이 아닌 것은?

㉮ 이스트 푸드 감소 ㉯ 분유 감소
㉰ 소금 감소 ㉱ 식초 첨가

02. 스트레이트법의 장점은?

㉮ 부피가 좋다.
㉯ 노화가 느리다.
㉰ 발효 손실이 적다.
㉱ 이스트가 절약된다.

03. 비상 반죽법의 장점 중 잘못 기술된 것은?

㉮ 임금 절약
㉯ 짧은 공정시간
㉰ 주문에 신속 대처가능
㉱ 저장성의 증가

04. 환원제와 산화제를 동시에 사용하는 제빵법은?

㉮ 노타임법 ㉯ 스트레이트법
㉰ 스펀지법 ㉱ 연속식 제빵법

05. 스펀지 · 도법에 비하여 스트레이트법의 장점이 아닌 것은?

㉮ 기계와 발효 내구성이 좋고, 볼륨이 크다.
㉯ 향미나 특유의 식감이 좋다.
㉰ 제조 공정이 단순하고, 장비가 간단하다.
㉱ 발효 손실이 적다.

06. 장시간 발효과정을 거치지 않고 배합 후 정형하여 2차 발효를 하는 제빵법은?

㉮ 재반죽법 ㉯ 스트레이트법
㉰ 노타임법 ㉱ 스펀지법

07. 액체 발효법에서 발효점을 찾는 가장 좋은 기준이 되는 것은?

㉮ 냄새 ㉯ pH
㉰ 거품 ㉱ 시간

08. 스펀지법에서 스펀지 밀가루 사용량을 증가할 때 나타나는 현상으로 틀린 것은?

㉮ 반죽의 신장성이 증가한다.
㉯ 발효 향이 강해진다.
㉰ 도 발효시간이 단축된다.
㉱ 도 반죽시간이 길어진다.

09. 원료의 전처리방법으로 올바르지 않은 것은?

㉮ 밀가루, 탈지분유 등은 계량한 후 체질하여 사용한다.
㉯ 이스트는 계량한 물의 일부분에 용해시켜 사용한다.
㉰ 이스트 푸드는 이스트와 함께 녹여 사용한다.
㉱ 유지는 냉장고에서 꺼내어 약간의 유연성을 갖도록 실온에 놓아둔다.

10. 다음 설명하는 것은 무엇인가?

〈보기〉
픽업 단계–클린업 단계–발전 단계–최종 단계

㉮ 배합 ㉯ 굽기
㉰ 몰딩 ㉱ 발효

11. 후염법의 장점은?

㉮ 반죽시간 지연 ㉯ 발효시간 지연
㉰ 수화 촉진 ㉱ 발효시간 단축

12. 클린업 단계에 넣어 믹싱 시간을 단축할 수 있는 것은?

㉮ 소금 ㉯ 설탕
㉰ 분유 ㉱ 이스트

13. 반죽시간이 가장 짧은 것은?

㉮ 액체 발효법 ㉯ 스펀지법
㉰ 스트레이트법 ㉱ 비상 스트레이트법

해답 1.㉮ 2.㉰ 3.㉱ 4.㉮ 5.㉮ 6.㉰ 7.㉯ 8.㉱ 9.㉰ 10.㉮ 11.㉰ 12.㉮ 13.㉯

14. 글루텐을 강화시키는 요인으로 바르게 짝지어
진 것은?

㉮ 설탕, 환원제, 달걀

㉯ 소금, 산화제, 탈지분유

㉰ 물, 환원제, 유지

㉰ 소금, 산화제, 설탕

15. 다음 반죽의 상태 중 밀가루의 글루텐이 형성
되어 최대의 탄력성을 갖는 단계는?

㉮ 픽업 단계　　　㉯ 클린업 단계

㉰ 발전 단계　　　㉰ 렛다운 단계

16. 식빵의 믹싱공정 중 반죽의 신장성이 최대가
되는 단계는?

㉮ 픽업 단계　　　㉯ 클린업 단계

㉰ 최종 단계　　　㉰ 파괴 단계

17. 스트레이트법에 의한 제빵 반죽 시 유지는 보
통 어느 단계에서 첨가하는가?

㉮ 픽업 단계　　　㉯ 클린업 단계

㉰ 발전 단계　　　㉰ 렛다운 단계

18. 다음 중 반죽의 목적이라 할 수 없는 것은?

㉮ 탄산가스 생성

㉯ 각 재료를 균일하게 혼합

㉰ 밀가루의 글루텐 발전

㉰ 밀가루의 수화

19. 반죽 흡수량에 관한 설명 중 틀린 것은?

㉮ 반죽온도가 낮아지면 흡수량 증가

㉯ 후염법의 경우 흡수량 증가

㉰ 손상전분이 적으면 흡수량 증가

㉰ 직접법은 스펀지법보다 흡수량 증가

20. 빵 반죽의 흡수에 영향을 주는 요인들에 대한
설명이 잘못된 것은?

㉮ 반죽 온도가 높아지면 흡수율이 감소되는 경향

㉯ 연수는 경수보다 흡수가 증가하는 경향

㉰ 설탕 사용량이 많아지면 흡수율이 감소되는 경향

㉰ 손상전분이 적량 이상이면 흡수율이 증가하는
경향

21. 데니시 페이스트리의 적당한 반죽온도는?

㉮ 14~18℃　　　㉯ 18~22℃

㉰ 22~26℃　　　㉰ 26~30℃

22. 비상 스트레이트법에서 반죽온도는?

㉮ 22℃　　　㉯ 27℃

㉰ 30℃　　　㉰ 40℃

23. 데니시 페이스트리의 반죽을 휴지시키는 원
인으로 맞지 않는 것은?

㉮ 이스트 발효를 억제한다.

㉯ 롤인 유지와 반죽의 되기를 조절한다.

㉰ 밀어 펴기를 쉽게 할 수 있다.

㉰ 제품의 노화를 막는다.

24. 반죽할 때 반죽의 온도가 높아지는 주된 이유
는?

㉮ 마찰열때문

㉯ 이스트 번식때문

㉰ 원료가 용해되는 관계로

㉰ 글루텐의 발전관계로

25. 발효과정에서 탄산가스를 잡아 주는 보호막
은?

㉮ 글루텐　　　㉯ 이스트

㉰ 탈지분유　　　㉰ 설탕

26. 스트레이트법에서 1차 발효의 완성점을 찾는
방법이 아닌 것은?

㉮ 손가락으로 반죽을 눌러 본다.

㉯ 부피의 증가상태를 확인한다.

㉰ 반죽내부의 섬유질 조직을 확인한다.

㉰ 반죽의 일부를 펼쳐서 피막을 확인한다.

27. 제빵용 효모에 의하여 발효되지 않는 당은?

㉮ 포도당　　　㉯ 과당

㉰ 맥아당　　　㉰ 유당

28. 발효의 목적이 아닌 것은?

㉮ 이산화탄소를 발생시킨다.

㉯ 글루텐을 숙성시킨다.

㉡ 향을 발달시킨다
㉢ 글루텐을 강하게 한다.

29. 1차 발효 시 완성점을 판단하는 방법이 아닌 것은?

㉮ 부피가 3~3.5배로 증가되었다.
㉯ 섬유질이 생성되었다.
㉰ 손가락으로 눌러서 올라오지 않는다.
㉱ 탄력성이 있다.

30. 발효빵의 제조공정 중 가장 중요한 3가지는?

㉮ 배합, 발효, 시간
㉯ 배합, 발효, 온도
㉰ 배합, 중간발효, 시간
㉱ 배합, 발효, 굽기

31. 삼투압에 대하여 맞는 것은?

㉮ 삼투압이 높을수록 발효시간이 빠르다.
㉯ 삼투압이 높을수록 발효시간은 길다.
㉰ 삼투압은 발효시간과 관계가 없다.
㉱ 삼투압이 낮으면 발효가 느리다.

32. 펀치의 효과와 가장 거리가 먼 것은?

㉮ 반죽의 온도를 균일하게 한다.
㉯ 이스트의 활성을 돕는다.
㉰ 반죽에 산소공급으로 산화, 숙성을 진전시킨다.
㉱ 성형을 용이하게 한다.

33. 스펀지 발효의 발효점은 일반적으로 처음 반죽부피의 몇 배까지 팽창되는 것이 가장 적당한가?

㉮ 1~2배   ㉯ 2~3배
㉰ 4~5배   ㉱ 6~7배

34. 중간발효의 목적으로 틀리는 것은?

㉮ 글루텐 조직의 재정돈
㉯ 반죽 유연성의 회복
㉰ 신장성의 증가
㉱ 점착성의 감소

35. 둥글리기의 목적이 아닌 것은?

㉮ 글루텐의 구조를 정돈한다.
㉯ 정형을 쉽게 한다.
㉰ 이산화탄소 가스를 보유할 수 없게 한다.
㉱ 끈적거림을 제거한다.

36. 다음 중 정형공정이 아닌 것은?

㉮ 밀기   ㉯ 말기
㉰ 팬에 넣기   ㉱ 봉하기

37. 성형과정의 5가지 공정이 순서대로 된 것은?

㉮ 반죽 → 중간발효 → 분할 → 둥글리기 → 정형
㉯ 분할 → 둥글리기 → 중간발효 → 정형 → 패닝
㉰ 둥글리기 → 중간발효 → 정형 → 패닝 → 2차 발효
㉱ 중간발효 → 정형 → 패닝 → 2차 발효 → 굽기

38. 이형유에 관한 설명 중 올바르지 않은 것은?

㉮ 틀을 실리콘으로 코팅하면 이형유의 사용을 줄일 수 있다.
㉯ 이형유는 발연점이 높은 기름을 사용한다.
㉰ 이형유 사용량은 반죽무게에 대하여 0.1~0.2% 정도이다.
㉱ 이형유 사용량이 많으면 밑껍질이 얇아지고 색상이 밝아진다.

39. 제빵용 팬오일에 대한 설명 중 틀린 것은?

㉮ 종류에 상관없이 발연점이 낮아야 한다.
㉯ 백색광유도 사용한다.
㉰ 정제라드, 식물유, 혼합유도 사용한다.
㉱ 과다하게 칠하면 밑껍질이 두껍고 어둡게 된다.

40. 빵의 패닝(팬 넣기)에 있어 팬의 온도로 가장 적합한 것은?

㉮ 냉장온도(0~5℃)   ㉯ 20~24℃
㉰ 30~35℃   ㉱ 60℃ 이상

41. 제빵 시 팬오일의 조건으로 나쁜 것은?

㉮ 낮은 발연점의 기름
㉯ 무취의 기름
㉰ 무색의 기름
㉱ 산패되기 쉽지 않은 기름

해답 29.㉱ 30.㉱ 31.㉯ 32.㉱ 33.㉰ 34.㉱ 35.㉰ 36.㉰ 37.㉯ 38.㉱ 39.㉮ 40.㉰ 41.㉮

42. 다음 중 올바른 패닝 요령이 아닌 것은?

㉮ 반죽의 이음매가 틀의 바닥으로 놓이게 한다.

㉯ 철판의 온도를 60℃로 맞춘다.

㉰ 반죽은 적정 분할량을 넣는다.

㉱ 비용적의 단위는 ㎤/g이다.

43. 2차 발효 시 습도가 많을 때 사항이 아닌 것은?

㉮ 껍질이 거칠다.

㉯ 질긴 껍질이 된다.

㉰ 물집이 있다.

㉱ 오븐에서 팽창이 안 된다.

44. 데니시 페이스트리를 만들 때 2차 발효의 온도는?

㉮ 일반 빵보다 높아야 한다.

㉯ 충전용 유지의 융점보다 높아야 한다.

㉰ 충전용 유지의 융점보다 낮아야 한다.

㉱ 발효시키지 않는다.

45. 2차 발효의 상대습도를 가장 낮게 설정하는 제품은?

㉮ 옥수수빵　　　㉯ 데니시 페이스트리

㉰ 우유식빵　　　㉱ 팥소빵

46. 2차 발효실의 습도가 가장 높아야 할 제품은?

㉮ 바게트　　　㉯ 하드 롤

㉰ 햄버거빵　　　㉱ 도넛

47. 2차 발효에 대한 설명 중 올바르지 않은 것은?

㉮ 이산화탄소를 생성시켜 최대한의 부피를 얻고 글루텐을 신장시키는 과정이다.

㉯ 2차 발효실의 온도는 반죽의 온도보다 반드시 같거나 높아야 한다.

㉰ 2차 발효실의 습도는 평균 75~90% 정도이다.

㉱ 2차 발효실의 습도가 높을 경우 겉껍질이 형성되고 터짐현상이 발생한다.

48. 굽기 과정 중 마지막에 일어나는 것은?

㉮ 오븐 스프링　　　㉯ 오븐 라이스

㉰ 전분의 호화　　　㉱ 캐러멜 반응

49. 굽기의 원칙이 아닌 것은?

㉮ 고율 배합의 제품은 낮은 온도에서

㉯ 부피가 클수록 낮은 온도에서

㉰ 높은 온도로 구우면 수분이 많다.

㉱ 높은 온도에서 구울 때 오버 베이킹(Over baking)이 일어난다.

50. 다음 중 굽기 손실이 가장 큰 제품은?

㉮ 식빵　　　㉯ 바게트

㉰ 단팥빵　　　㉱ 버터롤

51. 다음 설명 중 오버 베이킹(Over baking)에 대한 것은?

㉮ 낮은 온도의 오븐에서 굽는다.

㉯ 윗면 가운데가 올라오기 쉽다.

㉰ 제품에 남는 수분이 많아진다.

㉱ 중심부분이 익지 않을 경우 주저앉기 쉽다.

52. 굽기 중 일어나는 변화로 가장 높은 온도에서 발생하는 것은?

㉮ 이스트 사멸

㉯ 전분 호화

㉰ 탄산가스의 용해도 감소

㉱ 단백질 변성

53. 빵의 굽기 과정에서 오븐 스프링(Oven spring)에 의한 반죽 부피의 팽창 정도는?

㉮ 본래 크기의 약 1/2까지

㉯ 본래 크기의 약 1/3까지

㉰ 본래 크기의 약 1/5까지

㉱ 본래 크기의 약 1/6까지

54. 프랑스빵에서 스팀을 사용하는 이유로 부적당한것은?

㉮ 거칠고 불규칙하게 터지는 것을 방지한다.

㉯ 겉껍질에 광택을 내 준다.

㉰ 얇고 바삭거리는 껍질이 형성되도록 한다.

㉱ 반죽의 흐름성을 크게 증가시킨다.

55. 과자빵의 굽기 온도의 조건에 대한 설명 중 틀린 것은?

㉮ 고율배합일수록 온도를 낮게 한다.
㉯ 반죽량이 많은 것은 온도를 낮게 한다.
㉰ 발효가 많이 된 것은 낮은 온도로 굽는다.
㉱ 된 반죽은 낮은 온도로 굽는다.

56. 굽기 공정에 대한 설명 중 틀린 것은?

㉮ 전분의 호화가 일어난다.
㉯ 빵의 옆면에 슈레드가 형성되는 것을 억제한다.
㉰ 이스트는 사멸되기 전까지 부피팽창에 기여한다.
㉱ 굽기 과정 중 당류의 캐러멜화가 일어난다.

57. 포장하기 전 빵의 온도가 너무 낮을 때 어떤 현상이 일어나는가?

㉮ 노화가 빨라진다.
㉯ 슬라이스가 나쁘다.
㉰ 포장지에 수분이 응축된다.
㉱ 곰팡이, 박테리아의 번식이 용이하다.

58. 빵의 냉각방법으로 가장 적합한 것은?

㉮ 바람이 없는 실내
㉯ 강한 송풍을 이용한 급냉
㉰ 냉동실에서 냉각
㉱ 수분 분사방식

59. 빵 포장의 목적에 부적합한 것은?

㉮ 빵의 저장성 증대
㉯ 빵의 미생물 오염 방지
㉰ 수분증발 촉진과 노화 방지
㉱ 상품의 가치 향상

60. 포장 재료가 갖추어야 할 조건이 아닌 것은?

㉮ 흡수성이 있고 통기성이 없어야 한다.
㉯ 제품의 상품가치를 높일 수 있어야 한다.
㉰ 단가가 낮아야 한다.
㉱ 위생적이어야 한다.

61. 빵의 노화현상이 아닌 것은?

㉮ 곰팡이 발생
㉯ 탄력성 상실
㉰ 껍질이 질겨짐
㉱ 풍미의 변화

62. 프랑스빵에서 스팀 주입을 많이 했을 때 일어나는 현상은?

㉮ 껍질이 바삭바삭하다.
㉯ 껍질이 두꺼워진다.
㉰ 껍질이 질기다.
㉱ 균열이 발생한다.

63. 다음 설명 중 제빵에 분유를 사용하여야 하는 경우는?

㉮ 단백질함량이 낮거나 단백질의 질이 좋지 않을 때
㉯ 껍질 색깔이 너무 빨리 날 때
㉰ 디아스타제 대신 사용하고자 할 때
㉱ 이스트 푸드 대신 사용하고자 할 때

64. 빵의 노화를 지연시키는 방법이 아닌 것은?

㉮ 저장온도를 −18℃ 이하로 유지한다.
㉯ 21~35℃에서 보관한다.
㉰ 고율배합으로 한다.
㉱ 냉장고에서 보관한다.

65. 빵의 내부에 줄무늬가 생기는 원인이 아닌 것은?

㉮ 과량의 팬오일 사용
㉯ 과량의 덧가루 사용
㉰ 건조한 중간발효
㉱ 건조한 2차 발효

66. 빵 제품의 노화(Staling)에 관한 설명 중 틀린 것은?

㉮ 노화는 제품이 오븐에서 나온 후부터 서서히 진행된다.
㉯ 노화가 일어나면 소화흡수에 영향을 준다.
㉰ 노화로 인하여 내부 조직이 단단해 진다.
㉱ 노화를 지연하기 위하여 냉장고에 보관하는 게 좋다.

67. 빵의 노화 방지에 유효한 첨가물은?

㉮ 이스트푸드
㉯ 산성탄산나트륨
㉰ 모노글리세리드
㉱ 탄산암모늄

해답 55.㉰ 56.㉯ 57.㉮ 58.㉮ 59.㉰ 60.㉮ 61.㉮ 62.㉰ 63.㉮ 64.㉱ 65.㉱ 66.㉱ 67.㉰

68. 냉동반죽을 사용하는 목적이 아닌 것은?

㉮ 편리성

㉯ 이스트의 사용을 줄일 수 있다.

㉰ 신속한 주문 대처

㉱ 재고를 줄일 수 있다.

69. 냉동 반죽법의 단점이 아닌 것은?

㉮ 휴일작업에 미리 대처할 수 없다.

㉯ 이스트가 죽어 가스 발생력이 떨어진다.

㉰ 가스 보유력이 떨어진다.

㉱ 반죽이 퍼지기 쉽다.

70. 냉동반죽에 사용되는 재료와 제품의 특성에 대한 설명 중 틀린 것은?

㉮ 일반제품보다 산화제의 사용량을 증가시킨다.

㉯ 저율 배합인 프랑스빵이 가장 유리하다.

㉰ 유화제를 사용하는 것이 좋다.

㉱ 밀가루는 단백질의 양과 질이 좋은 것을 사용한다.

71. 냉동 반죽법에 대한 설명 중 틀린 것은?

㉮ 저율 배합의 제품은 냉동 시 노화의 진행이 비교적 빠르다.

㉯ 고율 배합의 제품은 비교적 완만한 냉동에 견딘다.

㉰ 저율 배합의 제품일수록 냉동처리에 더욱 주의해야 한다.

㉱ 식빵 반죽은 비교적 노화의 진행이 느리다.

72. 냉동 반죽법에서 동결방식으로 적합한 것은?

㉮ 완만동결

㉯ 지연동결

㉰ 오버나이트(Over night)법

㉱ 급속동결

73. 냉동 반죽법의 냉동과 해동 방법으로 옳은 것은?

㉮ 급속냉동, 급속해동

㉯ 급속냉동, 완만해동

㉰ 완만냉동, 급속해동

㉱ 완만냉동, 완만해동

74. 냉동제법에서 믹싱 다음 단계의 공정은?

㉮ 1차 발효 ㉯ 분할

㉰ 해동 ㉱ 2차 발효

75. 대량생산공장에서 많이 사용하는 오븐으로 반죽이 들어가는 입구와 제품이 나오는 입구가 다르며, 오븐으로 통과되는 속도와 온도가 중요시되는 오븐은?

㉮ 데크 오븐 ㉯ 터널 오븐

㉰ 컨벡션 오븐 ㉱ 로터리 레크 오븐

76. 소규모제과점용으로 가장 많이 사용되며 반죽을 넣는 입구와 제품을 꺼내는 출구가 같은 오븐은?

㉮ 컨벡션 오븐 ㉯ 터널 오븐

㉰ 릴 오븐 ㉱ 데크 오븐

77. 냉장냉동해동 2차발효를 프로그래밍에 의하여 자동적으로 조절하는 기계는?

㉮ 도 컨디셔너(Dough conditioner)

㉯ 믹서(Mixer)

㉰ 라운더(Rounder)

㉱ 오버 헤드 프루퍼(Overhead proofer)

78. 주로 소매점에서 자주 사용하는 믹서로서 거품형 케이크 및 빵 반죽이 모두 가능한 믹서는 무엇인가?

㉮ 버티컬 믹서(Vertical mixer)

㉯ 스파이럴 믹서(Spiral mixer)

㉰ 수평 믹서(Horizontal mixer)

㉱ 핀 믹서(Pin mixer)

79. 일반적으로 밀가루를 전문적으로 시험하는 기기로 이루어진 항목은?

㉮ 패리노그래프, 가스크로마토그래피, 익스텐소그래프

㉯ 패리노그래프, 아밀로그래프, 파이브로미터

㉰ 패리노그래프, 익스텐소그래프, 아밀로그래프

㉱ 아밀로그래프, 익스텐소그래프, 펑츄어 테스터

해답 68.㉯ 69.㉮ 70.㉯ 71.㉱ 72.㉱ 73.㉯ 74.㉯ 75.㉯ 76.㉱ 77.㉮ 78.㉮ 79.㉰

과자류 제조 이론

01. 밀가루 : 달걀 : 설탕 : 소금 = 100 : 166 : 166 : 2를 기본배합으로 하여 적정 범위 내에서 각 재료를 가감하여 만드는 제품은?

㉮ 파운드 케이크   ㉯ 엔젤 푸드 케이크
㉰ 스펀지 케이크   ㉲ 머랭 쿠키

02. 파운드 케이크의 주재료로 짝지어진 것은?

㉮ 밀가루, 설탕, 달걀, 유지
㉯ 밀가루, 설탕, 달걀, 유화제
㉰ 밀가루, 설탕, 유지, 베이킹 파우더
㉲ 밀가루, 향, 달걀, 유지

03. 거품형 쿠키로 전란을 사용하는 제품은?

㉮ 스펀지 쿠키   ㉯ 머랭 쿠키
㉰ 스냅 쿠키   ㉲ 드롭 쿠키

04. 기본 퍼프 페이스트리에서 밀가루 : 유지 : 물의 비율이 맞는 것은?

㉮ 50 : 50 : 50
㉯ 50 : 100 : 100
㉰ 100 : 50 : 100
㉲ 100 : 100 : 50

05. 고율 배합 케이크와 비교하여 저율 배합 케이크의 특징은?

㉮ 믹싱 중 공기 혼입량이 많다.
㉯ 굽는 온도가 높다.
㉰ 반죽의 비중이 낮다.
㉲ 화학팽창제 사용량이 적다.

06. 화이트 레이어 케이크 제조 시 주석산 크림을 사용하는 목적 중 틀린 것은?

㉮ 흰자를 강하게 하기 위하여
㉯ 껍질색을 밝게 하기 위하여
㉰ 속색을 하얗게 하기 위하여
㉲ 제품의 색깔을 진하게 하기 위하여

07. 다음 중 스펀지 케이크의 3가지 기본재료는?

㉮ 밀가루, 달걀, 분유
㉯ 달걀, 소금, 우유
㉰ 밀가루, 달걀, 설탕
㉲ 밀가루, 분유, 소금, 달걀

08. 케이크 제조 시 재료 사용의 상관관계로 잘못된 것은?

㉮ 달걀 증가 – 베이킹 파우더 감소
㉯ 밀가루의 강력도 증가 – 베이킹 파우더 증가
㉰ 크림성이 좋은 쇼트닝 증가 – 베이킹 파우더 감소
㉲ 분유 사용량 증가 – 베이킹 파우더 감소

09. 반죽형 케이크를 만드는 방법과 장점을 짝지은 것 중 틀린 내용은?

㉮ 블랜딩법 – 제품이 부드럽다.
㉯ 1단계법 – 재료가 절약된다.
㉰ 크리밍법 – 부피가 크다.
㉲ 설탕 · 물반죽법 – 규격이 같은 제품을 다량 만들 수 있다.

10. 거품형 케이크의 반죽 순서는?

㉮ 저속-중속-고속
㉯ 고속-중속-저속
㉰ 저속-고속-중속-저속
㉲ 고속-중속-저속-고속

11. 스펀지 케이크 반죽에 버터를 사용하고자 할 때 버터의 온도는 얼마가 가장 좋은가?

㉮ 30℃   ㉯ 34℃
㉰ 60℃   ㉲ 85℃

12. 다음 제품 중 거품형 제품이 아닌 것은?

㉮ 과일 케이크   ㉯ 머랭
㉰ 스펀지 케이크   ㉲ 엔젤 푸드 케이크

해답 1.㉮ 2.㉮ 3.㉮ 4.㉲ 5.㉯ 6.㉲ 7.㉰ 8.㉲ 9.㉯ 10.㉰ 11.㉰ 12.㉮

13. 다음 중 반죽의 pH가 가장 낮아야 좋은 제품은?

㉮ 레이어 케이크

㉯ 스펀지 케이크

㉰ 파운드 케이크

㉱ 엔젤 푸드 케이크

14. 반죽형 케이크 반죽을 부피위주로 만들 때 사용할 믹싱 방법은?

㉮ 1단계법

㉯ 설탕 · 물법

㉰ 블렌딩법

㉱ 크림법

15. 블렌딩법은 어떤 재료를 먼저 배합하는 방법인가?

㉮ 달걀과 밀가루

㉯ 물과 밀가루

㉰ 밀가루와 쇼트닝

㉱ 쇼트닝과 설탕

16. 스펀지 케이크 제조 시 더운 믹싱방법을 사용할 때 달걀과 설탕의 중탕온도로 가장 적당한 것은?

㉮ 23℃   ㉯ 43℃

㉰ 63℃   ㉱ 83℃

17. 케이크의 대표적인 믹싱 방법인 크림법에 대한 설명으로 적당한 것은?

㉮ 쇼트닝과 밀가루를 먼저 믹싱한다.

㉯ 쇼트닝과 설탕을 먼저 믹싱한다.

㉰ 설탕과 물을 먼저 믹싱한다.

㉱ 전 재료를 한꺼번에 믹싱한다.

18. 과자 반죽 믹싱법 중에서 크림법은 어떤 재료를 먼저 믹싱하는 방법인가?

㉮ 설탕과 쇼트닝

㉯ 밀가루와 설탕

㉰ 달걀과 설탕

㉱ 달걀과 쇼트닝

19. 반죽 온도가 가장 낮아야 되는 것은?

㉮ 데블스 푸드 케이크

㉯ 레이어 케이크

㉰ 스펀지 케이크

㉱ 파이

20. 케이크 반죽의 온도가 높을 때의 설명 중 맞는 것은?

㉮ 부피가 작다.

㉯ 기공이 커진다.

㉰ 기공이 조밀하다.

㉱ 표면이 터진다.

21. 케이크 반죽의 온도가 낮은 경우의 설명으로 틀린 것은?

㉮ 부피가 작다.

㉯ 굽는 시간이 길어진다.

㉰ 속결이 조밀하다.

㉱ 큰 기공이 많다.

22. 다음 제품 중 반죽희망온도가 가장 낮은 것은?

㉮ 슈

㉯ 퍼프 페이스트리

㉰ 카스텔라

㉱ 파운드 케이크

23. 파이를 냉장고 등에서 휴지시키는 이유와 가장 거리가 먼 것은?

㉮ 전 재료의 수화기회를 준다.

㉯ 유지와 반죽의 굳은 정도를 같게 한다.

㉰ 반죽을 경화 및 긴장시킨다.

㉱ 끈적거림을 방지하여 작업성을 좋게 한다.

24. 비중이 가장 낮은 것은?

㉮ 파운드 케이크

㉯ 엔젤 푸드 케이크

㉰ 스펀지 케이크

㉱ 버터 스펀지 케이크

해답 13.㉱ 14.㉱ 15.㉰ 16.㉯ 17.㉯ 18.㉮ 19.㉱ 20.㉯ 21.㉱ 22.㉯ 23.㉰ 24.㉯

25. 고율배합 제품과 저율배합 제품의 비중을 비교해 본 결과 일반적으로 맞은 것은?

㉮ 고율배합 제품의 비중이 높다.
㉯ 저율배합 제품의 비중이 높다.
㉰ 비중의 차이는 없다.
㉱ 제품의 크기에 따라 비중은 차이가 있다.

26. 반죽의 비중과 관계가 가장 적은 것은?

㉮ 제품의 점도
㉯ 제품의 부피
㉰ 제품의 조직
㉱ 제품의 기공

27. 반죽무게를 이용하여 반죽의 비중을 측정 시 필요한 것은?

㉮ 밀가루무게
㉯ 물무게
㉰ 용기무게
㉱ 설탕무게

28. 다음 중 비중이 높은 제품의 특징이 아닌 것은?

㉮ 기공이 조밀하다.
㉯ 부피가 작다.
㉰ 껍질색이 진하다.
㉱ 제품이 단단하다.

29. 케이크 반죽의 비중에 관한 설명으로 맞는 것은?

㉮ 비중이 높으면 제품의 부피가 크다.
㉯ 비중이 낮으면 공기가 적게 포함되어 있음을 의미한다.
㉰ 비중이 낮을수록 제품의 기공이 조밀하고 조직이 묵직하다.
㉱ 일정한 온도에서 반죽의 무게를 같은 부피의 물의 무게로 나눈 값이다.

30. 다음 제품 중 비용적이 가장 큰 제품은?

㉮ 파운드 케이크
㉯ 옐로 레이어 케이크
㉰ 스펀지 케이크
㉱ 식빵

31. 다음 제품 중 이형제로 팬에 물을 분무하여 사용하는 제품은?

㉮ 슈
㉯ 시폰 케이크
㉰ 오렌지 케이크
㉱ 마블 파운드 케이크

32. 스펀지 케이크 반죽을 팬에 담을 때 팬 용적의 어느 정도가 가장 적당한가?

㉮ 10~20%
㉯ 20~30%
㉰ 40~50%
㉱ 50~60%

33. 파운드 케이크 반죽을 팬에 넣을 때 적당한 패닝비(%)는?

㉮ 50%   ㉯ 55%
㉰ 70%   ㉱ 100%

34. 다음 제품 중 나무틀을 이용하여 패닝하는 제품으로 알맞은 것은?

㉮ 슈
㉯ 밀푀유
㉰ 카스텔라
㉱ 퍼프 페이스트리

35. 반죽무게를 구하는 식으로 맞는 것은?

㉮ 틀부피×비용적
㉯ 틀부피+비용적
㉰ 틀부피÷비용적
㉱ 틀부피−비용적

36. 케이크 반죽의 패닝에 대한 설명으로 틀린 것은?

㉮ 케이크의 종류에 따라 반죽량을 다르게 패닝한다.
㉯ 새로운 팬은 비용적을 구하여 패닝한다.
㉰ 팬용적을 구하기 힘든 경우는 유채씨를 사용하여 측정할 수 있다.
㉱ 비중이 무거운 반죽은 분할량을 작게 한다.

해답 25.㉯ 26.㉮ 27.㉯ 28.㉰ 29.㉱ 30.㉰ 31.㉯ 32.㉱ 33.㉰ 34.㉰ 35.㉰ 36.㉱

37. 파이를 제조할 때 설명으로 틀린 것은?

㉮ 아래 껍질을 위 껍질보다 얇게 한다.

㉯ 껍질 가장자리에 물칠을 한 뒤 충전물을 얹는다.

㉰ 위, 아래의 껍질을 잘 붙인 뒤 남은 반죽을 잘라 낸다.

㉱ 덧가루를 뿌린 면포 위에서 반죽을 밀어 편 뒤 크기에 맞게 자른다.

38. 정형한 파이 반죽에 구멍자국을 내주는 가장 주된 이유는?

㉮ 제품을 부드럽게 하기 위해

㉯ 제품의 수축을 막기 위해

㉰ 제품의 원활한 팽창을 위해

㉱ 제품에 기포나 수포가 생기는 것을 막기 위해

39. 다음 중 공기 팽창으로 만드는 제품은?

㉮ 스펀지 케이크

㉯ 파운드 케이크

㉰ 데블스 푸드 케이크

㉱ 레이어 케이크

40. 파이나 퍼프 페이스트리는 무엇에 의하여 팽창되는가?

㉮ 화학적인 팽창

㉯ 중조에 의한 팽창

㉰ 유지에 의한 팽창

㉱ 이스트에 의한 팽창

41. 다음 중 굽기 도중 오븐 문을 열어서는 안 되는 제품은?

㉮ 퍼프 페이스트리

㉯ 드롭 쿠키

㉰ 쇼트 브레드 쿠키

㉱ 애플 파이

42. 슈 제조 시 반죽표면을 분무 또는 침지를 시키는 이유가 아닌 것은?

㉮ 껍질을 얇게 한다.

㉯ 팽창을 크게 한다.

㉰ 기형을 방지한다.

㉱ 제품의 구조를 강하게 한다.

43. 젤리 롤 케이크 반죽의 굽기에 대한 설명으로 틀리는 것은?

㉮ 두껍게 편 반죽은 낮은 온도에서 구워낸다.

㉯ 구운 후 철판에서 꺼내지 않고 냉각시킨다.

㉰ 양이 적은 반죽은 높은 온도에서 구워낸다.

㉱ 열이 식으면 압력을 가해 수평을 맞춘다.

44. 쿠키를 구울 때 퍼짐을 좋게 하는 요인이 아닌 것은?

㉮ 1단계 믹싱에서는 설탕 일부를 믹싱 후반에 투입한다.

㉯ 전체 믹싱 시간을 단축한다.

㉰ 가급적 입자가 고운 설탕을 사용한다.

㉱ 쇼트닝과 설탕의 크림화 시간을 단축시킨다.

45. 다음 중 비교적 고온에서 굽는 제품은?

㉮ 파운드 케이크

㉯ 시폰 케이크

㉰ 퍼프 페이스트리

㉱ 과일 케이크

46. 오버 베이킹(Over baking)에 대한 설명 중 틀리는 것은?

㉮ 높은 온도의 오븐에서 굽는다.

㉯ 윗부분이 평평해진다.

㉰ 굽기 시간이 길어진다.

㉱ 제품에 남는 수분이 적다.

47. 케이크의 언더 베이킹의 특성으로 틀린 것은?

㉮ 껍질색이 진하다.

㉯ 표면이 갈라진다.

㉰ 제품이 주저앉기 쉽다.

㉱ 수분손실이 크다.

48. 고율배합의 제품을 굽는 방법으로 맞는 것은?

㉮ 저온 단시간

㉯ 고온 단시간

㉰ 저온 장시간

㉱ 고온 장시간

해답 37.㉮ 38.㉱ 39.㉮ 40.㉰ 41.㉮ 42.㉱ 43.㉯ 44.㉰ 45.㉰ 46.㉮ 47.㉱ 48.㉰

49. 도넛 반죽의 휴지 효과가 아닌 것은?
　㉮ 밀어펴기 작업이 쉬워진다.
　㉯ 표피가 빠르게 마르지 않는다.
　㉰ 각 재료에서 수분이 발산된다.
　㉱ 이산화탄소가 발생하여 반죽이 부푼다.

50. 튀김유로 적당치 않은 것은?
　㉮ 거품이 없을 것
　㉯ 자극취가 없을 것
　㉰ 발연점이 낮을 것
　㉱ 발연점이 높을 것

51. 도넛에서 발한을 제거하는 방법은?
　㉮ 도넛에 묻는 설탕의 양을 감소한다.
　㉯ 충분히 예열시킨다.
　㉰ 결착력이 없는 기름을 사용한다.
　㉱ 튀김 시간을 증가한다.

52. 도넛 설탕이 물에 녹는 현상을 방지하는 설명으로 틀리는 항목은?
　㉮ 도넛에 묻는 설탕 양을 증가시킨다.
　㉯ 튀김시간을 증가시킨다.
　㉰ 포장용 도넛의 수분은 38%전후로 한다.
　㉱ 냉각 중 환기를 더 많이 시키면서 충분히 냉각한다.

53. 튀김기름을 나쁘게 하는 4가지 중요 요소는?
　㉮ 열, 수분, 탄소, 이물질
　㉯ 열, 수분, 공기, 이물질
　㉰ 열, 공기, 수소, 탄소
　㉱ 열, 수분, 산소, 수소

54. 튀김용 기름으로 바람직한 특징이 아닌 것은?
　㉮ 부드러운 맛과 짙은 색깔
　㉯ 산패에 저항성이 있는 기름
　㉰ 거품이나 검(Gum)형성에 대한 저항성이 있는 기름
　㉱ 형태와 포장면에서 사용이 쉬운 기름

55. 도넛 제조시 수분이 적을 때 나타나는 결점이 아닌 것은?
　㉮ 팽창이 부족하다.
　㉯ 혹이 튀어 나온다.
　㉰ 형태가 일정하지 않다.
　㉱ 표면이 갈라진다.

56. 다음 제품 중 찜류 제품이 아닌 것은?
　㉮ 만주　　　　　㉯ 무스
　㉰ 푸딩　　　　　㉱ 치즈 케이크

57. 푸딩에 관한 설명 중 맞는 것은?
　㉮ 반죽을 푸딩컵에 먼저 부은 후에 캐러멜 소스를 붓고 굽는다.
　㉯ 달걀, 설탕, 우유 등을 혼합하여 직화로 구운 제품이다.
　㉰ 달걀의 열변성에 의한 농후화 작용을 이용한 제품이다.
　㉱ 육류, 과일, 야채, 빵을 섞어 만들지는 아니한다.

58. 설탕에 물을 넣고 114℃~118℃까지 가열시켜 시럽을 만든 후 냉각시켜서 교반하여 새하얗게 만든 제품은?
　㉮ 분당
　㉯ 이성화당
　㉰ 퐁당
　㉱ 과립당

59. 버터크림 또는 커스터드크림에 섞어 쓰는 머랭은?
　㉮ 찬 머랭
　㉯ 더운 머랭
　㉰ 이탈리안 머랭
　㉱ 스위스 머랭

60. 머랭 제조에 대한 설명으로 옳은 것은?
　㉮ 믹싱 용기에는 기름기가 없어야 한다.
　㉯ 기포가 클수록 좋은 머랭이 된다.
　㉰ 믹싱은 고속을 위주로 작동한다.
　㉱ 전란을 사용해도 무방하다.

해답 49.㉰ 50.㉰ 51.㉱ 52.㉰ 53.㉯ 54.㉮ 55.㉯ 56.㉯ 57.㉰ 58.㉰ 59.㉰ 60.㉮

61. 데커레이션 케이크 재료인 생크림에 대한 설명이다. 적당치 않은 것은?

㉮ 크림 100에 대하여 1.0~1.5%의 분당을 사용하여 단맛을 낸다.

㉯ 유지방함량 35~45% 정도의 진한 생크림을 휘핑하여 사용한다.

㉰ 휘핑시간이 적정시간보다 짧으면 기포가 너무 크게 되어 안정성이 약해진다.

㉱ 생크림의 보관이나 작업 시 제품온도는 3~7℃가 좋다.

62. 가나슈크림에 대한 설명으로 옳은 것은?

㉮ 생크림은 절대 끓여서 사용하지 않는다.

㉯ 초콜릿과 생크림의 배합비율은 10:1이 원칙이다.

㉰ 초콜릿 종류는 달라도 카카오 성분은 같다.

㉱ 끓인 생크림에 초콜릿을 더한 크림이다.

63. 엔젤 푸드 케이크의 주석산 처리목적이 아닌 것은?

㉮ 흰자의 알칼리도를 높인다.

㉯ 흰자를 중화시킨다.

㉰ 색을 하얗게 한다.

㉱ 흰자를 안정시킨다.

64. 제과반죽이 너무 산성에 치우쳐 발생하는 현상과 거리가 먼 것은?

㉮ 연한 향

㉯ 여린 껍질색

㉰ 빈약한 부피

㉱ 거친 기공

65. 다음 중 소다를 과다 사용 시 생기는 현상이 아닌 것은?

㉮ 색이 진해진다.

㉯ 딱딱한 제품이 된다.

㉰ 속색이 어둡다.

㉱ 오븐 팽창이 과다하여 주저앉을 우려가 있다.

66. 다음 중에서 산성 쪽으로 갈수록 좋은 제품이 나오는 것은?

㉮ 엔젤 푸드 케이크

㉯ 데블스 푸드 케이크

㉰ 초콜릿 케이크

㉱ 스펀지 케이크

67. 롤 케이크를 말 때 표면이 터지는 결점에 대한 조치사항 설명으로 틀리는 항목은?

㉮ 설탕의 일부를 물엿으로 대치하여 사용한다.

㉯ 배합에 덱스트린을 사용하여 점착성을 증가시킨다.

㉰ 팽창제나 믹싱을 줄여 과도한 팽창을 방지한다.

㉱ 낮은 온도의 오븐에서 서서히 굽는다.

해답 61.㉮ 62.㉱ 63.㉮ 64.㉱ 65.㉯ 66.㉮ 67.㉱

식품위생 · 환경관리

01. 식품의 부패와 관계가 없는 것은?
- ㉮ 습도
- ㉯ 온도
- ㉰ 기압
- ㉱ 공기

02. 식품의 위생검사와 가장 관계가 깊은 세균은?
- ㉮ 식초산균
- ㉯ 젖산균
- ㉰ 대장균
- ㉱ 살모넬라균

03. 부패 미생물이 번식할 수 있는 최저의 수분활성도(Aw)의 순서가 맞는 것은?
- ㉮ 세균>곰팡이>효모
- ㉯ 세균>효모>곰팡이
- ㉰ 효모>곰팡이>세균
- ㉱ 효모>세균>곰팡이

04. 미생물이 관여하는 현상이 아닌 것은?
- ㉮ 발효
- ㉯ 변패
- ㉰ 산패
- ㉱ 부패

05. 미생물 발육조건으로 옳은 것은?
- ㉮ 수분, 온도, 영양물질
- ㉯ 공기, 수분, 기압
- ㉰ 수분, 온도, 삼투압
- ㉱ 온도, 영양물질, pH

06. 대장균의 특성과 관계가 없는 것은?
- ㉮ 젖당을 발효한다.
- ㉯ 그램양성이다.
- ㉰ 호기성 또는 통성 혐기성이다.
- ㉱ 무아포 간균이다.

07. 발효가 부패와 다른 점은?
- ㉮ 성분의 변화가 일어난다.
- ㉯ 미생물이 작용한다.
- ㉰ 가스가 발생한다.
- ㉱ 생산물을 식용으로 할 수 있다.

08. 미생물에 의해 주로 단백질이 변화되어 악취, 유해물질을 생성하는 현상은?
- ㉮ 발효(Fermentation)
- ㉯ 부패(Puterifaction)
- ㉰ 변패(Deterioration)
- ㉱ 산패(Rancidity)

09. 질병 발생의 3대 요소가 아닌 것은?
- ㉮ 병인
- ㉯ 환경
- ㉰ 숙주
- ㉱ 항생제

10. 인축 공통 감염병이 아닌 것은?
- ㉮ 탄저병
- ㉯ 장티푸스
- ㉰ 결핵
- ㉱ 야토병

11. 경구감염병이 아닌 것은?
- ㉮ 콜레라
- ㉯ 이질
- ㉰ 장티푸스
- ㉱ 장염 비브리오

12. 다음 중 일반적으로 잠복기가 가장 긴 것은?
- ㉮ 유행성 간염
- ㉯ 디프테리아
- ㉰ 페스트
- ㉱ 세균성 이질

13. 다음 감염병 중 잠복기가 가장 짧은 것은?
- ㉮ 후천성 면역결핍증
- ㉯ 광견병
- ㉰ 콜레라
- ㉱ 매독

14. 경구감염병에 대한 다음 설명 중 잘못된 것은?
- ㉮ 2차 감염이 일어난다.
- ㉯ 미량의 균량으로도 감염을 일으킨다.
- ㉰ 장티푸스는 세균에 의하여 발생한다.
- ㉱ 이질, 콜레라는 바이러스에 의하여 발생한다.

15. 법정 감염병이 아닌 것은?
- ㉮ 세균성 이질
- ㉯ 콜레라
- ㉰ 유행성 이하선염
- ㉱ 유행성 감기

16. 야채를 통해 감염되는 대표적인 기생충은?
- ㉮ 광절열두조충
- ㉯ 선모충
- ㉰ 회충
- ㉱ 폐흡충

해답 1.㉰ 2.㉰ 3.㉯ 4.㉰ 5.㉮ 6.㉯ 7.㉱ 8.㉯ 9.㉱ 10.㉯ 11.㉱ 12.㉮ 13.㉰ 14.㉱ 15.㉱ 16.㉰

17. 포도상구균의 독소는?

㉮ 솔라닌   ㉯ 테트로도톡신

㉰ 엔테로톡신   ㉱ 뉴로톡신

18. 다음 중 감염형 식중독과 관계가 없는 것은?

㉮ 살모넬라

㉯ 병원성 대장균

㉰ 포도상구균

㉱ 장염 비브리오 식중독

19. 식중독의 특징으로 잘못된 것은?

㉮ 폭발적으로 발생한다.

㉯ 환자의 발생이 계절적으로 다르다.

㉰ 지역적인 특성이 없다.

㉱ 사망하는 경우도 있다.

20. 다음 중에서 세균성 식중독에 대해 가장 알맞게 설명한 것은?

㉮ 살모넬라는 독소형이다.

㉯ 포도상구균에 의한 식중독은 잠복기가 가장 빠르다.

㉰ 보툴리누스는 감염형이다.

㉱ 장염 비브리오는 우리나라의 식중독의 절반 이상이다.

21. 독소형 식중독에 속하는 것은 다음 중 어느 것인가?

㉮ 포도상구균   ㉯ 장염 비브리오균

㉰ 병원성 대장균   ㉱ 살모넬라균

22. 보툴리누스의 설명 중 틀린 것은?

㉮ 통조림에서 발생한다.   ㉯ 산소를 좋아한다.

㉰ 치사율이 가장 높다.   ㉱ 독소형 식중독이다.

23. 세균성 식중독 예방법과 거리가 먼 것은?

㉮ 조리장 청결   ㉯ 조리기 소독

㉰ 유독한 부위 세척   ㉱ 신선한 재료 사용

24. 경구감염병과 비교할 때 세균성 식중독의 특징은?

㉮ 2차 감염이 잘 일어난다.

㉯ 경구감염병보다 잠복기가 길다.

㉰ 발병 후 면역이 생긴다.

㉱ 경구감염병보다 많은 양의 균으로 발병한다.

25. 자연독 식중독과 그 독성물질을 잘못 연결한 것은?

㉮ 무스카린 – 버섯중독

㉯ 베네루핀 – 모시조개중독

㉰ 솔라닌 – 맥각중독

㉱ 테트로도톡신 – 복어중독

26. 화학물질에 의한 식중독 원인이 아닌 것은?

㉮ 유해한 중금속염   ㉯ 농약

㉰ 불량 첨가물   ㉱ 에탄올

27. 다음 중 미나마타병을 발생시키는 것은?

㉮ 카드뮴(Cd)   ㉯ 구리(Cu)

㉰ 수은(Hg)   ㉱ 납(Pb)

28. 식중독을 일으키는 세균 중 잠복기가 가장 짧은 것은?

㉮ 웰치균   ㉯ 보툴리누스균

㉰ 살모넬라균   ㉱ 포도상구균

29. 다음 중 곰팡이독이 아닌 것은?

㉮ 아플라톡신   ㉯ 오크라톡신

㉰ 삭시톡신   ㉱ 파툴린

30. 식중독 발생 시의 조치 사항 중 잘못된 것은?

㉮ 환자의 상태를 메모한다.

㉯ 보건소에 신고한다.

㉰ 식중독 의심이 있는 환자는 의사의 진단을 받게 한다.

㉱ 먹던 음식물은 전부 버린다.

31. 호염성 세균으로서 어패류를 통하여 가장 많이 발생하는 식중독은?

㉮ 살모넬라 식중독   ㉯ 장염 비브리오 식중독

㉰ 병원성 대장균 식중독 ㉱ 포도상구균 식중독

32. 세균성 식중독을 예방하는 방법과 가장 거리가 먼 것은?

㉮ 조리장의 청결 유지   ㉯ 조리기구의 소독

㉰ 유독한 부위 세척   ㉱ 신선한 재료의 사용

해답   **17.** ㉰   **18.** ㉰   **19.** ㉮   **20.** ㉯   **21.** ㉮   **22.** ㉯   **23.** ㉰   **24.** ㉱   **25.** ㉰   **26.** ㉱   **27.** ㉰   **28.** ㉱   **29.** ㉰   **30.** ㉱   **31.** ㉯   **32.** ㉰

33. 유해금속을 사용한 통조림용 관에서 주로 용출되는 유해성 금속 물질은?

㉮ 요소, 왁스　　　　㉯ 납, 주석
㉰ 카드뮴, 크롬　　　㉱ 수은, 유황

34. 식품 첨가물의 사용량 결정에 고려하는 ADI란?

㉮ 반수 치사량　　　㉯ 1일섭취허용량
㉰ 최대 무작용량　　㉱ 안전계수

35. 보존료의 이상적인 조건으로 맞지 않는 것은?

㉮ 독성이 없거나 적어야 한다.
㉯ 사용하기가 쉬워야 한다.
㉰ 미량 사용으로 효과가 있다.
㉱ 다량 사용으로 효과가 있다.

36. 식품 첨가물이란?

㉮ 화학적 합성품만을 말한다.
㉯ 천연품만을 말한다.
㉰ 화학성분은 약국에서만 판매한다.
㉱ 허용된 식품에만 적정량 사용하며 천연품, 합성품이 있다.

37. 첨가물의 설명으로 틀리는 것은?

㉮ 원재료 외에 넣는 것으로 보존성, 기호성을 향상시킨다.
㉯ 비의도적으로 첨가된 것이다.
㉰ 천연, 화학적 합성품을 모두 포함한다.
㉱ 식품의 품질을 개량한다.

38. 빵에서 사용할 수 있는 보존료는?

㉮ 프로피온산 칼슘　　　㉯ 사카린 나트륨
㉰ 부틸히드록신 아니졸　㉱ 몰식자산프로필

39. 보존료에 대해 맞지 않는 것은?

㉮ 무미, 무색, 무취이며 제품에 영향을 주지 않아야 한다.
㉯ 값이 싸고 사용이 용이해야 한다.
㉰ 독성이 없거나 장기적으로 사용해도 인체에 해가 없어야 한다.
㉱ 첨가한 제품의 보존기간이 길어야 하고 오래 남아 있어야 한다.

40. 어떤 첨가물의 LD50의 값이 적다는 것은 무엇을 의미하는가?

㉮ 독성이 크다.　　　㉯ 독성이 적다.
㉰ 저장성이 적다.　　㉱ 안전성이 크다.

41. 다음 중 이형제를 가장 잘 설명한 것은?

㉮ 가수분해에 사용된 산제의 중화에 사용되는 첨가물이다.
㉯ 제과 · 제빵에서 구울때 형틀에서 제품의 분리를 용이하게 하는 첨가물이다.
㉰ 거품을 소멸 억제하기 위해 사용하는 첨가물이다.
㉱ 원료가 덩어리지는 것을 방지하기 위해 사용하는 첨가물이다.

42. 식품첨가물 중에서 보존제의 사용목적이 아닌 것은?

㉮ 식품의 변질 방지　　㉯ 식품의 영양가 보존
㉰ 수분감소 방지　　　㉱ 신선도 유지

43. 식품 위생법에서 식품위생의 대상물이 아닌 것은?

㉮ 식품첨가물　　㉯ 기구, 용기
㉰ 포장　　　　　㉱ 제조방법

44. 소독제로 사용되는 알코올의 농도는?

㉮ 30%　　　㉯ 50%
㉰ 70%　　　㉱ 100%

45. HACCP에 대한 설명 중 틀린 것은?

㉮ 식품위생의 수준을 향상 시킬 수 있다.
㉯ 원료부터 유통의 전 과정에 대한 관리이다.
㉰ 종합적인 위생관리체계이다.
㉱ 사후처리의 완벽을 추구 한다.

46. 다음 중 HACCP 적용의 7가지 원칙에 해당하지 않는 것은?

㉮ 위해요소분석　　　㉯ HACCP 팀 구성
㉰ 한계기준설정　　　㉱ 기록유지 및 문서관리

해답 33.㉯ 34.㉯ 35.㉱ 36.㉱ 37.㉯ 38.㉮ 39.㉱ 40.㉮ 41.㉯ 42.㉰ 43.㉱ 44.㉰ 45.㉱ 46.㉯

공정점검 및 생산관리

01. 케이크 믹서의 용량은 다음 어느 것을 기준으로 하는가?

㉮ 볼(Bowl)의 부피
㉯ 볼(Bowl)의 높이
㉰ 믹서의 무게
㉱ 믹서의 높이

02. 다음 기계 설비 중 대량 생산업체에서 사용하는 설비로 가장 알맞은 것은?

㉮ 터널 오븐
㉯ 데크 오븐
㉰ 전자렌지
㉱ 생크림용 탁상믹서

03. 일반적인 제과작업장의 기준으로 알맞지 않은 것은?

㉮ 조명은 50ℓx 이하가 좋다.
㉯ 방충, 방서용 금속망은 30메쉬가 적당하다.
㉰ 벽면은 매끄럽고 청소하기 편리하여야 한다.
㉱ 창의 면적은 바닥면적을 기준하여 30% 정도가 좋다.

04. 다음중 제과용 믹서로 알맞지 않은 것은?

㉮ 에어 믹서
㉯ 버티컬 믹서
㉰ 연속식 믹서
㉱ 스파이럴 믹서

05. 제과·제빵 공정상 작업 내용에 따라 조도 기준을 달리한다면 표준조도를 가장 높게 하여야 할 작업 내용은?

㉮ 마무리 작업
㉯ 계량, 반죽 작업
㉰ 굽기, 포장 작업
㉱ 발효 작업

06. 오븐의 생산능력은 무엇으로 계산하는가?

㉮ 소모되는 전력량
㉯ 오븐의 크기
㉰ 오븐의 단열정도
㉱ 오븐내 매입 철판 수

07. 제빵생산의 원가관리라고 하는 것은 원가의 표준을 설정하고 원가발생의 책임과 제품의 생산비용을 줄이기 위함이다. 원가의 요소는?

㉮ 재료비, 노무비, 경비
㉯ 재료비, 용역비, 감가상각비
㉰ 판매비, 노동비, 월급
㉱ 광열비, 월급, 생산비

08. 제빵의 생산 시 고려해야 할 원가요소에서 가장 거리가 먼 것은?

㉮ 재료비
㉯ 노무비
㉰ 경비
㉱ 학술비

09. 다음 중 생산의 목표는?

㉮ 재고, 출고, 판매의 관리
㉯ 재고, 납기, 출고의 관리
㉰ 납기, 재고, 품질의 관리
㉱ 공정, 원가, 품질의 관리

10. 원가의 절감방법이 아닌 것은?

㉮ 구매 관리를 엄격히 한다.
㉯ 제조 공정 설계를 최적으로 한다.
㉰ 창고의 재고를 최대로 한다.
㉱ 불량률을 최소화한다.

11. 총원가는 어떻게 구성되는가?

㉮ 제조원가 + 판매비 + 일반관리비
㉯ 직접재료비 + 직접노무비 + 판매비
㉰ 제조원가 + 이익
㉱ 직접원가 + 일반관리비

12. 제품의 판매가격은 어떻게 결정하는가?

㉮ 총원가+이익
㉯ 제조원가+이익
㉰ 직접재료비+직접경비
㉱ 직접경비+이익

13. 기업경영의 3요소(3M)가 아닌 것은?

㉮ 사람(Man)
㉯ 자본(Money)
㉰ 재료(Material)
㉱ 방법(Method)

해답 1.㉮ 2.㉮ 3.㉮ 4.㉰ 5.㉮ 6.㉱ 7.㉮ 8.㉱ 9.㉱ 10.㉰ 11.㉮ 12.㉮ 13.㉱

한국산업인력공단 새출제기준에 따른

최단기
합격 노트

추가수정판 2쇄 2025년 1월 2일

저　　자　정윤용 외
발 행 인　장상원
발 행 처　(주)비앤씨월드
출판등록　1994. 1. 21. 제16-818호
주　　소　서울특별시 강남구 선릉로 132길 3-6 서원빌딩 3층
전　　화　(02)547-5233
F A X　(02)549-5235

I S B N　979-11-86519-31-8　　13590

이 도서의 국립중앙도서관 출판예정도서목록(CIP)은 서지정보유통지원시스템 홈페이지(http://seoji.nl.go.kr)와
국가자료종합목록 구축시스템(http://kolis-net.nl.go.kr)에서 이용하실 수 있습니다. (CIP제어번호 : CIP2020007510)